Rausch

Kommunikationssysteme im Automobil

Mathias Rausch

Kommunikationssysteme im Automobil

LIN, CAN, CAN FD, CAN XL, FlexRay, Automotive Ethernet

HANSER

Der Autor:
Mathias Rausch ist seit 2011 Professor an der Hochschule Landshut in den Bereichen Bussysteme, Kfz-Elektronik und Digitaltechnik. Zuvor war er 13 Jahre bei Freescale im Bereich Automobilelektronik tätig und in dieser Zeit maßgeblich an der FlexRay-Entwicklung beteiligt.

Bibliografische Information der deutschen Nationalbibliothek:
Die Deutsche Nationalbibliothek verzeichnet diese Publikation in der Deutschen Nationalbibliografie; detaillierte bibliografische Daten sind im Internet unter *http://dnb.d-nb.de* abrufbar.

www.hanser-fachbuch.de
Lektorat: Dipl.-Ing. Volker Herzberg
Herstellung: Melanie Zinsler
Titelmotiv: © shutterstock.com/thvideostudio
Coverkonzept: Marc Müller-Bremer, *www.rebranding.de*, München
Coverrealisation: Max Kostopoulos
Satz: Mathias Rausch
Druck und Bindung: CPI books GmbH, Leck

Printed in Germany

Print-ISBN: 978-3-446-47035-4
E-Book-ISBN: 978-3-446-47457-4

Vorwort

Seit über 20 Jahren kommen im Fahrzeugbereich die Bussysteme LIN und CAN zum Einsatz, FlexRay seit ca. 15 Jahren. Um die Funktionsweise dieser Kommunikationssysteme auch im Detail verstehen zu können, ist entsprechende Literatur notwendig. Standards beschreiben zwar das (geforderte) Verhalten der Systeme, erklären aber keine Zusammenhänge und Hintergründe. Artikel in Fachzeitschriften und im Internet sind vom Umfang begrenzt, sodass sie entweder nur einen Überblick geben oder nur einen speziellen Aspekt beleuchten. Hier setzt dieses Buch an. Die Funktionsweise von LIN, CAN und FlexRay soll anschaulich dargestellt werden. Viele Abbildungen sollen das Verständnis erleichtern. Durch die Weiterentwicklung der Drucktechnik ist es mittlerweile möglich, Fachbücher zu vertretbaren Kosten farbig zu drucken. Dies wird in diesem Buch genutzt. Durch den Einsatz der Farben werden Zusammenhänge einfacher verständlich. Für einen Teil der beschriebenen Funktionsweisen und Effekte wurden Messungen mit dem Oszilloskop vorgenommen, um einen Bezug zum praktischen Einsatz herzustellen. Die Farben der Messkurven korrespondieren dabei mit den Farben in den gezeichneten Abbildungen.

Kommunikationssysteme werden ständig weiterentwickelt. Dies ist nicht nur im Mobilfunk oder bei den Internettechnologien der Fall, sondern auch bei den Kommunikationssystemen im Fahrzeug. So wurde CAN weiterentwickelt zu CAN FD und CAN XL. Auf beide Weiterentwicklungen wird in diesem Buch eingegangen.

Die Entwicklung von Automotive Ethernet eröffnet den Fahrzeugherstellern neue Möglichkeiten in der Kommunikation im Fahrzeug und erschließt neue Anwendungen. Auf Ethernet basieren die Netzwerke, mit denen wir täglich arbeiten. Für die Nutzer ist es dabei nicht wichtig, wie die Kommunikation arbeitet. Muss hingegen ein Ingenieur oder eine Ingenieurin abwägen, ob ein CAN-Netzwerk durch ein Ethernet-Netzwerk ersetzt werden kann, muss er bzw. sie die Funktionsweisen beider Systeme genauer verstehen und gegeneinander abwägen können. Hier soll dieses Buch einen Beitrag leisten.

Das Buch geht auf die Funktionsweise der Protokollebene und des Physical Layers ein. Software, die die genannten Protokolle nutzt, ist hingegen nicht Bestandteil dieses Buches.

Danksagungen

Ich möchte mich bei allen bedanken, die zum Entstehen und Gelingen dieses Buches beigetragen haben. Dies sind die Studierenden der Elektrotechnik der Hochschule Landshut, die mit ihren Fragen aufgezeigt haben, an welchen Stellen das Verständnis der technischen Zusammenhänge anspruchsvoll ist. Ich möchte mich bei den zahlreichen Studierenden bedanken, die mit ihren Projekt- und Abschlussarbeiten zu Themen in diesem Buch beigetragen haben.

Bei meinen Kolleginnen und Kollegen möchte ich mich für die Diskussionen bedanken, die mir neue Einsichten gebracht und mich zum Nachdenken angeregt haben. Ein besonderer Dank geht an Magnus Hell von der Firma Infineon, der mir insbesondere bei CAN FD und CAN XL geholfen hat, alles fachlich korrekt darzustellen.

Bei Herrn Herzberg und Herrn Borck vom Hanser Verlag möchte ich mich für die sehr gute Zusammenarbeit bedanken. Ganz besonders möchte ich mich bei meiner Frau Eva bedanken, die mir das Schreiben dieses Buches ermöglicht hat.

Landshut, im Juli 2022

Mathias Rausch

Inhalt

1 Einleitung

1.1 Zum Inhalt dieses Buches

Bei der Kommunikation kann grundsätzlich in drahtgebundene und in drahtlose Kommunikation unterschieden werden. Des Weiteren kann die Kommunikation danach eingeteilt werden, in welchem Bereich sie zur Anwendung kommt. So gibt es Kommunikationssysteme für Gebäude, für Büros, für die Produktion, für Maschinen, für Fahrzeuge, für Wohnungen, im medizinischen Bereich usw. In diesem Buch geht es ausschließlich um drahtgebundene Kommunikation, wobei der Fokus auf Kommunikationssystemen liegt, die in Fahrzeugen zum Einsatz kommen bzw. dafür entwickelt wurden. Dies bedeutet aber nicht, dass diese Kommunikationssysteme nicht auch in anderen Bereichen zum Einsatz kommen.

Ziel des Buches ist es, die Funktionsweise der betrachteten Kommunikationssysteme zu erläutern. Es werden folgende Kommunikationssysteme behandelt:

- LIN
- CAN mit den Erweiterungen CAN FD und CAN XL
- FlexRay
- Automotive Ethernet

Das Buch ist in zwei Teilen organisiert. Im ersten Teil wird nach einigen Grundlagen die prinzipielle Funktionsweise von LIN, CAN und FlexRay mit den wichtigsten Eigenschaften dargestellt. Im zweiten Teil wird auf Funktionen und Details eingegangen, die für das allgemeine Verständnis nicht so wichtig sind. Damit ist das Buch sowohl für Leser geeignet, die sich einen Überblick über die behandelten Kommunikationssysteme verschaffen wollen, als auch für Leser, die es technisch genauer wissen möchten.

Die Gliederung des Buches in zwei Teile erleichtert es der ersten Gruppe, sich nicht in technischen Details zu verlieren, und der zweiten Gruppe, sich nicht durch Grundlegendes zu langweilen. Das Gleiche gilt für Studierende. Teil 1 ist für Studierende geeignet, die ein Modul zum Thema Kommunikation im Fahrzeug hören. Teil 2 erfüllt die Erwartungen von Studierenden, deren Studium einen Schwerpunkt im Bereich Kommunikation und Bussysteme hat.

Im ersten Kapitel des ersten Teils des Buches wird auf die Kommunikation allgemein eingegangen. Es werden Begriffe eingeführt und grundlegende technische Prinzipien dargestellt. Basierend auf diesen Prinzipien werden in den drei folgenden Kapiteln die Funktionsweisen von LIN, CAN und FlexRay erläutert.

Der Teil 2 des Buches beginnt wieder mit einem Kapitel *Grundlagen*. Hier wird auf Verfahren zur Berechnung von Prüfsummen eingegangen. Des Weiteren werden die Unterschiede zwischen der signalorientierten und der serviceorientierten Kommunikation dargestellt. Abgeschlossen wird dieses Kapitel mit Ausführungen zu Reflexionen auf Leitungen.

Im Kapitel 7 wird auf den Entwicklungsprozess bei LIN eingegangen und es wird ein ausführliches Beispiel für eine Kommunikation mit LIN gezeigt.

Im Kapitel 8 wird besonders auf die Weiterentwicklungen des CAN-Protokolls eingegangen mit einer ausführlichen Darstellung von CAN FD und CAN XL.

Im Kapitel 9 werden weitere Mechanismen von FlexRay erläutert, wie das Starten der Kommunikation, das Prinzip der Null-Frames, der Bus Guardian und die Uhrensynchronisation.

Ein Kapitel über Automotive Ethernet rundet diesen Teil des Buches ab und gibt einen Einblick, wohin sich die Kommunikation in Fahrzeugen weiterentwickelt.

Die Beispiele, die zum Erläutern bestimmter technischer Sachverhalte benutzt werden, kommen aus dem Bereich der Automobiltechnik. Sie sind bewusst einfach gehalten, um die Beispiele nicht ausführlich erläutern zu müssen. Dem Autor ist bewusst, dass diese Beispiele nicht oder nicht mehr so in einem modernen Fahrzeug eingesetzt werden. Im Buch geht es um Kommunikationssysteme und nicht um den Aufbau eines Kraftfahrzeugs.

1.2 Vorhandene Literatur

Dieser Abschnitt gibt eine Übersicht über bereits vorhandene Literatur zu den Kommunikationssystemen LIN, CAN, FlexRay und Automotive Ethernet.

1.2.1 Monografien

Bücher zu mehreren Kommunikationssystemen

ZIMMERMANN und SCHMIDGALL geben in der 5. Auflage ihres Buches [Zimmermann] eine Einführung in CAN, LIN, FlexRay, MOST und Automotive Ethernet. Es werden die grundlegenden Prinzipien dargestellt. Der Schwerpunkt des Buches liegt auf den höheren Softwareschichten.

In dem englischsprachigen Buch [Paret07] behandelt PARET neben CAN auch LIN und FlexRay sowie weitere Bussysteme. Ebenfalls in Englisch ist das Buch von NAVET und SIMONOT-LION, in welchem Aspekte von CAN und FlexRay behandelt werden [Navet].

Bücher zu LIN

Über LIN gibt es nur ein einziges Buch, welches 2005 von GRZEMBA und VON DER WENSE herausgegeben wurde [Grzemba]. Von diesem Buch gab es nur eine Auflage, die schon länger vergriffen ist. LIN wurde zwar nicht mehr weiterentwickelt, aber eine Erklärung des Protokolls außer in diesem Buch gibt es nicht.

Bücher zu CAN

Seit vielen Jahren gibt es zwei Werke, die CAN beschreiben [Etschberger, Lawrenz]. Das Buch von ETSCHBERGER ist 2002 in der 3. Auflage erschienen, das Buch von LAWRENZ 2011 in der 5. Auflage. Die Weiterentwicklung von CAN zu CAN FD erfolgte ab 2011 und ist folglich in keinem der Standardwerke zu CAN enthalten.

Bücher zu FlexRay

Das erste Buch zu FlexRay ist von RAUSCH 2007 erschienen. Es beschreibt detailliert die Funktionsweise von FlexRay [Rausch]. Der Autor geht auch auf die Konfiguration eines FlexRay-Clusters ein und gibt eine Übersicht über die zu dieser Zeit verfügbaren Implementationen.

2011 erschien zuerst in Französisch und 2012 in Englisch ein Buch von PARET [Paret12]. Er geht auf alle Aspekte von FlexRay ein (Physical Layer, Protokoll, Uhrensynchronisation, Startup) und gibt wie das Buch von RAUSCH eine detaillierte Einführung in FlexRay.

Bücher zu Automotive Ethernet

Das Buch zu Automotive Ethernet ist von MATHEUS und KÖNIGSEDER und gibt eine Einführung in Automotive Ethernet [Matheus]. Dieses Buch ist mittlerweile in der zweiten Auflage erschienen. Zu jedem der sieben Kapitel gibt es ein eigenes Literaturverzeichnis, welches je Kapitel bis zu 100 Quellen enthält. Neben der Funktionsweise werden die Entstehungsgeschichte dieses Protokolls sowie die Entscheidungsprozesse bei BMW und die Hintergründe dazu dargestellt. Da wichtige Mechanismen von Automotive Ethernet auf 100BASE-TX und 1000BASE-T basieren, ist deren Kenntnis notwendig, um Automotive Ethernet verstehen zu können.

1.2.2 Weitere Literatur

Webinars

Von der Firma Vector gibt es zu allen vier Kommunikationssystemen Webinars sowohl in Deutsch als auch in Englisch, die eine Einführung in das jeweilige Kommunikationssystem geben. Abgerundet werden diese Webinars mit einem Online-Test, um das Gelernte zu überprüfen [VectorLIN, VectorCAN, VectorFlexRay, VectorAE].

Standards

Alle in diesem Buch behandelten Protokolle sind international standardisiert. Diese Standards können bei den Standardisierungsorganisationen ISO und IEEE bezogen werden. In den jeweilige Kapiteln sind die betreffenden Standards genannt.

1.3 Aufbau und Nomenklatur

In der Literatur und in den Standards werden viele Fachtermini verwendet. Da die Standards in Englisch verfasst sind, werden viele der Fachtermini auch in der deutschsprachigen Literatur ohne Übersetzung übernommen. Dieser Ansatz wird auch in diesem Buch verfolgt. Es wurde versucht, die englischen Begriffe weitestgehend aus den Standards zu übernehmen. Insbesondere in Kombination mit deutschen Wörtern wurde sich für eine Schreibweise entschieden. Es wären aber auch andere Schreibweisen möglich.

Wenn im Buch Personen, z. B. ein Anwender oder ein Nutzer, genannt werden, wird nur die männliche Form verwendet. Dies erfolgt, um eine bessere Verständlichkeit der technischen Zusammenhänge zu erreichen. An diesen Stellen ist die konkrete Person nicht wichtig. Es geht um technische Zusammenhänge und nicht um gesellschaftliche Aussagen. Gemeint sind immer Personen jeglichen Geschlechts.

Für eine bessere Anschaulichkeit werden in den Abbildungen Farben verwendet. Für bestimmte Komponenten bzw. Kategorien werden die gleichen Farben immer wieder in verschiedenen Abbildungen verwendet. Eine Zuordnung für einige der Farben zu Komponenten ist in Tabelle 1.1 gegeben.

Tabelle 1.1 Verwendung der Farben im Buch

Farbe	Verwendung
	CAN-H (CAN), BP (FlexRay)
	CAN-L (CAN), BM (FlexRay)
	Anwendung, Mikrocontroller, Host
	Protokollcontroller, Data Link Layer
	Transceiver, Bustreiber, Physical Layer
	Knoten 1
	Knoten 2
	Knoten 3
	Differenzspannung auf dem Bus

1.4 LDF-Editor als Zusatzmaterial

Um eine Kommunikation mit einem Bussystem zu realisieren, ist zum einen die Hardware notwendig, zum anderen muss die Kommunikation definiert und softwaremäßig umgesetzt werden. Zur Unterstützung der Definition der Kommunikation wurden für verschiedene Bussysteme Dateiformate und Tools entwickelt, die den Anwender möglichst gut unterstützen sollen. So wurde für LIN das *LIN Description File (LDF)* spezifiziert, in dem alle Aspekte der Kommunikation in einem standardisierten Format beschrieben werden. Solch ein LDF ist ein Textfile im ASCII-Format, welches mit einem Texteditor erzeugt werden kann. Wesentlich einfacher ist es, einen entsprechenden Editor zu nutzen, der den Anwender unterstützt, sich um die Syntax kümmert und Fehler detektiert.

Solch ein Editor für die Erzeugung von LDFs steht als Zusatzmaterial zu diesem Buch zur Verfügung. Er wurde an der Hochschule Landshut in C# entwickelt und basiert auf dem .NET Framework 4.5.2 von Microsoft. Damit er auf einem Computer läuft, muss die .NET-Umgebung installiert sein.

Der Editor deckt alle notwendigen Schritte für die Erstellung einer signalbasierten Kommunikation ab. Selbst wenn man die Kommunikation nicht mit LIN realisieren möchte oder kann, hilft der Editor, sich über die Struktur der Daten für die Kommunikation klar zu werden. Der Editor steht als Download beim Hanser Verlag zur Verfügung. Er deckt den kompletten Umfang ab, der im LIN-Standard beschrieben ist.

I Grundlegende Funktionsweisen

2 Grundlagen (1)

2.1 Einführung in die Kommunikation

Das Wort *Kommunikation* bedeutet laut Duden die Verständigung untereinander, die mit Hilfe von Sprache und Zeichen stattfinden kann. Ursprünglich kommt das Wort aus dem Lateinischen von *communicare* und bedeutet so viel wie *teilen.* Im heutigen Sprachgebrauch wird mit Kommunikation das Teilen bzw. der Austausch von Informationen bezeichnet. Eines der wichtigsten Hilfsmittel für die Kommunikation des Menschen ist die Sprache.

Schon jeder Säugling kommuniziert mit seiner Umwelt. Schreien bedeutet, dass etwas nicht passt (Hunger, Schmerzen, Windel voll), nicht schreien bedeutet, dass alles okay ist. Diese sehr einfache Kommunikation entwickelt sich mit der Zeit weiter. Ein Kind lernt Wörter zu verstehen und zu sprechen, Sätze zu bilden, Grammatik anzuwenden. Später lernt es, wann es sprechen kann und wann es besser den Mund hält. Manche verlernen das auch wieder. Dies alles geschieht spielerisch und unbewusst.

Wie kommunizieren wir?

Da gibt es viele Formen und Aspekte, von denen hier einige genannt sind:

- durch Sprache, Wörter, Sätze
- unter Benutzung von Grammatik
- es gibt einen Sprecher und einen oder mehrere Zuhörer
- direkt, per Telefon oder Computer
- durch gesprochene Sätze, durch geschriebene Sätze
- und zusätzlich durch non-verbale Kommunikation, wie Gesten, Körperhaltung, Handzeichen, Augenzwinkern, Lächeln usw.

Was jeder Mensch als Kind in Bezug auf Kommunikation gelernt hat und, ohne darüber nachdenken zu müssen, anwendet, muss bei einem technischen System beschrieben (spezifiziert) und dann technisch umgesetzt werden. Dies erfolgt in einem Kommunikationsprotokoll. Darin wird u. a. festgelegt:

- wie Informationen technisch dargestellt werden
- wie Informationen technisch übertragen werden
- wie kleine Informationseinheiten zu größeren zusammengesetzt werden
- wann ein Teilnehmer senden darf (und wann nicht)
- wie die übertragene Information gesichert wird
- was gemacht wird, wenn bei der Übertragung ein Fehler auftritt

Ein Kommunikationsprotokoll ist eine Menge von Regeln für die Darstellung der Information, die Nachrichtenübermittlung, die Synchronisation und die Fehlererkennung, welche erforderlich sind, um Informationen über einen Kommunikationskanal auszutauschen.

In diesem Kapitel werden grundlegende Prinzipien, Begriffe und Methoden, die bei der *technischen* Kommunikation eine Rolle spielen, erläutert. In den folgenden Kapiteln werden vier konkrete Kommunikationssysteme ausführlicher beschrieben.

2.2 Begriffe

Um Systeme zu beschreiben, werden Begriffe verwendet, die Teilsysteme und Komponenten, aber auch Methoden und Prinzipien benennen. Dabei ist es nicht ungewöhnlich, dass in unterschiedlichen Fachbereichen verschiedene Begriffe für die gleiche Sache verwendet werden. So werden z. B. für Informationsentities die Begriffe Nachricht, Botschaft, Telegramm, Message, Frame, Daten, Datei und File verwendet, wobei die Liste keinen Anspruch auf Vollständigkeit erhebt.

Ebenso kommt es vor, dass der gleiche Begriff für unterschiedliche Komponenten oder Methoden verwendet wird. Bei Abkürzungen tritt dieses Problem noch wesentlich stärker auf. So wird z. B. die Abkürzung *IP* für *Internet Protocol*, aber auch für *Intellectual Property* verwendet.

In diesem Abschnitt werden die wichtigsten Begriffe für die Erläuterung der Kommunikationssysteme eingeführt. Gibt es mehrere Begriffe, wird einer ausgewählt, der dann durchgängig bei der Beschreibung der verschiedenen Kommunikationssysteme verwendet wird. Dies soll der Leserin und dem Leser das Verständnis erleichtern. Ein einmal verstandenes Prinzip muss nicht erneut durchdacht werden, nur weil plötzlich ganz andere Begriffe verwendet werden. Dies ermöglicht es auch, die verschiedenen Systeme besser miteinander zu vergleichen.

2.2.1 Elemente eines Kommunikationssystems

Um kommunizieren zu können, sind Sender (engl.: Transmitter) und Empfänger (engl.: Receiver) notwendig. Ein Kommunikationsteilnehmer kann gewöhnlich senden und empfangen. Er wird Teilnehmer oder *Knoten* genannt.

Die Daten, die die Knoten miteinander austauschen, werden als Nachrichten, Botschaften, Telegramme oder *Frames* bezeichnet.

Mehrere Knoten bilden ein *Cluster*, wenn sie über *ein* Kommunikationssystem miteinander verbunden sind.

Aus mehreren Clustern kann über *Gateways* ein *Netzwerk* gebildet werden. In einem Netzwerk sind *mehrere* gleiche oder verschiedene Kommunikationssysteme miteinander verbunden.

Diese gedankliche Hierarchie sowie diese Begriffe könnten genauso gut auf einen Ort, z. B. ein Dorf, angewendet werden. Dabei ergibt sich folgende Zuordnung:

- Die Häuser würden den *Knoten* entsprechen.
- Alle Häuser an einer Straße würden ein *Cluster* bilden.

- Die einzelnen Straßen sind durch Kreuzungen miteinander verbunden. Eine Kreuzung würde einem *Gateway* entsprechen.
- Alle Häuser, Straßen und Kreuzungen bilden das Dorf. Dies würde dem *Netzwerk* entsprechen.
- Auf den Straßen bewegen sich Menschen und Fahrzeuge. Dies wären die *Frames.*

2.2.2 Begriffe zur Adressierung

Bei den ersten drei Begriffen geht es darum, wie viele Empfänger die Informationen des Senders empfangen können. Bei den weiteren Begriffen geht es darum, in welcher Richtung Informationen zwischen zwei Teilnehmern ausgetauscht werden können.

2.2.2.1 Unicast

Beim Unicast kommuniziert ein Teilnehmer einer Gruppe mit genau einem anderen Teilnehmer der Gruppe. Es bezeichnet eine 1:1-Kommunikation (Bild 2.1). Es sendet also immer nur *ein* Teilnehmer eine Nachricht an *einen* anderen Teilnehmer zu einem Zeitpunkt. Nach dieser Nachricht kann er eine weitere Nachricht an diesen oder einen anderen Teilnehmer senden oder ein anderer Teilnehmer sendet.

Beispiele sind das Telefonieren, ein 1:1-Chat und ein Vier-Augen-Gespräch.

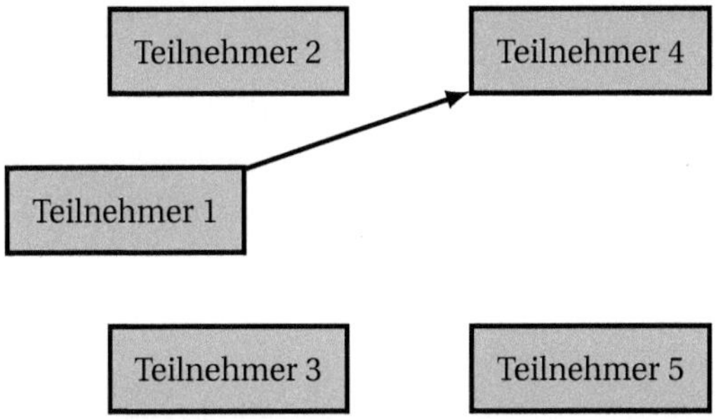

Bild 2.1 Kommunikation bei Unicast

2.2.2.2 Multicast

Ein Teilnehmer sendet beim Multicast eine Nachricht an eine Teilmenge einer Gruppe (Bild 2.2). Nach dieser Nachricht kann er einer anderen Teilmenge der Gruppe eine Nachricht schicken oder ein anderer Teilnehmer sendet. Es kann also immer nur *ein* Teilnehmer eine Nachricht an eine *Teilgruppe* zu einem Zeitpunkt schicken. Ein Beispiel für Multicast ist eine Videokonferenz, zu der nicht alle Mitglieder der Gruppe den Zugangscode erhalten haben. Ein weiteres Beispiel wären Gespräche an einer langen Tafel. Nur die Gäste, die nicht zu weit weg von einen Sprecher sitzen, können den Ausführungen folgen. Alle anderen Gäste können den Sprecher akustisch nicht verstehen und hören wahrscheinlich einer anderen Sprecherin zu.

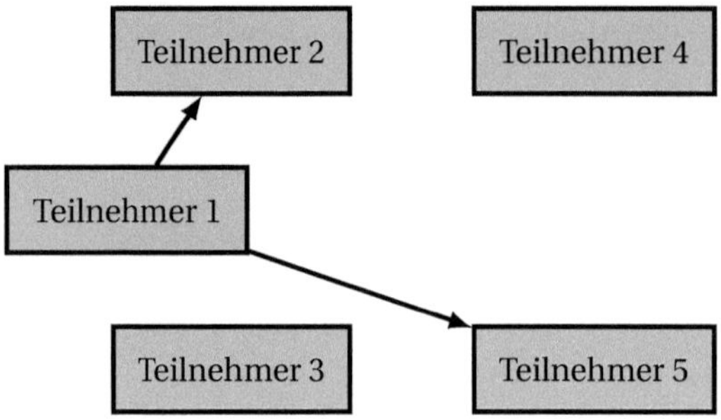

Bild 2.2 Kommunikation bei Multicast

2.2.2.3 Broadcast

Ein Teilnehmer einer Gruppe kommuniziert mit allen anderen Teilnehmern der Gruppe. Es sendet also *ein* Teilnehmer eine Nachricht an *alle* anderen Teilnehmer der Gruppe zu einem Zeitpunkt (Bild 2.3). Bei vielen Kommunikationssystemen (z. B. LIN, CAN, FlexRay) ist Broadcast die übliche und einzige Adressierungsart. Beispiele für Broadcast sind das Radio, das Fernsehen und ein Vortrag.

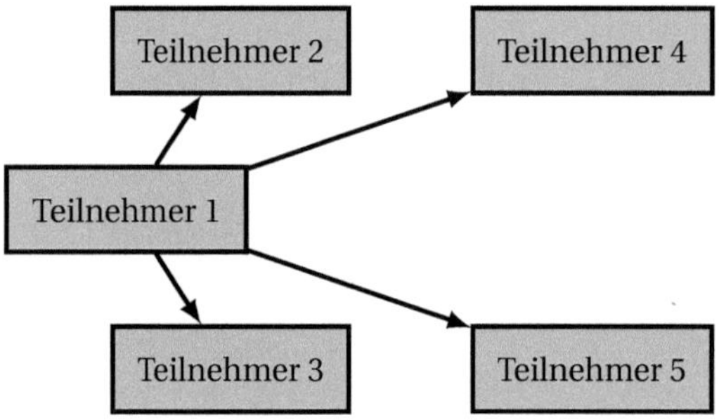

Bild 2.3 Kommunikation bei Broadcast

Die Unterscheidung zwischen Multicast und Broadcast ist nicht immer eindeutig. Hier kommt es darauf an, wie die Gruppe, die empfängt, definiert ist. So kann das Radioprogramm technisch zwar prinzipiell von allen Radiogeräten empfangen werden, aber nur die Geräte, die an sind und auf den betrachteten Sender eingestellt sind, können das Programm empfangen.

2.2.2.4 Simplex

Beim Simplex sendet ein Teilnehmer ausschließlich, der andere empfängt nur (Bild 2.4). Die Kommunikation kann also nur in einer Richtung erfolgen. Es ist technisch nicht möglich, dass die Kommunikation auch in der anderen Richtung erfolgen kann, weil es keinen Rückkanal gibt. Beispiele für eine Simplex-Kommunikation sind Radio, Fernseher, Pager und Diktatoren.

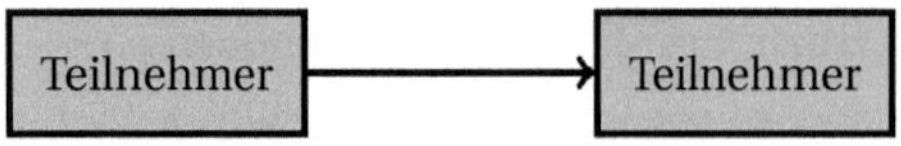

Bild 2.4 Kommunikation bei Simplex

2.2.2.5 Vollduplex

Beim Vollduplex können die Teilnehmer gleichzeitig Senden und Empfangen. Es ist also möglich, Daten in beide Richtungen zur gleichen Zeit zu übertragen (Bild 2.5). Beispiele für dieses Prinzip sind das Telefon und die Demokratie.

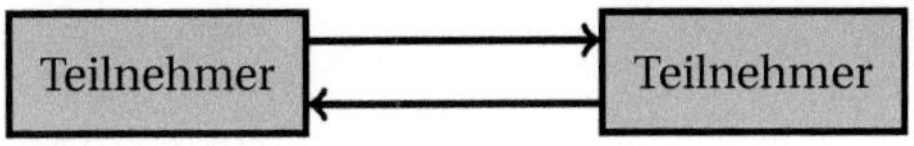

Bild 2.5 Kommunikation bei Vollduplex

2.2.2.6 Halbduplex

Beim Halbduplex kann auch jeder Teilnehmer senden und empfangen, aber beides gleichzeitig ist nicht möglich (Bild 2.6). Senden und Empfangen kann also nur nacheinander erfolgen. Ein Beispiel sind Funkgeräte, bei denen die Sendetaste gedrückt werden muss, um zu senden. Während des Sendens ist kein Empfang möglich.

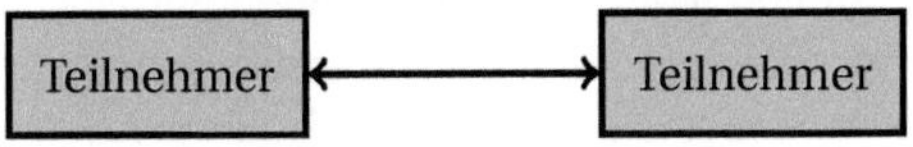

Bild 2.6 Kommunikation bei Halbduplex

Es gibt noch das Prinzip des *Dual-Simplex*. Das Ergebnis ist das Gleiche wie beim Vollduplex. Allerdings gibt es getrennte Sende- und Empfangswege. Ein Beispiel wäre eine Internetverbindung im Downstream über Satellit und im Upstream über Telefon. Um Vollduplex von Dual-Simplex unterscheiden zu können, müssen Details über die technische Realisierung bekannt sein.

2.2.3 Bussysteme

Bisher wurde der Begriff *Kommunikationssystem* verwendet, um zu kennzeichnen, dass zwei oder mehr Teilnehmer miteinander Informationen austauschen. Im Fahrzeug, der Automatisierungstechnik und anderen Bereichen wird häufig der Begriff *Bussystem* verwendet. Damit wird gewöhnlich ein Kommunikationssystem mit bestimmten Eigenschaften bezeichnet. Eine Eigenschaft ist, dass ein solches System drahtgebunden ist. Der Begriff *Bus* wird verwendet für Bussysteme und für die Bustopologie.

Bussystem: Ein Bus ist ein System zur Datenübertragung zwischen mehreren Teilnehmern über einen gemeinsamen Übertragungsweg, bei dem die Teilnehmer nicht an der Datenübertragung zwischen anderen Teilnehmern beteiligt sind. Die Abkürzung Bus steht dabei für Binary Unit System.

Bustopologie: Bei einer Bustopologie (Linien- oder Strangtopologie) sind alle Geräte direkt mit demselben Übertragungsmedium, dem Bus, verbunden (siehe Bustopologie, Abschnitt 2.4.1). Es gibt keine aktiven Komponenten zwischen den Geräten und dem Medium. Das Übertragungsmedium ist bei Systemen mit einer kleineren physikalischen Ausdehnung oft direkt auf einer Leiterplatte realisiert, ansonsten als Kabel oder Kabelbündel.

Nach dieser Definition sind LIN, CAN und FlexRay Bussysteme, Automotive Ethernet hingegen nicht. Trotzdem wird Automotive Ethernet oft zu den Bussystemen hinzugezählt (siehe [Zimmermann]).

2.2.4 Notwendigkeit einer Vernetzung

Bis in die 80er-Jahre gab es nur sehr wenige Steuergeräte, auch als Electronic Control Unit (ECU) bezeichnet, in den Fahrzeugen.Um Informationen miteinander auszutauschen, gab es separate Leitungen zwischen den Steuergeräten (Bild 2.7a). Wurden mehrere Signale miteinander ausgetauscht, gab es mitunter auch mehrere Leitungen.

Bei einer steigenden Anzahl von Steuergeräten und auszutauschenden Signalen wuchs der Aufwand sehr schnell. Auch war es sehr unhandlich, für gleiche Signale mehrere Leitungen verwenden zu müssen. Änderungen und Erweiterungen erforderten immer Änderungen an der Hardware und der Verdrahtung.

Mit der Einführung von Bussystemen, an die jedes Steuergerät angeschlossen wird, wurde die Kommunikation viel flexibler. Jeder Teilnehmer kann von jedem anderen Teilnehmer Nachrichten empfangen, ohne dass neue Leitungen notwendig sind. Ein solches System kann sehr leicht um weitere Nachrichten erweitert werden, ohne dass etwas an der Verdrahtung geändert werden muss (Bild 2.7b).

Die Automobilhersteller begannen mit proprietären Systemen, d. h., jeder Hersteller hatte sein eigenes Bussystem. Später setzten sich standardisierte Bussysteme durch, die von mehreren Automobilherstellern genutzt wurden und deshalb von den Halbleiterherstellern in ihre Produkte integriert wurden. Dies führte zu einer Kostensenkung und zu weiterer Verbreitung.

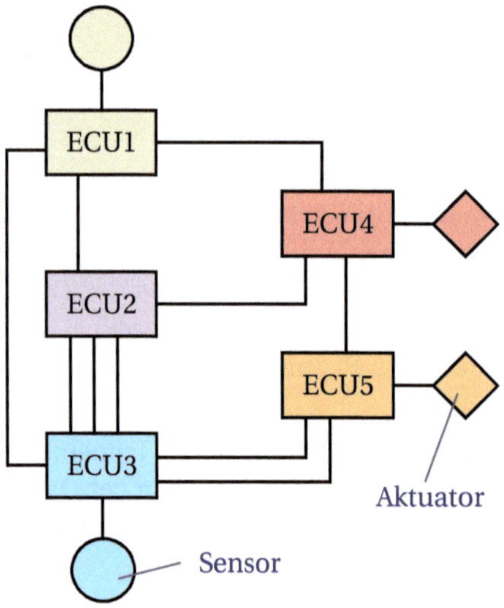

(a) Individuelle Datenleitungen

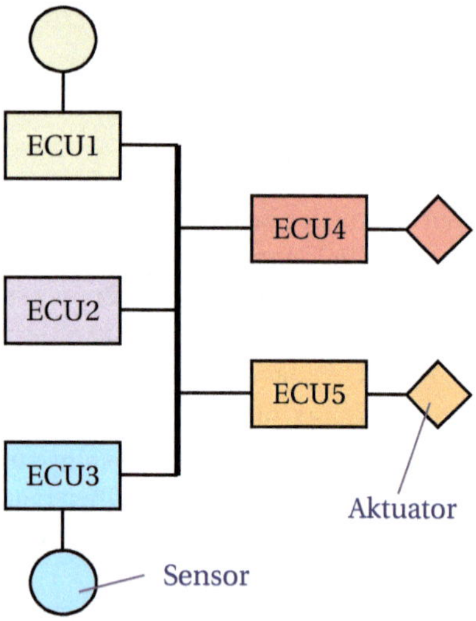

(b) Serielle Kommunikation

Bild 2.7 Vernetzung von Steuergeräten

2.2.5 Weitere Begriffe

Die folgenden Begriffe werden im Zusammenhang mit Kommunikation verwendet und sollen hier eingeführt werden.

Point-to-Point (dt.: Punkt-zu-Punkt): direkte, unmittelbare Verbindung zwischen zwei Teilnehmern

Multidrop Bus: ist ein Bus, bei dem alle Teilnehmer mit der Übertragungsleitung verbunden sind

Peer-to-Peer (P2P): Bezeichnung für die Kommunikation unter gleichberechtigten Teilnehmern

Master: Kommunikationsteilnehmer, der die Kommunikation in einem Kommunikationssystem steuert

Slave: Kommunikationsteilnehmer, der sich an die Anweisungen des Masters hält

Multi-Master: ein Kommunikationssystem, in dem es mehrere Master gibt

Bandbreite: ist die Breite des Intervalls in einem Frequenzspektrum, in dem die dominanten Frequenzanteile eines zu übertragenden Signals liegen. Wird in Hz angegeben

Leitungscode: legt fest, wie die zur Informationsübertragung genutzten Symbole auf der physischen Ebene übertragen werden

Symbol: Zeicheneinheiten zur Übertragung des Informationsgehaltes

Baudrate, Symbolrate: ist die Anzahl der übertragenen Symbole pro Zeitspanne. Wird in Baud angegeben, 1 Baud = 1 Symbol/s

Datenübertragungsrate (auch Datenrate oder Bitrate): bezeichnet die Datenmenge, die innerhalb einer Zeitspanne über einen Übertragungskanal übertragen wird. Wird in bit/s angegeben

zeichenorientiert: Zeichen bzw. Symbole werden einzeln übertragen

nachrichtenorientiert: Zeichen bzw. Symbole werden in Gruppen (Frames) zusammengefasst und als Block übertragen

2.3 Aufbau

2.3.1 Aufbau eines Knotens

Ein Knoten besteht aus einer Recheneinheit, die Daten mit anderen Recheneinheiten austauschen möchte, einem Protokollcontroller und einem Transceiver (Bild 2.8). Die Recheneinheit wird auch als Host oder Hostcomputer bezeichnet.

Host: Der Host wird meistens mit einem Mikrocontroller realisiert, kann aber bei allgemeiner Betrachtung auch ein Computer oder im einfachsten Fall eine Logik sein. Der Host sendet und empfängt Daten an bzw. von anderen Hosts. Auf dem Host läuft die Software, die Daten versendet oder empfängt. Diese Software wird als Anwenderprogramm oder kurz als Anwendung bezeichnet.

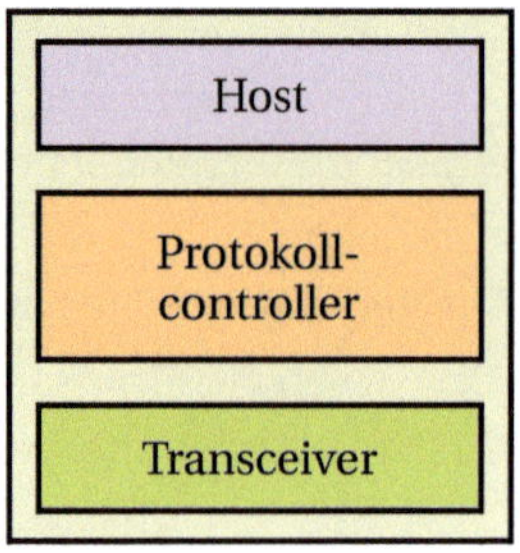

Bild 2.8 Aufbau eines Knotens

Protokollcontroller: Der Protokollcontroller realisiert die Kommunikationsfunktionen gemäß dem zugrunde liegenden Protokoll. Für jedes Protokoll ist ein eigener Protokollcontroller notwendig. Er wird durch eine digitale Schaltung realisiert. Bei sehr einfachen Protokollen kann die Aufgabe des Protokollcontrollers auch der Host übernehmen.

Transceiver: Der Transceiver (dt.: Bustreiber) stellt die Ankopplung an das physikalische Übertragungsmedium her. Beim Senden wandelt der Transceiver die logischen Werte des Protokollcontrollers in Spannungswerte oder optische Signale um und wandelt beim Empfang die Spannungswerte oder die optischen Signale wieder in logische Werte um.Während bei einfacheren Protokollen der Transceiver mittels einer analogen Schaltung realisiert wird, wird bei komplexeren Protokollen (z. B. bei Ethernet) ein nicht unerheblicher Teil durch eine digitale Schaltung realisiert.

Da Host und Protokollcontroller beide als reine Digitalschaltung realisiert werden, ergeben sich für einen Knoten zwei Ausführungsformen:

- Realisierung mit einem stand-alone Protokollcontroller (Bild 2.9a) und
- Realisierung mit einem integrierten Protokollcontroller (Bild 2.9b).

Bei einem Knoten mit einem stand-alone Protokollcontroller ist dieser als eigener Baustein ausgeführt, d. h., er besitzt ein eigenes Gehäuse und eine eigene Spannungsversorgung. Die Anbindung an den Mikrocontroller erfolgt über eine Standardschnittstelle, z. B. über eine SPI[1].

Ein integrierter Protokollcontroller ist hingegen als Peripheriebaustein im Mikrocontroller integriert und an die internen Busse des Mikrocontrollers angebunden. Vorteile ergeben sich dadurch, dass auf der Platine ein Baustein weniger notwendig ist, womit Leitungen entfallen können und Platz gespart wird. Außerdem kann der Austausch der Daten zwischen Mikrocontroller und Protokollcontroller schneller erfolgen, weil der Zugriff mit der vollen Breite des internen Datenbusses erfolgen kann (z. B. über einen 32 Bit breiten Datenbus).

Zur Busseite hin haben beide Lösungen die gleichen Anschlüsse. In der Praxis wird in der Mehrheit der Fälle die Realisierung mit einem integrierten Protokollcontroller gewählt. Bei neu entwickelten Protokollen werden zu Beginn vorwiegend stand-alone Protokollcontroller verwendet, bis es Mikrocontroller mit integriertem Protokollcontroller gibt. Soll ein bestimmter Mikrocontroller eingesetzt werden, für den es Implementierungen mit integriertem Protokollcontroller nicht gibt, werden stand-alone Protokollcontroller verwendet.

[1] Eine SPI (Serial Peripheral Interface) bezeichnet einen synchronen seriellen Datenbus, der bei den meisten Mikrocontrollern als Schnittstelle vorhanden ist.

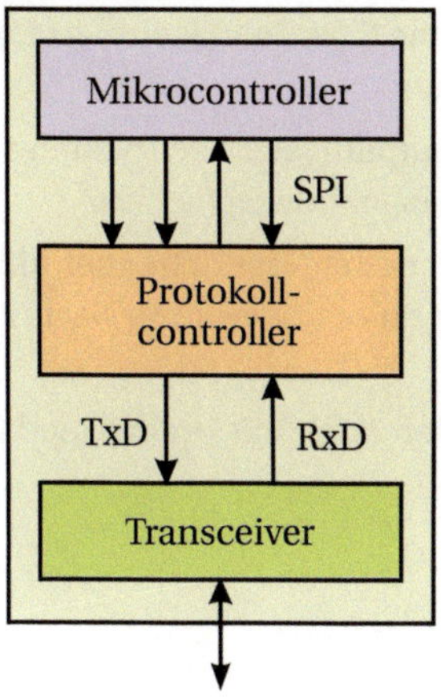

(a) Stand-alone Protokollcontroller

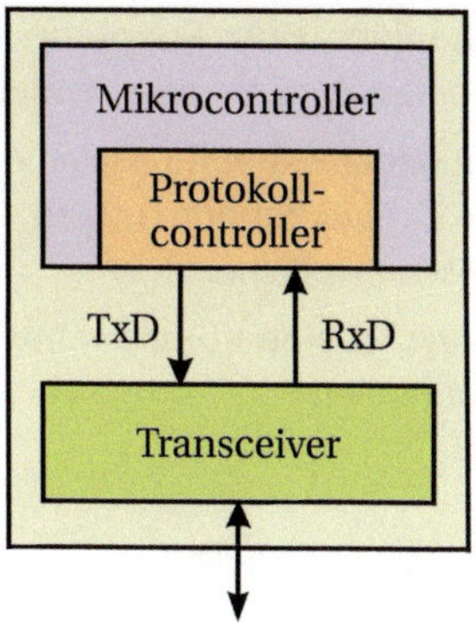

(b) Integrierter Protokollcontroller

Bild 2.9 Ausführungsformen eines Knotens

2.3.2 Aufbau eines Clusters

Ein Cluster besteht aus mehreren Knoten und einem physikalischen Übertragungsmedium. Je nach Protokoll und physikalischem Übertragungsmedium kann die Übertragung elektrisch, optisch oder elektromagnetisch (Funk) erfolgen (Bild 2.10).

Um ein Kommunikationssystem aufzubauen, sind mehrere Knoten notwendig. Die minimale Anzahl sind gewöhnlich zwei Knoten. Die maximale Anzahl hängt von der Art des Protokolls und vom Physical Layer (Transceiver + physikalisches Übertragungsmedium) ab.

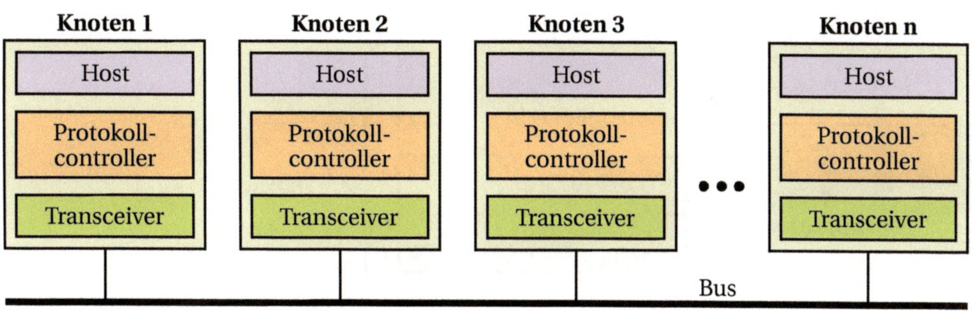

Bild 2.10 Aufbau eines Clusters

2.3.3 Komponenten

Folgende Komponenten können in einem Netzwerk zum Einsatz kommen:

Transceiver (dt.: Bustreiber): Umsetzung der Bussignale auf die Steuergeräte-internen Spannungspegel

Repeater: Signalverstärkung zwischen Leitungsabschnitten ohne Eigenintelligenz, ermöglicht längere Leitungen, führt aber zu zusätzlichen Signallaufzeiten

Sternkoppler, Hub: Kopplungselement, das auf einem Zweig empfangene Nachrichten an alle anderen Zweige weitersendet, kann keine Nachrichten erzeugen oder speichern

Switch: ist ein Kopplungselement wie der Sternkoppler, sendet eine Nachricht aber nicht an alle Zweige, sondern nur an den, an welchem sich das Zielgerät befindet, kann Nachrichten zwischenspeichern

Gateway: ist eine Komponente zur Kopplung mehrerer Cluster, auch mit unterschiedlichen Protokollen

2.3.4 OSI-Modell

Das OSI-Modell ist ein Referenzmodell für Netzwerkprotokolle. Es ist in Schichten (engl.: Layer) aufgebaut und wird seit 1984 von der ISO als Standard veröffentlicht. Es wird auch als ISO/OSI-Referenzmodell bezeichnet. OSI ist eine Abkürzung und steht für *Open Systems Interconnection.*

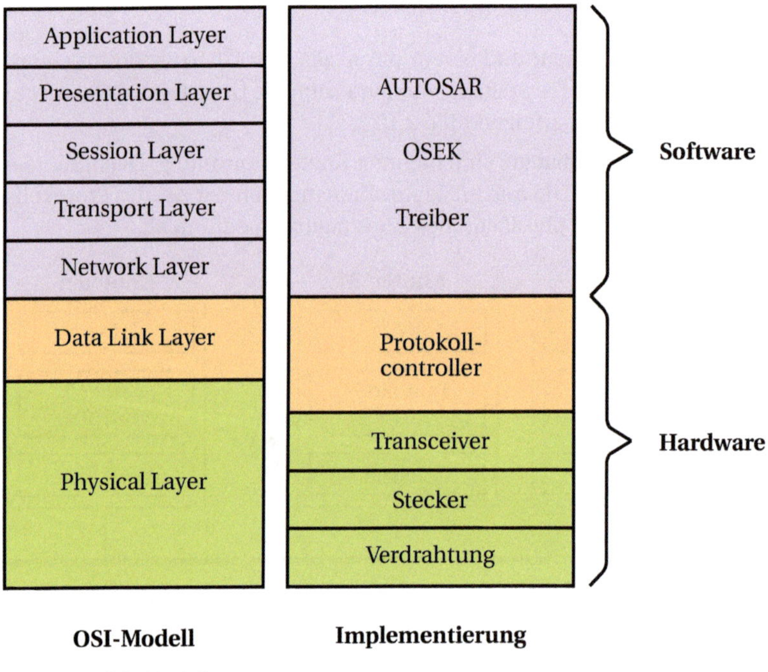

Bild 2.11 OSI-Modell

Das OSI-Modell beschreibt die Kommunikation in sieben aufeinander aufbauenden Schichten (Bild 2.11). Jeder Schicht sind bestimmte Funktionen zugeordnet. Jede Schicht interagiert immer nur mit ihren beiden benachbarten Schichten, der Schicht unmittelbar darunter und der Schicht unmittelbar darüber. Die Schnittstellen zwischen den Schichten sind definiert und ändern sich nicht, auch wenn eine Schicht verändert wird. Dadurch ist es möglich, eine Schicht zu ändern, ohne das ganze System neu entwerfen zu müssen. So kann z. B. ein Kommunikationssystem, welches die Übertragung mit elektrischen Signalen realisiert, umgerüstet werden auf optische Signale, indem nur die unterste Schicht, der Physical Layer, ausgetauscht wird. Alle anderen Schichten bleiben unverändert.

Das bekannteste Kommunikationssystem, welches nach dem OSI-Modell aufgebaut ist, ist das Internet. In der rund 50-jährigen Entwicklung wurden mehrfach ganze Schichten geändert, aber das Gesamtsystem musste nicht von Grund auf neu entworfen werden.

Während die Schichten 1 und 2 (Physical Layer und Data Link Layer) vorwiegend in Hardware realisiert werden, werden die übrigen fünf Schichten vorwiegend in Software realisiert. In diesem Buch liegt der Schwerpunkt auf den Schichten 1 und 2.

2.4 Topologien

Die Anordnung und die Verbindung der Kommunikationsteilnehmer wird als Topologie bezeichnet. Dabei wird zwischen einer physischen und einer logischen Topologie unterschieden. Wir wollen uns auf die physische Topologie konzentrieren. Diese beschreibt die geometrische Anordnung der Teilnehmer zueinander. Dabei ist neben den Entfernungen der Teilnehmer die elektrische Verdrahtung von besonderem Interesse. So spielt es eine Rolle, welcher Teilnehmer mit welchem Teilnehmer galvanisch direkt verbunden ist und zwischen welchen Teilnehmern sich in der Verbindungsleitung elektronische Bauelemente befinden, die die elektrischen Signale verändern können.

Es können drei Grundtopologien unterschieden werden: die Bustopologie, die Sterntopologie und die Ringtopologie.

2.4.1 Bustopologie

Bei der Bustopologie, die auch als Linientopologie bezeichnet wird, ist jeder Teilnehmer mit einer Stichleitung (engl.: Stub) mit der Übertragungsleitung verbunden. An den beiden Endknoten (hier Knoten 1 und 5) endet die Übertragungsleitung (Bild 2.12). Dies ist vergleichbar mit einer Wasserleitung in einer Straße, an der jedes Haus mit einer kurzen Leitung – einer Stichleitung – angeschlossen ist. Die Länge einer Stichleitung ist im Vergleich zur Hauptleitung eher kurz. Auf der Übertragungsleitung und allen Stichleitungen herrschen nach entsprechenden Einschwingvorgängen gleiche Spannungen.

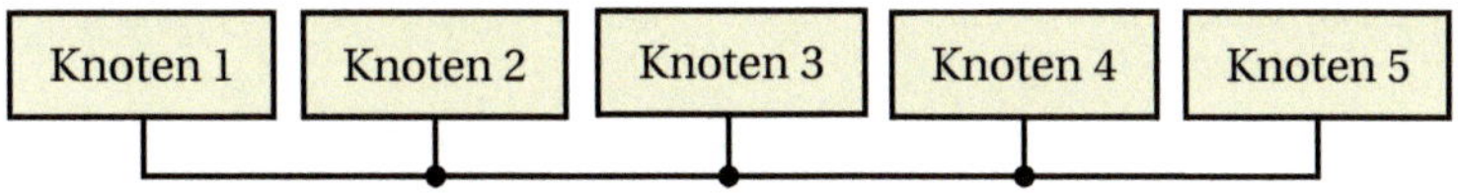

Bild 2.12 Bustopologie

Den Bus gibt es in unterschiedlichen Ausprägungen. Die beiden Extreme sind nachfolgend dargestellt. Alle Zwischenversionen zwischen diesen Extremen sind möglich.

Passive Sterne

Passive Sterne beschreiben eine besondere Ausführung der Bustopologie. Ein passiver Stern ist gekennzeichnet durch lange Stichleitungen und eine sehr kurze Übertragungsleitung (Bild 2.13).

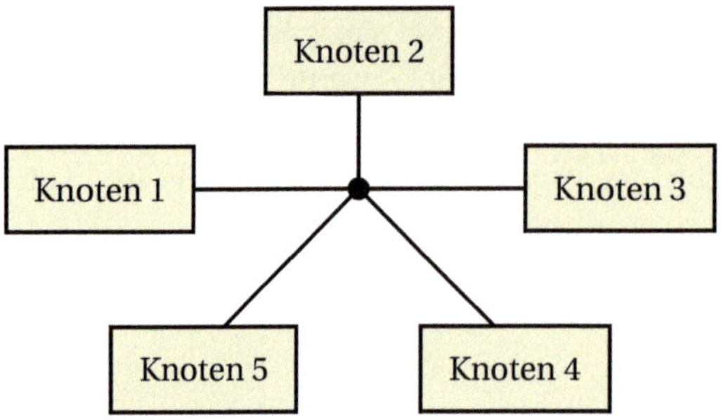

Bild 2.13 Passiver Stern

In einem Bussystem, in dem es nur einen einzigen passiven Stern gibt, sind die Stichleitungen aller Teilnehmer an einem Punkt miteinander verbunden. Der Verbindungspunkt ist praktisch nur eine Klemmstelle und die Übertragungsleitung hat die Länge der Klemmstelle.

Die Anschlussleitungen sind galvanisch miteinander verbunden, sodass die Spannungen im eingeschwungenen Zustand auf allen Stichleitungen identisch sind. Aus diesem Grund ist es eine Bustopologie, auch wenn sie von der Anordnung wie eine Sterntopologie aussieht. Die Sterntopologie wird im Abschnitt 2.4.2 beschrieben.

Daisy Chain

Daisy Chain beschreibt eine Bustopologie, bei der die Stichleitungen durch konstruktive Maßnahmen sehr kurz sind (Bild 2.14).

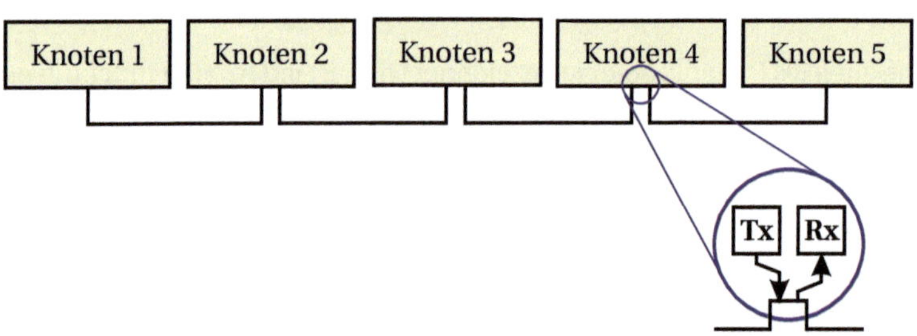

Bild 2.14 Bustopologie in Daisy Chain

Bei einer Daisy-Chain-Topologie wird versucht, die Stichleitung möglichst kurz auszuführen. Dazu wird die Hauptleitung an jeden Knoten direkt herangeführt und von dort zum nächsten Knoten. Die Hauptleitung kann beispielsweise bis in den Stecker geführt werden, von dem dann die Stichleitung abgeht. Es ist aber auch möglich, dass die Hauptleitung über den Stecker bis in das Steuergerät auf die Platine geführt wird und dort erst die Stichleitung abgeht. Die Hauptleitung wird dann wieder über den Stecker zum nächsten Steuergerät geführt. Im ersten Fall ist die Stichleitung 10 oder 15 cm lang, im zweiten Fall wenige Zentimeter oder gar nur

Millimeter. Ein Bus in Daisy-Chain-Topologie verbessert das elektrische Verhalten des Busses (siehe auch Abschnitt 6.3).

2.4.2 Sterntopologie

Bei der Sterntopologie ist jeder Teilnehmer über eine Punkt-zu-Punkt-Verbindung mit einem „Verteiler“ verbunden (Bild 2.15). Dieser Verteiler wird Sternkoppler genannt, in Computernetzwerken auch Hub. Der Sternkoppler (engl.: star coupler) ist eine aktive Komponente, d. h., er muss an eine Versorgungsspannung angeschlossen werden.

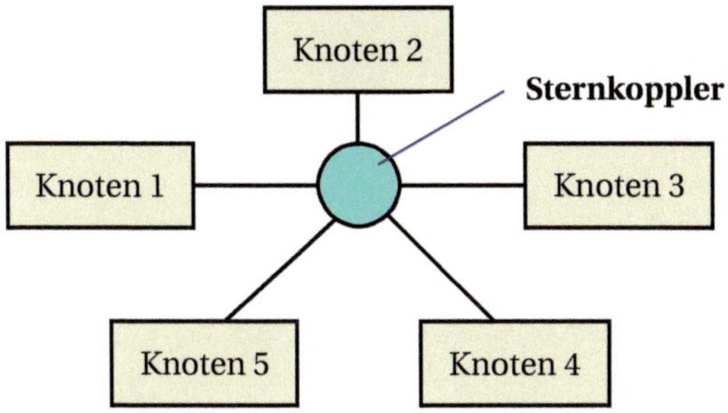

Bild 2.15 Sterntopologie mit aktivem Sternkoppler

Der Sternkoppler hat mehrere Anschlüsse, d. h., es können mehr als zwei Knoten angeschlossen werden. Hat ein Sternkoppler nur zwei Anschlüsse, dann spricht man von einem Repeater. Die Funktionsweise ist folgende:

1. Wenn nicht gesendet wird, horcht der Sternkoppler auf allen Zweigen (allen seinen Anschlüssen), ob einer der Knoten etwas sendet.
2. Sobald auf einem Zweig etwas gesendet wird, wird dieser Zweig als Eingang ausgewählt und bei allen anderen Zweigen werden die Ausgangstreiber aktiviert. Solange auf dem Eingangszweig gesendet wird, nimmt der Sternkoppler dieses Signal, verstärkt es und sendet es auf allen anderen Zweigen.
3. Beendet der sendende Knoten das Senden auf dem Eingangszweig, schaltet der Sternkoppler die Ausgangstreiber ab und horcht wieder auf allen Zweigen.

Die empfangenen Signale werden im Sternkoppler verstärkt, bevor sie gesendet werden. Es gibt auch Sternkoppler, die ein Bit Reshaping durchführen, also aus beispielsweise verschliffenen Flanken wieder steile Flanken machen.

Der Sternkoppler sendet empfangene Signale sofort weiter. Er hat technisch keine Möglichkeit, Frames oder Symbole zwischenzuspeichern. Ein Sternkoppler ist technisch nicht in der Lage, ein Frame zu generieren.

2.4.3 Ringtopologie

Bei der Ringtopologie ist jeder Knoten über je eine Punkt-zu-Punkt-Verbindung mit zwei weiteren Knoten verbunden (Bild 2.16). Möchte beispielsweise der Knoten 1 an den Knoten 3 eine

Nachricht schicken, so sendet er die Nachricht an den Knoten 2, der sie dann weiter an den Knoten 3 schickt. Eine Nachricht wird also von einem Teilnehmer zum nächsten Teilnehmer weitergereicht, bis sie den Empfänger erreicht hat.

Es gibt keine durchgehende Leitung wie bei einem Bus, sondern immer nur Punkt-zu-Punkt-Verbindungen zwischen den Knoten. So können z. B. auf der Leitung zwischen Knoten 1 und 2 andere Signale (Spannungen, Ströme, Licht) sein als zwischen den Knoten 3 und 4. Das MOST-Protokoll, welches für Multimediadaten in Fahrzeugen verwendet wird, basiert auf einer Ringtopologie.

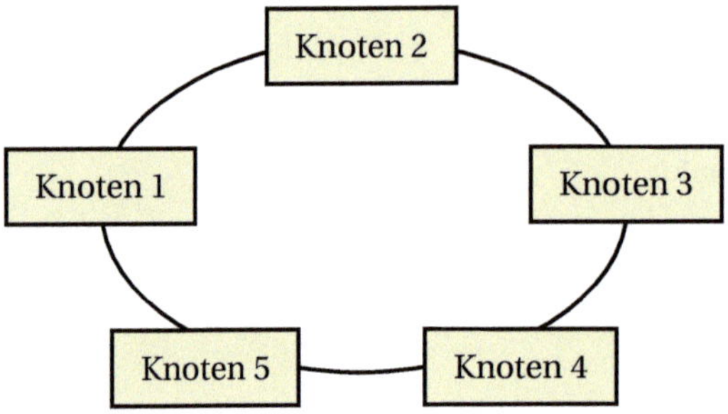

Bild 2.16 Ringtopologie

2.4.4 Hybride Topologien

In der Praxis kommen aber nicht nur die drei beschriebenen Grundtopologien zum Einsatz, sondern in bestimmten Kommunikationssystemen können diese Grundtopologien gemischt werden. Das geht aber nicht bei jedem System. Solche gemischten Topologien werden auch hybride Topologien genannt.

Das erste Beispiel (Bild 2.17) zeigt eigentlich keine richtige hybride Topologie, da es eine Bustopologie mit mehreren passiven Sternen ist. Eine Topologie mit einem oder auch mehreren passiven Sternen ist und bleibt aus elektrischer Sicht eine Bustopologie.

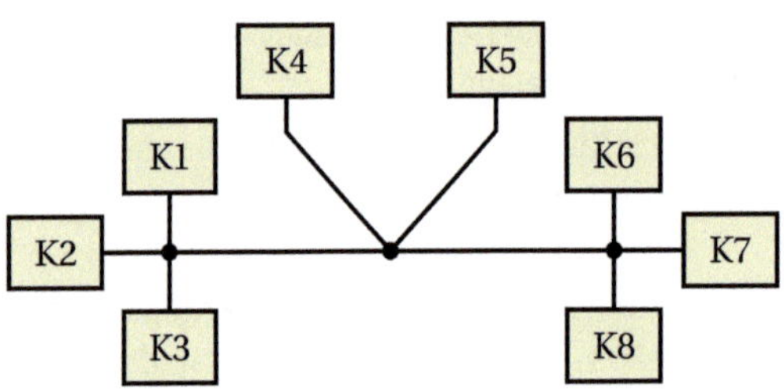

Bild 2.17 Cluster mit mehreren passiven Sternen

Eine echte hybride Topologie zeigt Bild 2.18. Hier sind zwei Sternkoppler direkt miteinander verbunden. An jeden Sternkoppler können so viele Knoten angeschlossen werden, wie der Sternkoppler Zweige hat. Bei dieser Verschaltung wird aber je Sternkoppler ein Zweig für die Verbindung der beiden Sternkoppler miteinander benötigt. Die beiden Sternkoppler werden auch als kaskadierte Sternkoppler bezeichnet. Diese Topologie kann z. B. bei FlexRay eingesetzt werden.

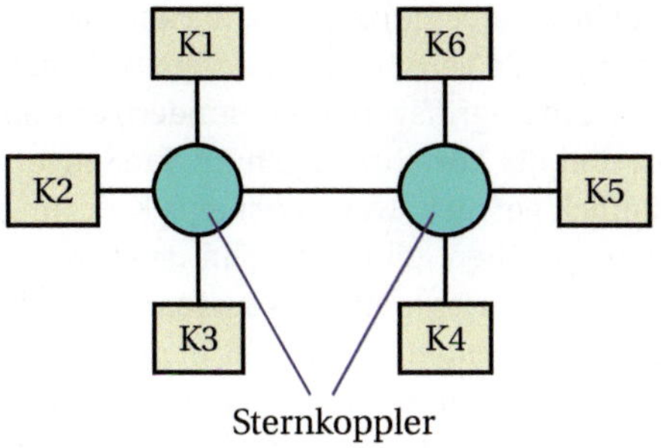

Bild 2.18 Cluster mit kaskadierten Sternkopplern

Eine weitere Möglichkeit ist es, an die Zweige eines Sternkopplers nicht nur einzelne Knoten mit einer Punkt-zu-Punkt-Verbindung anzuschließen, sondern Busse. Bild 2.19 zeigt eine solche Topologie. An den Sternkoppler mit drei Zweigen wurden zwei Busse mit je drei Knoten und ein Bus mit zwei Knoten angeschlossen. Damit ist es möglich, mehr Knoten an einen Sternkoppler anzuschließen, als der Sternkoppler Zweige hat.

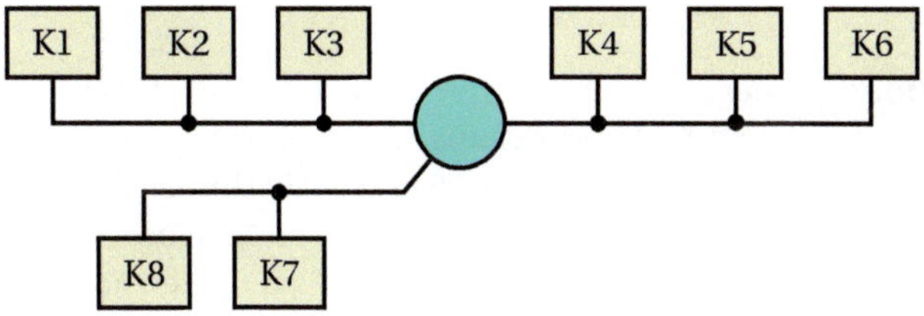

Bild 2.19 Aktiver Sternkoppler mit mehreren Bussen

So wie Busse an die Zweige des Sternkopplers angeschlossen werden können, können auch passive Sterne angeschlossen werden (Bild 2.20). Da ein passiver Stern sich aber elektrisch wie ein Bus verhält, ist es keine neue Topologie, sondern ein Sternkoppler mit Bussen an den Zweigen, wie es auch in Bild 2.19 dargestellt ist.

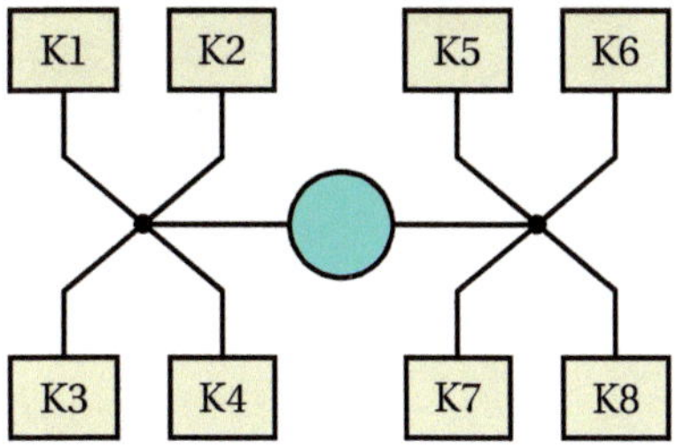

Bild 2.20 Aktiver Sternkoppler mit passiven Sternen

2.5 Zugriffsverfahren

Zugriffsverfahren regeln, wann eine Komponente eine Ressource nutzen darf, die auch andere Komponenten benötigen. Dieses sehr technisch anmutende Verfahren kommt im täglichen Leben viel häufiger vor, als man denkt. Nur heißt es da nicht Zugriffsverfahren, sondern es sind die grundlegenden Regeln des Zusammenlebens. So sind die Vorfahrtsregeln im Straßenverkehr nichts anderes als Zugriffsverfahren. Es wird nämlich geregelt, wer zuerst eine Kreuzung oder eine Einmündung befahren darf. Auch wenn wir sprechen, gibt es Regeln (auch wenn sich nicht immer alle daran halten). Eine sehr elementare Regel ist, wann wer sprechen darf. Je nach Umgebung gelten andere Regeln. So gibt es bei Gericht andere Regeln als in der Mannschaft nach dem Fußballspiel bei einem Getränk. Der Sprecher nutzt das Medium, um etwas zu sagen, und in dieser Zeit kann das Medium nicht von anderen benutzt werden. Mit einem Beispiel soll verdeutlicht werden, welche grundlegenden Ansätze es für Zugriffsverfahren gibt.

2.5.1 Einführungsbeispiel

Während der Studienzeit wohnen die Studierenden oft in Wohngemeinschaften (WG). Jeder der Bewohner hat ein eigenes Zimmer. Bad und Küche werden gemeinsam genutzt. Während die gemeinsame Nutzung der Küche durchaus üblich und willkommen ist, wird das Bad immer nur von einer Person genutzt.

In unserer WG wohnen in den vier Zimmern vier Studierende: Anna, Bert, Carl und Dora (siehe Bild 2.21). Morgens möchten alle vier pünktlich in der Vorlesung um 08:45 Uhr sitzen, aber auch möglichst lange schlafen. Folglich wollen alle zwischen 08:00 und 08:30 Uhr ins Bad. Wir nehmen an, dass jeder 15 min für die Morgentoilette im Bad benötigt. Der von allen bevorzugte Zeitraum umfasst aber nur 30 min, sodass zwei im Wunschzeitraum das Bad nutzen können, die zwei anderen hingegen nicht.

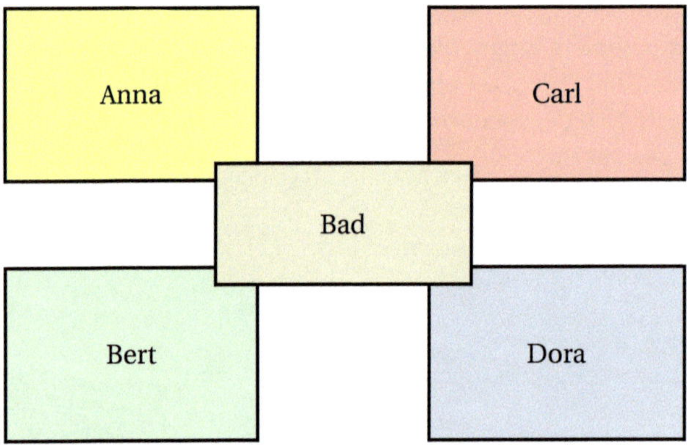

Bild 2.21 WG mit vier Zimmern und vier Bewohnern

Welche Varianten gibt es, die Nutzung des Bads zu regeln?

Die Studierenden müssen sich einigen, wann wer das Bad benutzen darf, oder sie haben Regeln, die sie befolgen.

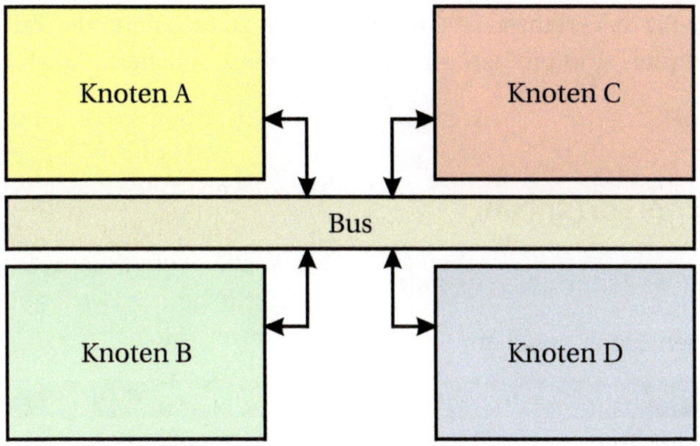

Bild 2.22 Cluster bestehend aus vier Knoten und einem Übertragungsmedium

Das gleiche Problem ergibt sich, wenn mehrere Teilnehmer über einen Bus kommunizieren möchten. Es muss geregelt werden, welcher Teilnehmer den Bus wann und wie lange nutzen darf. In der Kommunikation nennt man die Regeln zur Nutzung einer Ressource Zugriffsverfahren.

Es gibt vier grundlegende Zugriffsverfahren, die in den folgenden Abschnitten erläutert werden.

2.5.2 Master-Slave-Prinzip

Dieses im menschlichen Zusammenleben nicht unbedingt angestrebte Verfahren wird in der Technik häufig eingesetzt, weil es einfach zu realisieren ist.

Tabelle 2.1 Regeln beim Master-Slave-Zugriffsverfahren

Regeln in der WG	Regeln in der Kommunikation
Anna ist der Chef, alle hören auf sie.	Ein Knoten ist der Master, alle anderen sind Slaves.
Anna bestimmt, wann wer das Bad nutzen darf.	Der Master bestimmt, wann wer den Bus nutzen darf.
Anna sagt, wenn jemand ins Bad gehen darf.	Der Master fragt die Slaves ab.

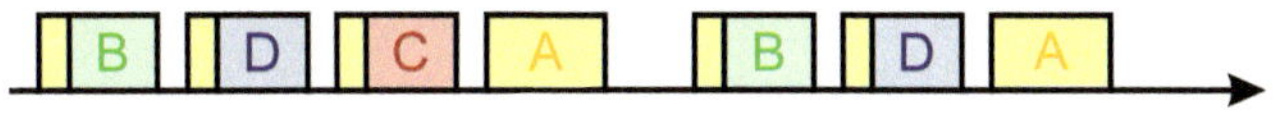

Bild 2.23 Master-Slave-Zugriffsverfahren

Beim Master-Slave-Verfahren bestimmt der Master (in unserem Fall Anna), wann wer ins Bad darf bzw. senden darf. Der Master fragt entweder die Slaves ab oder fordert sie zum Senden auf. Nur wenn der Master die Zustimmung zum Senden gibt, darf der Slave senden bzw. das Bad nutzen. Wenn der Master ausfällt (z. B. Anna geht aus dem Haus), dann funktioniert das Verfahren nicht mehr. Zum Glück geht ein Knoten in einem Bussystem nicht einfach für ein paar Stunden spazieren. Das Master-Slave-Verfahren ist ein sehr einfach zu realisierendes Zugriffsverfahren. Änderungen am Zeitplan sind einfach umsetzbar, da diese nur beim Master vorgenommen werden müssen.

2.5.3 Zeitgesteuertes Zugriffsverfahren

Beim zweiten Verfahren wird die Zeit als Kriterium verwendet.

Tabelle 2.2 Regeln beim zeitgesteuerten Zugriffsverfahren

Regeln in der WG	Regeln in der Kommunikation
Es wird ein Zeitplan aufgestellt, wann wer das Bad nutzen darf.	Es wird ein Zeitplan (Schedule) aufgestellt, wann wer den Bus nutzen darf.
Jeder benötigt eine Uhr.	Jeder Knoten benötigt eine Uhr.
Jede der Uhren muss die gleiche Zeit anzeigen.	Die Uhren müssen miteinander synchronisiert werden.

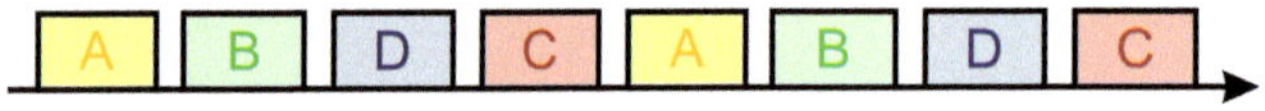

Bild 2.24 Zeitgesteuertes Zugriffsverfahren

Über einen Zeitplan (engl.: Schedule) wird festgelegt, wann wer das Bad nutzen bzw. senden darf. Der Zeitplan muss aufgestellt werden, bevor mit der Kommunikation begonnen wird. Nach dem Beginn der Kommunikation kann der Zeitplan nicht mehr geändert werden. Dazu müsste die Kommunikation angehalten oder unterbrochen werden. Dieses Verfahren setzt eine Uhr bei allen Teilnehmern voraus, die miteinander synchronisiert sind und es auch bleiben. Dieses Zugriffsverfahren eignet sich sehr gut, um echtzeitfähige Systeme zu realisieren.

2.5.4 Token Passing

Bei diesem Verfahren wird ein Token, z. B. der Badschlüssel, von einem zum anderen weitergegeben. Wer den Schlüssel hat, kann das Bad bzw. den Bus nutzen. Wenn kein Teilnehmer das Bad bzw. den Kommunikationskanal nutzen möchte, kreist der Token zwischen den Teilnehmern. Probleme gibt es, wenn der Token verloren geht.

2.5.5 Ereignisgesteuertes Zugriffsverfahren

Bei diesem Verfahren gibt es keine Festlegung, wann wer das Bad oder den Bus nutzen darf. Wer zuerst im Bad ist, darf es nutzen.

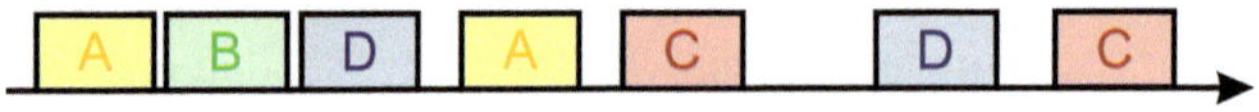

Bild 2.25 Ereignisgesteuertes Zugriffsverfahren

Tabelle 2.3 Regeln beim ereignisgesteuerten Zugriffsverfahren

Regeln in der WG	Regeln in der Kommunikation
Jeder kann das Bad zu jeder Zeit nutzen.	Jeder Knoten kann den Bus zu jeder Zeit nutzen.
Wenn das Bad besetzt ist, muss der andere warten.	Wenn gerade gesendet wird, muss der Knoten warten.
Es bedarf einer Erkennung, dass das Bad besetzt ist.	Es bedarf einer Erkennung, dass der Bus belegt ist.
Wenn zwei oder mehr warten, können Prioritäten vergeben werden.	Wenn zwei oder mehr Knoten warten, können Prioritäten vergeben werden.

Bei diesem Verfahren muss ein WG-Mitglied die Badtür prüfen, ob diese verschlossen ist. Ein Knoten kann den Bus prüfen, ob dieser belegt ist, indem der Knoten für eine bestimmte Zeit auf dem Bus hört, ob ein anderer Knoten sendet. Ist dies nicht der Fall, darf der Knoten mit dem Senden beginnen. Sendet hingegen ein anderer Knoten, müssen alle Knoten warten, bis der sendende Knoten mit dem Senden fertig ist.

Es kann vorkommen, dass zwei Knoten zur gleichen Zeit mit dem Senden beginnen. Diese Fälle müssen erkannt und durch eine Regel gelöst werden. Dazu gibt es verschiedene Ansätze:

- Beim *Collision Detection (CD)* wird die Kollision erkannt. In diesem Fall wird der Sendevorgang abgebrochen und es wird versucht, später erneut zu senden.
- Beim *Collision Resolution (CR)* wird die Kollision aufgelöst. Dies erfolgt durch Prioritäten, bei denen der Knoten oder die Nachricht mit der niedrigen Priorität das Senden einstellt. Dies setzt voraus, dass die Nachricht bis zum Erkennen der Kollision nicht zerstört wurde. CAN setzt dieses Verfahren ein.

Dieses Zugriffsverfahren wird mit *CSMA (Carrier Sense Multiple Access)* bezeichnet. CSMA/CD und CSMA/CR geben an, wie mit Kollisionen umgegangen wird.

2.5.6 Zusammenfassung Zugriffsverfahren

Das Zugriffsverfahren regelt, welcher Teilnehmer wann das Übertragungsmedium nutzen darf. In Tabelle 2.4 sind Beispiele aus dem täglichen Leben und für Kommunikationssysteme angegeben.

Tabelle 2.4 Beispiele für Zugriffsverfahren

Zugriffsverfahren	Beispiel	Bussystem
Master-Slave	Lehrer-Schüler	LIN
zeitgesteuert	wissenschaftliche Konferenz	FlexRay
ereignisgesteuert	Talkshow	CAN

Das Zugriffsverfahren bestimmt wesentliche Eigenschaften von Kommunikationssystemen. So wird die Echtzeitfähigkeit eines Kommunikationssystems maßgeblich vom Zugriffsverfahren bestimmt.

Tabelle 2.5 Vor- und Nachteile der verschiedenen Zugriffsverfahren

Zugriffsverfahren	Vorteile	Nachteile
Master-Slave	einfach zu realisieren	wenn der Master ausfällt, ist keine Kommunikation möglich
	Slave benötigt wenig Infos	
zeitgesteuert	läuft stabil	starr
	echtzeitfähig	Planung vorab notwendig
		synchronisierte Uhren erforderlich
ereignisgesteuert	keine Planung notwendig	Kollisionserkennung und -auflösung notwendig
	flexibel	Knoten können am Senden gehindert werden

2.6 Codierung

Informationen können in unterschiedlicher Form vorliegen. Damit Informationen mit Computern bearbeitet, gespeichert und übertragen werden können, müssen sie in einer Form vorliegen, mit der Computer arbeiten können. Dies ist der Fall, wenn die Informationen in Form von Bits vorliegen. Bits, die zu größeren Gruppen zusammengefasst werden, werden als Daten bezeichnet und sind Gegenstand der weiteren Betrachtungen.

Um Daten über einen Übertragungskanal übertragen zu können, werden diese beim Sender zuerst codiert. Nach der Übertragung erfolgt beim Empfänger eine Decodierung (Bild 2.26). Der Codierung kommt eine ähnliche Bedeutung zu wie der Modulation in der Nachrichtentechnik, genauso wie der Decodierung eine ähnliche Bedeutung zukommt wie der Demodulation.

Die codierten Daten werden übertragen, indem eine zeitlich veränderliche physikalische Größe verschiedene Werte annimmt und dadurch die codierten Daten sequenziell überträgt. Der Zeitverlauf dieser physikalischen Größe wird als Signal bezeichnet. Bei den hier betrachteten Protokollen ist die physikalische Größe die Spannung, sodass die Werte des Signals auch als Spannungspegel bzw. als Pegel und die Signale selbst als Pegelfolgen bezeichnet werden.

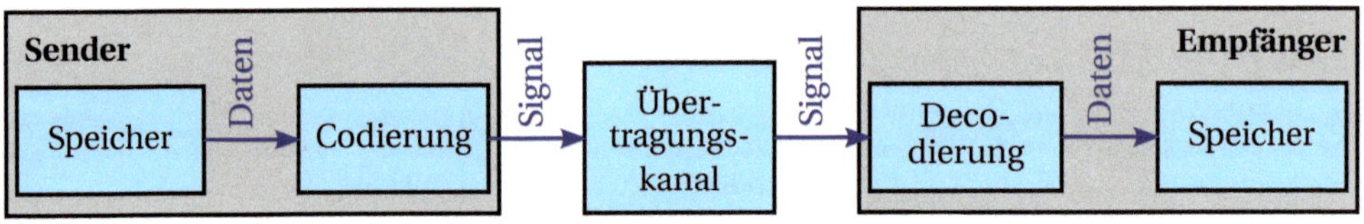

Bild 2.26 Codierung in der Informationsübertragung

In den nächsten Abschnitten werden einige Begriffe eingeführt, die im Weiteren verwendet werden. Danach werden wichtige Aspekte und Prinzipien der Darstellung und Codierung der Daten zum Ziele der Übertragung unabhängig von einem spezifischen Protokoll erläutert. In den nachfolgenden Kapiteln wird die Codierung dann spezifisch für die betrachteten Protokolle dargestellt.

2.6.1 Begriffe

Für die Codierung und Übertragung von Daten sind folgende Begriffe von besonderem Interesse:

Daten: Als Daten werden Informationen bezeichnet, die in einer Form vorliegen, dass sie von Computern verarbeitet und gespeichert werden können. In diesem Buch wird davon ausgegangen, dass die Daten in Form von Bits vorliegen, die zu Bytes und größeren Gruppen zusammengefasst werden.

Bitfolge: bezeichnet Bits, die nacheinander mit einer konstanten Geschwindigkeit über eine Leitung übertragen werden. Der Begriff *Bitstrom* kann synonym verwendet werden. Eine Bitfolge entsteht, indem Daten aus einem Speicher gelesen und sequenziell übertragen werden.

Leitungsbitfolge: bezeichnet die Bits, die nach einer Leitungscodierung aus der Bitfolge entstanden sind.

Symbol: Während ein Bit nur die beiden Werte 0 und 1 annehmen kann, können Symbole mehr als zwei Werte abbilden. So können zwei oder mehr Bits in einem Symbol codiert werden. Einfache Symbole bilden nur zwei verschiedene Werte ab.

Symbolfolge: bezeichnet Symbole, die nacheinander mit einer konstanten Geschwindigkeit über eine Leitung übertragen werden.

Signal: ist eine von einer physikalischen Größe getragene Zeitfunktion, die einen Parameter hat, der den Wert und den Verlauf einer (interessierenden) Größe abbildet. Die physikalische Größe kann u. a. die Spannung, der Strom oder eine elektromagnetische Welle sein. In diesem Buch wird ausschließlich die elektrische Spannung als physikalische Größe betrachtet. Zur Beschreibung eines Signals wird der Wertevorrat, der analog oder diskret sein kann, und die zeitliche Verfügbarkeit, die kontinuierlich oder diskontinuierlich sein kann, herangezogen. Die im Weiteren betrachteten Signale sind diskret und diskontinuierlich.

Pegelfolge: bezeichnet die Spannungspegel auf der bzw. den Übertragungsleitungen, die nach der Pegelgenerierung aus der Symbolfolge entstehen. Der Begriff *Pegelfolge* bezieht sich nur auf Spannungen. Mit dem Begriff *Signal* werden neben Pegelfolgen auch Ströme, elektromagnetische Wellen und Licht zur Informationsübertragung bezeichnet.

Bild 2.27 zeigt die Umwandlungen, die erfolgen, bevor Daten aus der Anwendung über ein Kommunikationssystem übertragen werden können. Zuerst werden die Daten aus dem Speicher des Mikrocontrollers übernommen. Dabei werden die Bits in eine Reihenfolge gebracht, in der sie später auch gesendet werden. Auf die Varianten, die sich dabei ergeben, wird im Abschnitt 2.6.2 eingegangen.

Im nächsten Schritt werden die Daten in Frames verpackt. Dazu werden Bits zu den Daten hinzugefügt, um Beginn und Ende der Daten zu markieren, die Daten zu kennzeichnen (Identifier) oder mit einer Adresse zu versehen (Adressierung). Außerdem wird das Frame mit Steuerinformationen ergänzt. Auf den Aufbau der Frames wird bei jedem Kommunikationssystem in den nachfolgenden Kapiteln genauer eingegangen.

Danach erfolgt die Leitungscodierung. Diese erfolgt in einem oder mehreren Schritten. Einige typische Leitungscodierungen werden in den Abschnitten 2.6.5 und 2.6.6 dargestellt.

Nach der Leitungscodierung werden aus den Bits Symbole gebildet, die dann in Spannungspegel umgesetzt werden. Ein Symbol kann ein oder mehrere Bits abbilden (siehe Abschnitt 2.7.3).

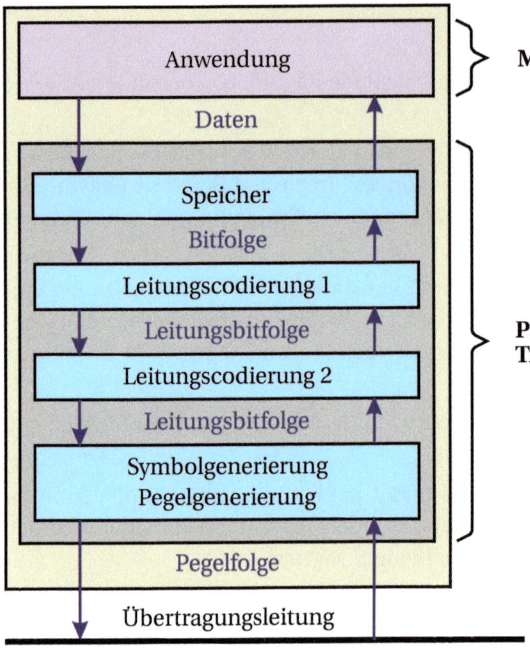

Bild 2.27 Bitcodierung

2.6.2 Reihenfolge der Bits

Die Daten liegen im Speicher des Mikrocontrollers eines Knotens in Form von Bits und Bytes vor. Zum Übertragen dieser Daten in einen anderen Knoten werden sie entweder an den Protokollcontroller übertragen oder der Protokollcontroller kann den Speicher des Mikrocontrollers auslesen. Im Protokollcontroller werden die Daten in einem Register zwischengespeichert, das als Schieberegister ausgeführt ist und aus dem später gesendet wird. Wir nehmen an, dass dieses Schieberegister so groß ist, dass eine komplette Nachricht darin Platz hat. Es stellt sich nun die Frage, in welcher Reihenfolge die Bytes in diesem Schieberegister abgespeichert werden.

Als Beispiel nehmen wir die Zahl 4321, die im BCD-Code dargestellt und übertragen werden soll. Damit wird diese Zahl durch vier 4 Bit große Hexadezimalzahlen repräsentiert, die zu zwei Bytes zusammengesetzt ergeben: `0x0100 0011` und `0x0010 0001`. Bild 2.28 zeigt die Anordnung der Bits und Bytes im Speicher für dieses Beispiel.

`0100 0011`	Byte 2
`0010 0001`	Byte 1

Bild 2.28 Anordnung der Bytes im Speicher

Die Bits im Speicher sollen jetzt nacheinander in das Schieberegister geschoben werden. Es ergeben sich vier Varianten, wie dies erfolgen kann:

- Bei Variante 1 werden zuerst die Bits des Bytes 1 nach rechts aus dem Speicher und von links in das Schieberegister geschoben. Danach folgt Byte 2.
- Bei Variante 2 werden zuerst die Bits des Bytes 2 nach rechts aus dem Speicher und von links in das Schieberegister geschoben. Danach folgt Byte 1. Byte 1 und Byte 2 sind bei dieser Variante gegenüber der Variante 1 vertauscht.
- Bei Variante 3 werden zuerst die Bits des Bytes 1 aus dem Speicher geschoben. Im Gegensatz zur Variante 1 werden die Bits aus dem Speicher aber nicht nach rechts herausgeschoben, sondern nach links. In das Schieberegister werden die Bits aber von links geschoben. Damit vertauscht sich die Reihenfolge der Bits.
- Bei Variante 4 wird zuerst das Byte 2 nach links aus dem Speicher und von links in das Schieberegister geschoben. Danach folgt Byte 1.

Bild 2.29 zeigt die vier Varianten.

Byte 2	Byte 1	
0100 0011	0010 0001	Variante 1 (big-endian mit MSB zuerst)

Byte 1	Byte 2	
0010 0001	0100 0011	Variante 2 (little-endian mit MSB zuerst)

Byte 2	Byte 1	
1100 0010	1000 0100	Variante 3 (big-endian mit LSB zuerst)

Byte 1	Byte 2	
1000 0100	1100 0010	Variante 4 (little-endian mit LSB zuerst)

Bild 2.29 Anordnung der Bits im Register

Die Reihenfolge der Bytes wird mit big-endian (höchstwertiges Byte zuerst) und little-endian (niedrigstwertiges Byte zuerst) bezeichnet. Da nicht nur die Reihenfolge der Bytes wichtig ist, muss auch die Reihenfolge der Bits beachtet werden. So gibt es die Reihenfolge, bei der das höchstwertige Bit (MSB = most significant bit) zuerst übertragen wird, und die, bei der das niedrigstwertige Bit (LSB = least significant bit) zuerst übertragen wird.

Für alle Anwender, die Hardware und Software für die Kommunikation für die unteren Schichten des OSI-Modells entwickeln oder Messungen auf den Übertragungsleitungen vornehmen, ist die Kenntnis der Reihenfolge der Bytes und Bits sehr wichtig; für Anwender, die auf Schicht 7 des OSI-Modells arbeiten, hingegen weniger wichtig.

2.6.3 Anzahl der Leitungen

Damit ein Knoten kommunizieren kann, sind Versorgungs- und Signalleitungen notwendig. Über die Signalleitungen erfolgt die Kommunikation, über die Versorgungsleitungen wird der Knoten mit elektrischer Energie versorgt.

Für die Energieversorgung sind gewöhnlich zwei Leitungen bzw. Anschlüsse notwendig, eine Masseleitung oder ein Masseanschluss und eine Leitung für die Betriebsspannung.

Im Fahrzeug sind Kommunikationssysteme mit einer oder mit zwei Signalleitungen üblich. Mehr Leitungen bedeuten höhere Kosten, weswegen man Systeme mit möglichst wenigen Leitungen haben möchte. Es gibt auch Kommunikationssysteme, die mit mehr als zwei Signalleitungen arbeiten, z. B. Ethernet-Versionen mit vier oder sogar acht Leitungen.

Es gibt auch Systeme, bei denen die Versorgung und die Kommunikation über dieselben Leitungen erfolgen. So können Knoten gebaut werden, die insgesamt nur zwei Leitungen benötigen. Solche Systeme sollen hier aber nicht betrachtet werden.

Wenn Kommunikationssysteme miteinander verglichen werden, muss bei den Kosten auch die Anzahl der Versorgungsleitungen mit berücksichtigt werden.

2.6.3.1 Ein-Draht-Leitung

Bussysteme, die nur eine einzelne Signalleitung benötigen, werden Ein-Draht-Busse genannt. Das Bezugspotenzial, gegen das gemessen wird, ist die Masse des Fahrzeuges oder der Maschine oder das Erdungspotenzial. Die Masse kann für mehrere Bussysteme als Bezugspotenzial dienen (Bild 2.30).

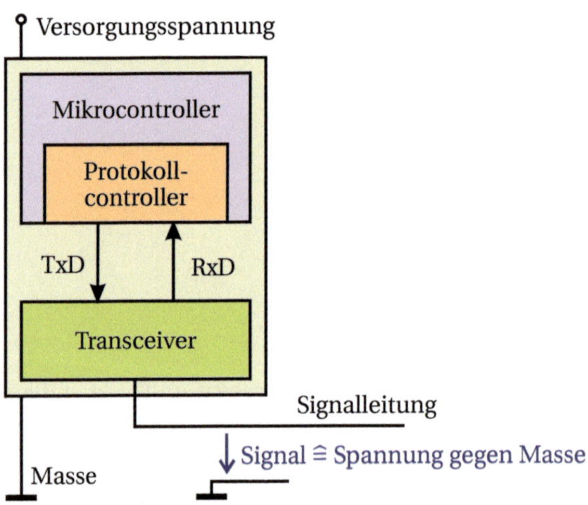

Bild 2.30 Knoten mit Ein-Draht-Leitung zur Signalübertragung

Der Vorteil von Bussystemen, die mit einer Ein-Draht-Leitung auskommen, sind die niedrigeren Kosten für die Verdrahtung. Da über die Masse noch andere Ströme fließen, hat die Masse nicht an jedem Punkt das gleiche Potenzial. Dies wirkt sich als Störung auf die Übertragung aus. Aus diesem Grund muss mit einer höheren Spannungsdifferenz gearbeitet werden, damit die übertragenen Signale korrekt erkannt werden. Dies schränkt die maximal erreichbare Geschwindigkeit ein.

2.6.3.2 Zwei-Draht-Leitung

Bei Bussystemen, die mit zwei Signalleitungen arbeiten, wird die Spannung (Differenzspannung) zwischen den beiden Signalleitungen gemessen (Bild 2.31). Eine eventuelle Offsetspannung auf beiden Leitungen spielt dabei keine Rolle, da nur die Differenzspannung zwischen beiden Leitungen der Informationsträger ist. Hierbei kann mit kleineren Differenzspannungen (z. B. 1...2V) als bei der Ein-Draht-Leitung gearbeitet werden, sodass höhere Übertragungsraten möglich sind. Eine Zwei-Draht-Leitung ist entsprechend teurer als eine Ein-Draht-Leitung.

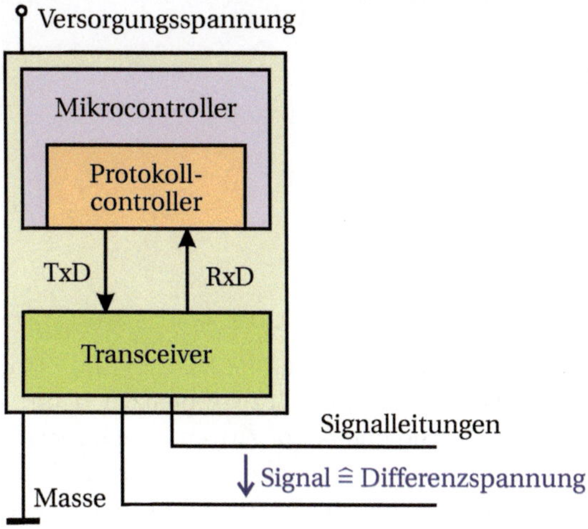

Bild 2.31 Zwei-Draht-Leitung zur Signalübertragung

Insbesondere bei höheren Übertragungsraten werden Twisted-Pair-Leitungen verwendet. Bei einer Twisted-Pair-Leitung sind die beiden Leitungen miteinander verdrillt, wodurch die Auswirkung der Störungen, die auf das Leitungspaar wirken, verringert wird.

2.6.4 Signalübertragung

2.6.4.1 Asymmetrische Signalübertragung

Bei der asymmetrischen Signalübertragung trägt die Änderung der Spannung auf der Datenleitung gegenüber einem Bezugspotenzial die Information. Gewöhnlich ist die Masse das Bezugspotenzial, z. B. bei Ein-Draht-Bussen wie LIN.

Die bei der asymmetrischen Signalübertragung übertragenen Signale werden als *unipolare Signale* bezeichnet. Die Bits werden dabei durch einen Spannungspegel und durch den Spannungspegel Null dargestellt. Der Spannungspegel ist dabei die Differenzspannung zwischen dem Bezugspotenzial und der Datenleitung (Bild 2.32).

Bild 2.32 Unipolares Signal

2.6.4.2 Symmetrische Signalübertragung

Die symmetrische Signalübertragung setzt zwei Übertragungsleitungen voraus. Die Änderung der Spannung zwischen diesen beiden Leitungen (Differenzspannung) überträgt die Information. Die Übertragung mit positiven und negativen Differenzspannungen wird auch als bipolares Signal bezeichnet (Bild 2.33).

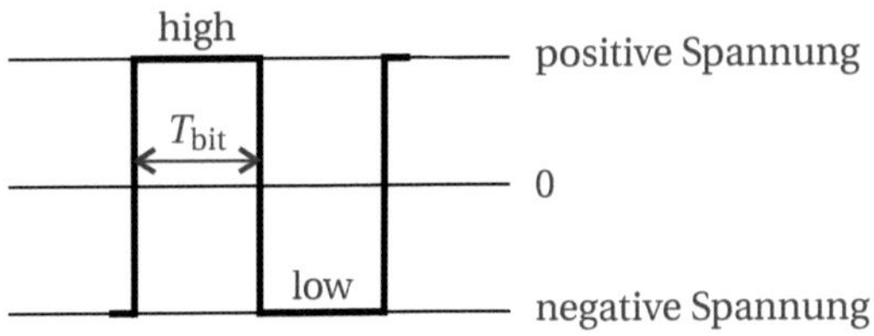

Bild 2.33 Bipolares Signal

So wie bei einem unipolaren Signal neben dem Spannungspegel auf der Datenleitung auch der Wert Null (keine Differenzspannung zwischen Datenleitung und Bezugspotenzial) benutzt wird, kann bei einem bipolaren Signal neben der positiven und der negativen Differenzspannung auch die Differenzspannung mit dem Wert Null verwendet werden. In diesem Fall stehen drei verschiedene Spannungswerte zur Verfügung, was auch als tertiäres Signal bezeichnet wird. Durch den dritten Spannungspegel können entweder bestimmte Zustände bei der Übertragung zusätzlich gekennzeichnet oder es kann eine effektivere Codierung verwendet werden.

Des Weiteren ist auch die Verwendung von mehr als zwei bzw. drei Spannungspegeln möglich. So werden beispielsweise bei Gigabit-Ethernet 1000BASE-T fünf Spannungswerte (1 V, 0,5 V, 0 V, −0,5 V, −1 V) verwendet.

2.6.5 Bitsynchronisation

Die physikalische Repräsentation eines Bits auf der Übertragungsleitung erfolgt wie im vorherigen Abschnitt dargestellt über Spannungspegel. Damit ein Empfänger den Spannungspegel erfassen kann, muss dieser Pegel eine bestimmte Zeit anliegen. Damit sind die Parameter für die Darstellung eines Bits der Spannungspegel und die Zeit.

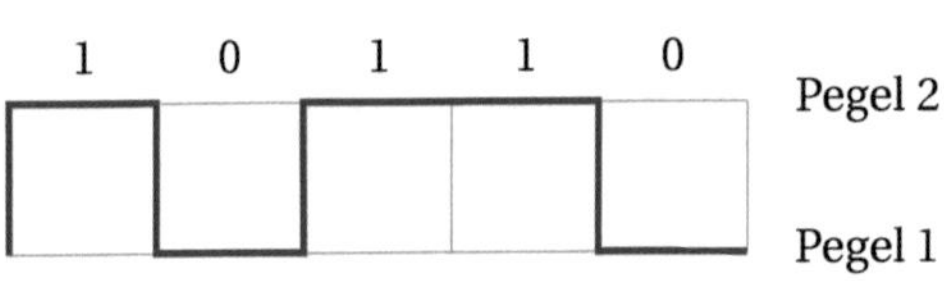

Bild 2.34 Übertragung von fünf Bits

Für einen Empfänger ist es einfach, die in Bild 2.34 gezeigte Bitfolge zu erfassen, im Gegensatz zu der im Bild 2.35 gezeigten Bitfolge. Der Grund ist folgender: Sender und Empfänger haben jeder eine Uhr, um die Länge der Bits zu bestimmen. Beide Uhren haben aber Toleranzen, sodass es Abweichungen zwischen den Uhren gibt. Angenommen der Empfänger erfasst den Pegel eines Bits genau in der Mitte, also bei 50 %, und die Uhren zwischen Sender und Empfänger haben eine Abweichung zueinander von einem Prozent, dann wird nach dem 51. Bit die Zählung zwischen Sender und Empfänger voneinander abweichen. Sind in der Bitfolge bis zum 50. Bit Pegelwechsel enthalten, kann der Empfänger seine Uhr korrigieren. Es wird von einer Resynchronisation gesprochen. Das Problem sind also lange Bitfolgen ohne Pegelwechsel.

Bild 2.35 n Bits mit gleichem Pegel

Nun sind 50 gleiche Bits hintereinander viel. Aber dieses Beispiel ist von idealen Bedingungen bei der Übertragung ausgegangen und hat nur die Abweichung der Uhren betrachtet. Ein Bit mit einer Länge von 1 ms wird nicht 1 ms anliegen, weil die Pegelwechsel Zeit benötigen. Des Weiteren haben Störungen (z. B. EMV) bei der Signalübertragung, Toleranzen der Bauteile und Temperaturunterschiede Einfluss auf die Länge der Bits, sodass nicht die komplette Bitzeit zum Erfassen des Pegels zur Verfügung steht, sondern wesentlich weniger. Auf der anderen Seite sind die Uhren wesentlich genauer als 1 %. Trotzdem ist es nicht möglich, beliebig lange Bitfolgen ohne Pegelwechsel ohne zusätzliche Maßnahmen sicher zu erfassen. Aus diesem Grund gibt es mehrere Methoden, um eine Resynchronisation des Empfängers auf den Sender beim Bitempfang zu ermöglichen. Dies sind:

- separates Taktsignal
- Rahmenbildung
- Bit Stuffing
- Scrambler

Ein Beispiel für ein Kommunikationssystem mit einer separaten Taktleitung ist I^2C, welches 1982 von Philips Semiconductors entwickelt wurde. Neben der Datenleitung ist eine zweite Leitung, die Taktleitung, notwendig. Damit ist der Vorteil von nur einer Leitung nicht mehr gegeben, ohne aber die Vorteile der robusteren Übertragung bei Zwei-Leiter-Systemen zu bekommen. I^2C wird innerhalb von Geräten eingesetzt und ist nicht für größere Entfernungen geeignet. Diese Möglichkeit der Resynchronisierung soll hier nicht weiter betrachtet werden.

Näher erläutert werden hingegen die Rahmenbildung und das Bit Stuffing für die Resynchronisierung. Bei beiden Methoden werden zusätzliche Bits in den Datenstrom eingefügt, die eine Resynchronisation des Empfängers sicherstellen. Das Verfahren bei Verwendung eines Scramblers wird im Kapitel 10 angerissen.

2.6.5.1 Rahmenbildung für Resynchronisation

Bei der Rahmenbildung beginnt die Übertragung mit einem Startbit, gefolgt von mehreren Datenbits, und wird mit einem Stoppbit abgeschlossen. Start- und Stoppbit haben entgegengesetzte Werte, z. B. ist das Startbit ein 0-Bit und das Stoppbit ein 1-Bit. Typisch sind acht Datenbits zwischen dem Start- und dem Stoppbit, aber es können auch mehr oder weniger Datenbits sein. Nach dem Stoppbit kann sich sofort das nächste Startbit gefolgt von weiteren Datenbits und dem abschließenden Stoppbit anschließen.

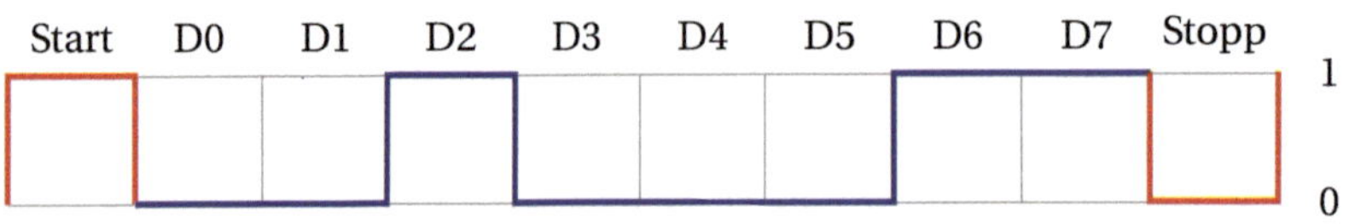

Bild 2.36 NRZ-Codierung mit Start- und Stoppbit und 8 Datenbits

Bei der Verwendung von je einem Start- und einem Stoppbit bei acht Datenbits tragen nur die acht Datenbits zur Übertragung der Information bei. Start- und Stoppbits sind Overhead, der in diesem Fall bezogen auf die insgesamt übertragenen Bits 20 % beträgt.

Die Reihenfolge der Datenbits ist nicht festgelegt. Sie kann mit dem niedrigstwertigen Bit (LSB) (z. B. bei RS232 und LIN) oder mit dem höchstwertigen Bit (MSB) (z. B. bei FlexRay) beginnen.

Mit dem Einfügen von zusätzlichen Bits in den Datenstrom wird sichergestellt, dass nach einer bestimmten Anzahl von Bits ein Pegelwechsel auftritt, d. h., es wird eine (zusätzliche) Flanke übertragen. Diese Flanke nutzt der Empfänger, um sich mit dem Sender auf Bitebene zu synchronisieren.

Diese Methode ist eine statische Variante, da unabhängig von den Bits im Datenstrom Start- und Stoppbits eingefügt werden. Bei der dynamischen Variante werden zusätzliche Bits nur bei Bedarf eingefügt. Diese Variante wird im nächsten Abschnitt erläutert.

2.6.5.2 Bit Stuffing für Resynchronisation

Beim Bit Stuffing werden wie bei der Rahmenbildung zusätzliche Bits in den Datenstrom eingefügt. Bei dieser Methode werden aber nur Bits eingefügt, wenn sich im Datenstrom mehrere gleiche Bits nacheinander befinden.

Bei CAN wird immer nach fünf aufeinander folgenden 0-Bits ein 1-Bit eingefügt (Bild 2.37), nach fünf aufeinander folgenden 1-Bits wird ein 0-Bit eingefügt. Damit hat der Empfänger nach spätestens fünf Bits einen Pegelwechsel und kann seine Uhr resynchronisieren. Die vom Sender in den Bitstrom eingefügten Bits werden Stuffbits genannt. Sie werden von Empfänger wieder entfernt. Ein Stuffbit wird auch eingefügt, wenn nach fünf gleichen Bits in der Bitfolge ein komplementäres Bit folgt.

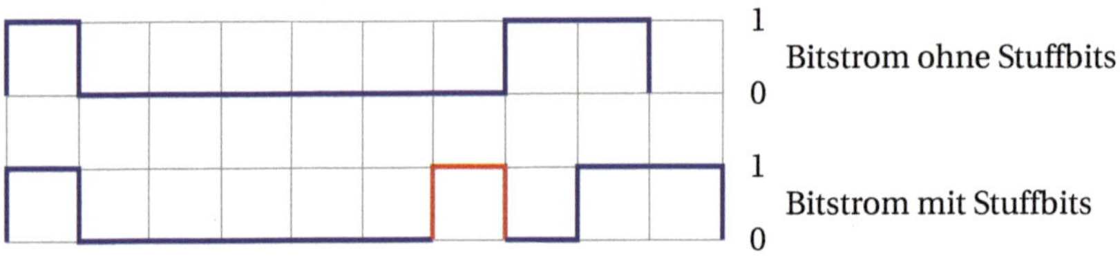

Bild 2.37 Bit Stuffing nach fünf gleichen Bits

2.6.6 Leitungscodes

Bits werden zur Übertragung codiert, d. h., ihnen wird ein physikalisches Signal zugeordnet. Eine Codierung muss immer so erfolgen, dass der Empfänger eindeutig auf die gesendeten Daten schließen kann.

Mit dem Leitungscode wird festgelegt, wie die Bits bzw. die Symbole auf der physikalischen Ebene übertragen werden. Das heißt, der Leitungscode legt die Zuordnung zwischen Bitsequenzen und Pegelfolgen fest. Folgende Gruppen von Leitungscodes werden unterschieden:

- binäre Leitungscodes
- Manchester-Codierung
- Blockcodes

LIN, CAN und FlexRay verwenden binäre Leitungscodes, Automotive Ethernet verwendet einen Blockcode.

Die Spannungspegel können vereinfacht mit „+" für eine positive, „–" für eine negative Differenzspannung und „0" für eine Differenzspannung von Null dargestellt werden. Die Datenbits werden mit 0 und 1 angegeben. Die Leitungsbits können mit 0 und 1 angegeben werden, wenn diese nur zwei verschiedene Werte haben. Bei der Verwendung von ternären Codes werden „+", „–" und „0" verwendet. Ein Beispiel für die Notation des Leitungscodes und der Spannungspegel in kompakter Form zeigt Bild 2.38.

```
Datenbits:        1 0 1 1 1 0 0 1
Leitungsbits:     1 0 1 1 1 0 0 1
Spannungspegel:   + - + + + - - +
```

Bild 2.38 Beispiel für die Codierung von Daten mittels Leitungscode und Spannungspegel

2.6.6.1 NRZ-Codierung

NRZ bedeutet *non return to zero* und ist die Bezeichnung für einen binären Leitungscode. Es kann zwischen einer unipolaren und einer bipolaren NRZ-Codierung unterschieden werden.

Bei einer unipolaren NRZ-Codierung wird einem Pegel das 0-Bit und dem anderen Pegel das 1-Bit zugeordnet. Das 0-Bit muss nicht zwangsläufig dem Low-Pegel zugeordnet werden. Es kann auch dem High-Pegel zugeordnet werden. Dies ist eine reine Definitionsfrage. Einer der beiden Pegel steht für „keine Differenzspannung", der andere für eine Differenzspannung zwischen den beiden Leitungen. Bild 2.39 zeigt die unipolare NRZ-Codierung für die positive Logik (Bild 2.39a) und die negative Logik (Bild 2.39b).

```
Datenbits:          1 0 1 1 0                      1 0 1 1 0
Leitungsbits:       1 0 1 1 0                      0 1 0 0 1
Spannungspegel:     + 0 + + 0                      0 + 0 0 +
```

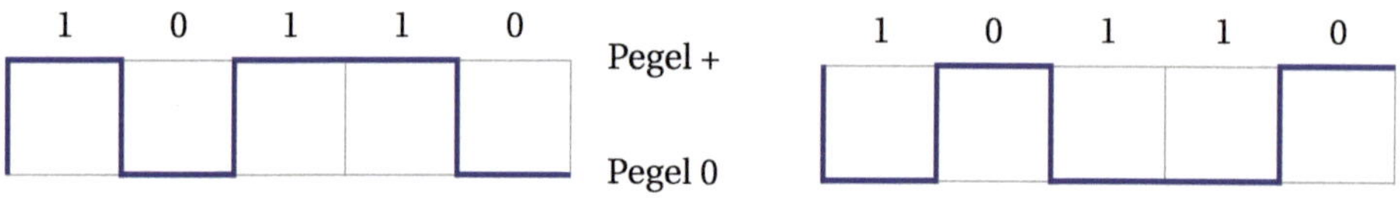

(a) Codierung in positiver Logik

(b) Codierung in negativer Logik

Bild 2.39 NRZ-Codierung unipolar

Bei einer bipolaren NRZ-Codierung wird einem Pegel das 0-Bit und dem anderen Pegel das 1-Bit zugeordnet. Das 0-Bit muss nicht zwangsläufig dem –Pegel zugeordnet werden. Es kann auch dem +Pegel zugeordnet werden. Auch dies ist eine reine Definitionsfrage. Der +Pegel steht für eine positive Differenzspannung zwischen den beiden Leitungen, der –Pegel für eine negative Differenzspannung. Bild 2.40 zeigt diese Codierung für positive und negative Logik.

```
Datenbits:          1 0 1 1 0                      1 0 1 1 0
Leitungsbits:       1 0 1 1 0                      0 1 0 0 1
Spannungspegel:     + - + + -                      - + - - +
```

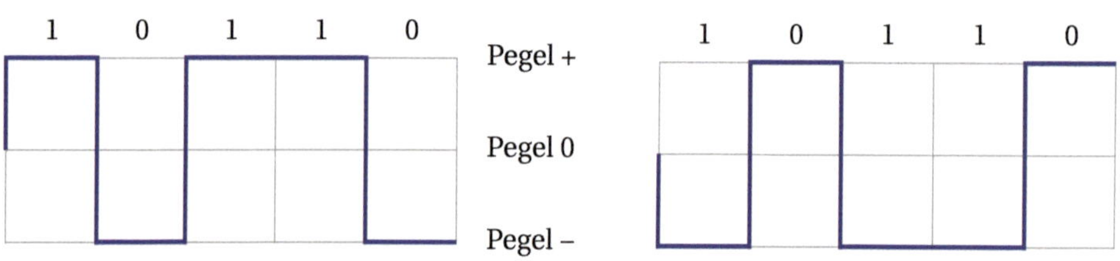

(a) Codierung in positiver Logik

(b) Codierung in negativer Logik

Bild 2.40 NRZ-Codierung bipolar

2.6.6.2 RZ-Codierung

RZ bedeutet *return to zero*. Bei der RZ-Codierung geht der Pegel immer wieder auf Null zurück. Das bedeutet, dass in der ersten Hälfte der Bitzeit der Pegel anzeigt, ob es sich um ein 1- oder ein 0-Bit handelt. Die zweite Hälfte der Bitzeit ist der Pegel null.

Die RZ-Codierung kann sowohl mit unipolaren als auch mit bipolaren Signalen durchgeführt werden.

Durch die Änderung des Pegels nach jedem halben Bit wieder auf Null verdoppelt sich die Frequenz, mit der übertragen wird. Es wird also mehr Bandbreite benötigt, was ein Nachteil dieser Codierung ist. Vorteil ist hingegen, dass der Empfänger bei der bipolaren RZ-Codierung den Bittakt des Senders aus dem Datenstrom rückgewinnen kann. Bei der unipolaren RZ-Codierung ist die Taktrückgewinnung ohne weitere Maßnahmen nicht sicher.

Ob dem High- oder dem Low-Pegel das 1-Bit zugeordnet wird, ist wieder eine reine Definitionsfrage. Bild 2.41 zeigt ein Beispiel für eine unipolare, Bild 2.42 für eine bipolare RZ-Codierung.

```
Datenbits:          1 0 1 1 0
Leitungsbits:       1000101000
Spannungspegel:     +000+0+000
```

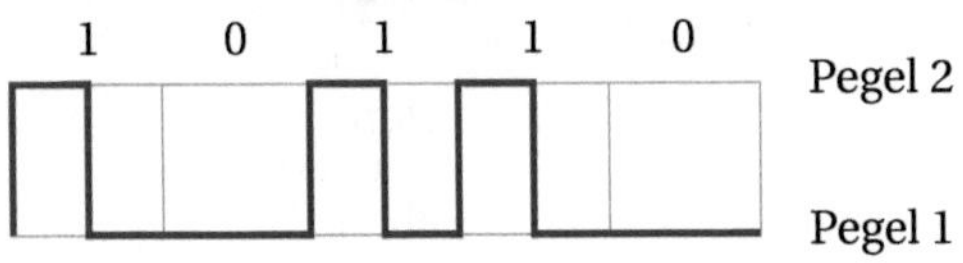

Bild 2.41 RZ-Codierung unipolar

```
Datenbits:          1 0 1 1 0
Leitungsbits:       +0-0+0+0-0
Spannungspegel:     +0-0+0+0-0
```

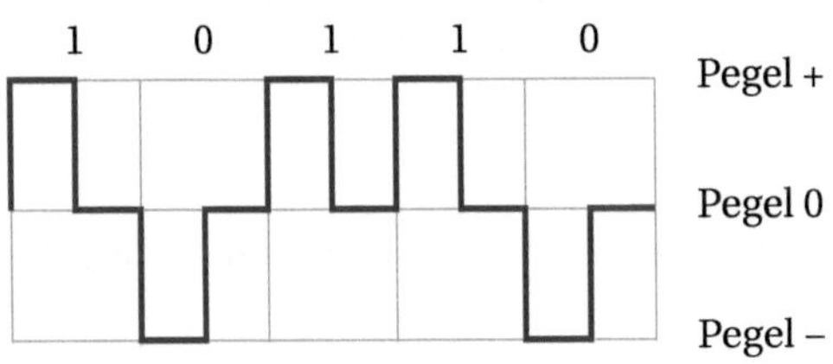

Bild 2.42 RZ-Codierung bipolar

2.6.6.3 Manchester-Code

Der Manchester-Code ist ein weiterer Leitungscode. Er enthält neben den Daten auch das Taktsignal, welches vom Empfänger zurückgewonnen werden kann. Wie beim RZ-Code führt dies zu einer Verdoppelung der Frequenz.

Beim Manchester-Code bestimmen nicht die Pegel die Werte der Datenbits, sondern die Flanke im Datenstrom bei der fallenden Flanke des Taktsignals. Es gibt zwei Definitionen, die beide gleichwertig sind:

- Die Definition nach G. E. Thomas ordnet einer fallenden Flanke eine logische Eins und einer steigenden Flanke eine logische Null zu.
- Die Definition nach IEEE 802.3 ordnet einer steigenden Flanke eine logische Eins und einer fallenden Flanke eine logische Null zu. Diese Codierung wird beim 10-Mbit/s-Ethernet verwendet.

Bild 2.43 zeigt ein Beispiel für den Manchester-Code. Das Taktsignal ist in Blau dargestellt, die zu codierenden Daten in Rot. In Grün ist der Code nach IEEE 802.3 dargestellt.

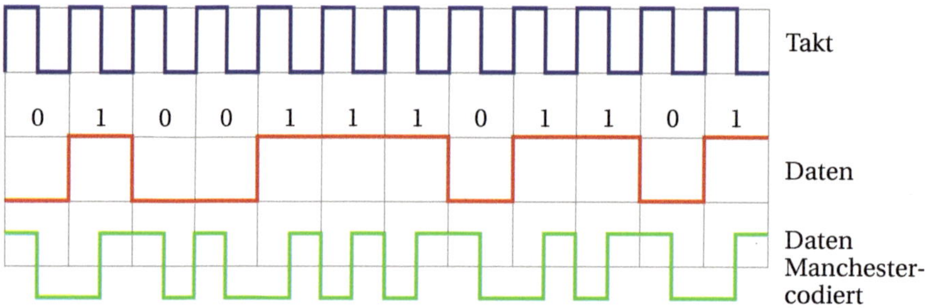

Bild 2.43 Manchester-Code nach IEEE 802.3

Die Vorteile der Manchester-Codierung sind die Möglichkeit der Taktrückgewinnung und die Gleichstromfreiheit. Durch die Gleichstromfreiheit ist es möglich, die codierten Daten über Impulstransformatoren zu übertragen, sodass Teile der Übertragungsstrecke galvanisch voneinander getrennt werden können.

Der Nachteil der Manchester-Codierung ist die doppelte Bandbreite, die benötigt wird, im Vergleich mit der Binärcodierung NRZ. Die Bitrate ist nur halb so groß wie die Baudrate.

2.6.6.4 4B5B-Code

Der 4B5B-Code ist ein Blockcode zur Leitungscodierung. Bei diesem Code werden vier Datenbits auf fünf Leitungsbits abgebildet (Tabelle 2.6). Mit vier Bits können 16 Kombinationen gebildet werden, mit fünf Bits 32. Von den 32 möglichen Kombinationen werden 16 zum Abbilden der 16 Kombinationen der Datenbits benutzt. Dabei wurden nur Kombinationen ausgewählt, die wenigstens eine Null und zwei Einsen enthalten. Damit werden beliebig lange Einsen- oder Nullenfolgen vermieden. Von den übrig bleibenden 16 Kombinationen werden acht weitere für Steuersignale verwendet. So gibt es Steuersignale für den Beginn und für das Ende einer Übertragung.

Der 4B5B-Code kommt bei Fast Ethernet 100BASE-TX zusammen mit dem MLT-3-Code zur Anwendung.

Tabelle 2.6 4B5B-Leitungscode

4B	0000	0001	0010	0011	0100	0101	0110	0111
5B	11110	01001	10100	10101	01010	01011	01110	01111
4B	1000	1001	1010	1011	1100	1101	1110	1111
5B	10010	10011	10110	10111	11010	11011	11100	11101

2.6.6.5 MLT-3-Code

MLT-3 steht für Multilevel Transmission Encoding mit 3 Levels. Es ist ein Leitungscode, der mit drei Spannungspegeln arbeitet. Die drei Pegel werden mit (+, 0, –) bezeichnet und bilden ein ternäres Signal.

MLT-3 ändert den Pegel auf der Leitung, wenn im Datenstrom eine Eins ist. Bei einer Null bleibt der Pegel konstant, bis wieder eine Eins kommt. Die Pegel werden in der Reihenfolge (0, +, 0, –) geändert. MLT-3 überträgt pro Bit ein Symbol, aber benötigt nur die halbe Bandbreite gegenüber NRZ.

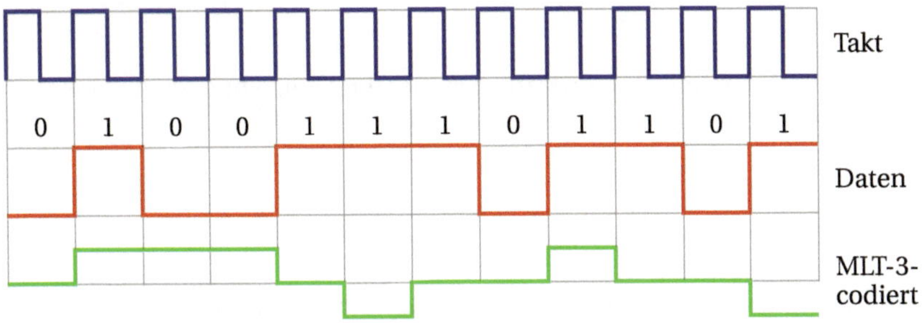

Bild 2.44 MLT-3-Code

Eine Taktrückgewinnung ist bei MLT-3 nicht möglich, weswegen dieser Code mit einer zweiten Methode zur Codierung kombiniert wird.

2.6.6.6 4B3T-Code

Beim 4B3T-Code werden vier Datenbits auf drei Pegel (ternäres Signal) mit den Stufen –, 0 und + abgebildet. Diese Codierung ist gleichspannungsfrei. Die Zuordnungen in Tabelle 2.7 sind gleichspannungsfrei, die Zuordnungen in Tabelle 2.8 sind nicht gleichspannungsfrei. Um die Gleichspannungsfreiheit bei der zweiten Zuordnung zu erreichen, gibt es für 10 Bitkombinationen (4B) zwei Zuordnungen für das ternäre Signal (3T). Dabei hat je eine Zuordnung einen positiven und die andere Zuordnung einen negativen Gleichspannungsanteil. Der Sender merkt sich den akkumulierten Gleichspannungsanteil und wählt dann entsprechend die Zuordnung mit dem entgegengesetzten Gleichspannungsanteil. So bleibt der akkumulierte Gleichspannungsanteil beschränkt.

Tabelle 2.7 Gleichspannungsfreie Ausgangsworte des 4B3T-Leitungscodes

4B	ungenutzt	1011	0010	1110	0001	0111	0100
3T	000	+0–	+–0	0+–	0–+	–0+	–+0

Tabelle 2.8 Ausgangsworte mit Gleichspannungsanteil des 4B3T-Leitungscodes

4B	0000	0011	0101	0110	1000	1001	1010	1100	1101	1111
3T positiv	+0+	00+	0++	−++	+00	+−+	++−	+++	0+0	++0
3T negativ	0−0	−−0	−00	−−+	0−−	−−−	+−−	−+−	−0−	00−

2.7 Kenngrößen

Um die Eigenschaften von Kommunikationssystemen zu beschreiben, gibt es eine Reihe von Kenngrößen. Diese werden in diesem Abschnitt kurz erläutert.

2.7.1 Datenmenge

Die Datenmenge beschreibt die Menge an Daten, die übertragen oder gespeichert werden soll. Die Grundeinheit für die Datenmenge ist 1 Bit. 1 Byte sind 8 Bit.

Ein Byte kann mit einem SI-Präfix zur Basis 10 (Dezimalpräfix) oder mit einem IEC-Präfix zur Basis 2 versehen werden (siehe Tabellen 2.9 und 2.10).

Tabelle 2.9 Einheiten für die Datenmenge mit SI-Präfix

Name	Abkürzung	Anzahl Bytes
Kilobyte	kB	$1.000 = 10^3$
Megabyte	MB	$1.000.000 = 10^6$
Gigabyte	GB	$1.000.000.000 = 10^9$

Tabelle 2.10 Einheiten für die Datenmenge mit IEC-Präfix

Name	Abkürzung	Anzahl Bytes
Kibibyte	KiB	$1.024 = 2^{10}$
Mebibyte	MiB	$1.048.576 = 2^{20}$
Gibibyte	GiB	$1.073.741.824 = 2^{30}$

Werden die Präfixe der SI-Einheiten für Bytes verwendet, kann es zu einer Diskrepanz zwischen angegebenem und tatsächlichem Wert kommen. Speicher sind in Digitaltechnik aufgebaut und zählen in Zweierpotenzen. So hat ein Speicher mit einem 8 Bit breiten Datenanschluss und 10 Adressleitungen eine Speicherkapazität von 2^{10} = 1024 Bytes. Ein Kilobyte entspricht aber nur 1000 Bytes. Somit werden 24 Bytes unterschlagen. Was bei so einer kleinen Abweichung eventuell noch vernachlässigbar ist, wird bei größeren Werten entsprechend größer. So beträgt der Fehler bei einem Megabyte ca. 5 % und bei einem Gigabyte schon 7 %.

Aus diesem Grund gibt es die IEC-Präfixe „Ki“, „Mi“, „Gi“ usw. Diese basieren auf den Zweierpotenzen und geben die korrekte Anzahl an Bytes an (siehe Tabelle 2.10). Sehr zur Verwirrung tragen die Dateigrößen bei Windows bei, die häufig falsch oder inkonsistent angegeben werden.

2.7.2 Datenübertragungsrate

Die *Datenübertragungsrate C* (auch Datentransferrate oder Datenrate) gibt an, welche Datenmenge *D* innerhalb einer Zeitspanne *t* über einen Übertragungskanal übertragen wird.

$$C = \frac{D}{t} \tag{2.1}$$

Bei einer seriellen Übertragung über einen Kanal werden die Bits nacheinander übertragen, sodass die Datenübertragungsrate nach Gleichung 2.1 berechnet werden kann. Erfolgt die Übertragung über mehrere Kanäle parallel, muss das Ergebnis noch durch die Anzahl der Kanäle geteilt werden, um die Datenübertragungsrate für den einzelnen Kanal zu erhalten.

Die Datenübertragungsrate gibt Auskunft über die Anzahl an Bits, die in einer Sekunde über einen Übertragungskanal übertragen wird. Bei der Angabe wird mit den SI-Präfixen, also mit Zehnerpotenzen, gearbeitet (Tabelle 2.11).

Wenn die Übertragungszeit für die Übertragung von einem Kilobyte gesucht ist, muss geprüft werden, ob mit einem Kilobyte auch wirklich ein Kilobyte gemeint ist und nicht ein Kibibyte.

Tabelle 2.11 Einheiten für die Datenübertragungsrate

Name	Abkürzung	Bits pro Sekunde
bit/s	bit/s	1
Kilobit/s	kbit/s	1.000
Megabit/s	Mbit/s	1.000.000
Gigabit/s	Gbit/s	1.000.000.000

Bei einfachen Bussystemen werden die Bits durch High- und Low-Pegel, die eine bestimmte Zeit anliegen (entspricht der Bitzeit T_{Bit}), übertragen. Mit Hilfe der Bitzeit kann ebenfalls die Datenübertragungsrate *C*, die dann oft als *Bitrate* bezeichnet wird, berechnet werden:

$$C = \frac{1\,\text{Bit}}{T_{\text{Bit}}} \tag{2.2}$$

Tabelle 2.12 Beispiele für Bitzeiten und Datenübertragungsraten

Protokoll	Bitzeit	Datenrate
LIN	50 µs	20 kbit/s
CAN	2 µs	500 kbit/s
FlexRay	100 ns	10 Mbit/s

Tabelle 2.12 gibt einige Bitzeiten und die dazugehörigen Datenraten an. Die Angaben für die Bitzeiten sind nur Beispiele, da bei diesen Protokollen die Bitzeit konfigurierbar ist.

2.7.3 Baudrate

Die *Baudrate* gibt an, wie viele Symbole pro Zeiteinheit übertragen werden. Die Einheit ist Baud. Wenn ein Bit einem Symbol entspricht, sind Bitrate und Baudrate gleich. Wenn pro Symbol mehr als ein Bit übertragen wird, sind Bit- und Baudrate voneinander verschieden. Bild 2.45 zeigt solch ein Beispiel. Zur Übertragung werden vier verschiedene Spannungspegel verwendet. Jedem Spannungspegel werden zwei Bits zugeordnet. Damit ist es möglich, pro Symbol die Information von zwei Bits zu übertragen. Die Codierung der Spannungspegel zeigt Tabelle 2.13.

Tabelle 2.13 Zuordnung von je zwei Bit zu einem Spannungspegel

Pegel	Bit 1	Bit 2
0 V	0	0
1 V	0	1
2 V	1	0
3 V	1	1

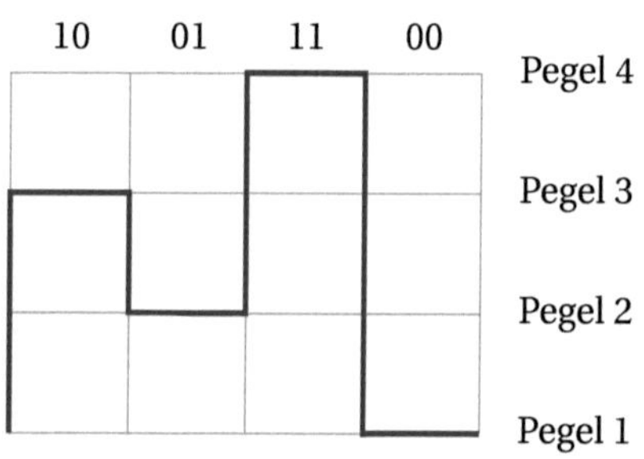

Bild 2.45 Beispiel für die Darstellung von zwei Bits in einem Symbol

Bild 2.45 zeigt den Pegelverlauf, wenn die Bitfolge `10011100` übertragen wird. Insgesamt werden vier verschiedene Pegel übertragen, die vier Symbolen entsprechen, aber es wird die Information von acht Bits übertragen. Damit ergibt sich eine Baudrate von 4 Bd = 4 Symbole/s, was einer Bitrate von 8 bit/s entspricht.Bei vielen Bussystemen (z. B. LIN, CAN, FlexRay, RS232) entspricht ein Symbol einem Bit.

2.7.4 Verzögerung

Die Verzögerung (engl.: Latency) beschreibt die Zeitdauer, die ein Element (z. B. eine Flanke oder ein Frame) vom Sender zum Empfänger benötigt. Verzögerungen treten bei jeder Komponente im Signalpfad vom Sender zum Empfänger auf. Sie beschreiben eine wichtige Eigenschaft von Kommunikationssystemen und müssen bei deren Entwurf und Konfigurierung berücksichtigt werden.

Bild 2.46 zeigt die Verzögerung eines Pulses, der über eine 50 m lange Twisted-Pair-Leitung gesendet wurde. Die Verzögerungszeit, gemessen zwischen dem Anfang und dem Ende der Leitung, beträgt 287 ns. Damit beträgt die Verzögerung der Leitung 5,74 ns/m.

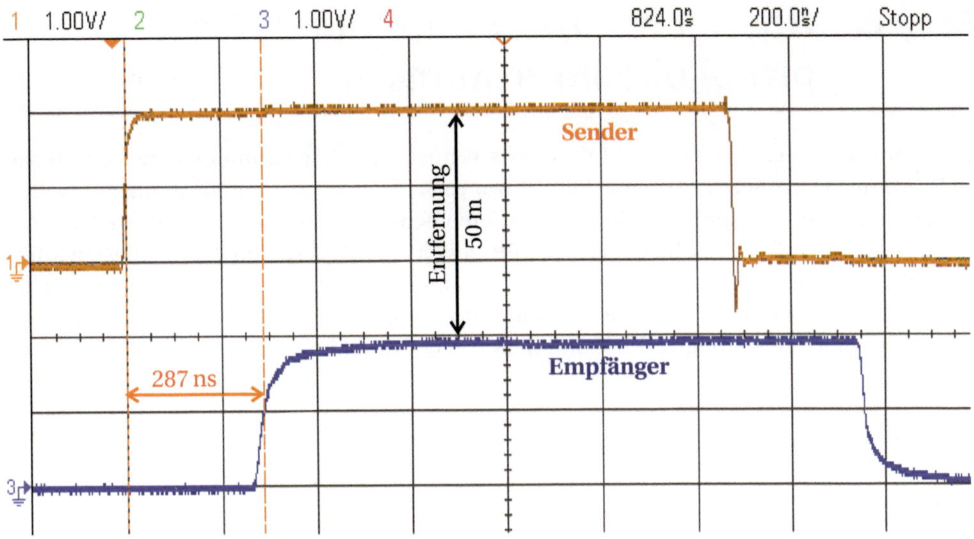

Bild 2.46 Verzögerung auf einer 50 m langen Leitung

Die Verzögerung ist unabhängig von der Datenrate (Bitrate). Zur Leitungsverzögerung kommen noch Verzögerungen im Protokollcontroller des Senders und des Empfängers sowie Verzögerungen durch den Transceiver des Senders und des Empfängers dazu. Diese werden in den Datenblättern der Bauteile angegeben. Die Kenntnis der maximal möglichen Verzögerung in einem Kommunikationssystem ist wichtig, um ein System richtig konfigurieren zu können.

2.7.5 Jitter

Verzögerungen sind nicht konstant, sondern unterliegen stochastischen Schwankungen. Diese Schwankungen werden Jitter genannt. Der Jitter ist somit die Varianz der Laufzeit von Datenpaketen oder Signalflanken bei der Übertragung.

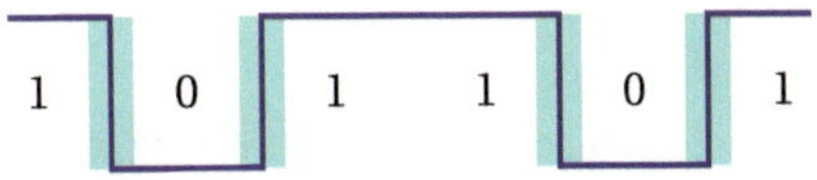

Bild 2.47 Jitter der Signalflanken

An dieser Stelle soll der Jitter von Signalflanken bei der Übertragung betrachtet werden (siehe Bild 2.47). Die dunkelblaue Linie zeigt den idealen Signalverlauf. Hellblau ist der Bereich gekennzeichnet, in dem sich die Flanken befinden können. Die Breite gibt den maximalen Jitter an.

Ursache für den Jitter sind Taktschwankungen, EMV, Diskretisierungsfehler u. a. Der Jitter führt dazu, dass Signalflanken früher oder später auftreten als im Idealfall. Ein Kommunikationssystem muss so entworfen, realisiert und konfiguriert werden, dass zum einen der Jitter bestimmte Grenzen nicht übersteigt, und zum anderen, dass das System mit Jitter unterhalb dieser Grenzen zuverlässig funktioniert.

2.8 Übersicht über Kommunikationsprotokolle im Automobil

Seit den 90er-Jahren des letzten Jahrhunderts werden verstärkt Kommunikationsprotokolle in Fahrzeugen eingesetzt. Aus einer Anzahl von verschiedenen Kommunikationsprotokollen setzt der Automobilhersteller für einen bestimmten Bereich das am besten geeignete hinsichtlich der technischen Eigenschaften und des Preises ein. In Bild 2.48 sind die wichtigsten Kommunikationssysteme dargestellt, die zurzeit im Automobil zur Anwendung kommen. Dabei sind diese Kommunikationssysteme nicht auf das Automobil beschränkt, sondern kommen z. B. in der Automatisierungstechnik und dem Geräte- und Maschinenbau ebenfalls zur Anwendung.

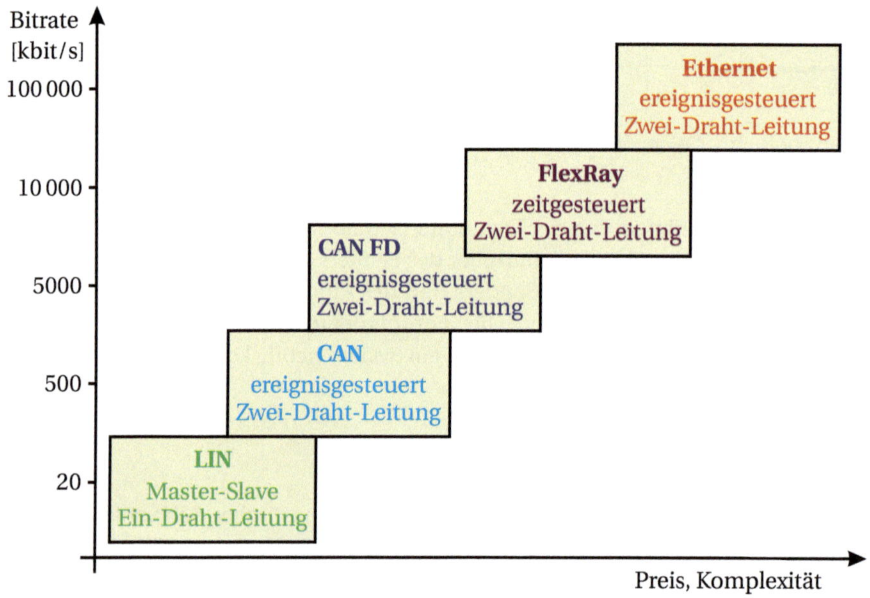

Bild 2.48 Einordnung der Protokolle im Automobil

LIN, CAN und FlexRay sind etablierte Systeme und in Fahrzeugen seit Jahren im Einsatz. CAN FD ist eine Weiterentwicklung von CAN und wird gerade eingeführt. Automotive Ethernet ist in ersten Fahrzeugen in wenigen Anwendungen im Einsatz, wird aber in den nächsten Jahren stark zunehmen. Es gibt die Faustregel: Je höher die Bitrate, desto komplexer ist das Protokoll und desto teurer ist die Realisierung (Protokollcontroller, Transceiver, Verkabelung).

Bild 2.49 zeigt beispielhaft den Einsatz der verschiedenen Kommunikationssysteme bei unterschiedlichen Anwendungen.

- LIN wird für Subbusse mit geringen Datenraten eingesetzt. LIN ist sehr preiswert.
- CAN-B wird in Anwendungen mit höheren Datenraten als LIN verwendet.
- CAN-C wird im Antriebsstrang verwendet, weil dort größere Datenmengen in kurzer Zeit übertragen werden müssen. CAN-C ist schneller als CAN-B.

- FlexRay kommt im Sicherheitsbereich (Bremsen, Lenkung, Fahrwerk) zum Einsatz. Die Datenrate ist noch einmal deutlich höher als bei CAN-C. Außerdem garantiert FlexRay eine Echtzeitkommunikation ohne zusätzliche Maßnahmen.
- Für den Infotainmentbereich wird MOST oder Automotive Ethernet eingesetzt. Hier sind wegen der sehr großen Datenmengen alle anderen Kommunikationssysteme zu langsam. Aktuell wird MOST schrittweise durch Automotive Ethernet ersetzt.
- Für Airbags und für Sensoren gibt es spezielle Busse, z. B. PSI5 und DSI, die hier aber nicht betrachtet werden.

Die Darstellung erhebt keinen Anspruch auf Vollständigkeit. So gibt es weitere Protokolle, z. B. das SENT-Protokoll, welche von einigen Automobilherstellern in bestimmten Bereichen eingesetzt werden. Auch gibt es in den Regionen Europa, USA/Nordamerika und Asien für einige der Protokolle unterschiedliche Standards. Darauf wird bei der detaillierten Beschreibung der Protokolle in den nachfolgenden Kapiteln eingegangen.

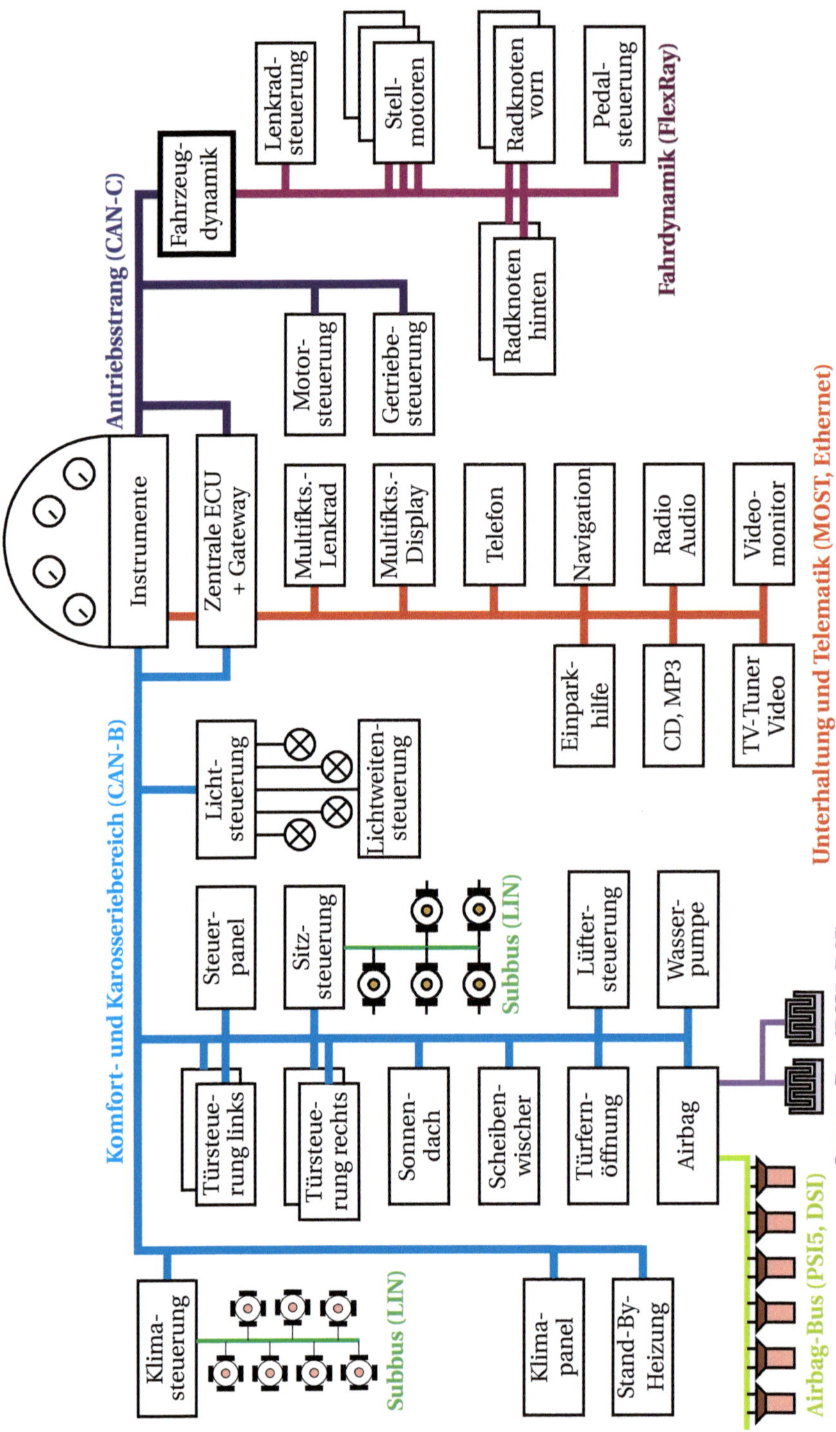

Bild 2.49 Beispiel für Kommunikationssysteme in einem Automobil

3 LIN (1)

3.1 Einleitung

LIN ist die Abkürzung für *Local Interconnect Network* und stellt ein Konzept für ein preisgünstiges Kommunikationssystem dar, welches andere Kommunikationssysteme ergänzt.

Erste Ideen zur Entwicklung von LIN gab es 1998. Zu dieser Zeit kam CAN in immer mehr Fahrzeugen zur Anwendung. Es zeigte sich aber, dass CAN für einige Bereiche zu teuer oder zu komplex war. Für diese Bereiche sollte ein Low-Cost-Bussystem entwickelt werden.

3.1.1 Anforderungen und Eigenschaften

LIN wurde mit dem Ziel einer deutlichen Kostenreduktion im Vergleich zu CAN entwickelt. Es sollte halb so teuer wie CAN sein. Die folgenden Faktoren spielen bei den Kosten eines Kommunikationssystems eine wichtige Rolle:

- Anzahl der Leitungen
- Physical Layer
- Takterzeugung
- Chipflächenverbrauch
- Komplexität des Protokolls
- Unabhängigkeit von Hardware-Plattform
- Verwendung existierender Komponenten
- Geschwindigkeitsanforderungen

Diese Punkte wurden bei der Entwicklung adressiert und finden sich in den Eigenschaften von LIN wieder. Folgende Eigenschaften hat LIN:

Geringe Busgeschwindigkeit
Die geringe maximale Busgeschwindigkeit von 20 kbit/s stellt geringe Anforderungen an die Verdrahtung und an die Rechenleistung der CPU. So können auch 8-Bit-Mikrocontroller mit kleinen Taktraten verwendet werden. Sogar Knoten ohne Mikrocontroller lassen sich realisieren.

Einfache Verdrahtung
Durch die Verwendung einer Ein-Draht-Leitung und der Bustopologie ist die Verdrahtung einfach und kostengünstig.

Einfaches Protokoll
LIN arbeitet nach dem Master-Slave-Prinzip. Der Master steuert die Kommunikation, die Slaves antworten auf Anforderung durch den Master. Somit müssen die Slaves nicht den gesamten Schedule wissen, sondern nur den Teil, der sie betrifft. Dies spart Speicherplatz in den Slaves und vereinfacht die Konfiguration.

Da der Master die Kommunikation steuert, sind auch die Anforderungen an die Stabilität der Taktquelle in den Slaves gering, sodass Resonatoren anstelle von teuren Quarzen eingesetzt werden können.

Einfache Implementation
LIN basiert auf dem SCI-(UART)-Protokoll, das in praktisch jeder CPU bereits implementiert ist. Es erfordert somit keinen neuen Protokollcontroller, um LIN nutzen zu können.

Vorhersagbares Verhalten
Die Kommunikation in einem LIN-Cluster wird mit einer Kommunikationsmatrix beschrieben, die auch Zeiten für die einzelnen Frames enthält. Diese Zeiten werden vor Kommunikationsbeginn berechnet. Dadurch ist das Verhalten eines LIN-Clusters deterministisch und vorhersehbar.

Schnittstellen für einen schnellen und einfachen Entwurf
Für LIN wurde ein *Application Program Interface (API)* definiert, welches einen Netzwerk-Software-Layer definiert und so von der LIN-Konfiguration abstrahiert.

Im *LIN Description File (LDF)* wird die gesamte Kommunikation in einem Cluster einschließlich des zeitlichen Verhaltens beschreiben. Das LDF kann verwendet werden, um Software für die unteren Schichten mittels eines Tools zu erzeugen.

Im *Node Capability File (NCF)* werden die Eigenschaften eines LIN-Bausteins beschrieben. Liegen für alle LIN-Knoten die NCFs vor, kann mittels eines Tools und weiterer Nutzereingaben das LDF erzeugt werden.

3.1.2 Historie

Zu Beginn arbeitete eine kleine Gruppe von Firmen (Volcano (VCT), Volvo, BMW, Volkswagen, Audi, Daimler Benz und Motorola (heute NXP)) an LIN mit dem Ziel, ein Kommunikationssystem mit begrenzten Anforderungen, aber einem attraktiven Preis zu standardisieren, um so die proprietären Lösungen abzulösen.

1998: erste Ideen

1999: erste LIN-Spezifikationen 1.0 (Juli)

2000: Version 1.1 (März) veröffentlicht
LIN-Konsortium gegründet
Spezifikation LIN 1.2 (November) veröffentlicht

2002: erste Fahrzeuge mit LIN (Daimler SL und E-Klasse)
LIN 1.3 veröffentlicht

2003: LIN 2.0 veröffentlicht

2004: Konformanztest für LIN 2.0

2006: LIN 2.1 veröffentlicht

2010: LIN 2.2 und LIN 2.2A veröffentlicht

3.1.3 Anwendung von LIN

LIN wird im Fahrzeug als Subbus eingesetzt. Er verlängert somit ein CAN-Netzwerk oder ein anderes Kommunikationssystem und geht an einzelne Sensoren und Aktoren. Einsatzgebiete sind:

- Sitzsteuerung
- Klimaanlage
- Lichtsteuerung
- Scheibenwischer
- Türsteuerung
- Diebstahlsicherung

Zur Einordung von LIN sei auf den Abschnitt 2.8 verwiesen.

3.2 Grundlagen

3.2.1 Begriffe

Die grundlegenden Begriffe für die Kommunikation wurden im Kapitel 2 eingeführt und gelten auch für LIN. Ein Kommunikationsteilnehmer bei LIN wird als LIN-Knoten oder nur als Knoten bezeichnet. Mehrere LIN-Knoten bilden ein LIN-Cluster. Die Daten, die die LIN-Knoten miteinander austauschen, werden *Frames* genannt.

3.2.2 Aufbau eines LIN-Knotens

Jeder LIN-Knoten besteht aus einer Logik, einem LIN-Controller und einem LIN-Transceiver (Bild 3.1).

Das Anwenderprogramm, kurz auch als *Anwendung* bezeichnet, läuft auf einem Mikrocontroller, kann aber auch durch eine einfache Logikschaltung realisiert sein. Die Anwendung stellt die zu sendenden Daten bereit und wertet die empfangenen Daten aus. Der *LIN-Controller* realisiert die Kommunikationsfunktionen gemäß dem LIN-Protokoll. Er wird durch ein Hardwaremodul oder durch Software realisiert. Der *LIN-Transceiver* stellt die Ankopplung an das physische Übertragungsmedium her. Bei einfachen LIN-Knoten befinden sich die Anwendungslogik, der LIN-Controller und der LIN-Transceiver auf einem Chip (single die), was Kosten spart.

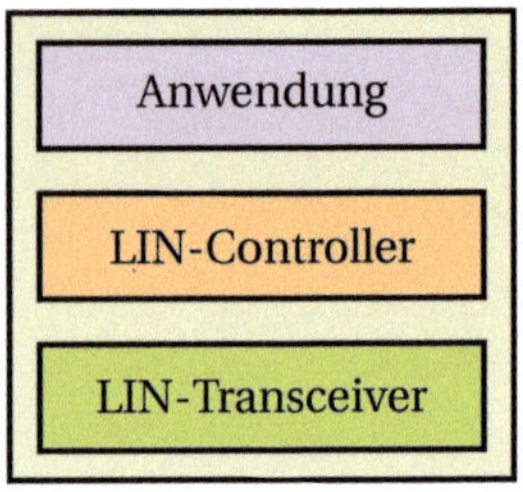

Bild 3.1 Aufbau eines LIN-Knotens

3.2.3 Aufbau eines LIN-Clusters

Ein LIN-Cluster besteht aus mehreren LIN-Knoten. Einer dieser Knoten ist der Master-Knoten, alle anderen Knoten sind Slave-Knoten. Der Master-Knoten besitzt Master- und Slave-Funktionalität, die Slave-Knoten besitzen nur Slave-Funktionalität (siehe Bild 3.2).

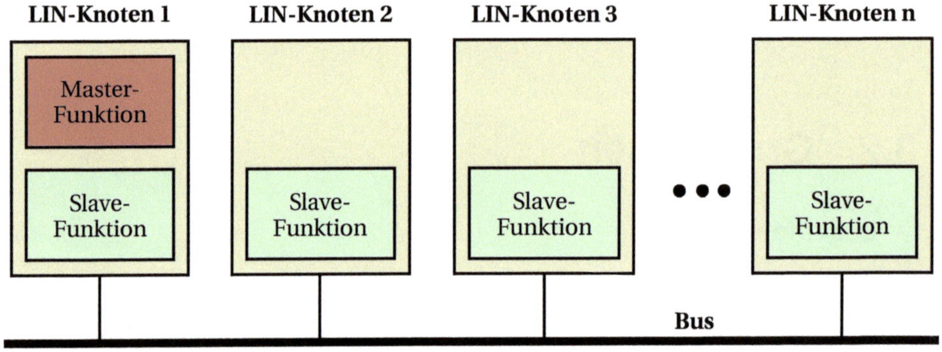

Bild 3.2 Aufbau eines LIN-Clusters

LIN wird immer in Bustopologie realisiert. Die Bitrate eines LIN-Busses muss zwischen 1 und 20 kbit/s liegen (LIN Spec 1.3, LIN Spec 2.0, 2.2). Tabelle 3.1 gibt die Bitraten an, die in der LIN-Spezifikation 1.3 empfohlen werden. In der LIN-Spezifikation 2.2 gibt es diese Empfehlung nicht mehr.

Tabelle 3.1 Standardgeschwindigkeiten bei LIN

Bezeichnung	Geschwindigkeit
Slow	2400 bit/s
Medium	9600 bit/s
Fast	19 200 bit/s

3.2.4 Einordnung ins OSI-Modell

LIN ist nach dem OSI-Modell in Schichten aufgebaut, wobei nicht alle sieben Schichten ausgeführt sind (Bild 3.3). Die Schichten 1 bis 3 (Physial Layer, Data Link Layer und Network Layer) sind vollständig und die Schicht 4 (Transport Layer) ist teilweise in der Spezifikation abgebildet.

Der Physical Layer wird durch einen eigenen Baustein, den LIN-Transceiver, realisiert. Der Data Link Layer kann in Hardware, aber durch die Einfachheit des Protokolls auch in Software realisiert werden. Insbesondere in den Slave-Knoten wird diese Möglichkeit der Realisierung gerne genutzt.

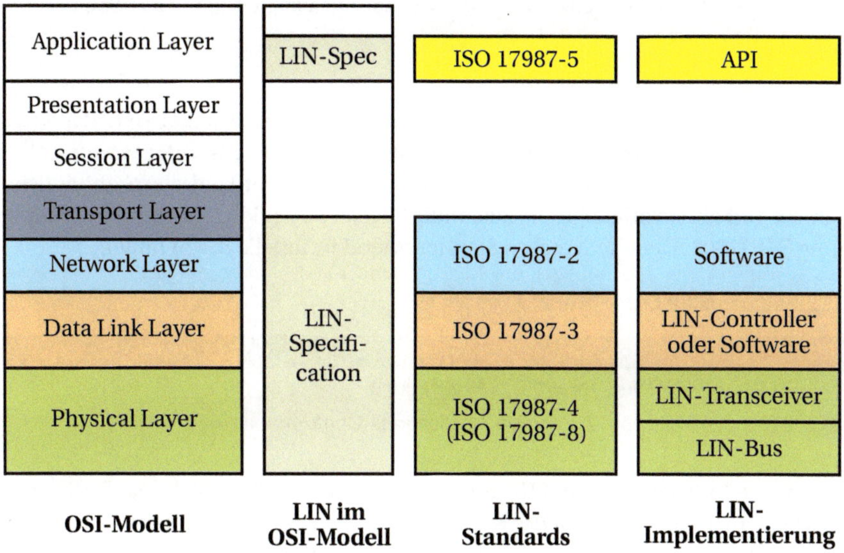

Bild 3.3 Einordnung von LIN in das OSI-Referenzmodell

Eine Besonderheit von LIN gegenüber CAN und FlexRay ist, dass die Schnittstelle zur Anwendung (API = Application Programming Interface) spezifiziert wurde. Mit dieser standardisierten Anwendungsprogrammierschnittstelle ist es möglich, die Anwendungssoftware unabhängig von der Hardware zu entwickeln sowie diese für verschiedene Hardware nutzen zu können.

3.2.5 LIN-Standards

Nach der Entwicklung von LIN durch das LIN-Konsortium als Industriestandard wurden die Dokumente der ISO übergeben. Die ISO hat die Standards in der ISO-Norm 17987 veröffentlicht. Tabelle 3.2 gibt einen Überblick über die einzelnen Teile. Die Zahl nach der Part-Nummer, z. B. 2016, gibt das Jahr an, in dem die Norm zum letzten Mal überprüft und eventuell aktualisiert wurde.

Der LIN-Standard wird in der Kategorie „Road vehicles engineering" in der Gruppe „Road vehicle systems" und dort in der Untergruppe „Car informatics. On board computer systems" geführt. Bearbeitet wird der LIN-Standard vom Technical Committee 22 (TC 22) „Road vehicles" im Subcommittee 31 (SC 31), welches für „Data communication" zuständig ist [ISO].

Tabelle 3.2 Teile der ISO-Standards für „Road vehicles – Local Interconnect Network (LIN)"

ISO-Nummer	Titel
ISO 17987-1:2016	Part 1: General information and use case definition
ISO 17987-2:2016	Part 2: Transport protocol and network layer services
ISO 17987-3:2016	Part 3: Protocol specification
ISO 17987-4:2016	Part 4: Electrical physical layer (EPL) specification 12 V/24 V
ISO 17987-5:2016	Part 5: Application programmers interface (API)
ISO 17987-6:2016	Part 6: Protocol conformance test specification
ISO 17987-7:2016	Part 7: Electrical Physical Layer (EPL) conformance test specification
ISO 17987-8:2019	Part 8: Electrical physical layer (EPL) specification: LIN over DC powerline (DC-LIN)

Die USA pflegen ihre eigenen Standards, die sich meistens mit den internationalen Standards decken, aber von diesen auch abweichen können. In den USA ist die *SAE International* (ehemalige Bezeichnung: Society of Automotive Engineers), die das amerikanische Standardisierungsinstitut in der Verkehrstechnologie ist, zuständig [SAE]. Die beiden LIN-Standards haben die Bezeichnung SAE J2602, Details zu diesen Standards sind in Tabelle 3.3 zu finden.

Tabelle 3.3 SAE-Standards für LIN

SAE-Nummer	Titel
SAE J2602-1_202110	LIN Network for Vehicle Applications
SAE J2602-2_202110	LIN Network for Vehicle Applications Conformance Test

Durch die schrittweise Entwicklung von LIN und die frühzeitige Veröffentlichung der Spezifikationen gibt es verschiedene Versionen der Spezifikation. Die erste relevante Version war die Version 1.3 im Jahr 2002, die in größerem Umfang eingesetzt und durch Tools (Programme, Messtechnik) unterstützt wurde.

In der Version 2.0, die 2003 veröffentlicht wurde, wurden neue Funktionen gegenüber LIN 1.3 eingeführt. Die größten Änderungen waren eine erweiterte Checksumme, die Rekonfiguration und Diagnosefunktionen und eine automatische Baudraten-Erkennung.

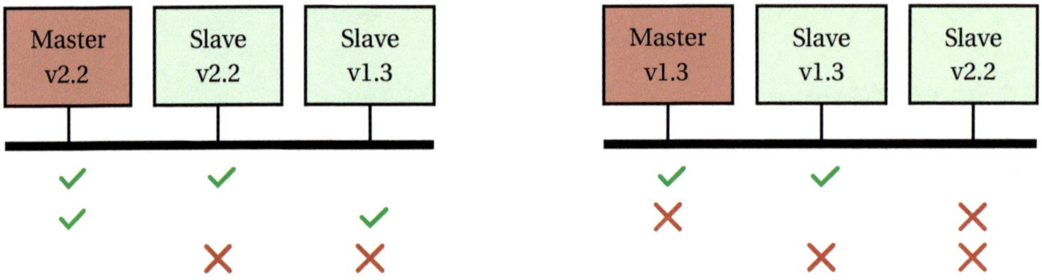

Bild 3.4 Kompatibilität der LIN-Versionen

Es folgten die Versionen LIN 2.1 und LIN 2.2, die vorwiegend Fehlerkorrekturen und Klarstellungen gegenüber der Vorgängerversion enthalten. LIN 2.2 ist mit LIN 2.1 voll kompatibel. Zwischen LIN 2.0 und LIN 2.2 gibt es einige wenige Einschränkungen (siehe [LINspec]). LIN 2.2

und LIN 2.2A sind quasi identisch. Bild 3.4 kann entnommen werden, welche Versionen bei entsprechender Konfiguration miteinander kompatibel sind.

3.3 LIN-Frames und LIN-Schedule

3.3.1 Aufbau eines LIN-Frames

Ein LIN-Frame besteht aus zwei Teilen,

- dem Frame Header, den immer der Master sendet,
- und der Frame Response, die vom Slave gesendet wird.

Jedes dieser beiden Teile besteht aus mehreren Feldern. Mit Ausnahme des ersten Feldes im Frame Header sind die Felder sogenannte Byte-Felder, die sich wie folgt zusammensetzen:

- ein Startbit (0-Bit),
- 8 Datenbits und
- ein Stoppbit (1-Bit).

Ein Byte-Feld besteht also aus 10 Bits. Bei den Daten wird das LSB zuerst gesendet.

Die Reihenfolge der Felder ist fest vorgegeben und kann nicht verändert werden. Zwischen Frame Header und Frame Response kann es zu einem kleinen Abstand, dem In-Frame Response Space, kommen (Bild 3.5).

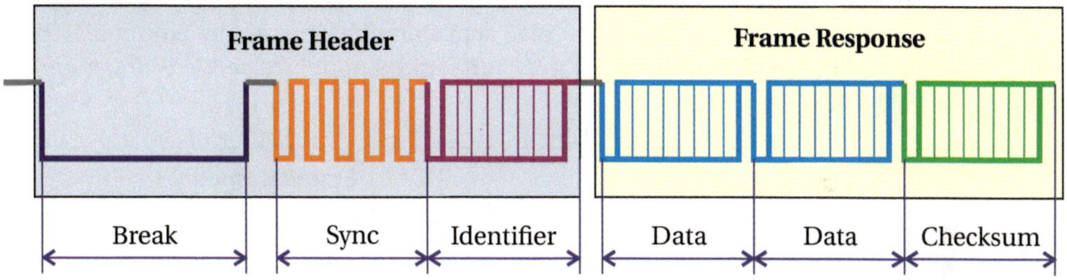

Bild 3.5 Aufbau eines LIN-Frames

3.3.2 Frame Header

Der Frame Header besteht aus dem

- Break-Feld gefolgt vom
- Sync-Feld und abgeschlossen mit dem
- Identifier-Feld.

3.3.2.1 Break-Feld

Das Break-Feld hat eine Länge von ≥ 13 Bitzeiten. In dieser Zeit wird der Pegel auf dem Bus auf low gezogen (Bild 3.6). Damit kann das Break-Feld deutlich von einem UART-Zeichen unterschieden werden, denn bei einem UART-Zeichen folgt spätestens nach neun gleichen Bits (neun 0-Bits oder neun 1-Bits) ein entgegengesetztes Bit. Das Break-Feld kündigt ein neues Frame an.

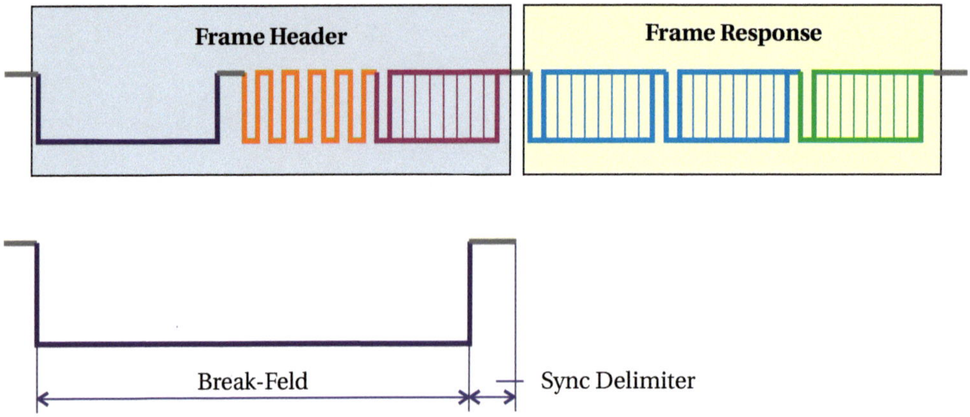

Bild 3.6 Das Break-Feld im Frame Header

3.3.2.2 Sync-Feld

Das Sync-Feld besteht aus einem Startbit (0-Bit), acht Datenbits und einem Stoppbit (1-Bit). Als Daten wird 0x55 gesendet, sodass sich mit Start- und Stoppbit folgende Bitfolge ergibt: `0101010101` (Bild 3.7).

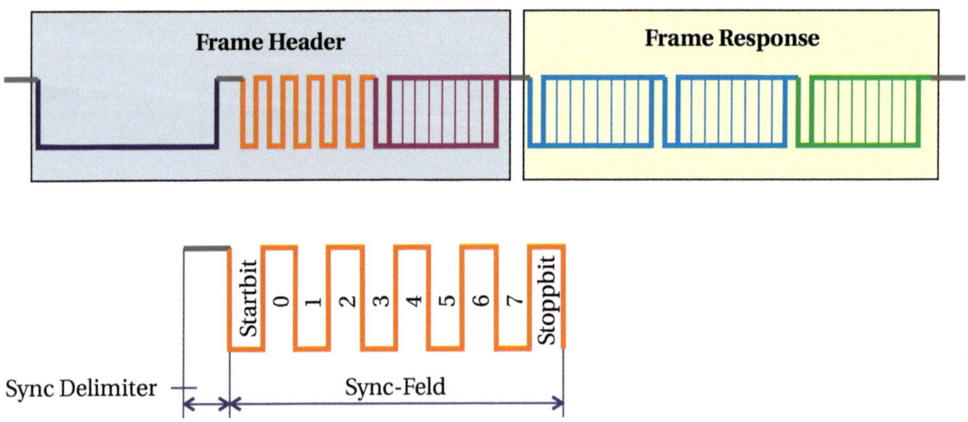

Bild 3.7 Das Sync-Feld

Das vom Master-Knoten gesendete Sync-Feld dient den Slave-Knoten dazu, ihre Uhren auf den Master zu synchronisieren, damit die nachfolgende Bitfolge empfangen werden kann. Diese Synchronisation zu Beginn jeden Frames ermöglicht es, in den Slaves sehr preiswerte Uhren zu verwenden und nur im Master eine teure, aber genauere Uhr zu verbauen. Die Uhr im Master-Knoten hat gewöhnlich einen Quarz als Taktquelle. In den Slaves können die um einiges günstigeren Resonatoren eingesetzt werden.

3.3.2.3 Identifier-Feld

Das Identifier-Feld besteht aus einem Startbit (0-Bit) gefolgt von sechs Bits, die den Identifier enthalten (ID0 bis ID5). Mit diesen sechs Bits sind 64 verschiedene Identifier darstellbar. Es folgen zwei Paritätsbits (P0 und P1). Abgeschlossen wird das Identifier-Feld mit einem Stoppbit (1-Bit) (Bild 3.8).

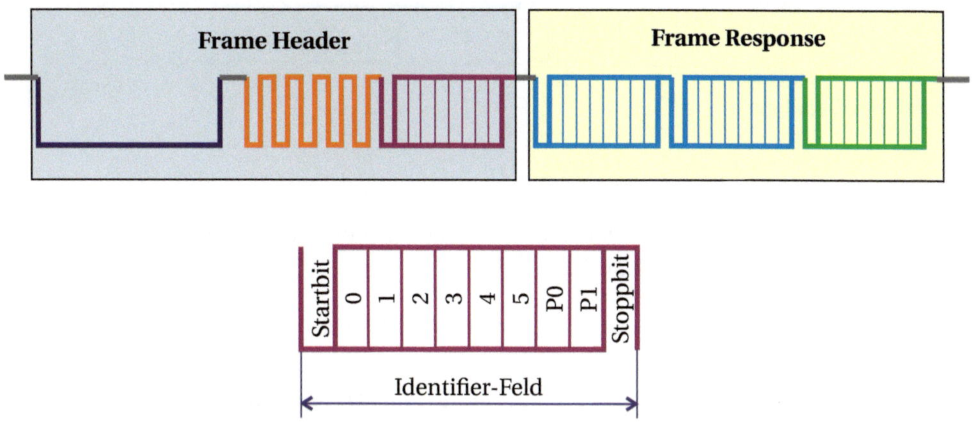

Bild 3.8 Das Identifier-Feld

Von den 64 vorhandenen Identifiern können 60 frei verwendet werden. Vier der Identifier sind reserviert.

- Die Identifier von 0 bis 59 (`0x00` bis `0x3B`) können frei verwendet werden.
- Die Identifier 60 (`0x3C`) und 61 (`0x3D`) werden für Diagnose und Konfigurationsdaten verwendet.
- Die Identifier 62 (`0x3E`) und 63 (`0x3F`) sind für zukünftige Erweiterungen reserviert und dürfen nicht verwendet werden.

Die Berechnung der Paritätsbits $P0$ und $P1$ wird im Abschnitt 6.1.2 näher erläutert.

3.3.3 Frame Response

Die Frame Response besteht aus mindestens einem bis maximal acht Data-Feldern gefolgt von einem Checksum-Feld.

3.3.3.1 Data-Feld

Ein Data-Feld besteht aus einem Startbit (0-Bit), acht Datenbits und einem Stoppbit (1-Bit). Als erstes Datenbit wird das LSB gesendet (Bild 3.9).

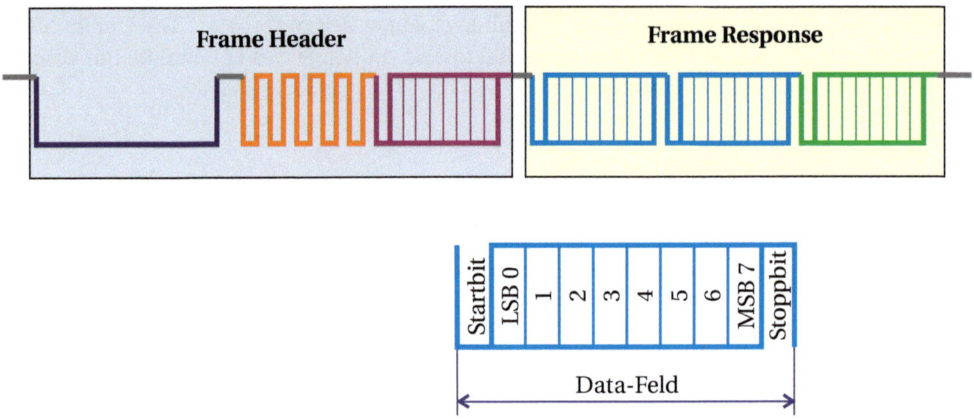

Bild 3.9 Das Data-Feld

3.3.3.2 Checksum-Feld

Das Checksum-Feld besteht aus einem Startbit (0-Bit), acht Bits, die die Checksumme enthalten, und einem Stoppbit (1-Bit) (Bild 3.10).

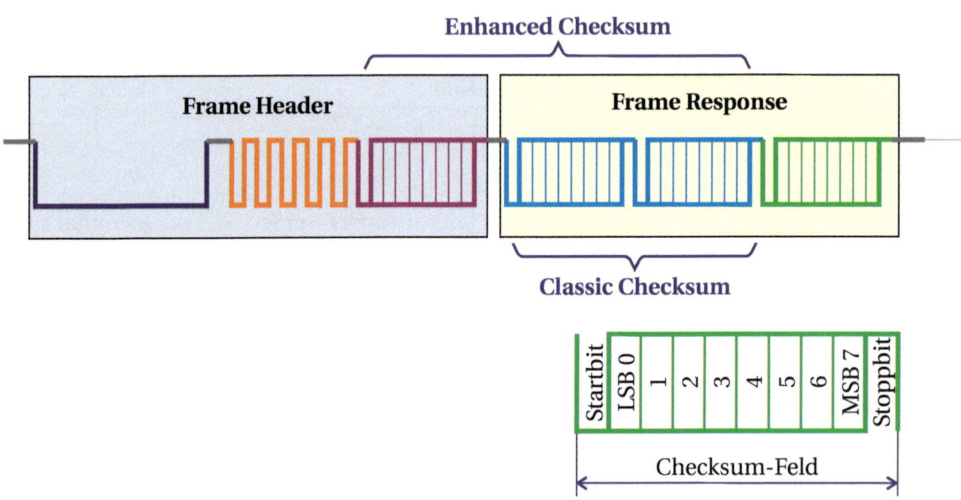

Bild 3.10 Das Checksum-Feld

Es gibt zwei verschiedene Checksummen:

- die Classic Checksum (LIN 1.3) und
- die Enhanced Checksum (LIN 2.x)

Wird LIN so konfiguriert, dass es nach LIN 1.3 arbeitet, wird die Classic Checksum berechnet. Bei einer Konfiguration nach LIN 2.x kommt die Enhanced Checksum zur Anwendung (Bild 3.10). Bei der Classic Checksum erfolgt die Berechnung der Checksumme nur über die Data-Felder. Bei der Enhanced Checksum hingegen wird zur Berechnung auch das Identifier-Feld mit einbezogen.

3.3.4 LIN-Zyklus

Die Kommunikation bei LIN ist in *Zyklen* organisiert. Dabei ist jeder Zyklus in *Slots* unterteilt, die unterschiedlich groß sein können. In jedem dieser Slots kann ein Frame gesendet werden (Bild 3.11).

Die Länge der Slots und wer darin sendet, wird in einem *Schedule* beschrieben. Ein LIN-Cluster kann durch mehrere Schedules beschrieben werden. Das bedeutet, dass zwischen verschiedenen Schedules umgeschaltet werden kann.

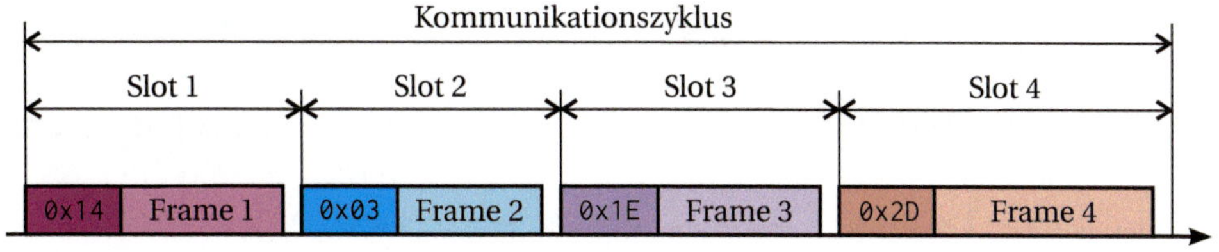

Bild 3.11 LIN-Zyklus

Als Zugriffsverfahren kommt das Master-Slave-Prinzip zur Anwendung, d. h., der Master gibt vor, wann ein Slave-Knoten senden darf. Der Zyklus wird vor Beginn der Kommunikation festgelegt, sodass das Zeitverhalten im Wesentlichen bekannt ist. Variationen können sich bei Event Triggered Frames unter bestimmten Bedingungen ergeben (siehe Abschnitt 3.3.5).

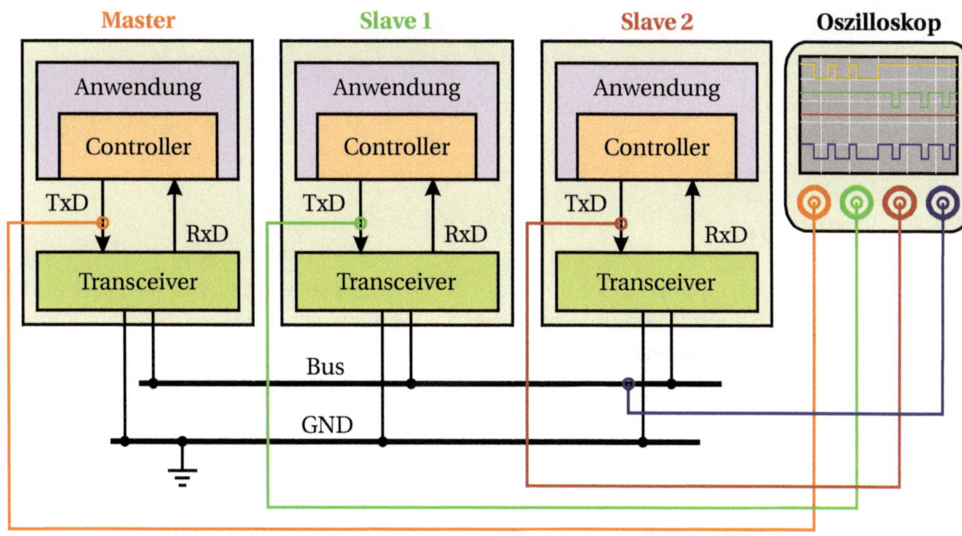

Bild 3.12 LIN-Cluster mit Messaufbau

Bild 3.12 zeigt den Messaufbau mit einem Oszilloskop für ein LIN-Cluster. Drei Kanäle des Oszilloskops sind an die Tx-Leitungen des Masters und der beiden Slaves angeschlossen. Der vierte Kanal ist an den LIN-Bus angeschlossen. Alle vier Kanäle messen gegen Masse (Masseleitung zum Oszilloskop nicht eingezeichnet).

Bild 3.13 zeigt das Oszilloskopbild, bei dem der Master (gelb) den Frame Header sendet und der Slave 1 (grün) antwortet. Der Slave 2 (rot) sendet nicht, da seine Tx-Leitung die gesamte

Zeit auf high liegt und sein Transceiver somit nicht sendet. Die blaue Kurve zeigt den Spannungsverlauf auf dem Bus, den alle Knoten im Cluster empfangen. Er ist qualitativ identisch mit dem Spannungsverlauf auf der Rx-Leitung bei allen drei Knoten.

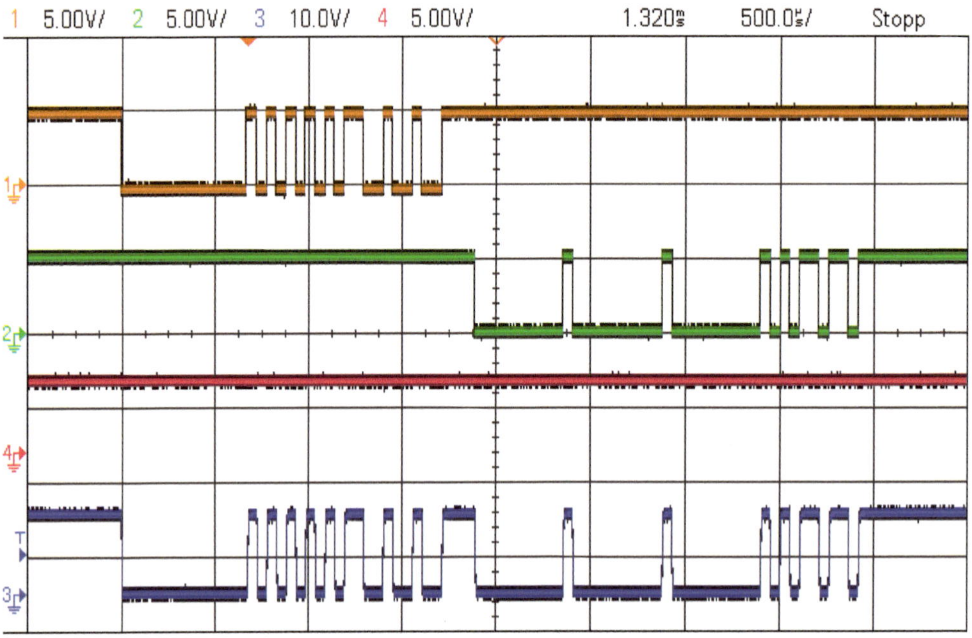

Bild 3.13 Pegelverlauf auf den Tx-Leitungen und dem Bus

3.3.5 Frame-Typen

Es gibt mehrere Frame-Typen, die sich entweder im Timing, also wann diese Frames gesendet werden, oder im Inhalt der Daten unterscheiden. Der Aufbau der Frames ist bei allen Frame-Typen gleich und wie in Abschnitt 3.3.2 und 3.3.3 beschrieben. Folgende Frame-Typen gibt es:

- Unconditional Frames
- Event Triggered Frames
- Sporadic Frames
- Diagnostic Frames
- Reserved Frames

3.3.5.1 Unconditional Frames

Unconditional Frames sind die Standard-Frames bei LIN. Sie werden im Schedule geplant und ohne zusätzliche Bedingungen gesendet. Dabei sendet der Master den Header mit der ID des Frames. Der Slave erkennt „seine“ ID und antwortet. Da nur ein Slave antwortet, kann es zu keinen Kollisionen kommen. Unconditional Frames eignen sich für die zyklische Datenübertragung (Bild 3.14).

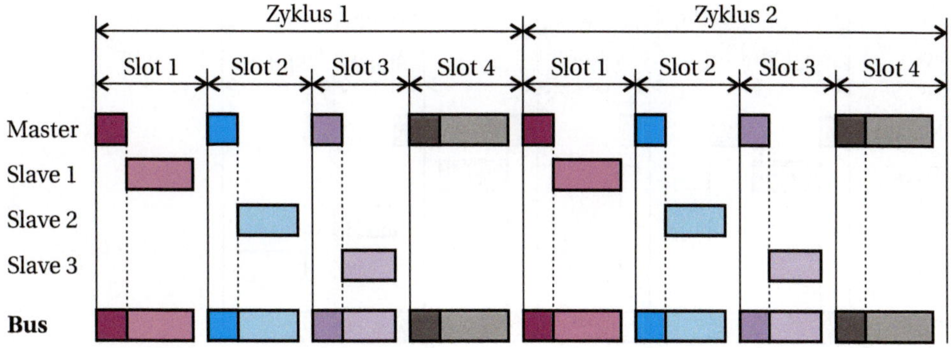

Bild 3.14 Schedule mit Unconditional Frames

3.3.5.2 Event Triggered Frames

Event Triggered Frames werden zur Übertragung ereignisorientierter Nachrichten verwendet. Sie werden nur bei Bedarf gesendet. Der zeitliche Abstand der Ereignisse, die zum Senden dieser Frames führen, sollte wesentlich größer sein als die Zykluszeit.

Werden Event Triggered Frames verwendet, wird ein Slot im LIN-Schedule für diese Frames reserviert. Der Master sendet in diesem Slot den Frame Header mit einer ID, z. B. mit der `ID20`. Auf diesem Header kann jetzt mehr als ein Slave antworten. Ein Slave antwortet aber nur, wenn er neue Daten hat bzw. das Ereignis eingetreten ist, welches zur Aktualisierung der Daten geführt hat.

Nun gibt es drei Fälle, die eintreten können. Diese sind in den Bildern 3.15 und 3.16 illustriert. Der Slot, in dem die Event Triggered Frames gesendet werden, ist der Slot 2. Folgende Fälle gibt es:

1. Der Master sendet den Header und keiner der Slaves antwortet, weil sie keine neuen Daten haben (siehe Zyklus 1 und 4).
2. Der Master sendet den Header und genau ein Slave antwortet (siehe Zyklus 2).
3. Der Master sendet den Header und mehrere Slaves antworten (siehe Zyklus 3).

Damit das Verfahren mit den Event Triggered Frames funktioniert, muss die Frame Response aller Slaves in diesem Slot (im Beispiel von Slot 2) gleich lang sein. Das erste Datenbyte der Frame Response enthält einen *P*rotected *ID*entifier (PID), wobei jeder Slave einen eigenen, von den anderen Slaves verschiedenen PID hat.

Tritt der Fall 1 ein (Zyklus 1 und 4), wird zwar der Header vom Master gesendet, aber es fehlt die Frame Response. Damit weiß der Empfänger, dass es bei keinem der Knoten neue Daten gibt.

Beim Fall 2 kommt es zu einem vollständigen Frame auf dem Bus, da *ein* Slave antwortet. Der Empfänger kann mit Hilfe des PID bestimmen, von welchem Knoten die Response gekommen ist (Zyklus 2).

Im Fall 3 senden mehrere Slaves gleichzeitig ihre Response, sodass es zur Kollision auf dem Bus kommt. Die Frame Response der sendenden Knoten ist unterschiedlich, da mindestens die PID unterschiedlich ist. Damit wird auch die Checksumme unterschiedlich sein. Durch die Überlagerung von zwei oder mehreren Frames wird sich keine gültige Checksumme ergeben. Der Master erkennt die Kollision, unterbricht den regulären Schedule und wechselt auf einen

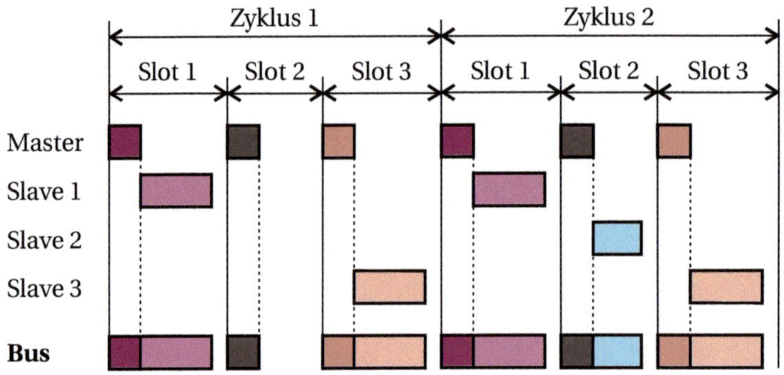

Bild 3.15 Schedule mit Event Triggered Frames Teil 1

Schedule zum Auflösen der Kollisionen. In diesem Schedule, der Collision Resolving Schedule genannt wird, fragt der Master die Slaves einzeln ab. In Bild 3.16 erfolgen die einzelnen Abfragen im Zyklus 3 in den Slots A und B. Nach diesen Abfragen wird der reguläre Schedule fortgesetzt (Slot 3). Mit diesem Vorgehen wird sichergestellt, dass keine Daten verloren gehen.

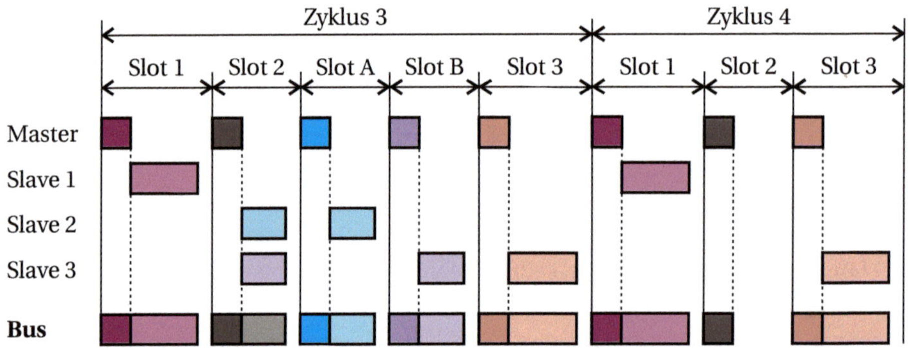

Bild 3.16 Schedule mit Event Triggered Frames Teil 2

In unserem Beispiel könnte es wie folgt aussehen. Der Master sendet im Slot 2 einen Header mit der `ID20`. Slave 1 hat als PID die `ID21` und Slave 2 die `ID22`. Erkennt der Master eine Kollision im Slot 2, wechselt er in den Collision Resolving Schedule, der aus den beiden Slots A und B besteht. Im Slot A sendet der Master die `ID21` und fragt somit den Slave 1 ab. Im Slot B wird der Slave 2 mit der `ID22` abgefragt.

In einem LIN-Schedule können mehrere Slots zum Senden von Event Triggered Frames vorgesehen werden. Für jeden dieser Slots muss es einen eigenen Collision Resolving Schedule geben, in welchem die Slaves, die ein Event Triggered Frame in diesem Slot senden können, einzeln abgefragt werden.

Ein Beispiel für die Verwendung von Event Triggered Frames ist die Abfrage der Taster an den vier Türen zum Betätigen der Fensterheber in einem Auto über LIN. Der Master-Knoten würde sich in der Fahrertür befinden. In den anderen Türen ist jeweils ein Slave-Knoten. Die Fensterheber können über den Taster in der Tür betätigt werden, können aber auch von der Fahrertür und vom Airbag-Steuergerät im Falle eines bevorstehenden Aufpralls angesteuert werden.

Wenn die Steuerung der Fensterheber vom Master-Knoten ausgeht, muss dieser den Zustand der Taster abfragen. Dazu könnte je ein Slot im Schedule verwendet werden. Der Master würde den Zustand der Taster nacheinander abfragen. Da die Wahrscheinlichkeit sehr gering ist, dass sich der Zustand bei zwei Tastern gleichzeitig ändert, bietet sich eine Abfrage mittels Event Triggered Frames an. Hat sich der Zustand bei keinem der Taster geändert, würde kein Slave auf den Header zur Abfrage der Taster antworten. Bei einer Änderung sendet der entsprechende Slave seine Frame Response. Im unwahrscheinlichen Fall, dass zwei Taster innerhalb der LIN-Zykluszeit betätigt wurden, würde es zu einer Kollision der Frame Response kommen und der Master müsste die drei Slaves nacheinander im Collision Resolving Schedule abfragen. Die Folge wäre, dass sich der unterbrochene Zyklus um die für die separate Abfrage der Slaves benötigte Zeit einmalig verlängern würde.

3.3.5.3 Sporadic Frames

Der Zweck von Sporadic Frames ist es, einen Teil der Bandbreite dynamisch zu vergeben. Die Kommunikation in einem normalen Schedule ist streng zeitgesteuert und kann somit nicht auf Ereignisse reagieren.

In einem normalen Schedule kann ein Slot für Sporadic Frames vorgesehen werden, der als *Sporadic Frames Slot* bezeichnet wird. In diesem Slot können bei Bedarf verschiedene Frames, d. h. Frames mit unterschiedlichen Identifiern, gesendet werden. Wenn sich die Daten von einem dieser Frames geändert haben, wird dieser Frame im nächsten Zyklus im Sporadic Frame Slot gesendet. Haben sich die Daten bei keinem der vorgesehenen Frames geändert, bleibt der Sporadic Frame Slot leer. Bei der Änderung der Daten in mehr als einem Frame wird der Frame mit der höchsten Priorität gesendet. Im nächsten Zyklus folgt dann der Frame mit der nächstniedrigeren Priorität usw., bis alle Frames mit geänderten Daten gesendet wurden.

Die Frames, die im Sporadic Frame Slot gesendet werden, werden als Unconditional Frames definiert und dann dem Sporadic Frame Slot zugeordnet. Der Master-Knoten ist der einzige, der im Sporadic Frame Slot sendet.

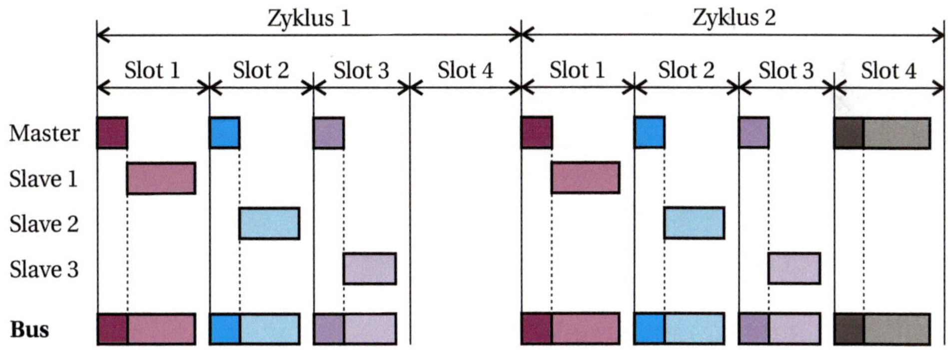

Bild 3.17 Schedule mit Sporadic Frames

3.3.5.4 Diagnostic Frames

Zwei Identifier sind für Diagnostic Frames reserviert.

- Der Identifier ID60 (0x3C) kennzeichnet einen Master Request Frame, bei dem der Master Header und Response sendet.
- Der Identifier ID61 (0x3D) kennzeichnet einen Slave Response Frame, bei dem der Master den Header und der Slave die Response sendet.

Diagnostic Frames enthalten immer acht Datenbytes.

Master Request Frames werden zur Diagnoseanforderung und zur Konfiguration der Slaves eingesetzt, Slave Response Frames werden zur Diagnoseantwort benutzt. Diagnostic Frames werden nicht im normalen Schedule gesendet, sondern für diese Frames werden eigene Schedules aufgestellt. Im Diagnostic Master Request Schedule gibt es nur *einen* Master Request Frame, im Diagnostic Slave Response Schedule nur *einen* Slave Response Frame [LINspec].

Für den Master-Knoten gibt es zwei Scheduling Modes für Diagnostic Frames:

- den Interleaved Diagnostics Mode, den jeder Master-Knoten unterstützen muss, und
- den Diagnostics Only Mode, welcher optional ist.

Ein Beispiel für die Verwendung eines Diagnostic Frames ist das Senden eines Sleep-Befehls durch den Master. Der Sleep-Befehl wird vom Master mit einem Master Request Frame (ID61) geschickt. Nach dem Senden dieses Befehls wird die Kommunikation auf dem Bus eingestellt. Die Slave-Knoten können in den Sleep Mode gehen, müssen aber nicht. Das Verhalten nach Empfang des Sleep-Befehls hängt von der Anwendung ab und ist nicht vorgegeben. Tabelle 3.4 gibt an, wie die Datenbytes beim Sleep-Befehl belegt sind. Slave-Knoten werten nur das erste Datenbyte aus und ignorieren alle anderen Datenbytes. Der Sleep-Befehl ist in der LIN-Spezifikation definiert.

Tabelle 3.4 Sleep-Befehl

Data 1	Data 2	Data 3	Data 4	Data 5	Data 6	Data 7	Data 8
0x00	0xFF	0xFF	0xFF	0xFF	0xFF	0xFF	0xFF

3.3.5.5 Reserved Frames

Die Frames mit der ID62 (0x3E) und der ID63 (0x3F) sind reserviert und dürfen nicht verwendet werden.

3.4 Wecken eines LIN-Clusters

3.4.1 Zustände eines Slave-Knotens

Ein Slave-Knoten kann sich in drei verschiedenen Zuständen befinden. Den Zustand *Initializing* nimmt der Knoten nach dem Zuschalten der Versorgungsspannung, Reset oder Wakeup ein. Im Zustand *Operational* kann der Knoten Frames senden und empfangen. Im Zustand *Bus Sleep Mode* wird der Bus auf den rezessiven Pegel gesetzt und es können nur Wakeup-Signale gesendet werden. Bild 3.18 zeigt die Zustände mit den möglichen Übergängen und den wichtigsten Bedingungen.

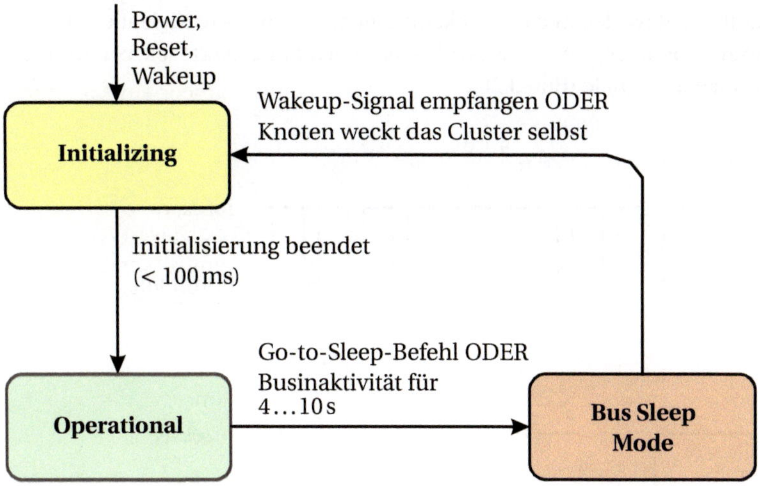

Bild 3.18 Zustände eines Slave-Knotens

3.4.2 Wakeup-Signal

Jeder Knoten kann das Cluster wecken, indem er ein Wakeup-Signal sendet. Ein Wakeup-Signal besteht aus einem dominanten Pegel (low, logisch 0) auf dem Bus für mindestens 250 µs und höchstens 5 ms. Das Wakeup-Signal wird gültig, wenn der Bus wieder den rezessiven Pegel annimmt.

$$250\,\mu s < t_{Wakeup\_Signal} < 5\,ms \quad (3.1)$$

Ein Slave-Knoten, der ein Wakeup-Signal empfangen hat, muss innerhalb von 100 ms in der Lage sein, Frames zu empfangen und auf Frame Header vom Master zu reagieren. Für einen Knoten, der geweckt wird, ist jeder dominante Pegel, der länger als 150 µs ist und durch eine Flanke zum rezessiven Pegel abgeschlossen wird, ein gültiges Wakeup-Signal (siehe Bild 3.19).

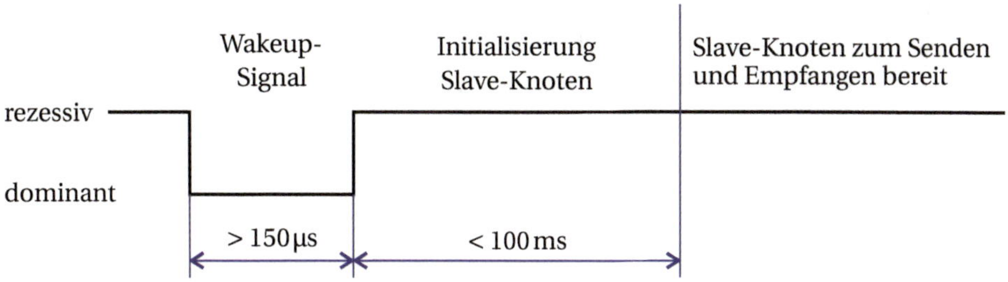

Bild 3.19 Wakeup-Signal

3.4.3 Wiederholtes Wecken

Wenn der Master-Knoten nach einem Wakeup-Signal nicht reagiert, d. h., er sendet kein Break-Feld und er oder ein anderer Knoten sendet kein weiteres Wakeup-Signal innerhalb von 150 bis

250 ms, dann wiederholt der Slave-Knoten das Wakeup-Signal zwei weitere Male. Reagiert der Master-Knoten auch dann nicht, sendet der Slave-Knoten nach einer Wartezeit von mindestens 1,5 s drei weitere Wakeup-Signale (Bild 3.20).

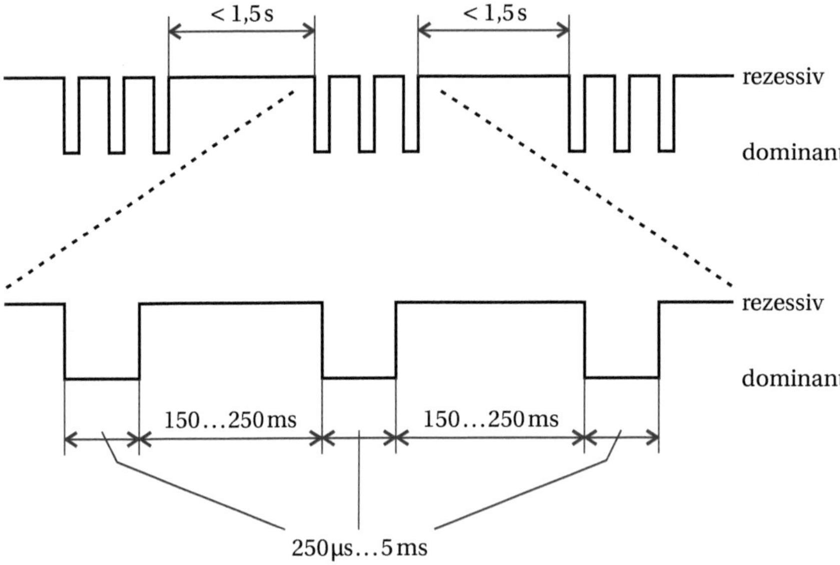

Bild 3.20 Wiederholtes Wecken

■ 3.5 Physical Layer

Die maximale Anzahl an Slave-Knoten in einem LIN-Cluster wird nicht durch das Protokoll vorgegeben, sondern durch den Physical Layer. Dieser erlaubt neben dem Master-Knoten den Anschluss von bis zu 15 Slave-Knoten in einem Cluster.

Zur Informationsübertragung genügt eine *Ein-Draht-Leitung*. Die Spannung zwischen dieser Leitung V_{Bus}[1] und der Masse V_{GND} ist der Informationsträger.

Bei einem LIN-Cluster kann nur die *Bustopologie* verwendet werden, was sowohl passive Sterne als auch Daisy Chain einschließt. Stern- und Ringtopologien werden nicht unterstützt.

3.5.1 LIN-Transceiver

Den prinzipiellen Aufbau eines Transceivers zeigt Bild 3.21. Der Empfangsteil (Receiver) besteht aus einem Schmitt-Trigger, der die analogen Spannungspegel auf der Busleitung in die

[1] Für die Spannungen wird anstelle des für elektrische Spannungen üblichen Formelzeichens U das V verwendet, weil in der LIN-Spezifikation V verwendet wurde.

Spannungswerte High und Low bzw. in die logischen Werte 1 und 0 wandelt. Die Spannungswerte, bei denen der Schmitt-Trigger umschaltet, sind in Abschnitt 3.5.2 angegeben.

Der Sendeteil (Transmitter) besteht aus einem Transistor, der entweder sperrt oder durchgeschaltet ist. Schaltet der Transistor durch, dann zieht er die Busleitung auf Masse, sodass die Spannung auf der Busleitung nahe null ist. Wenn der Transistor sperrt, wird die Busleitung über die Diode D_{int} und den 30-kΩ-Widerstand sowie die parallel liegende Diode D_{Master} und den 1-kΩ-Widerstand auf die Versorgungsspannung gebracht. Die Diode D_{int} und der 30-kΩ-Widerstand sind im Transceiver integriert, sodass es sie im Master-Knoten und in jedem Slave-Knoten gibt. Die Diode D_{Master} und den 1-kΩ-Widerstand (in Grün gezeichnet) gibt es nur im Master-Knoten. Diese beiden Bauteile müssen im Master in der Schaltung realisiert werden.

Die Dioden D_{int} und D_{Master} sind notwendig, damit bei einem Spannungsausfall an einem der Knoten im Cluster dieser nicht über die Busleitung versorgt wird. Dies würde die Pegel auf der Busleitung beeinflussen und eine sichere Erkennung von Low- und High-Pegel wäre nicht mehr garantiert.

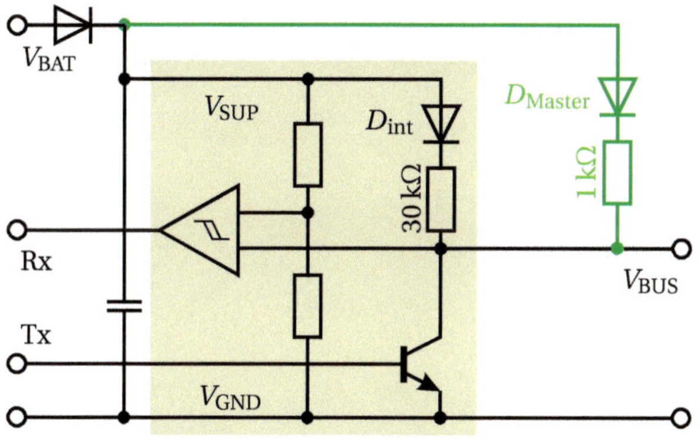

Bild 3.21 Aufbau eines LIN-Transceivers

Durch die Schaltung im Transmitter bestehend aus Transistor und Widerstand und die Parallelschaltung aller Transmitter im Cluster ergeben sich zwei Pegel auf der Busleitung. Der Pegel mit der hohen Spannung (High-Pegel) stellt sich nur ein, wenn die Transistoren in allen Transceivern *nicht* angesteuert sind. Sobald einer der Transistoren angesteuert wird, zieht er die Busleitung auf Masse (Low-Pegel). Damit ist der High-Pegel rezessiv, da er jederzeit vom Low-Pegel überschrieben werden kann. Der Low-Pegel ist dominant.

Der dominante Pegel überschreibt den rezessiven Pegel. Ein rezessiver Pegel stellt sich nur dann ein, wenn alle Knoten rezessiv (also 1) senden. Das entspricht einer *UND-Logik* (siehe Tabelle 3.5).

3.5.2 Buspegel

Die Spannungswerte, die sich auf der Busleitung einstellen, ergeben sich aus der Schaltung des Transceivers. Versorgt wird ein Knoten mit der Spannung V_{BAT}, die im Fahrzeug der Batteriespannung oder der Generatorspannung entspricht, je nachdem ob der Motor läuft oder nicht. Über der Verpolschutzdiode fällt die Schleusenspannung ab, sodass die Supply-Span-

Tabelle 3.5 Resultierende Spannung auf der Busleitung bei drei Knoten

Knoten 1	Knoten 2	Knoten 3	Bus	logisch
high	high	high	high	1
high	high	low	low	0
high	low	high	low	0
high	low	low	low	0
low	high	high	low	0
low	high	low	low	0
low	low	high	low	0
low	low	low	low	0

nung V_{SUP} um ca. 0,7 V niedriger ist als die Spannung V_{BAT}. Die Definition der Spannungspegel der Busleitung bezieht sich auf die Spannung V_{SUP}.

Über der Diode D_{Master} bzw. D_{int} kommt es zu einem weiteren Spannungsabfall, sodass die maximal mögliche Spannung auf der Busleitung V_{BUSrec} geringer ist als die Spannung V_{SUP} (siehe Bild 3.22).

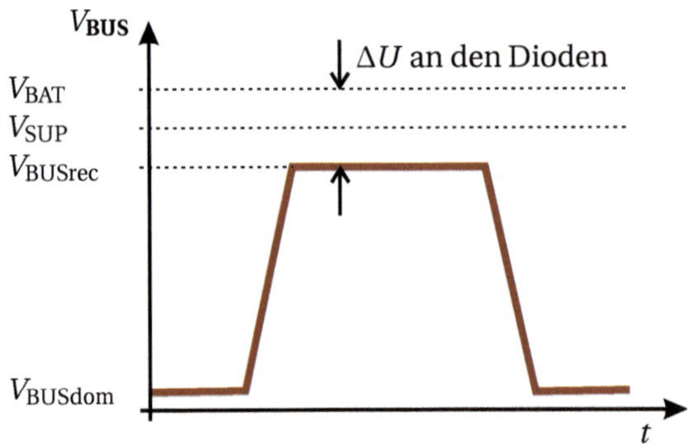

Bild 3.22 LIN-Buspegel

Die Spannungswerte, die ein Empfänger als low und als high erkennt, sind in Bild 3.23b dargestellt. Ein Pegel über 60 % der Spannung V_{SUP} wird als high und damit als logisch 1 erkannt, ein Pegel unter 40 % als low und damit als logisch 0. Bei einer sich ändernden Versorgungsspannung, z. B. beim Starten oder Abschalten des Verbrennungsmotors, ändern sich die Schaltschwellen. Die Spannungswerte beziehen sich auf die Spannung V_{SUP}.

Bild 3.23a zeigt die Pegel, die der Sender liefern muss. Diese Pegel sind enger gefasst, damit die Empfänger diese trotz Spannungsabfällen auf den Versorgungsleitungen und möglichem Masseversatz richtig detektieren können.

Tabelle 3.6 gibt die maximal mögliche Länge der Busleitung sowie die Grenzwerte für V_{BAT} und V_{SUP} an.

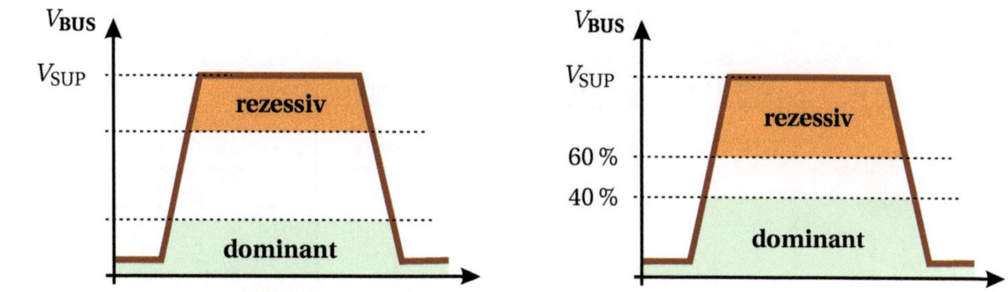

(a) Spannungswerte für den Sender **(b)** Spannungswerte für den Empfänger

Bild 3.23 Spannungswerte der Busleitung an einem LIN-Knoten

Tabelle 3.6 Grenzwerte

Parameter	Minimum	Maximum	Kommentar
V_{BAT}	8 V	18 V	ECU operation voltage range
V_{SUP}	7 V	18 V	supply voltage range
LEN_{BUS}		40 m	Länge der Busleitung

3.5.3 Bitraten-Toleranzen

Mit einer Abweichung von bis zu 14 % von der nominalen Bitrate ist es möglich, Slave-Knoten mit On-Chip-Taktgeneratoren zu betreiben, d. h., dass kein Quarz benötigt wird. Tabelle 3.7 gibt die Toleranzen der Taktgeber an. Dabei wird einmal zwischen Master und Slaves unterschieden. Bei den Slaves wird noch einmal unterschieden zwischen der Abweichung vor und nach der Synchronisierung.

Tabelle 3.7 Toleranzen der Taktgeber

Knoten	Beschreibung	Parameter	$\Delta F / F_{Nom}$
Master	Abweichung der Bitrate von der nominalen Bitrate	$F_{TOL\_RES\_Master}$	$< \pm 0{,}5\,\%$
Slave	Abweichung der Bitrate von der nominalen Bitrate (mit Synchronisation)	$F_{TOL\_RES\_Slave}$	$< \pm 1{,}5\,\%$
Slave	Abweichung der Bitrate von der nominalen Bitrate (ohne Synchronisation)	F_{TOL_UNSYNC}	$< \pm 14\,\%$

3.5.4 Bit-Synchronisation

Die Slave-Knoten synchronisieren sich auf die Bitrate des Master-Knotens beim Senden des Sync-Feldes. Die Bitzeit des Master-Knotens ist die Referenz für die Slave-Knoten. Nach dem Break-Feld sendet der Master das Sync-Feld. Dieses dient den Slaves dazu, ihre Bitzeit auf die des Masters einzustellen. Im Sync-Feld werden die Daten `0x55` gesendet, sodass sich die alternierende Bitfolge `0101010101` ergibt. Damit ergeben sich Vielfache der Bitzeit T_{Bit} von 2, 4, 6 und 8, mit denen die Slaves die Bitzeit des Masters bestimmen können (Bild 3.24). Die Synchronisation basiert auf den fallenden Flanken.

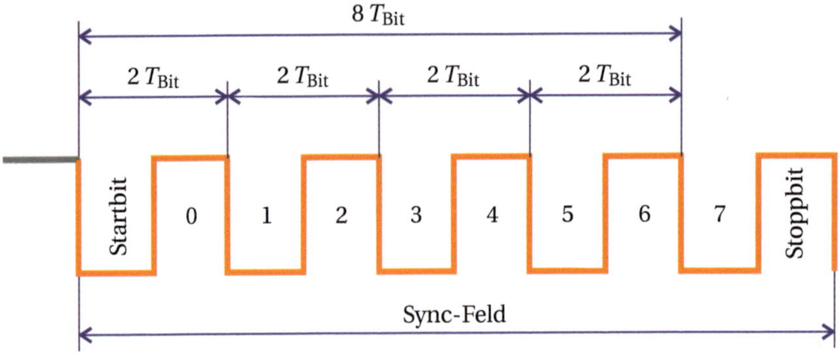

Bild 3.24 Bit-Synchronisation

3.5.5 Bit Sampling

Das vom Receiver empfangene Spannungssignal wird 16-fach abgetastet. Dazu muss dem Empfänger ein Takt zur Verfügung stehen, der die 16-fache Frequenz der Bitrate hat.

Als Erstes synchronisiert sich der Empfänger auf die fallende Flanke des Startbits bei jedem Byte-Feld. Von dieser Flanke aus ergeben sich die Bereiche, in denen die Bits gesamplet werden. Die Detektion der fallenden Flanke hat eine Genauigkeit von $t_{BFS} = {}^1/_{16} \cdot T_{Bit}$, maximal von $t_{BFS} = {}^2/_{16} \cdot T_{Bit}$.

Der früheste Zeitpunkt, wann ein Bit gesamplet wird, wird durch t_{EBS} (Earliest Bit Sample) beschrieben, der späteste Zeitpunkt durch t_{LBS} (Latest Bit Sample). Der Bereich zwischen t_{EBS} und t_{LBS} wird Sampling-Bereich genannt (Bild 3.25). Eine Implementierung kann in diesem Bereich einen oder mehrere Samples nehmen. Wenn mehr als ein Sample genommen wird, bestimmt die Mehrheit der Samples den Wert des Bits.

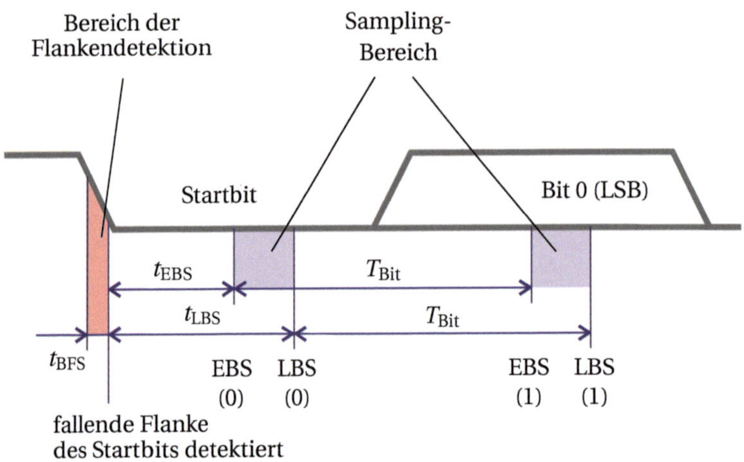

Bild 3.25 Bit Sampling

Der Abstand von $t_{EBS}(0)$ vom Startbit (EBS 0) zu $t_{EBS}(1)$ vom ersten Datenbit beträgt T_{Bit}, von $t_{EBS}(1)$ zu $t_{EBS}(2)$ vom zweiten Datenbit wieder T_{Bit} usw. Ebenso ist der Abstand von $t_{LBS}(0)$

vom Startbit (LBS 0) zu $t_{LBS}(1)$ vom ersten Datenbit T_{Bit}, von $t_{LBS}(1)$ zu $t_{LBS}(2)$ vom zweiten Datenbit T_{Bit} usw.

Der früheste Zeitpunkt zum Samplen wird in der LIN-Spezifikation mit Gleichung 3.2 angegeben, der späteste mit Gleichung 3.3.

$$t_{EBS} \geq \frac{7}{16} T_{Bit} \tag{3.2}$$

$$t_{LBS} = \frac{10}{16} \cdot T_{Bit} - t_{BFS} \tag{3.3}$$

3.6 Frame-Timing

Um ein LIN-Cluster zu konfigurieren und in Betrieb zu nehmen, müssen die Schedules festgelegt sein, die angeben, wann welches Frame gesendet wird. Um die Dauer eines Schedules bestimmen zu können, muss die Länge der einzelnen Slots bekannt sein. Diese können aus der Anzahl der Datenbytes in den Frames berechnet werden (Bild 3.26). Die dazu benötigten Formeln werden nachfolgend angegeben und erläutert.

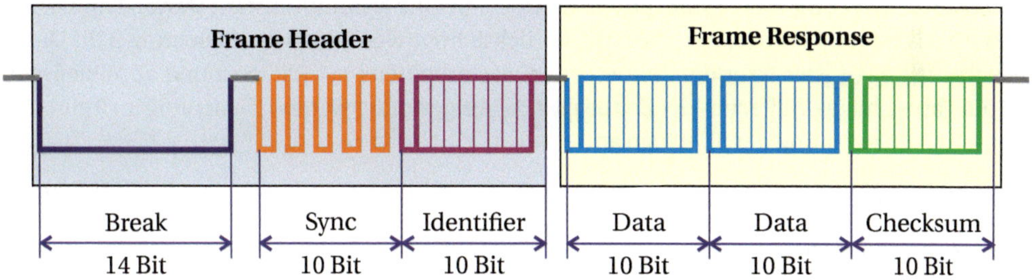

Bild 3.26 Bits im Frame

3.6.1 Berechnung der Frame-Länge und der Slotlänge

Länge eines nominalen Frames

Ein Frame besteht aus dem Frame Header und der Frame Response (siehe Gleichung 3.4). Der Frame Header setzt sich aus dem Break-Feld, dem Sync-Feld und dem Identifier-Feld (Gleichung 3.5), die Frame Response aus n Data-Feldern und dem Checksum-Feld zusammen (Gleichung 3.6). n ist die Anzahl der Datenbytes in einem Frame. Bis auf das Break-Feld bestehen alle Felder aus 10 Bits. Das Break-Feld muss mindestens 13 Bits lang sein, sodass mit einer Länge von 14 Bit für dieses Feld gerechnet wird.

$$t_{Frame\_nom} = t_{Header\_nom} + t_{Response\_nom} \tag{3.4}$$

$$t_{Header\_nom} = (14\,\text{Bit} + 10\,\text{Bit} + 10\,\text{Bit}) \cdot t_{Bit} \tag{3.5}$$

$$t_{Response\_nom} = (n \cdot 10\,\text{Bit} + 10\,\text{Bit}) \cdot t_{Bit} \tag{3.6}$$

Fasst man Gleichung 3.4 bis 3.6 zusammen, ergibt sich Gleichung 3.7, mit welcher die nominale Länge eines Frames berechnet wird.

$$t_{\text{Frame\_nom}} = (n \cdot 10\,\text{Bit} + 44\,\text{Bit}) \cdot t_{\text{Bit}} \tag{3.7}$$

Maximale Länge eines Frames

Bei den Slaves werden einfache Mikrocontroller oder nur eine Logik verbaut, die mit preisgünstigen Resonatoren arbeiten. Deswegen muss eine Zeitreserve zur Länge eines nominalen Frames dazugegeben werden. Diese Zeitreserve, die alle Toleranzen der Slave-Knoten abdeckt, wird in der LIN-Spezifikation mit 40 % festgelegt (siehe Gleichung 3.8).

$$\begin{aligned} t_{\text{Frame\_Max}} &= 1{,}4 \cdot t_{\text{Frame\_nom}} \\ &= 1{,}4 \cdot (n \cdot 10\,\text{Bit} + 44\,\text{Bit}) \cdot t_{\text{Bit}} \end{aligned} \tag{3.8}$$

Länge eines Slots

Mit der maximalen Länge eines Frames $t_{\text{Frame\_Max}}$ kann die Slotlänge, die benötigt wird, für jeden Frame bestimmt werden.

Der Master-Knoten gibt die Zeit, wann gesendet wird, vor. Dazu arbeitet der Master-Knoten mit einer Zeitbasis, die das Raster vorgibt, in welchem eine Kommunikation starten kann. Diese Zeitbasis hat einen Jitter, der ebenfalls berücksichtigt werden muss (Gleichung 3.9). Dazu muss zu $t_{\text{Frame\_Max}}$ der Jitter der Zeitbasis des Masterknotens t_{Jitter} addiert und anschließend auf ein ganzzahliges Vielfaches der Zeitbasis T_{base} aufgerundet werden. Gleichung 3.10 gibt die Formel zur Berechnung der Slotlänge an.

$$t_{\text{Frame\_Slot}} \geq t_{\text{Frame\_Max}} + t_{\text{Jitter}} \tag{3.9}$$

$$t_{\text{Frame\_Slot}} = \left\lceil t_{\text{Frame\_Max}} + t_{\text{Jitter}} \right\rceil^{T_{\text{base}}} \tag{3.10}$$

3.6.2 Slotlängen für verschiedene Konfigurationen

In Tabelle 3.8 sind die sich ergebenden Slotlängen für folgende Parameter eines Clusters angegeben:

Zeitbasis:	$T_{\text{base}} = 1$ ms
Jitter:	$t_{\text{Jitter}} = 0{,}1$ ms
Datenrate:	$C = 19{,}2$ kbit/s
Bitzeit:	$T_{\text{Bit}} = 0{,}052$ ms

Tabelle 3.8 Slotlängen bei 19,2 kbit/s, alle Zeiten in Millisekunden

Datenbytes:	1	2	3	4	5	6	7	8
$t_{\text{Frame\_nom}}$	2,81	3,33	3,85	4,38	4,90	5,42	5,94	6,46
$t_{\text{Frame\_Max}}$	3,94	4,67	5,40	6,13	6,85	7,58	8,31	9,04
$t_{\text{Frame\_Slot\_min}}$	4,04	4,77	5,50	6,23	6,95	7,68	8,41	9,14
$t_{\text{Frame\_Slot}}$	5	5	6	7	7	8	9	10

In Tabelle 3.9 sind die sich ergebenden Slotlängen für die folgenden Parameter eines Clusters angegeben. Bei einer anderen Zeitbasis sowie bei einem anderen Jitter ergeben sich natürlich andere Slotlängen.

Zeitbasis:	$T_{base} = 1$ ms
Jitter:	$t_{Jitter} = 0{,}1$ ms
Datenrate:	$C = 9{,}6$ kbit/s
Bitzeit:	$T_{Bit} = 0{,}104$ ms

Tabelle 3.9 Slotlängen bei 9,6 kbit/s, alle Zeiten in Millisekunden

Datenbytes:	1	2	3	4	5	6	7	8
t_{Frame_nom}	5,63	6,67	7,71	8,75	9,79	10,83	11,88	12,92
t_{Frame_Max}	7,88	9,33	10,79	12,25	13,71	15,17	16,63	18,08
$t_{Frame\_Slot\_min}$	7,98	9,43	10,89	12,35	13,81	15,27	16,73	18,18
t_{Frame_Slot}	8	10	11	13	14	16	17	19

4 CAN (1)

4.1 Einleitung

CAN ist die Abkürzung für *Controller Area Network* und ist das im Automobilbereich am häufigsten eingesetzte Kommunikationssystem. Es wurde in den 80er-Jahren von der Firma Bosch entwickelt, ist preisgünstig, robust und einfach einzusetzen. CAN realisiert eine serielle Kommunikation über ein Bussystem. CAN ist ein Feldbussystem, d. h., es kann Geräte über größere Entfernungen auch unter elektrisch ungünstigen Bedingungen miteinander verbinden.

4.1.1 CAN-Eigenschaften

In diesem Abschnitt werden nur die wichtigsten Eigenschaften von CAN genannt. Genauere Angaben zu diesen Eigenschaften finden Sie in den nachfolgenden Abschnitten.

Ein CAN-Cluster wird nur mittels Bustopologie realisiert, wie sie im Kapitel 2 beschrieben wurde. Die Anzahl der Knoten, die in einem CAN-Cluster sind, ist vom Protokoll her nicht begrenzt, wohl aber vom Physical Layer. Je nach verwendeten Transceivern, Leitungen und der Leitungslänge ist der Anschluss von mehr oder weniger Knoten möglich. Die maximale Datenrate beträgt 1 Mbit/s. Diese Datenrate ist von der Leitungslänge abhängig und nimmt bei längeren Leitungen ab. In den meisten CAN-Clustern werden die Nachrichten elektrisch übertragen. Es gibt aber auch Implementierungen, die CAN optisch über Lichtwellenleiter übertragen.

CAN ist ein nachrichtenorientiertes Protokoll. Dies bedeutet, dass in der Nachricht keine Adresse verwendet wird, für welche Knoten die Nachricht bestimmt ist. Vielmehr hat jede Nachricht einen Identifier, der die Empfänger befähigt, aus den generell als Broadcast verschickten Nachrichten die für sie bestimmten Nachrichten zu bestimmen. Somit können neben Broadcast auch Unicast und Multicast realisiert werden.

Die Identifier in jeder Nachricht geben dieser auch eine Priorität, die genutzt wird, um Konflikte beim Zugriff auf das Übertragungsmedium aufzulösen. Das Auflösen eines Zugriffskonflikts erfolgt verlustlos (non-destructive), d. h., es wird keine Nachricht dabei zerstört, sondern der Knoten, der die Nachricht mit der höheren Priorität sendet, sendet einfach weiter, während der andere Knoten das Senden einstellt. Hochpriore Nachrichten können auch bei einer hohen Belastung des Busses mit einer geringen Latenzzeit übertragen werden.

CAN ist ereignisgesteuert und arbeitet nach dem CSMA/CR-Verfahren (Carrier Sense Multiple Access/Collision Resolution). Dies ermöglicht den einfachen Aufbau von CAN-Clustern ohne aufwendige Planung. Da Nachrichten nur geschickt werden, wenn (neue) Daten vorliegen, ist die mittlere Busauslastung geringer als bei anderen Verfahren.

CAN wurde für die Realisierung von Steuer- und Regelaufgaben entwickelt und nutzt dafür kurze Frame-Längen. Die maximale Länge der Nutzdaten beträgt acht Bytes, was die Übertragung vieler Frames in einer kurzen Zeit ermöglicht. Die geringe Länge an Nutzdaten ist aber für eine Reihe von Anwendungen nachteilig.

Im CAN-Protokoll sind Fehlererkennungs- und -signalisierungsmechanismen eingebaut, die einen Frame direkt beim Empfang prüfen. Fehler werden sofort signalisiert. Dadurch wird das Senden eines als fehlerhaft erkannten Frames noch während der Übertragung abgebrochen und eine Sendungswiederholung eingeleitet. Durch Fehlerzähler in jedem Knoten werden die Rechte zum Senden gesteuert. Defekte Knoten dürfen nicht mehr senden, sodass diese das Cluster nicht dauerhaft stören.

Der Fehlersignalisierungsmechanismus in CAN unterstützt die Datenkonsistenz in einem Cluster. Erkennt einer der Knoten einen Frame als fehlerhaft, so wird dieser als fehlerhaft gekennzeichnet und erneut gesendet. Dies stellt sicher, dass alle Knoten nur mit denselben fehlerfreien Frames arbeiten.

CAN ist international standardisiert und wird von vielen Herstellern unterstützt. Mit der CAN-Anwendervereinigung *CAN in Automation (CiA)* gibt es eine Organisation, die CAN pflegt sowie Herstellern und Anwendern eine Plattform bietet und Weiterentwicklungen vorantreibt.

CAN wurde in den letzten Jahren erweitert, um höhere Bitraten und größere Nutzdaten zu unterstützen. Auf diese Erweiterungen wird im Kapitel 8 näher eingegangen.

4.1.2 Historie

CAN war nicht das erste Kommunikationsnetzwerk im Fahrzeug, aber es ist das am weitesten verbreitete. Durch mehrere Erweiterungen wurde CAN an sich ändernde Anforderungen angepasst.

1981: Erste Entwicklungen des CAN-Protokolls für die Fertigungstechnik beginnen.

1983: Bosch beginnt mit der Entwicklung von CAN für Kraftfahrzeuge.

1987: Die erste Implementierung eines CAN-Controllers durch die Firma Intel ist verfügbar.

1991: CAN-Spezifikation Version 2.0 mit dem erweiterten Identifier wird veröffentlicht.

1991: Erster Serieneinsatz in der Mercedes-Benz S-Klasse (Baureihe 140).

1992: Gründung von *CAN in Automation (CiA)* als Anwender- und Herstellerorganisation für CAN.

1993: CAN wird in der ISO 11898 international standardisiert.

2001: Einsatz von CAN auch in Kleinwagen im Antriebsstrang und im Karosseriebereich.

2001: Die zeitgesteuerte Kommunikation mittels CAN (Time-Triggered CAN (TTCAN)) wird vorgestellt.

2004: TTCAN wird als ISO-Standard veröffentlicht.

2007: Die Spezifikation von low-power Modes für den Transceiver wird veröffentlicht.

2011: Entwicklung einer CAN-Version mit Datenraten bis 8 Mbit/s und 64 Byte Nutzdaten durch die Firma Bosch.

2012: Veröffentlichung der Spezifikation *CAN with Flexible Data-Rate* (CAN FD) Version 1.0 durch die Firma Bosch.

2013: Die Spezifikation für selektives Wakeup wird veröffentlicht.

2015: CAN FD wird als ISO-Standard veröffentlicht.

2019: Weiterentwicklung von CAN FD zu CAN XL mit bis zu 2048 Bytes Nutzdaten und 10 Mbit/s Datenrate.

4.1.3 Einsatzgebiete

Nach ersten Anwendungen von CAN in Fahrzeugen und der Automatisierungstechnik ist CAN in sehr vielen weiteren Anwendungsgebieten im Einsatz. So entwickelte Allen-Bradley (Rockwell Automation) Ende der 80er- und Anfang der 90er-Jahre für die Automatisierungstechnik *DeviceNet*, ein Framework, welches auf CAN basiert und die höheren Protokollschichten bereitstellt und hauptsächlich in den USA und Asien verbreitet ist. In Europa setzte sich *CANopen* durch, welches in der Automatisierungstechnik und zur Vernetzung von komplexen Geräten genutzt wird. Gepflegt und weiterentwickelt wird es von der Nutzerorganisation *CAN in Automation (CiA)*.

Neben PKWs wird CAN auch in LKWs, Traktoren, Erntemaschinen und Baumaschinen eingesetzt. Für land- und forstwirtschaftliche Fahrzeuge gibt es eine eigene internationale Norm, die ISO 11783, die unter dem Namen *ISOBUS* bekannt ist. Mittlerweile findet sich CAN auch in Motorrädern, E-Bikes, Pedelecs und Krankenfahrstühlen. Der *EnergyBus*, ein auf CAN basierender offener Standard, schafft eine standardisierte Schnittstelle für die Lade-Infrastruktur von E-Bikes, Pedelecs und anderen leichten elektrischen Fahrzeugen. Bei Baumaschinen sind u. a. Anwendungsfälle bei Kränen und bei Arbeitshebebühnen bekannt. Müllfahrzeuge, Fahrzeuge der Stadtreinigung und des Winterdienstes binden ihre Zusatzgeräte ebenso wie Traktoren mittels CAN informationstechnisch an das Fahrzeug an.

Mit *FireCAN* (DIN 14700) wurden weitere Schichten basierend auf CAN definiert, um in Fahrzeugen der Feuerwehr die Signaleinheiten wie Blaulicht und Sirene (DIN 14630), Ladegeräte, Lichtmast, Generatoren, Seilwinden und Tragkraftspritzen ansteuern zu können.

Der Einsatz im Luftfahrtbereich wird mit *ARINC 825* unterstrichen, einem auf CAN basierenden Standard, der von Airbus und Boeing entwickelt wurde. Vorausgegangen war *CANaerospace*, ein auf CAN aufsetzendes Protokoll für Steuerelektronik in der Luftfahrt. Dieses wird nicht nur in Flugzeugen, sondern auch bei Flugsimulatoren und bei der NASA eingesetzt.

Zahlreiche Messgeräte und Sensoren verwenden CAN, um die Messwerte zu übertragen und Regelungen aufzubauen. So findet sich CAN in Waagen, bei Messgeräten für Druck, Kraft und Temperatur, bei Linear- und Drehsensoren sowie bei Neigungsmessern. Bei CiA gibt es spezielle Gruppen (Special Interest Group (SIG)), die Spezifikationen erarbeiten, die die Besonderheiten der Anwendungen berücksichtigen.

Mit *CANopen-Lift* wird der Anwendungsbereich der Aufzüge durch CAN adressiert. Mittels CAN werden die Bedientableaus, die Kabine und die Türsteuerungen miteinander verbunden.

Im Energie- und Antriebsbereich werden Energie-Management-Systeme mit Hilfe von CAN aufgebaut sowie elektrische Antriebe, Frequenzumrichter, Servosteuerungen und Schrittmotoren damit angesteuert.

Mit dem NMEA-2000-Standard, der von der National Marine Electronics Association erarbeitet und gepflegt wird, wird die serielle Datenkommunikation für maritime elektronische Geräte basierend auf CAN adressiert.

Basierend auf CANopen beschreibt der Standard IEC 61375-3-3 die Vernetzung in Schienenfahrzeugen. Nach diesem Standard werden u. a. Türen, Klimaanlage, Dieselgenerator, Bremshebel und Passagierinformationsdisplays angesteuert.

Im Bereich der Fluidtechnik werden Pumpen, Hydrogetriebe und Ventile mittels CAN angesteuert. Weitere Einsatzbereiche sind im medizinischen Bereich, bei der Laborautomatisierung und bei Textilmaschinen. Die Liste der Anwendungen, in denen CAN eingesetzt wird, ist bei Weitem nicht vollständig.

4.2 Aufbau

4.2.1 Begriffe

Die grundlegenden Begriffe für die Kommunikation wurden im Kapitel 2 eingeführt und gelten auch für CAN. Ein Kommunikationsteilnehmer bei CAN wird als CAN-Knoten oder nur als *Knoten* bezeichnet. Mehrere CAN-Knoten bilden ein *Cluster*. Die Daten, die die Knoten miteinander austauschen, werden *Frames* genannt.

4.2.2 Aufbau eines CAN-Knotens

Jeder CAN-Knoten besteht aus einem Mikrocontroller (Host), auf dem das Anwenderprogramm läuft, einem CAN-Controller und einem CAN-Transceiver (Bild 4.1).

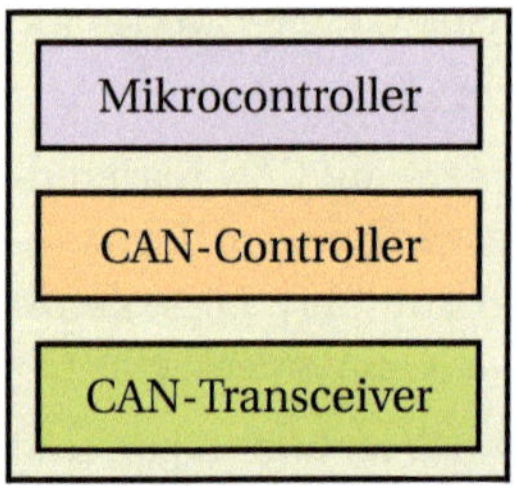

Bild 4.1 Aufbau eines CAN-Knotens

Das Anwenderprogramm, kurz auch als *Anwendung* bezeichnet, läuft auf einem Mikrocontroller. Die Anwendung stellt die zu sendenden Daten bereit und wertet die empfangenen Daten aus. Der *CAN-Controller* realisiert die Kommunikationsfunktionen gemäß dem CAN-Protokoll. Er wird durch ein Hardwaremodul realisiert. Eine Realisierung durch Software ist nicht möglich. Der *CAN-Transceiver* stellt die Ankopplung an das physische Übertragungsmedium her.

Ein CAN-Knoten kann als stand-alone CAN-Controller oder als integrierter CAN-Controller realisiert werden. Bei einem stand-alone CAN-Controller ist der CAN-Controller als eigener Schaltkreis ausgeführt (Bild 4.2a) und über eine Standardschnittstelle (meist SPI) mit dem Mikrocontroller verbunden.

Bei einem integrierten CAN-Controller ist dieser als Peripheriemodul im Mikrocontroller integriert und direkt an die internen Busse des Mikrocontrollers angebunden (Bild 4.2b). Diese Art der Realisierung spart neben Platz auf der Platine auch Kosten und ist die vorwiegend verwendete Ausführungsform.

Die Kopplung zwischen CAN-Controller und CAN-Transceiver ist bei beiden Ausführungsformen gleich. Für die Grundfunktionen *Senden* und *Empfangen* werden nur zwei Leitungen benötigt, die `TxD`-Leitung zum Senden und die `RxD`-Leitung zum Empfangen. Üblich sind weitere Leitungen, um beispielsweise die Betriebszustände (power states) oder die Spannungspegel der `TxD`- und der `RxD`-Leitung einstellen zu können.

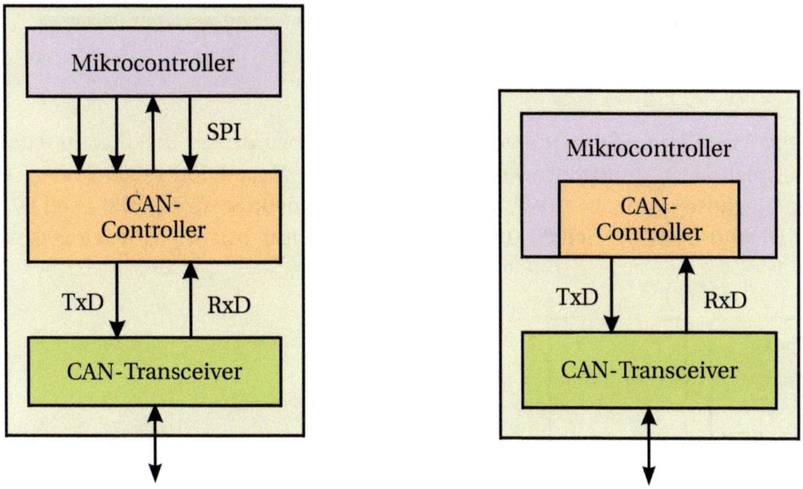

(a) Stand-alone CAN-Controller

(b) Integrierter CAN-Controller

Bild 4.2 Ausführungsformen eines CAN-Knotens

4.2.3 Aufbau eines CAN-Clusters

Ein CAN-Cluster besteht aus mehreren CAN-Knoten und einem physischen Übertragungsmedium (Bild 4.3). Im Gegensatz zu LIN sind alle Knoten gleichberechtigt.

CAN wird immer in Bustopologie realisiert, was allerdings passive Sterne (siehe Abschnitt 2.4.1) einschließt. Die Bitrate hängt vom Physical Layer ab und kann beim Standard-CAN bis zu 1 Mbit/s betragen. Mit der Erweiterung zu CAN FD, auf die im Kapitel 8 eingegangen wird, sind auch höhere Bitraten möglich.

4.2.4 OSI-Modell

Die CAN-Spezifikation deckt nur die untersten beiden Schichten (Physical Layer und Data Link Layer) des OSI-Modells ab (Bild 4.4). Diese beiden Schichten sind immer in Hardware realisiert und Gegenstand dieses Buches.

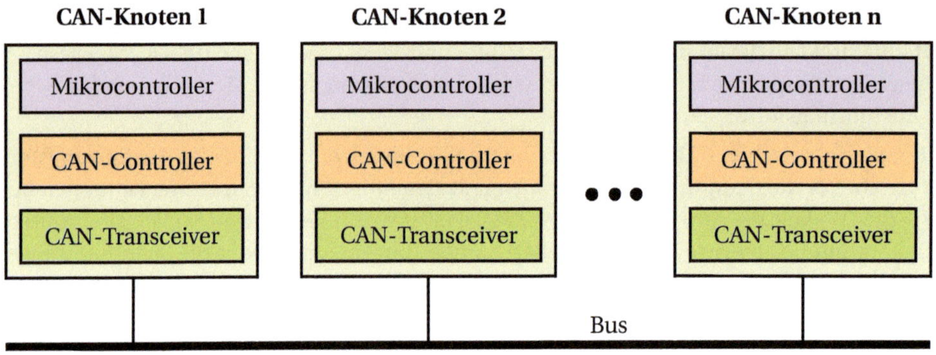

Bild 4.3 Aufbau eines CAN-Clusters

Die Schichten 3 bis 7 werden mehr oder weniger auf dem Mikrocontroller in Software realisiert. So gibt es beispielsweise Transportprotokolle (ISO TP für CAN nach ISO 15765-2 oder TP 2.0 für CAN) oder Diagnoseprotokolle (KWP 2000, Unified Diagnostic Service (UDS) nach ISO 14229, On-Board-Diagnose (OBD) nach ISO 15031), auf die in [Zimmermann] näher eingegangen wird.

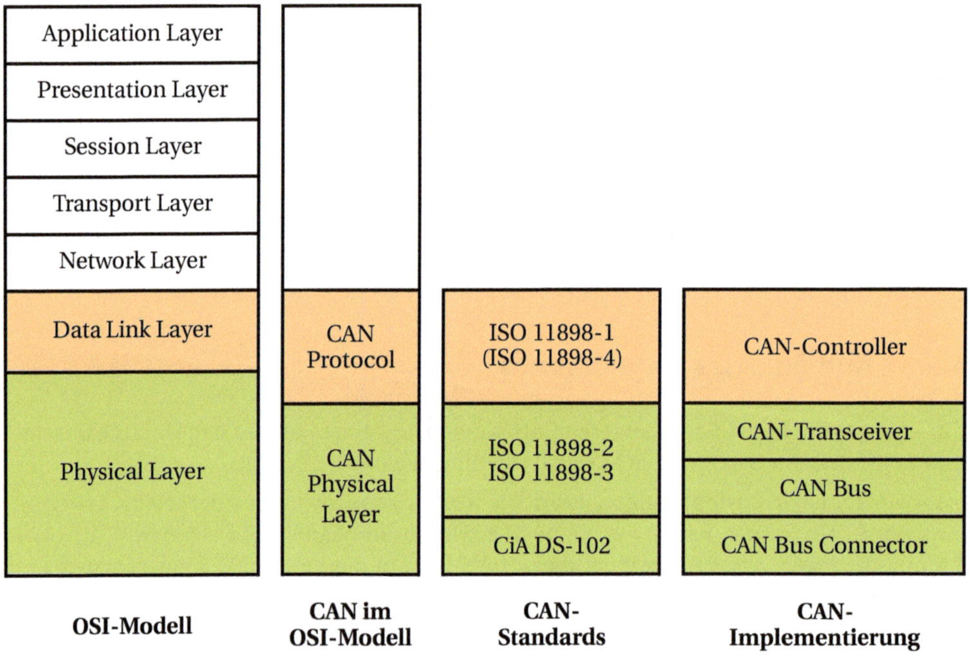

Bild 4.4 Einordnung von CAN ins OSI-Modell

4.2.5 CAN-Standards

Die CAN-Spezifikation von BOSCH war frühzeitig verfügbar und wurde sehr schnell als internationaler Standard durch die ISO in der ISO-Norm 11898 veröffentlicht. Tabelle 4.1 gibt einen Überblick über die einzelnen Teile. Die Zahl nach der Part-Nummer, z. B. 2015, gibt das Jahr an, in dem die Norm zum letzten Mal überprüft und eventuell aktualisiert wurde.

Der CAN-Standard wird in der Kategorie „Road vehicles engineering" in der Gruppe „Road vehicle systems" und dort in der Untergruppe „Car informatics. On board computer systems" geführt. Bearbeitet wird der CAN-Standard vom Technical Committee 22 (TC 22) „Road vehicles" im Subcommittee 31 (SC 31), welches für „Data communication" zuständig ist [ISO].

Tabelle 4.1 ISO-Standards für CAN

ISO-Nummer	Titel
ISO 11898-1:2015	Road vehicles – Controller area network (CAN) – Part 1: Data link layer and physical signalling
ISO 11898-2:2016	Road vehicles – Controller area network (CAN) – Part 2: High-speed medium access unit
ISO 11898-3:2006	Road vehicles – Controller area network (CAN) – Part 3: Low-speed, fault-tolerant, medium-dependent interface
ISO 11898-4:2004	Road vehicles – Controller area network (CAN) – Part 4: Time-triggered communication

Die USA pflegen ihre eigenen Standards, die sich meistens mit den internationalen Standards decken, aber von diesen auch abweichen können. In den USA ist die *SAE International* (ehemalige Bezeichnung: Society of Automotive Engineers), die das amerikanische Standardisierungsinstitut in der Verkehrstechnologie ist, zuständig [SAE]. Die CAN-Standards haben die Bezeichnung SAE J2284 und SAE J2411, Details zu diesen Standards sind in Tabelle 4.2 zu finden.

Tabelle 4.2 SAE-Standards für CAN

SAE-Nummer	Titel
SAE J2284/1	High Speed CAN (HSC) for Vehicle Applications at 125 kbps
SAE J2284/2	High Speed CAN (HSC) for Vehicle Applications at 250 kbps
SAE J2284/3	High-Speed CAN (HSC) for Vehicle Applications at 500 kbps
SAE J2411	Single Wire CAN Network for Vehicle Applications

4.2.6 Steckverbinder

CAN wurde mit Blick auf den Einsatz im Fahrzeug entwickelt, ist aber auch für andere Bereiche geeignet. So wurde CAN schon recht früh in der Automatisierungstechnik eingesetzt. 1992 wurde *CAN in Automation (CiA)* als Interessenvertretung der Automatisierungsindustrie gegründet, ist heute aber nicht mehr auf die Automatisierungstechnik beschränkt, sondern eine Nutzer- und Herstellervereinigung zum Thema CAN. CiA treibt Weiterentwicklungen und

Standardisierungen voran, führt Schulungen und Tagungen durch und gibt Publikationen heraus [CiA].

Schon 1992 empfahl CiA im *CiA-DS102* (CiA Draft Standard 102) die Verwendung von bestimmten Verbindern (SUB-D9 bzw. DE-9) und deren Pinbelegung, die von den meisten Firmen verwendet wird. So sind insbesondere Mess- und Analysegeräte sowie Geräte mit CAN-Controllern mit 9-poligen D-Sub-Verbindern mit dieser Pinbelegung ausgestattet (siehe Bild 4.5 und Tabelle 4.3). Der Verbinder selbst ist in der DIN 41652-1 standardisiert.

(a) Stecker (b) Buchse

Bild 4.5 Pinbelegung des 9-poligen D-Sub-Verbinders

Tabelle 4.3 CAN-Pinbelegung beim 9-poligen D-Sub-Verbinder

Pin-Nummer	Belegung
2	CAN-Low
3	GND
5	Schirm
7	CAN-High

4.3 Physical Layer

4.3.1 Einteilung

Für den Physical Layer von CAN gibt es Implementierungen für folgende Medien:

- Elektrische Übertragung über eine verdrillte Zwei-Draht-Leitung (Twisted-Pair-Leitung), wobei die Leitungen geschirmt oder ungeschirmt sein können. Dies ist die am häufigsten eingesetzte Implementierung, wobei vorwiegend die ungeschirmte Zwei-Draht-Leitung verwendet wird.
  Beim Physical Layer für verdrillte Zwei-Draht-Leitungen wird unterschieden zwischen
  - dem high-speed CAN mit Datenraten von 125 kbit/s bis 1 Mbit/s, der im Antriebsstrang, im Karosserie- und Komfortbereich eingesetzt wird, und
  - dem low-speed CAN mit Datenraten bis 125 kbit/s für den Einsatz im Karosserie- und Komfortbereich. Der low-speed CAN arbeitet auch, wenn eine der beiden Leitungen nicht verfügbar ist, wenn auch mit reduzierter Datenrate, weswegen dafür manchmal die Bezeichnung *fehlertoleranter CAN* verwendet wird.

  Es gibt weitere Physical Layer für CAN, auf die im Kapitel 8 eingegangen wird.
- Elektrische Übertragung über eine Eindrahtleitung mit Einschränkungen bei der Datenrate und der Robustheit. Diese Implementierung ist nicht sehr verbreitet. Die Datenrate geht bis

33 kbit/s. Das Einsatzgebiet ist der Karosserie- und Komfortbereich im Kraftfahrzeug. Diese Version ist in der SAE J2411 standardisiert und wird in diesem Buch nicht weiter betrachtet.

- Optische Übertragung über Lichtwellenleiter. Diese Implementierungen werden in diesem Buch nicht weiter betrachtet.
- Elektrische Übertragung über Versorgungsleitungen, bei denen mittels Transformatoren das CAN-Signal eingekoppelt wird. Diese Implementierungen werden in diesem Buch nicht weiter betrachtet.

Die maximalen Leitungslängen, bei denen CAN arbeitet, hängen von der Datenrate ab. Je größer die weiteste Entfernung zwischen zwei Knoten ist, desto kleiner ist die maximal mögliche Datenrate. Der Grund für diese Abhängigkeit liegt in der Arbitrierung (siehe Abschnitte 4.4.3 und 8.1). Tabelle 4.4 gibt eine Übersicht über die Abhängigkeit der Datenrate von der maximal möglichen Leitungslänge.

Tabelle 4.4 Abhängigkeit zwischen Datenrate und Leitungslänge

Datenrate [kbit/s]	Leitungslänge [m]
1000	46
500	112
300	200
200	310
100	640
50	1300

4.3.2 Buspegel

Bei den Buspegeln muss zwischen dem low-speed und dem high-speed CAN unterschieden werden, weil die Pegel sich unterscheiden. Bild 4.6 zeigt die Pegel für den high-speed CAN. Eine der beiden Leitungen wird als CAN-H (CAN high) und die andere mit CAN-L (CAN low) bezeichnet. Bei der logischen 1 sind beide Busleitungen auf ungefähr 2,5 V, sodass die Differenzspannung zwischen den Leitungen 0 V beträgt. Dieses Signal ist rezessiv. Bei der logischen 0 hat die CAN-H-Leitung eine Spannung von 3,5 V und die CAN-L-Leitung von 1,5 V. Die Differenzspannung zwischen den beiden Leitungen beträgt somit 2 V. Dieses Signal ist dominant und kann das rezessive Signal jederzeit überschreiben.

Bild 4.7 zeigt die Spannungsverläufe der CAN-L- und der CAN-H-Leitung für den high-speed CAN bei der Übertragung eines CAN-Frames, die mit einem Oszilloskop aufgezeichnet wurden. Ein Kästchen in vertikaler Richtung entspricht einem Volt, in horizontaler Richtung 15 µs.

Bild 4.8 zeigt die Buspegel für den low-speed CAN. Bei der logischen 1 beträgt die Spannung auf der CAN-L-Leitung 5 V, auf der CAN-H-Leitung 0 V. Die Differenzspannung zwischen beiden Leitungen beträgt somit −5 V. Bei der logischen 0 ist die Spannung auf der CAN-L-Leitung 1,4 V und auf der CAN-H-Leitung 3,6 V, sodass die Differenzspannung zwischen beiden Leitungen ca. 2 V beträgt.

In Tabelle 4.5 sind die wichtigsten Parameter für den high-speed und den low-speed CAN zusammengefasst.

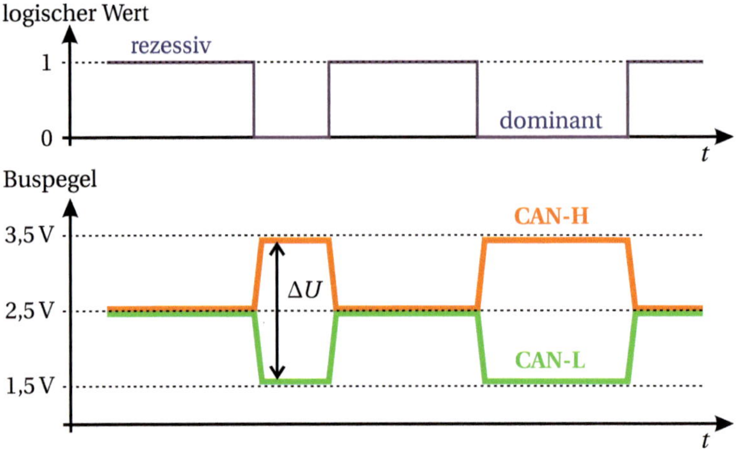

Bild 4.6 Buspegel für den high-speed CAN

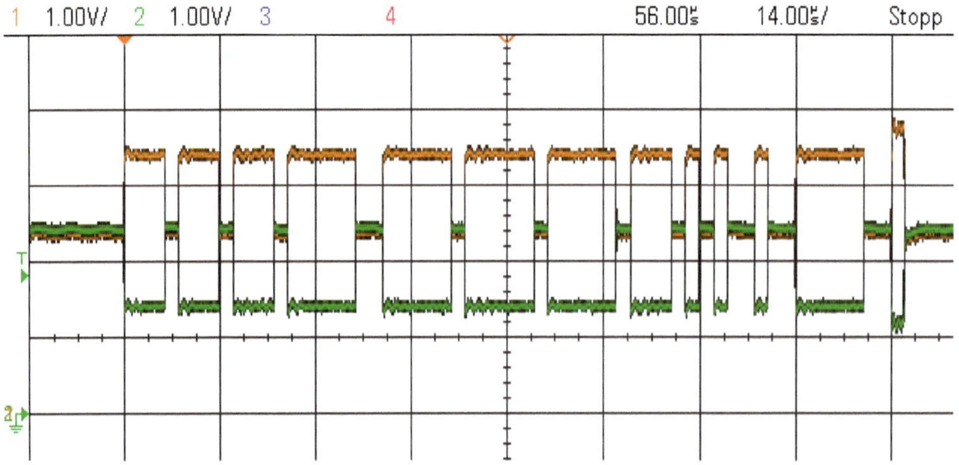

Bild 4.7 Buspegel mit dem Oszilloskop aufgezeichnet

Tabelle 4.5 Spannungswerte für low-speed und den high-speed CAN

	High-speed CAN	Low-speed CAN
Spezifikation	ISO 11898-2	ISO 11898-3
maximale Datenrate	1 Mbit/s	125 kbit/s
logisch 1	$\Delta U = 0$ V	$\Delta U = -5$ V
logisch 0	$\Delta U = 2$ V	$\Delta U = +2$ V

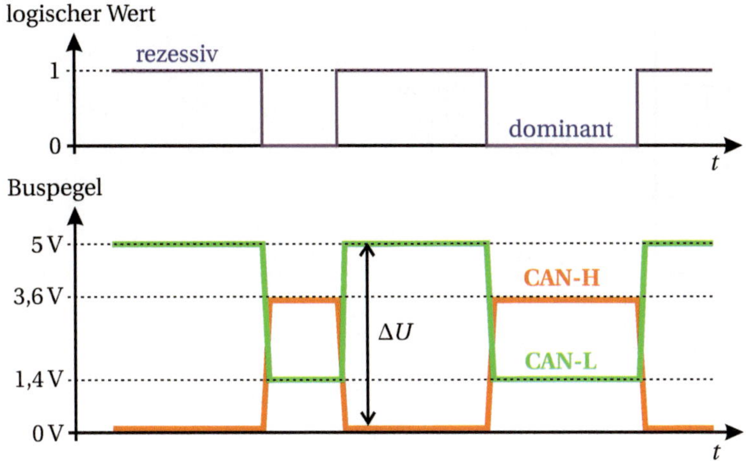

Bild 4.8 Buspegel für den low-speed CAN

4.3.3 Transceiver

Der Begriff Transceiver (dt.: Bustreiber) setzt sich aus Teilen der Begriffe *Trans*mitter (Sender) und Re*ceiver* (Empfänger) zusammen. Entsprechend der begrifflichen Herkunft besteht ein Transceiver aus einem Transmitter und einem Receiver.

Das Sendesignal `TxD` vom CAN-Controller steuert nach einer Verstärkung und Invertierung im Transceiver die beiden Transistoren T1 und T2 an (Bild 4.9). Ist das `TxD`-Signal gleich 1, werden die Transistoren nicht angesteuert und sperren. Ist das `TxD`-Signal gleich 0, werden die Transistoren angesteuert und schalten durch. Transistor T1 zieht die CAN-H-Leitung auf V_{CC}, T2 die CAN-L-Leitung auf Masse. Damit stellt sich auf den beiden Leitungen eine Differenzspannung ein. Sperren die Transistoren, dann gleichen sich die Potenziale der CAN-H- und der CAN-L-Leitung über die beiden 25-kΩ-Widerstände bzw. die Terminierungswiderstände an.

Der Receiver besteht aus einem Verstärker mit einem Schmitt-Trigger. So wird aus der analogen Differenzspannung zwischen den beiden CAN-Leitungen ein binäres Signal, welches entweder 0 oder 1 ist.

Auf der `TxD`- und der `RxD`-Leitung sind 0 V für die logische 0 und 3,3 V oder 5 V für die logische 1 üblich.

Das in der Schaltung mit CMC bezeichnete Bauelement ist ein Common Mode Choke (dt.: Gleichtaktdrossel). Es wird zur Reduzierung von Gleichtaktstörungen eingesetzt. Gleichtaktstörungen sind Spannungsänderungen, die auf beiden Leitungen zur gleichen Zeit und in etwa mit der gleichen Amplitude auftreten. Ein Common Mode Coke besteht aus zwei magnetisch miteinander gekoppelten Spulen, die durch die gegensinnige Kopplung die Gleichtaktstörungen reduzieren.

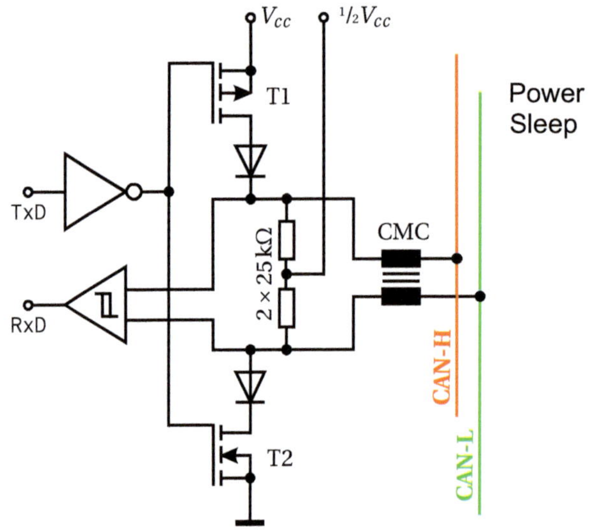

Bild 4.9 Prinzipieller Aufbau eines CAN-Transceivers

In Bild 4.10 sind die Spannungen auf den CAN-Leitungen in Abhängigkeit der Ansteuerung der Transistoren gezeigt. Wenn beide Transistoren sperren, ist die Spannungsdifferenz zwischen CAN-H und CAN-L sehr klein oder null. Werden beide Transistoren angesteuert und schalten somit durch, stellt sich eine Spannungsdifferenz zwischen den beiden Leitungen von ca. 2 V ein.

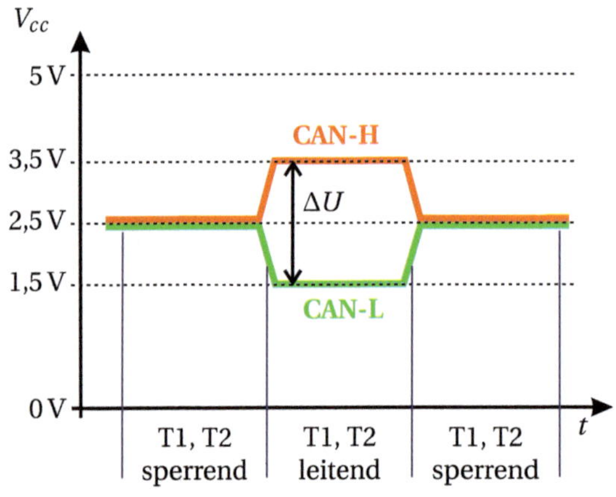

Bild 4.10 Spannungen auf den CAN-Leitungen in Abhängigkeit von der Ansteuerung der Transistoren

4.3.4 Terminierung

CAN-Cluster müssen „an den Enden" mit einem Widerstand abgeschlossen werden (siehe Bild 4.11). Dies wird *Terminierung* genannt. Dafür gibt es zwei Gründe. Zum einen werden die beiden Leitungen nur aktiv getrieben, wenn ein dominantes Signal gesendet wird. Wird ein rezessives Signal gesendet, dann sperren die Transistoren im Transceiver und die Leitung wird sich selbst überlassen. Über die beiden 25-kΩ-Widerstände in den Transceivern wird die Potenzialdifferenz zwischen den beiden Leitungen ausgeglichen. Durch den hohen Widerstand dauert dieser Vorgang entsprechend lange. Die beiden Terminierungswiderstände sind wesentlich kleiner. Sie bilden eine Parallelschaltung, sodass der resultierende Widerstand ca. 60 Ω beträgt. Über die Terminierungswiderstände erfolgt der Ausgleich der Potenzialdifferenz zwischen der CAN-H- und der CAN-L-Leitung wesentlich schneller.

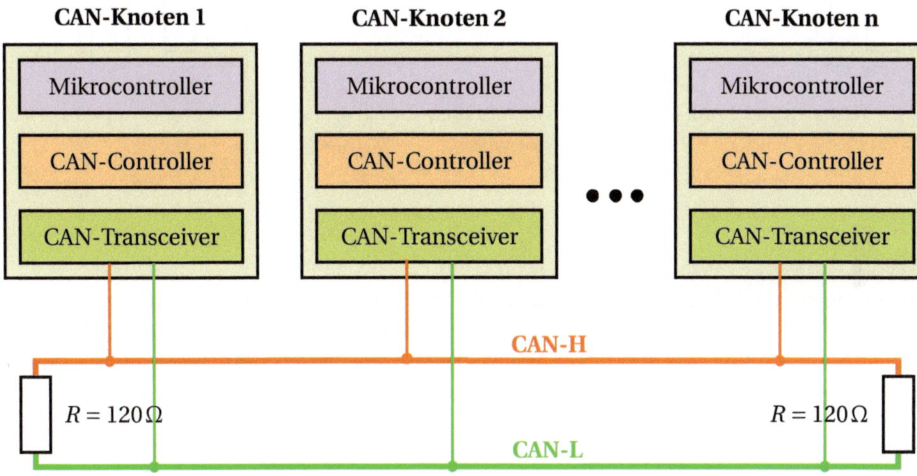

Bild 4.11 Einfache Terminierung eines CAN-Clusters

Der zweite und wesentlich wichtigere Grund für die Terminierung ist das Vermeiden von Reflexionen an den Leitungsenden. Das Umschalten zwischen 1- und 0-Bits führt zu Spannungssprüngen auf den Leitungen. Diese Spannungssprünge laufen wie eine Welle über die Leitung. Am Ende der Leitung wird die Welle reflektiert und läuft zurück. Um die Reflexion zu unterdrücken, müssen die Leitungen mit einem Widerstand abgeschlossen werden. Hat der Terminierungswiderstand die Größe des Wellenwiderstandes der Leitung, wird die elektrische Welle vollständig absorbiert, sodass es keine Reflexion gibt. Weichen Wellenwiderstand und Terminierungswiderstand voneinander ab, wird nur ein Teil der Welle absorbiert und es kommt zu einer reduzierten Reflexion. Bei einer offenen Leitung kommt es zu einer vollständigen Reflexion, d. h., die Amplitude der reflektierten Welle ist gleich der Amplitude der ursprünglichen Welle. Nähere Ausführungen zu Reflexionen an den Leitungsenden finden Sie im Abschnitt 6.3.

Der Wellenwiderstand einer Leitung hängt vom verwendeten Kabel ab. CAN-Leitungen haben einen Wellenwiderstand von 100 bis 120 Ω, weswegen sie an beiden Enden mit einem Wert zwischen 100 bis 120 Ω abgeschlossen werden.

Anstelle der Terminierung mit einem Abschlusswiderstand wird im praktischen Einsatz die Terminierung des high-speed CANs meist auf zwei Widerstände aufgeteilt (Split). Dadurch ist es möglich, mit einem zusätzlichen Kondensator eine Tiefpass-Filterung für hochfrequente Störungen zu implementieren (siehe Bild 4.12).

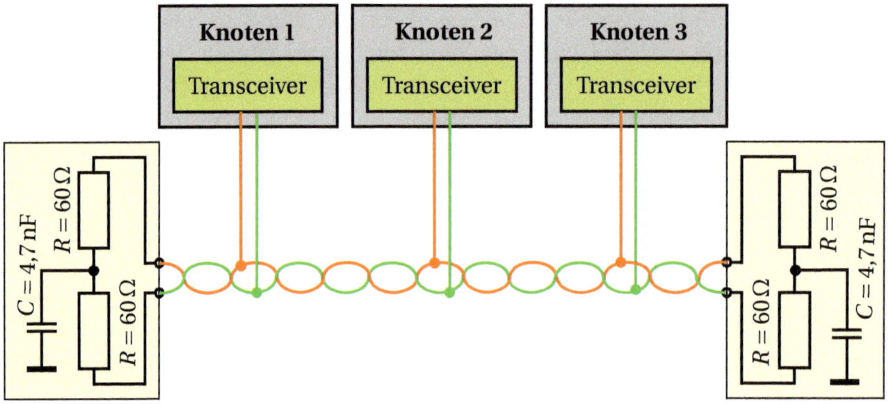

Bild 4.12 Terminierung eines CAN-Clusters mittels Split-Terminierung

4.3.5 Topologie

Die Bustopologie, auch Linientopologie genannt, ist die einzige Topologie, mit der CAN realisiert werden kann. In einigen Veröffentlichungen wird auch die (passive) Sterntopologie als eine mögliche Topologie genannt. Nach der Definition von Bus- und Sterntopologie in Abschnitt 2.4 ist die Topologie in Bild 4.13b auch eine Bustopologie.

(a) mit kurzen Stichleitungen

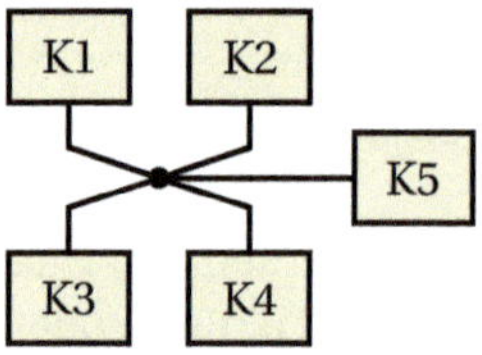

(b) mit langen Stichleitungen

Bild 4.13 Bustopologie

Die Leitungsführung und damit die Topologie wird letztendlich so gewählt, dass der Leitungssatz kostengünstig gefertigt werden kann und montierbar ist. So kann die Verdrahtung zum Beispiel wie in Bild 4.14 aussehen.

Egal wie die Verdrahtung letztendlich aussieht, wichtig ist, dass zwei Knoten terminiert werden. Am besten ist es, wenn die Leitungen der beiden am weitesten voneinander entfernten Knoten mit je einem Terminierungswiderstand abgeschlossen werden, wie es in Bild 4.15 gezeigt ist. Doch selbst diese Regel wird nicht immer angewendet. So gibt es Automobilhersteller, die statt zwei 120-Ω-Widerständen nur einen 60-Ω-Widerstand einsetzen, der im Knotenpunkt der Leitungen die CAN-H- und die CAN-L-Leitung miteinander verbindet.

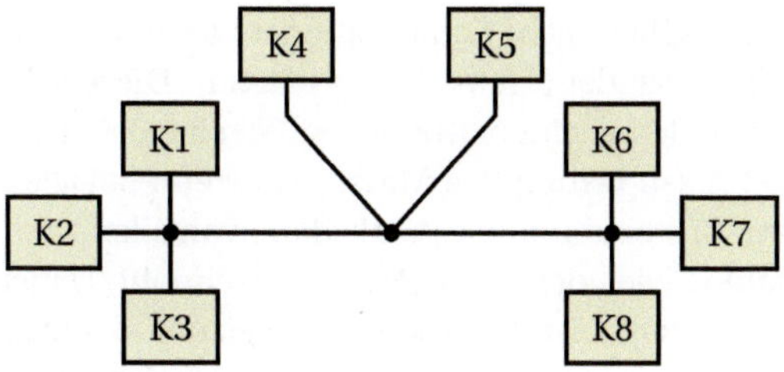

Bild 4.14 Beispiel für einen CAN-Bus

Allgemein gilt: Je länger die Stichleitungen sind und je höher die Datenübertragungsrate ist, desto eher kann es Probleme geben. Nicht alle Topologien, die denkbar sind, funktionieren bzw. funktionieren auch zuverlässig.

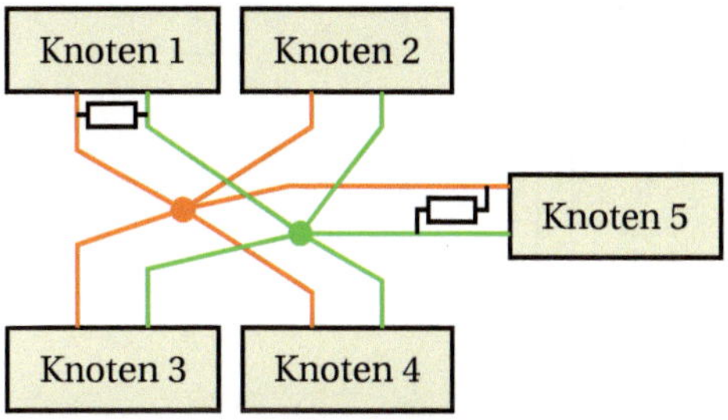

Bild 4.15 Platzierung der Terminierungswiderstände bei langen Stichleitungen

Bei CAN wird eine ungeschirmte verdrillte Zwei-Draht-Leitung (unshielded twisted pair) eingesetzt. In Bereichen mit einer starken EMV-Belastung kommen auch geschirmte Leitungen zum Einsatz.

Die maximale Anzahl von CAN-Knoten wird von der ISO 11898 mit 32 angegeben. Vom CAN-Protokoll her gibt es keine Einschränkung für eine maximale Anzahl an Knoten. Die Eigenschaften der verwendeten Transceiver, die verwendeten Kabel und die Leitungslängen begrenzen letztendlich die Anzahl der maximal möglichen Knoten.

4.3.6 Buslogik

Im Abschnitt 4.3.3 wurde der Aufbau eines Transceivers gezeigt, woraus sich das Verhalten der CAN-Leitungen ableitet. In diesem Abschnitt wird dargestellt, wie sich die CAN-Leitung verhält, wenn kein, ein oder mehrere Knoten gleichzeitig senden.

Bild 4.16 zeigt die CAN-L-Leitung, an der drei CAN-Knoten angeschlossen sind. Von den Transceivern dieser drei Knoten ist nur jeweils der Transistor dargestellt, der die Leitung auf Masse zieht. Für die CAN-H-Leitung würde es ähnlich aussehen, nur dass da die Transistoren die Leitung in Richtung 5 V ziehen würden.

Durch den Inverter in der Ansteuerschaltung des Transistors muss an `TxD` eine 0 anliegen, damit der Transistor durchschaltet und dadurch eine 0 sendet, und eine 1 anliegen, damit er sperrt und dadurch eine 1 sendet. Bei drei Knoten gibt es acht Kombinationen, da jeder Knoten entweder eine 1 (Transistor sperrt) oder eine 0 sendet (Transistor ist leitend). Diese acht Kombinationen sind in Tabelle 4.6 dargestellt. Sobald bei einem Knoten an TxD eine 0 anliegt, schaltet dessen Transistor durch und zieht die CAN-L-Leitung auf Masse. Nur wenn bei allen Knoten eine 1 an TxD anliegt, wird auch auf dem Bus eine 1 anliegen, die dann von allen Knoten an RxD gesehen wird. 0 ist also der dominante Pegel, der den 1-Pegel überschreibt. Dabei ist es egal, ob ein oder mehrere Knoten eine 0 senden. 1 ist der rezessive Pegel, der jederzeit von einer 0, dem dominanten Pegel, überschrieben werden kann. Diese Logik entspricht einer *„UND-Logik"*. Die in Bild 4.16 gezeigte Kombination ist in Tabelle 4.6 farbig hervorgehoben.

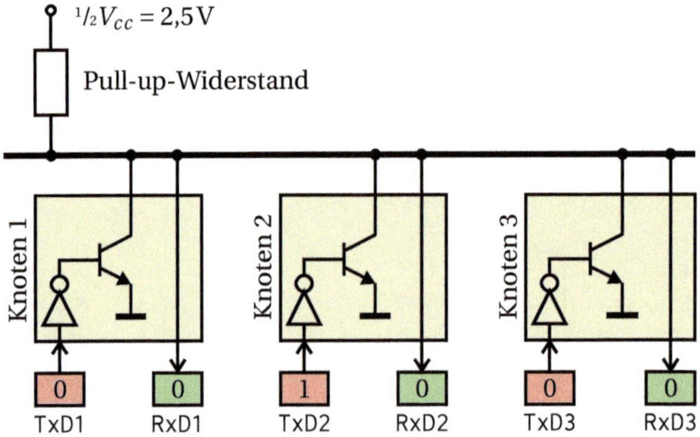

Bild 4.16 CAN-Buslogik

Tabelle 4.6 Resultierender Zustand der CAN-L-Leitung bei drei Knoten

Knoten 1 (TxD1):	0	1	0	1	0	1	0	1
Knoten 2 (TxD2):	0	0	1	1	0	0	1	1
Knoten 3 (TxD3):	0	0	0	0	1	1	1	1
Bus (RxD1, RxD2, RxD3)	0	0	0	0	0	0	0	1

■ 4.4 Data Link Layer

In diesem Abschnitt werden die wesentlichen Funktionen erläutert, die im Data Link Layer, also der Schicht 2 des OSI-Referenzmodells, realisiert sind.

4.4.1 CAN-Kommunikationsprinzip

Im Gegensatz zu LIN (siehe Kapitel 3) darf bei CAN jeder Knoten zu jeder Zeit senden. Hier wird zunächst dargestellt, wie die prinzipielle Kommunikation bei CAN abläuft. In Tabelle 4.7

ist die Kommunikationsmatrix für ein Cluster bestehend aus drei Knoten angegeben. Das Senden erfolgt ereignisorientiert, d. h., dass kein zeitlicher Ablauf vorgegeben ist. Ein Knoten kann senden, wenn für ein Frame neue Daten vorliegen. Grundsätzlich empfängt jeder Knoten im Cluster jeden Frame. Die Frames werden also als Broadcast gesendet.

Tabelle 4.7 Kommunikationsmatrix für ein CAN-Cluster aus drei Knoten

Identifier	Knoten 1	Knoten 2	Knoten 3
0x47	Empfänger	Empfänger	Sender
0x56	Sender		Empfänger
0xA3	Empfänger	Sender	

Bild 4.17 zeigt die Ausgangslage im Cluster. In allen drei Knoten liegen für die Frames neue Daten vor. Die Daten wurden von den jeweiligen Hosts im CAN-Controller aktualisiert, sodass in jedem Sendepuffer ein Frame zum Senden bereitliegt. Jeder Knoten wird jetzt versuchen, seinen Frame zu senden. Es wird zu einer Kollision kommen, die aber aufgelöst wird. Wie das erfolgt, wird im Abschnitt 4.4.3 erläutert. An dieser Stelle reicht es zu wissen, dass der Knoten, der den Frame mit dem kleinsten Identifier sendet, zuerst senden darf. Dies ist der Knoten 3, der den Frame mit dem Identifier `0x47` sendet. Dieser Sendevorgang und der Empfang in den anderen beiden Knoten ist in Bild 4.18 gezeigt.

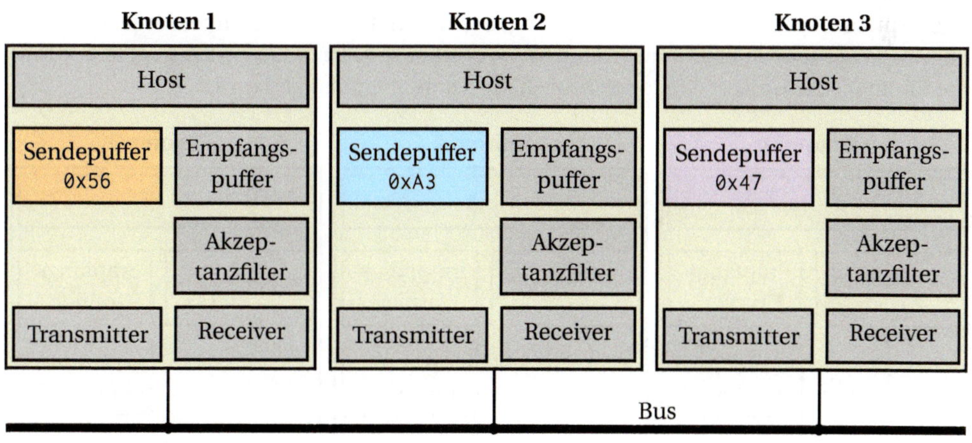

Bild 4.17 CAN-Kommunikationsprinzip Ausgangslage

Knoten 3 sendet also seinen Frame aus dem Sendepuffer mit dem Transmitter auf den CAN-Bus. Die Receiver der Knoten 1 und 2 empfangen den Frame und reichen ihn an den Akzeptanzfilter weiter. Da Knoten 1 und 2 diesen Frame empfangen sollen, wie in der Kommunikationsmatrix angegeben, passiert der Frame den Akzeptanzfilter und wird im Empfangspuffer abgelegt. Dort kann sich der Host die empfangenen Daten jederzeit abholen.

Sobald das Senden des Knotens 3 beendet ist, wird der nächste Knoten versuchen, sein Frame zu senden. Dies wird der Knoten 1 sein, da die Frame-ID `0x56` jetzt der kleinste Identifier ist. Dieser Sendevorgang ist in Bild 4.19 dargestellt. Aus dem Sendepuffer sendet der Knoten 1 mittels des Transmitters auf den Bus. Die Receiver von Knoten 2 und 3 empfangen den Frame. Der Akzeptanzfilter von Knoten 3 lässt den Frame passieren, da Knoten 3 diesen Frame empfangen

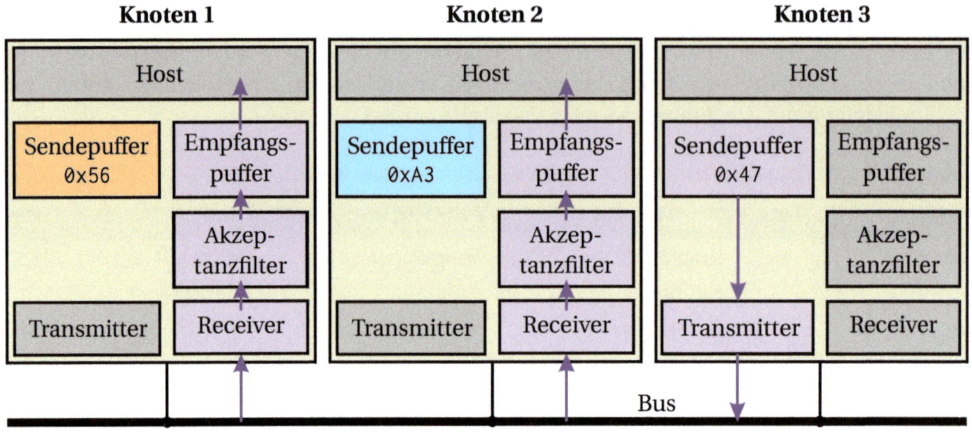

Bild 4.18 CAN-Kommunikationsprinzip: Knoten 3 sendet Frame `0x47`

soll. Anders ist es hingegen bei Knoten 2. Hier wird der Frame vom Akzeptanzfilter abgewiesen. Der Akzeptanzfilter entscheidet nicht darüber, ob ein Frame empfangen wird, sondern ob ein empfangener Frame im Empfangspuffer gespeichert wird.

Aus Sicht des Busses empfangen alle Knoten alle Frames, was einer Broadcast-Kommunikation entspricht. Aus Sicht des Hosts kann hingegen durch den Akzeptanzfilter für jeden Frame eingestellt werden, ob ein Frame Broadcast (von allen Knoten), Multicast (von einer Gruppe von Knoten) oder Unicast (von einem einzelnen Knoten) empfangen wird.

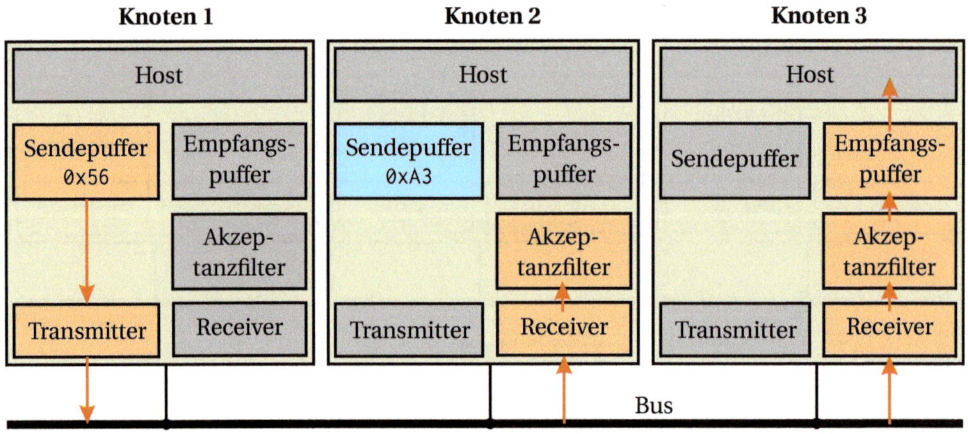

Bild 4.19 CAN-Kommunikationsprinzip: Knoten 1 sendet Frame `0x56`

Bild 4.20 zeigt den Sendevorgang, wenn Knoten 2 seinen Frame mit dem Identifier `0xA3` sendet. Hier lässt der Akzeptanzfilter von Knoten 1 den Frame passieren, während der Akzeptanzfilter von Knoten 3 den Frame abweist.

Liegt zu einem Zeitpunkt nur in einem Knoten ein Frame zum Senden vor, kann dieser Knoten diesen Frame sofort senden. Die Reihenfolge, die durch die Frame-IDs vorgegeben ist, kommt nur zum Tragen, wenn zwei oder mehr Knoten gleichzeitig senden möchten.

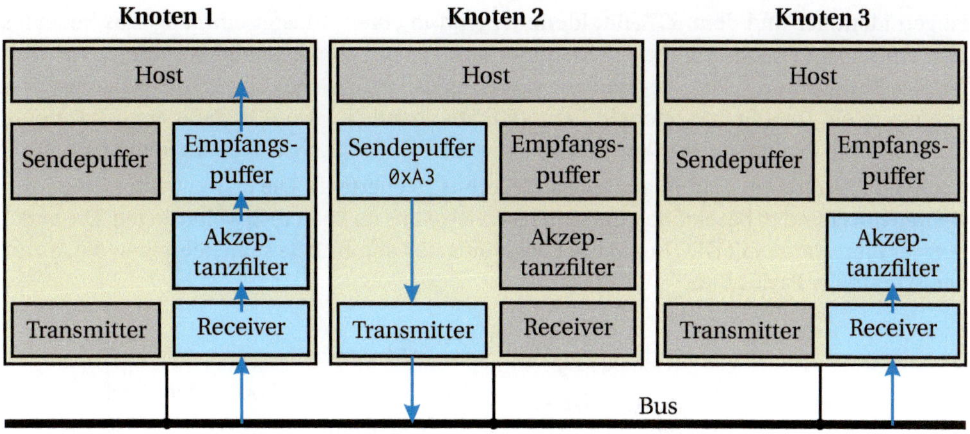

Bild 4.20 CAN-Kommunikationsprinzip: Knoten 2 sendet Frame `0xA3`

4.4.2 Frame-Format

In der CAN-Spezifikation werden vier verschiedene Frame-Typen unterschieden:

Data Frame: Dieser Frame-Typ wird benutzt, um Daten zu übertragen. Es ist der am meisten verwendete Frame-Typ.

Remote Frame: Dieser Frame-Typ wird verwendet, um Daten von einem anderen Knoten anzufordern.

Error Frame: Dieser Frame-Typ wird von einem Knoten gesendet, der einen Fehler bei der Übertragung eines Frames erkennt. Der Error Frame zerstört den gerade in Übertragung befindlichen Frame.

Overload Frame: Dieser Frame-Typ ist vom Aufbau identisch mit einem Error Frame, wird aber nach einer Frame-Übertragung gesendet. Mit diesem Frame-Typ kann ein Knoten das Senden des nächsten Frames verzögern, wenn er für den Empfang noch nicht bereit ist.

Data Frame und Remote Frame sind „echte" Frames, die aus einem Header, der Payload und dem Trailer bestehen. Diese beiden Frame-Typen werden für die normale Kommunikation in einem CAN-Cluster verwendet.

Error und Overload Frame bestehen nur aus einer dominanten und einer rezessiven Phase und haben keinen Identifier, keine Steuerbits, keine Daten usw. Es sind also eher Symbole oder Signale, die gesendet werden. In der CAN-Spezifikation werden sie aber als CAN-Frames bezeichnet. Diese Bezeichnung wird in diesem Buch beibehalten, da diese Bezeichnungen in der Fachliteratur verwendet werden. Diese beiden Frame-Typen werden nur im Bedarfsfall (Fehler oder Überlast) gesendet und werden im Abschnitt 4.5.2 näher erläutert.

4.4.2.1 Data Frame Format

Der Aufbau eines Data Frames ist in Bild 4.21 dargestellt, die Abkürzungen und die Bitanzahl für jedes Feld sind in Tabelle 4.8 aufgeführt. Ein Data Frame beginnt immer mit dem Start-of-Frame-Bit (SOF), welches ein dominantes Bit (0-Bit) ist. Damit wechselt der Zustand des Busses von rezessiv auf dominant. Ihm folgt das Arbitration-Feld bestehend aus einem 11 Bit langen Identifier und dem RTR-Bit. Identifier sind in einem Cluster einmalig, das bedeutet, dass ein Knoten Frames mit diesem Identifier senden darf, aber kein anderer Knoten im Cluster. Das RTR-Bit ist das Remote-Transmission-Request-Bit, welches angibt, ob es sich bei dem Frame um ein Data Frame oder ein Remote Frame handelt. Ist das RTR-Bit ein 0-Bit (dominant), handelt es sich um ein Data Frame, ist es ein 1-Bit (rezessiv), ist es ein Remote Frame.

Nach dem Arbitration-Feld folgen sechs Steuerbits (Steuerfeld). Die ersten beiden Steuerbits werden mit r1 und r0 bezeichnet und sind reservierte Bits für spätere Erweiterungen. Die anderen vier Bits werden mit DLC bezeichnet, was für Data Length Code steht. Sie geben die Anzahl der Bytes in der Payload an.

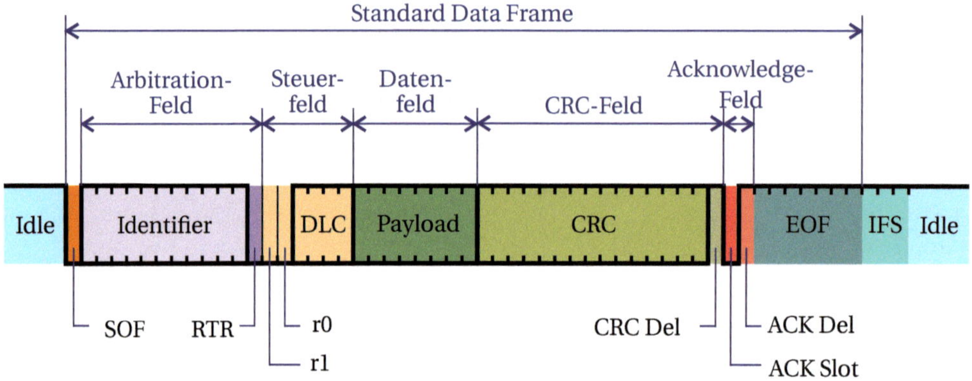

Bild 4.21 Standard CAN Frame

Tabelle 4.8 Bezeichnung und Funktion der Bits in einem CAN-Frame

Symbol	Bits	Bedeutung
SOF	1	Start of Frame
ID	11	Identifier
RTR	1	Remote Transmission Request
r1	1	reserviert
r0	1	reserviert
DLC	4	Data Length Code
CRC	15	Cyclic Redundancy Check
CRC Del	1	CRC Delimiter
ACK Slot	1	Acknowledge Slot
ACK Del	1	Acknowledge Delimiter
EOF	7	End of Frame
IFS	3	Interframe Space

Dem Steuerfeld folgt das Datenfeld. In diesem Feld sind die Daten, die die Hosts miteinander austauschen (Payload). Dieses Feld kann ein bis acht Bytes enthalten oder auch leer sein (0 Byte). Wie viele Bytes im Datenfeld sind, wird im Steuerfeld (DLC) angegeben.

Dem Datenfeld folgt das CRC-Feld. Dieses besteht aus einen 15 Bit langen CRC (Cyclic Redundancy Check) und dem CRC Delimiter. Der CRC, der für CAN verwendet wird, hat eine

Hamming-Distanz von 6. Das bedeutet, dass ein Knoten beim Empfang eines Frames mit Hilfe des CRCs diesen überprüfen und alle Fehler erkennen kann, bei denen bis zu fünf beliebige Bits bei der Übertragung verfälscht wurden. Der CRC-Delimiter ist ein rezessives Bit (1-Bit).

Dem CRC-Feld folgt das Acknowledge-Feld, welches aus zwei Bits besteht. Das erste Bit ist das Acknowledge-Bit, welches dominant (0-Bit) ist, wenn der Frame fehlerfrei bei den Empfängern angekommen ist. Das zweite Bit ist der Acknowledge Delimiter, ein rezessives Bit (1-Bit). Die Funktionsweise des Acknowledgements wird im Abschnitt 4.5.7 erläutert.

Nach dem Acknowledge-Feld folgt das End of Frame (EOF), welches aus sieben rezessiven Bits (1-Bits) besteht. Diese Bits werden nicht aktiv gesendet, da die Transistoren des Transceivers sperren und sich die Spannungen auf den beiden Busleitungen über die Terminierungswiderstände angleichen. Dem EOF folgen noch drei Bits für den Interframe Space (IFS), die ebenfalls rezessiv sind. Nach dem dritten IFS-Bit ist der Bus entweder *Idle*, d. h., dass kein Knoten sendet, oder es folgt ein Start of Frame, wenn ein Knoten sofort mit dem Senden beginnt.

4.4.2.2 Remote Frame Format

Der Aufbau eines Remote Frames ist identisch mit dem Aufbau eines Data Frames mit zwei Unterschieden:

- Das RTR-Bit ist logisch 1, also rezessiv.
- Das Datenfeld gibt es nicht, d. h., es hat eine Länge von Null.

Mittels Remote Frames können von einem Knoten Daten angefordert werden. Dazu schickt der anfordernde Knoten einen Remote Frame mit der ID, die für den Frame mit den gewünschten Daten verwendet wird. Der Knoten, der den Data Frame mit diesem Identifier sendet, empfängt den Remote Frame und sendet daraufhin den angeforderten Data Frame. Der Remote Frame ist in Bild 4.22 dargestellt, die Abkürzungen können Tabelle 4.8 entnommen werden.

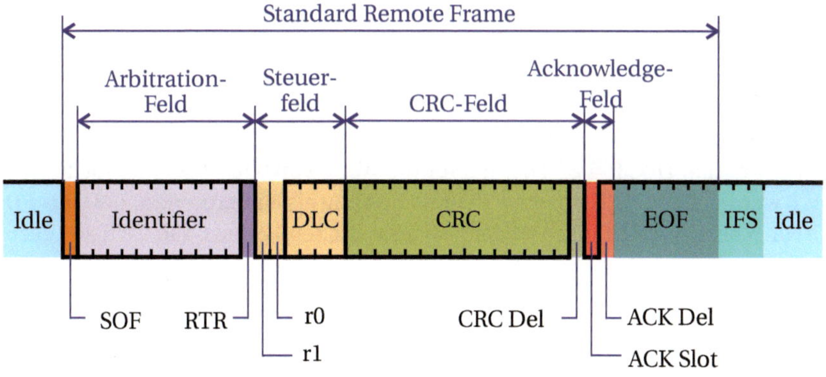

Bild 4.22 Remote CAN Frame

4.4.2.3 Steuerfeld

Das Steuerfeld besteht wie bereits geschrieben aus sechs Bits. Die ersten beiden Bits, bezeichnet mit r0 und r1, sind reservierte Bits für spätere Erweiterungen. Mittlerweile wurde CAN mehrmals erweitert und mit diesen beiden Bits wird signalisiert, dass eine der Erweiterungen zur Anwendung kommt. Sind r1=0 und r0=0, dann handelt es sich um ein Frame ohne Erweiterungen.

Das r1-Bit wird zur Erweiterung des Identifiers verwendet. Ist r1=1 (rezessiv), dann ist der Frame-Identifier nicht 11 Bits lang, sondern 29 Bits. Das r1-Bit wird dann mit IDE (IDentifier Extension) bezeichnet. Diese Erweiterung wird im Kapitel 8 näher beschrieben.

Das r0-Bit wird genutzt, um ein CAN FD Frame zu kennzeichnen. CAN FD ist eine Erweiterung von CAN, bei der die Payload bis zu 64 Bytes groß sein kann und bei der zwei Übertragungsgeschwindigkeiten zum Einsatz kommen können. Für den Beginn des Frames (der Teil, der für die Arbitrierung genutzt wird) und das Ende (Acknowledgement) gilt die niedrige Geschwindigkeit, die maximal 1 Mbit/s betragen kann. Für den Teil dazwischen (u. a. für die Payload) kann der CAN-Bus mit einer höheren Geschwindigkeit betrieben werden. Seit dieser Erweiterung wird das r0-Bit als FDF-Bit bezeichnet (Flexible Data Rate Format). Die Nutzung dieser Erweiterung wird angezeigt, wenn r0=1 (rezessiv) ist. Diese Erweiterung wird ebenfalls im Kapitel 8 näher beschrieben.

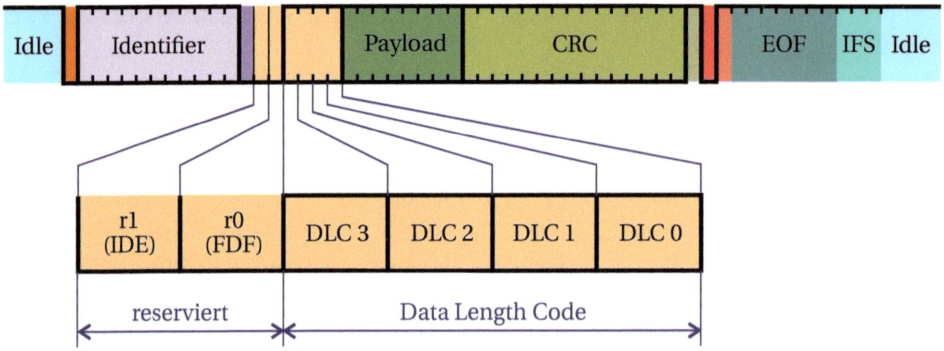

Bild 4.23 Steuerfeld im CAN-Frame

Die verbleibenden vier Bits des Steuerfeldes werden genutzt, um die Anzahl der Bytes in der Payload anzugeben. Dabei werden die vier Bits binär codiert mit der Bedeutung DLC 3 $\widehat{=} 2^3$, DLC 2 $\widehat{=} 2^2$, DLC 1 $\widehat{=} 2^1$ und DLC 0 $\widehat{=} 2^0$. Dies gilt für die Werte von 0 bis 8 (siehe Tabelle 4.9). Werte größer als 8 werden beim CAN ohne die FD-Erweiterung als 8 interpretiert. Bei CAN FD geben die Werte von 9 bis 15 die Anzahl an Payload-Bytes zwischen 12 und 64 an. Näheres dazu findet sich in Kapitel 8.

4.4.3 Arbitrierung

Bisher wurde davon ausgegangen, dass die Knoten nacheinander senden. In den Fällen, in denen zwei oder mehr Knoten gleichzeitig senden wollten, wurde gesagt, dass der Knoten mit dem kleineren Identifier zuerst sendet. In diesem Abschnitt wird erläutert, wie die Knoten ermitteln, welcher Knoten den Frame mit dem kleineren Identifier hat. Das Verfahren wird Arbitrierung genannt.

Bevor ein Knoten mit dem Senden beginnt, prüft er, ob der Bus frei ist. Ist dies der Fall, beginnt er mit dem Senden. Wird gerade gesendet, wartet der Knoten, bis das Senden beendet

Tabelle 4.9 Angabe der Anzahl der Bytes in der Payload

DLC 3	DLC 2	DLC 1	DLC 0	Anzahl
2^3	2^2	2^1	2^0	Bytes
0	0	0	0	0
0	0	0	1	1
0	0	1	0	2
0	0	1	1	3
0	1	0	0	4
0	1	0	1	5
0	1	1	0	6
0	1	1	1	7
1	–	–	–	8

ist. Nun kann es passieren, dass zwei Knoten gleichzeitig mit dem Senden beginnen. Dieses „gleichzeitig" bedeutet, dass ein Knoten mit dem Senden des SOF-Bits beginnt und dass ein zweiter Knoten, der auch senden möchte, beginnt, bevor die fallende Flanke des SOF-Bits bei ihm angekommen ist. Dieser Zeitraum ist gar nicht so kurz. Schauen wir uns den Sendevorgang etwas näher an. Der CAN-Controller bestimmt, wann der Knoten mit dem Senden beginnt. Der Transceiver macht aus dem logischen Signal dann das Spannungssignal auf dem Bus und beim Empfang aus dem Spannungssignal auf dem Bus wieder ein logisches Signal für den CAN-Controller des empfangenen Knotens. So beträgt die typische Verzögerung durch den Transceiver vom TxD-Pin auf den Bus ca. 140 ns und vom Bus auf den RxD-Pin nochmals 140 ns. Zu diesen beiden Zeiten muss noch die Verzögerungszeit auf der Leitung addiert werden. Bei einer 20 m langen Leitung würden noch einmal 150 ns dazukommen.[1] Dies bedeutet, dass beispielsweise Knoten 1 mit dem Senden beginnt und 430 ns später der 20 m entfernte Knoten 2 erst mitbekommt, dass ein anderer Knoten schon sendet. In dieser Zeit geht Knoten 2 davon aus, dass auf dem Bus nicht gesendet wird, und er könnte auch mit dem Senden beginnen. Damit wird auch klar, dass die Wahrscheinlichkeit gar nicht so klein ist, dass zwei Knoten „gleichzeitig", also innerhalb der Zeit von 430 ns in unserem Beispiel, mit dem Senden beginnen.

Wir betrachten als Nächstes, was passiert, wenn drei Knoten gleichzeitig mit dem Senden beginnen. Dieser Vorgang ist in Bild 4.24 dargestellt. Knoten 1, 2 und 3 beginnen also gleichzeitig mit dem Senden. Knoten 1 sendet den Identifier 301 (001.0010.1101), Knoten 2 den Identifier 303 (001.0010.1111) und Knoten 3 den Identifier 300 (001.0010.1100). Die Angaben in den Klammern sind die Identifier als Binärzahl.

Alle drei Knoten senden zuerst das SOF-Bit, ein dominantes Bit. Wenn ein oder mehrere Knoten ein dominantes Bit senden, wird sich auf dem Bus auch ein dominantes Bit einstellen. Als Nächstes sendet jeder Knoten das erste Bit seines Identifiers. Dies ist in dem betrachteten Beispiel bei allen drei Identifiern ein 0-Bit, sodass alle drei Knoten ein dominantes Bit auf dem Bus senden. Das zweite Bit des Identifiers ist ebenfalls ein 0-Bit. Beim dritten Bit senden alle drei Knoten ein 1-Bit, welches rezessiv ist. Wie im Abschnitt 4.3.6 dargestellt, wird sich auf

[1] Die Verzögerungszeit auf Leitungen beträgt je nach Leitung zwischen 5 ns/m und 10 ns/m. Bei dieser Betrachtung wird von 7,5 ns/m ausgegangen.

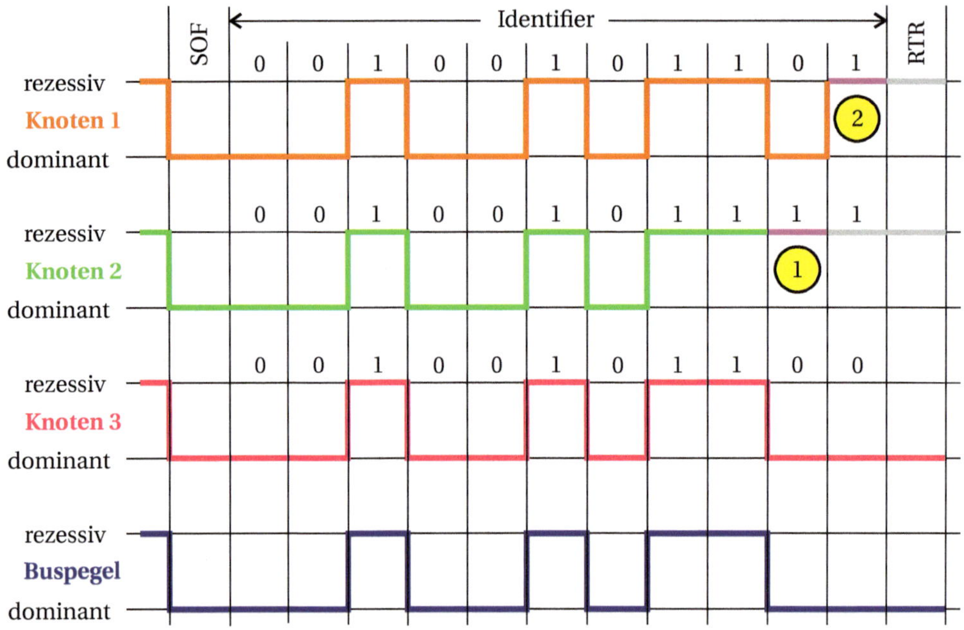

Bild 4.24 Arbitrierung bei CAN

dem Bus auch ein rezessiver Pegel einstellen. Die Knoten senden nicht nur Bit für Bit auf den Bus, sondern lesen auch das Gesendete wieder zurück. Solange das Zurückgelesene mit dem Gesendeten übereinstimmt, senden sie ihren Identifier weiter.

Beim 10. Bit senden Knoten 1 und 3 ein 0-Bit, Knoten 2 ein 1-Bit. Auf dem Bus stellt sich ein 0-Bit ein. Alle drei Knoten lesen also ein 0-Bit zurück. Dieses vergleichen sie mit dem Wert des Bits, welches sie gesendet haben. Bei Knoten 1 und 3 passt es, denn sie lesen den gleichen Wert zurück, den sie selbst gesendet haben. Knoten 2, der ein 1-Bit gesendet hat, liest ein 0-Bit zurück. Damit ist dem Knoten klar, dass noch ein zweiter Knoten sendet und dieser Knoten einen Frame mit einem kleineren Identifier sendet. Daraufhin wird Knoten 2 das Senden seines Frames beenden und zu einem Empfänger. Knoten 2 wird nach dem Empfang des gerade im Sendeprozess befindlichen Frames einen neuen Anlauf zum Senden seines Frames unternehmen. Die eben beschriebene Situation ist mit ① in Bild 4.24 gekennzeichnet.

Jetzt sind nur noch Knoten 1 und 3 im Rennen. Die beiden setzen das Spiel fort. Jeder Knoten sendet das 11. Bit des Identifiers und liest den Wert vom Bus zurück. Knoten 1 hat ein 1-Bit gesendet, Knoten 3 ein 0-Bit. Auf dem Bus setzt sich das dominante Bit durch. Diese Situation ist mit ② in Bild 4.24 markiert. Knoten 1 stellt daraufhin das Senden ein. Knoten 3 gewinnt die Arbitrierung und darf seinen Frame senden.

Der eben beschriebene Ablauf ist als Programmablaufplan in Bild 4.25 dargestellt. Hier gibt es drei Ergebnisse. Entweder gewinnt der Knoten wie der Knoten 3 die Arbitrierung und darf seinen Frame senden oder der Knoten wird zum Empfänger wie Knoten 1 und 2. Die dritte Möglichkeit ist ein Fehlerzustand, der auftritt, wenn ein Knoten ein dominantes Bit sendet, aber ein rezessives Bit zurückliest.

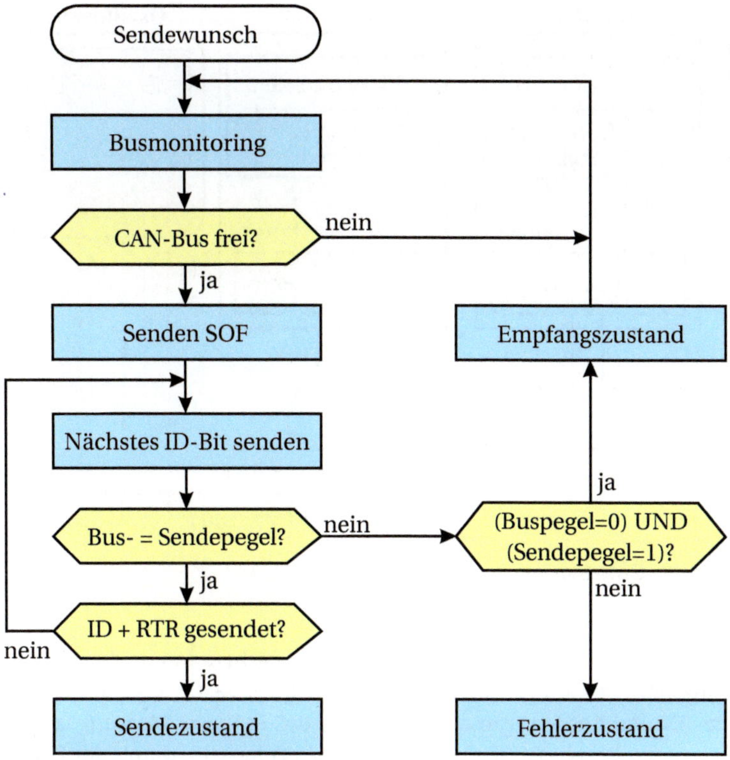

Bild 4.25 Programmablaufplan für die Arbitrierung bei CAN

Die Arbitrierung kann wie folgt zusammengefasst werden:

- Wenn mehrere Knoten gleichzeitig senden, wird der Konflikt bitweise durch Arbitrierung während des Sendens des Identifiers gelöst, ohne dass die Nachricht zerstört wird. Dazu muss jeder Frame-Identifier im Cluster einmalig sein. Er wird während der Designphase festgelegt und einem Knoten fest zugeordnet.
- Der Identifier definiert sowohl die Priorität einer Nachricht als auch die Zieladresse(n), da der Identifier für die Akzeptanzfilterung herangezogen wird (siehe Abschnitt 4.4.1).
- Der niedrigste Identifier-Wert hat die höchste Priorität.
- Ein Knoten, der einen rezessiven Pegel überträgt, aber einen dominanten Pegel zurückliest, stoppt sofort seine Übertragung und wird zu einem Empfänger.
- Der Remote Frame hat eine niedrigere Priorität als der Data Frame.
- Jeder Verlust der Arbitrierung nach dem Arbitration-Feld wird als Fehler interpretiert und ein Error Frame wird gesendet (siehe Abschnitt 4.5).

In Bild 4.27 wurde ein solcher Arbitrierungsvorgang mit dem Oszilloskop aufgezeichnet. Die dafür verwendete Messschaltung ist in Bild 4.26 dargestellt. Das Cluster besteht aus drei Knoten. Es wurde ein Vier-Kanal-Oszilloskop verwendet. An die ersten drei Kanäle (orange, grün, rot) wurden die TxD-Leitungen der drei Knoten angeschlossen. Mit dem vierten Kanal (blau)

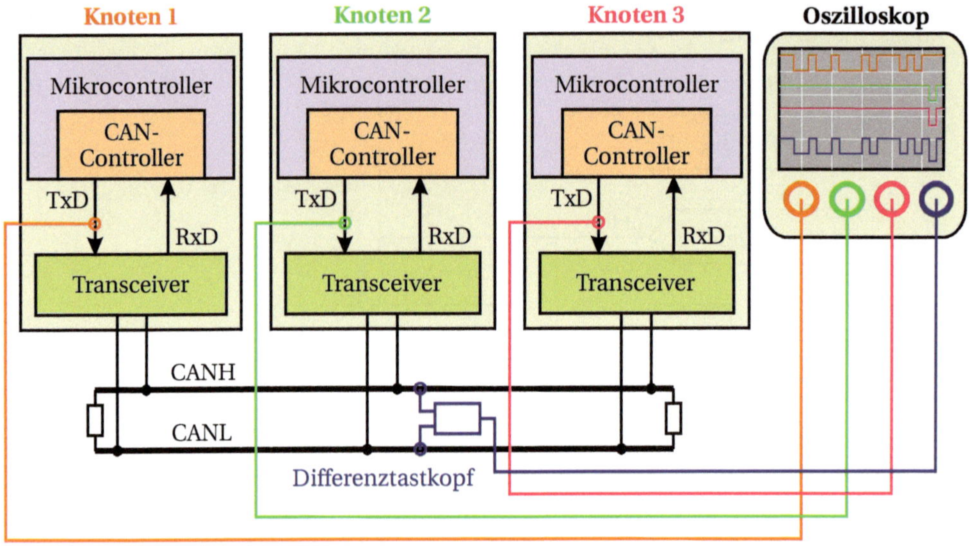

Bild 4.26 Messschaltung für das CAN-Cluster

wird mittels eines Differenztastkopfes[2] die Differenzspannung zwischen den beiden Busleitungen gemessen. Die Differenzspannung ergibt sich aus $\Delta U = U_{CANH} - U_{CANL}$. Für den dominanten Pegel ist ΔU ca. 2 V und für den rezessiven Pegel ca. 0 V. In dieser Messung und in allen weiteren ist der dominante Pegel −2 V. Die Polarität wurde getauscht, damit der Pegelverlauf genauso wie am TxD- und am RxD-Pin sowie wie in den gängigen Abbildungen des Frame-Formats aussieht.

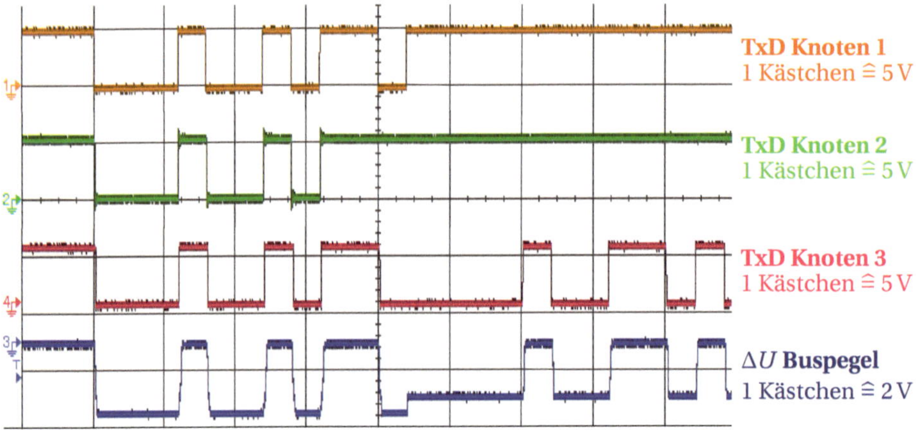

Bild 4.27 Oszilloskopbild der Arbitrierung von drei Knoten

2 Ein Differenztastkopf hat zwei Anschlüsse. Er misst die Spannung zwischen zwei Leitungen unabhängig vom Massepotenzial. Ein normaler Tastkopf hat nur einen Anschluss sowie einen Masseanschluss. Solche Tastköpfe messen immer gegen Masse.

Die ersten drei Spannungsverläufe der TxD-Leitungen der Knoten im Bild 4.27 zeigen, dass alle drei Knoten gleichzeitig mit dem Senden beginnen und Knoten 1 (orange) und 2 (grün) nach einigen Bits das Senden einstellen. Sie haben die Arbitrierung gegen Knoten 3 (rot) verloren, werden zu Empfängern und versuchen es nach Beendigung des Sendens von Knoten 3 erneut. Der vierte Spannungsverlauf (blau) zeigt die sich auf dem Bus einstellende Spannung, die von allen Knoten an der RxD-Leitung gesehen wird.

4.4.4 CAN-Priorisierung

Wie im vorigen Abschnitt dargestellt, werden die Frames nacheinander gesendet, wenn mehrere Knoten senden möchten. Dies soll hier noch etwas näher beleuchtet werden. Wir nehmen an, dass vier Knoten Frames verschicken. Den Zeitpunkt, wann diese Knoten ihre Frames verschicken sollen, legt die Anwendung fest. Dies kann z. B. zyklisch durch einen Timer geschehen oder von einem externen Ereignis abhängen. Im Bild 4.28 ist ein solches Szenario gezeigt. Die roten Pfeile geben jeweils den Zeitpunkt an, wann ein Frame im Sendepuffer des CAN-Controllers zum Versand vorliegt. Der CAN-Controller versucht dann den Frame so bald als möglich zu senden unter Berücksichtigung der Kommunikation auf dem Bus.

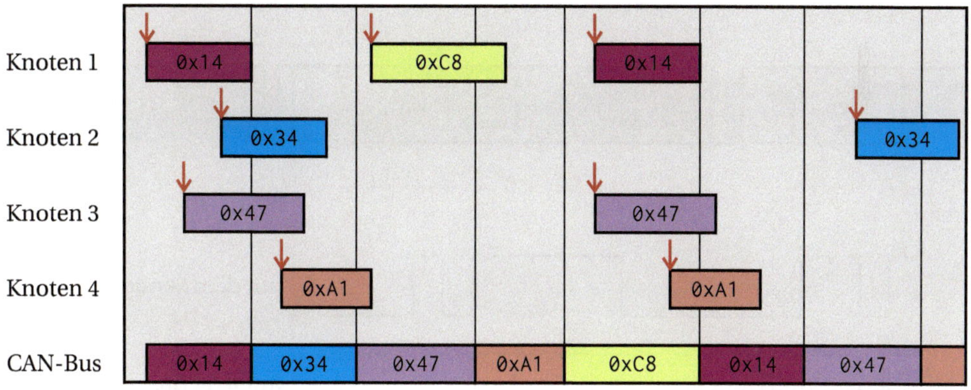

Bild 4.28 Priorisierung bei CAN

Knoten 1 kann seinen Frame mit der ID `0x14` sofort senden, da auf dem Bus zu diesem Zeitpunkt keine Kommunikation stattfindet. Noch während Knoten 1 sendet, werden bei Knoten 2 und 3 die Sendepuffer aktualisiert. Beide Knoten wollen ihre Frames senden, müssen aber warten, bis Knoten 1 mit dem Senden fertig ist. Dann werden beide Knoten versuchen ihre Frames zu senden. Da Knoten 2 den Frame mit dem kleineren Identifier hat (`0x34`), wird Knoten 2 zum Zug kommen. Knoten 3 muss warten, bis Knoten 2 mit dem Senden von Frame `0x34` fertig ist. Noch während Knoten 2 sendet, wird der Sendepuffer bei Knoten 4 aktualisiert. Sobald Knoten 2 das Senden beendet hat, werden Knoten 3 und 4 versuchen, ihre Frames zu senden. Knoten 3 hat den kleineren Identifier (`0x47`) und gewinnt. Knoten 4 muss warten. Dieses Spiel setzt sich immer wieder fort, bis alle Knoten alle ihre Frames gesendet haben.

4.4.5 Bit Stuffing

In den Grundlagen wurde im Abschnitt 2.6.5 dargestellt, dass ein Empfänger auf Bitebene mit dem Sender synchronisiert sein muss. Bei CAN wird dazu die Methode des Bit Stuffings eingesetzt. Dazu fügt der Sender zusätzliche Bits in den Bitstrom ein, wenn dies notwendig ist, die der Empfänger nach dem Empfang wieder entfernt.

Bei CAN wird ein Stuff Bit eingefügt, wenn im Frame fünf aufeinanderfolgende Bits den gleichen Wert haben. Das eingefügte Bit ist komplementär zu diesen Bits. Das heißt, dass nach fünf aufeinanderfolgenden High-Bits ein Low-Bit eingefügt wird und nach fünf aufeinanderfolgenden Low-Bits ein High-Bit. Dieses Bit Stuffing im Frame wird zwischen dem SOF-Bit und dem letzten Bit des CRC-Felds durchgeführt (Bild 4.29).

Ein Stuff Bit wird auch eingefügt, wenn nach fünf aufeinanderfolgenden Bits mit gleichem Wert ein entgegengesetztes Bit folgt und somit die benötigte Flanke für die Bitsynchronisation vorhanden wäre (zweites Stuff Bit im Bild 4.29).

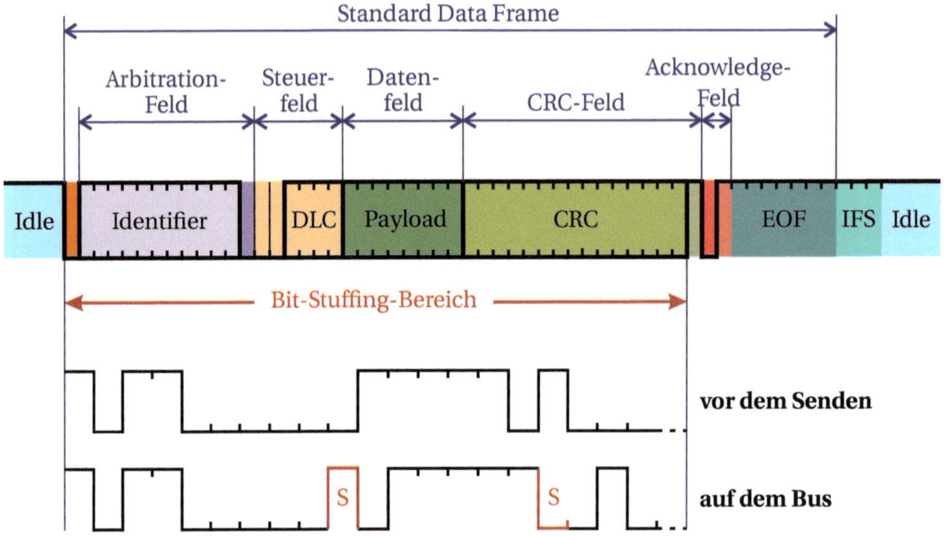

Bild 4.29 Bit Stuffing bei CAN

Bild 4.30 zeigt das Oszilloskopbild des ersten Teils eines CAN-Frames. Im oberen Teil entspricht ein Kästchen 5 Bit. Der untere Teil zeigt eine Vergrößerung des Frames, wobei ein Kästchen 2 Bit entspricht. Die Stuff Bits sind entsprechend markiert.

4.4.6 Frame-Decodierung

Nachdem das Frame-Format und das Bit Stuffing erläutert wurden, ist es möglich, einen mit einem Oszilloskop aufgezeichneten CAN-Frame zu decodieren. Dazu wird der aus Bild 4.30 bekannte Signalverlauf noch einmal herangezogen. Als Erstes müssen die Stuff Bits markiert werden, was in Bild 4.31 in Rosa erfolgt ist. Diese Bits werden nicht mitgezählt, wenn die Bits durchgezählt werden und jedes Bit einem Teil des Frames zugeordnet wird.

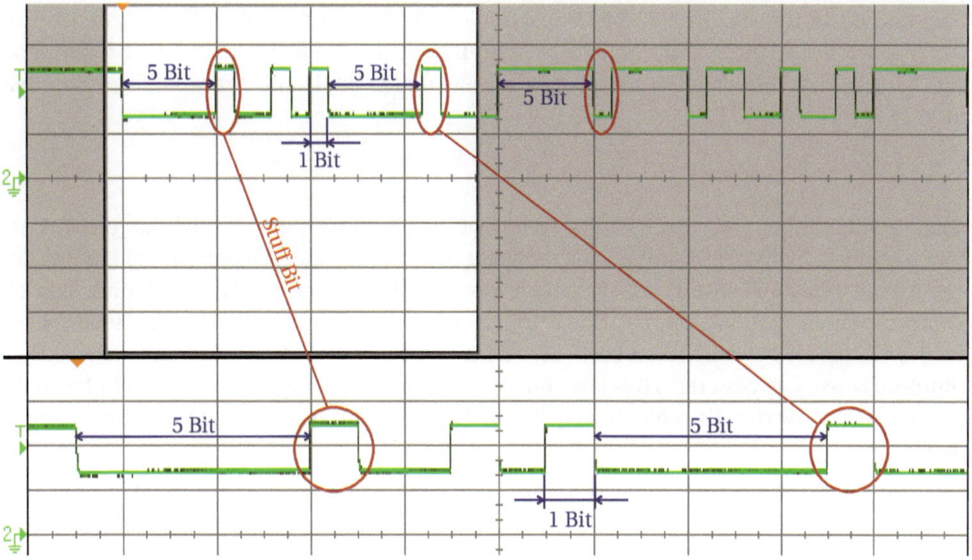

Bild 4.30 Oszilloskopbild CAN

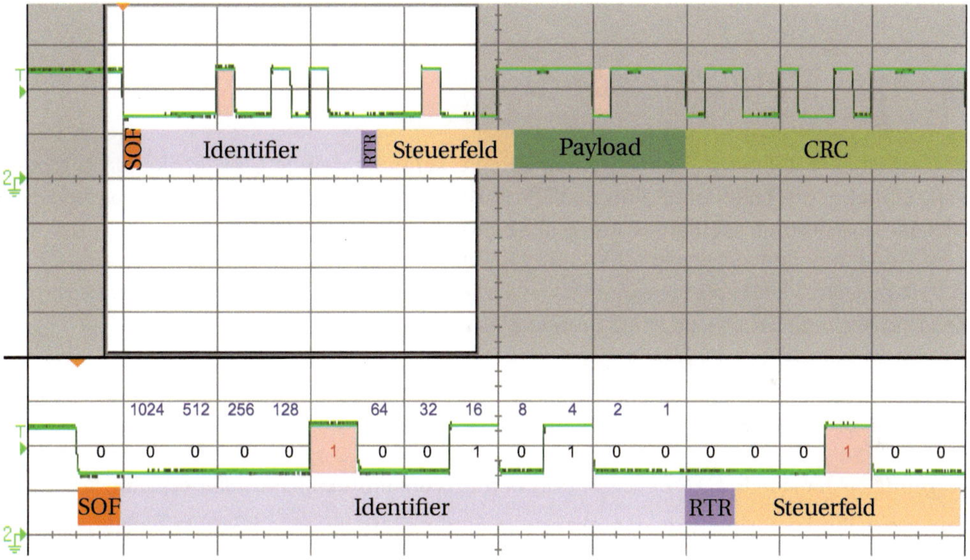

Bild 4.31 Bestimmung des Identifiers bei CAN

Das erste Bit ist immer das SOF-Bit. Danach folgen 11 Bit, die zum Identifier gehören. Diese Bits ergeben den Identifier 000.0001.0100. Jedes Bit entspricht einer Zweierpotenz beginnend mit 2^0 für das letzte (rechte) Bit bis 2^{10} für das erste (linke) Bit. Damit ergibt sich der Identifier zu

$$ID = 2^4 + 2^2 = 16 + 4 = 20$$

Nach dem Identifier folgt das RTR-Bit, welches 0 ist. Das heißt, dass es sich um einen Data Frame handelt. Dem RTR-Bit folgen die sechs Bits des Steuerfeldes. Die ersten beiden Bits des Steuerfeldes, die hier beide 0 sind, sind die reservierten Bits r1 und r0. Da beide 0 sind, handelt es sich um einen Standard-Frame ohne Erweiterungen. Es folgen die vier Bits des Steuerfeldes, die die Länge der Payload angeben (DLC). DLC = 0001, sodass die Payload aus einem Byte besteht. Dieses Byte bzw. die 8 Bits können als Nächstes abgezählt werden. Alle acht Payload-Bits haben den Wert 1. Es schließt sich der 15 Bit lange CRC an, der nicht mehr vollständig abgebildet ist.

Auf diese Weise kann jeder Frame mit einem einfachen Oszilloskop aufgezeichnet und „von Hand" ausgewertet werden. Viele Oszilloskop-Hersteller bieten aber Zusatzfunktionen an, die das Decodieren von Frames vornehmen und dem Nutzer Identifier, Payload-Länge, Payload und CRC als Zahlenwert meist hexadezimal anzeigen.

4.5 Fehlerbehandlung

In CAN ist eine Reihe von Methoden zur Fehlererkennung definiert. Zusätzlich dazu gibt es Maßnahmen zur Fehlerbehandlung auf Protokollebene (Layer 2 des OSI-Referenzmodells). Dies ist eine Besonderheit von CAN, denn bei den meisten anderen Kommunikationssystemen sind Methoden zur Fehlerbehandlung auf höheren Layern definiert. Der Vorteil ist, dass CAN sehr schnell auf Fehler reagieren kann, ohne dass der Host dabei involviert ist. Dies spart Zeit und Rechenleistung und ist unabhängig von der Software.

4.5.1 Fehlerarten

Folgende Fehler sind in CAN definiert und werden vom Protokollcontroller erkannt:

Bit Error: Wird von einem Sender erkannt, wenn der rückgelesene Bitwert sich vom gesendeten Bitwert unterscheidet. Ausnahmen davon sind das Senden eines rezessiven Bits und der Empfang eines dominanten Bits während des Arbitration-Feldes, des Acknowledge-Feldes und während eines Passive Error Flags.

Acknowledge Error: Der Sender prüft, ob er ein positives oder ein negatives Acknowledgement im Acknowledge-Feld erhält.

CRC Error: Wird von einem Empfänger erkannt, wenn der vom Empfänger berechnete CRC sich vom im CRC-Feld empfangenen CRC unterscheidet.

Form Error: Wird von einem Empfänger erkannt, wenn die Bits des CRC Delimiters, des Acknowledge Delimiters oder des End of Frames nicht rezessiv sind.

Stuff Error: Wird von einem Empfänger erkannt, wenn 6 aufeinanderfolgende Bits mit dem gleichen Wert empfangen wurden.

4.5.2 Fehlererkennung

Die fünf Fehler, die im vorherigen Abschnitt beschrieben wurden, können durch den sendenden Knoten oder durch einen oder mehrere empfangende Knoten detektiert werden. Sobald ein Fehler erkannt wurde, wird dies durch einen Error Frame signalisiert. Wie ein Error Frame abgebaut ist, wird im Abschnitt 4.5.3 beschrieben.

Nicht jeder der fünf Fehler kann zu jeder Zeit auftreten. So kann ein Stuff-Bit-Fehler nur in den Bereichen eines Frames auftreten, in denen auch Stuff Bits eingefügt werden. Bild 4.32 zeigt die Bereiche eines Frames für jeden Fehler, in denen der Fehler auftreten und damit auch detektiert werden kann. In den blau markierten Bereichen kann ein Empfänger einen Fehler feststellen, in den rot markierten Bereichen der Sender.

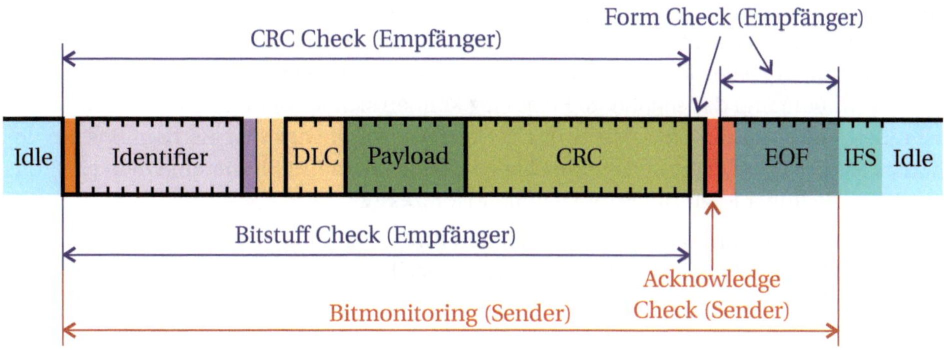

Bild 4.32 CAN-Fehlererkennung

Ein CRC-Fehler kann in dem Bereich auftreten, in dem sich die Bits befinden, über die der CRC berechnet wird. Dieser Bereich beginnt mit dem SOF und endet mit dem letzten Bit des CRC. Hier werden Bitverfälschungen[3] von bis zu fünf beliebigen Bits detektiert.

Stuff Bits werden über den gleichen Bereich eines Frames eingefügt, über den auch der CRC berechnet wird. Im Gegensatz zum CRC-Fehler, der erst mit dem Empfang des CRC festgestellt werden kann, wird ein Bitstuff-Fehler an der Stelle im Frame erkannt, an der ein Stuff Bit fehlt. Dies wird von dem Knoten, der diesen Fehler als Erster bemerkt, sofort signalisiert, woraufhin die Frame-Übertragung abgebrochen wird.

Ein Formfehler wird festgestellt, wenn ein Knoten an der Stelle des CRC Delimiters oder des Acknowledge Delimiters statt einem rezessiven Bit (1-Bit) ein dominantes Bit (0-Bit) empfängt. Wenn während des sieben Bit langen EOF ein dominantes Bit empfangen wird, liegt auch ein Formfehler vor.

Beim Bitmonitoring überprüft der Sender, ob die von ihm gesendeten Bits auch auf dem Bus die entsprechenden Werte haben. Stimmen gesendeter und zurückgelesener Bitwert nicht

[3] Mit einer Bitverfälschung ist gemeint, dass durch Übertragungsfehler aus einem 0-Bit ein 1-Bit oder aus einem 1-Bit ein 0-Bit wird.

überein, bricht der Sender die Übertragung ab, sendet einen Error Frame und beginnt danach mit dem erneuten Senden des Frames.

Beim Acknowledge Check prüft der Sender das Acknowledge-Bit, welches nicht der Sender, sondern die Empfänger senden. Die Funktionsweise des Acknowledgement wird im Abschnitt 4.5.7 dargestellt.

4.5.3 Error Frame

Bisher wurde erläutert, welche Fehler wo im Frame auftreten können und wer sie detektieren kann. Doch wie teilt beispielsweise ein Empfänger dem Sender mit, dass er einen Fehler im Frame festgestellt hat? Um einen Fehler zu signalisieren, sendet der Knoten, der einen Fehler festgestellt hat, ein Error Flag (primäres Error Flag).

Ein Error Flag, im Deutschen auch als Fehlerflag bezeichnet, wird aus sechs aufeinanderfolgenden dominanten Bits gebildet. Mit dem Error Flag wird bewusst die Stuff-Bit-Regel verletzt, die besagt, dass ein Sender nach fünf gleichen aufeinanderfolgenden Bits ein Stuff Bit mit dem entgegengesetzten Wert einfügt. Durch die Verletzung der Stuff-Bit-Regel werden alle anderen Knoten jetzt einen Fehler feststellen und ihrerseits ein Error Flag senden (sekundäres Error Flag). Das primäre und das sekundäre Error Flag können sich teilweise und unter bestimmen Umständen sogar vollständig auf dem Bus überlagern. Somit wird sich auf dem Bus ein dominantes Signal einstellen, welches eine Länge zwischen 6 und 12 Bits hat und dem ein 8 Bits langer Error Delimiter folgt. Der Error Delimiter ist rezessiv.

Die Überlagerung von primärem und sekundärem Error Flag gefolgt vom Error Delimiter wird als Error Frame bezeichnet und ist in Bild 4.33 dargestellt.

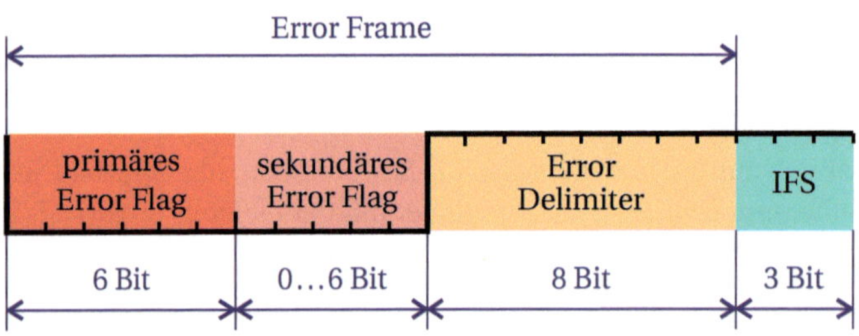

Bild 4.33 CAN Error Frame

Das primäre Error Flag wird von dem Knoten gesendet, der einen Fehler bei der Übertragung eines Frames als Erster feststellt hat. Dies kann sowohl ein sendender als auch ein empfangender Knoten sein. Alle Knoten, die ein Error Flag empfangen, antworten ihrerseits mit einem Error Flag, weil die Stuff-Bit-Regel verletzt ist.

Der Ablauf einer Fehlersignalisierung ist in Bild 4.34 dargestellt und sieht wie folgt aus:

1. Knoten A sendet einen Frame.
2. Ein Knoten im Cluster erkennt einen Fehler, gekennzeichnet durch den roten Blitz, und signalisiert diesen durch das Senden eines aktiven Error Flags (6 dominante Bits). Im Bild tritt der Fehler während des Sendens der Payload auf. Es könnte sich um einen Bitstuff-Fehler handeln, den einer der empfangenden Knoten feststellt. Dieser Knoten würde das primäre

Error Flag senden. Eine weitere Möglichkeit für einen Fehler an dieser Stelle ist eine Bitverfälschung, wenn beispielsweise der Knoten A ein rezessives Bit sendet und ein dominantes Bit zurückliest. In diesem Fall würde der Knoten A das primäre Error Flag senden.

3. Alle anderen Knoten erkennen beim Senden des primären Error Flags einen Stuff-Bit-Fehler. Sie senden ihrerseits ein Error Flag (6 dominante Bits). Auf dem Bus entsteht ein 12 Bit langes Error Flag.
4. Nach dem Fehlerendekennzeichen (Error Delimiter) und dem Frame-Zwischenraum (Interframe Space) beginnt Knoten A erneut mit dem Senden.

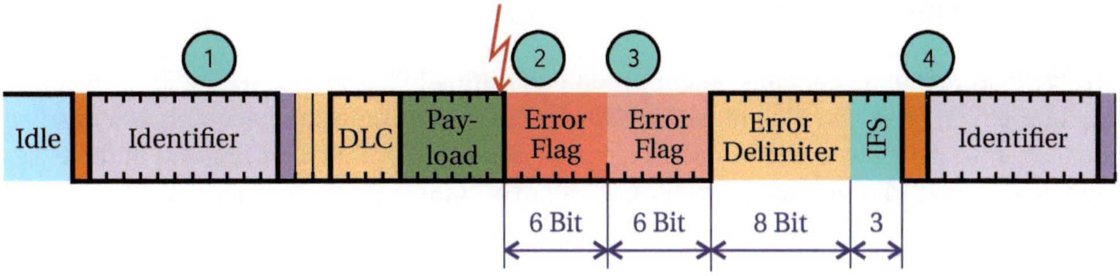

Bild 4.34 Fehlersignalisierung durch einen Error Frame mit Sendungswiederholung

Bild 4.35 zeigt das Oszilloskopbild eines Error Frames. Der grüne Spannungsverlauf zeigt die Differenzspannung zwischen den beiden CAN-Leitungen. Unten im Bild wird das decodierte CAN-Signal angezeigt.

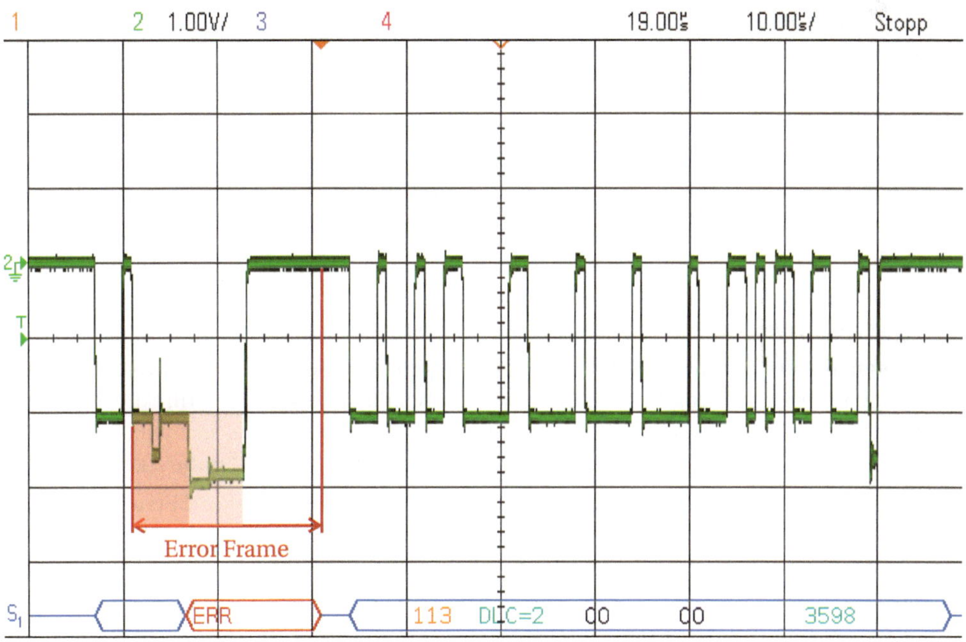

Bild 4.35 Oszilloskopbild eines Error Frames mit Sendungswiederholung

Ein Knoten im Cluster sendet einen Frame mit dem Identifier `0x113`. Noch während der Arbitrierung kommt es zu einem Fehler, sodass der sendende Knoten ein Error Flag (6 Bits dominant) sendet. Mit dem sechsten Bit erkennen die anderen Knoten eine Verletzung der Bit-Stuff-Regel, sodass sie ihrerseits ebenfalls ein Error Flag senden. Es folgt der aus acht rezessiven 8 Bits bestehende Error Delimiter. Die beiden Error Flags und der Errror Delimiter bilden den Error Frame. Nach dem aus drei rezessiven Bits bestehenden Interframe Space unternimmt der Knoten einen neuen Versuch, den Frame mit dem Identifier `0x113` zu senden.

4.5.4 Overload Frame

Ein Overload Frame besteht aus einem primären Overload Flag, einem sekundären Overload Flag und einem Overload Delimiter. Ein Overload Flag, im Deutschen auch als Überlastflag bezeichnet, besteht aus 6 aufeinanderfolgenden dominanten Bits. Das primäre und das sekundäre Overload Flag können sich teilweise oder vollständig überlagern (Bild 4.36).

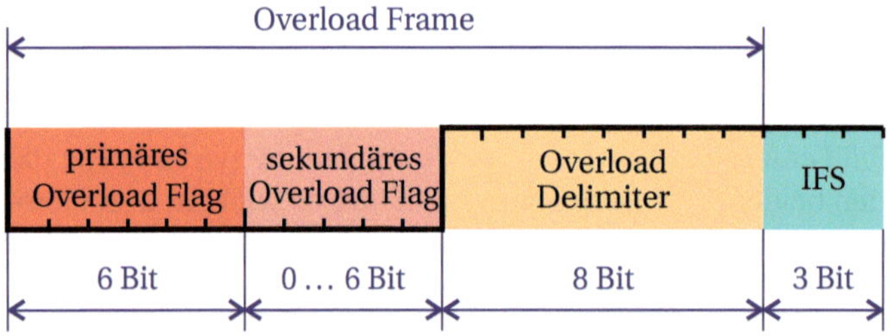

Bild 4.36 CAN Overload Frame

Es gibt zwei Bedingungen, wenn ein Knoten ein Overload Flag sendet:

- Ein Knoten hat einen Frame empfangen, kann ihn aber nicht so schnell verarbeiten. Um mehr Zeit zu bekommen, sendet dieser Knoten ein Overload Flag. Das Overload Flag, das der Knoten sendet, muss im ersten Bit der erwartete Interframe Space (IFS) beginnen.
- Ein Knoten detektiert ein dominantes Bit entweder beim 8. Bit eines Error oder eines Overload Delimiters oder beim ersten oder zweiten Bit des Interframe Space. Dieser Knoten sendet nach dem detektierten dominanten Bit das Overload Flag.

Alle Knoten, die das primäre Overload Flag empfangen, werden ihrerseits ein Overload Flag, das sekundäre Overload Flag, senden. An einen Overload Frame kann sich direkt ein weiterer Overload Frame anschließen. Es dürfen maximal zwei Overload Frames nacheinander durch einen Knoten initiiert werden, um das Senden eines Data oder Remote Frame zu verzögern.

Vom Aufbau und vom Aussehen auf dem Bus sind Error Frame und Overload Frame identisch. Sie unterscheiden sich nur im Zeitpunkt, zu dem sie beginnen. Ein weiterer Unterschied ist, dass bei einem Error Frame die Fehlerzähler erhöht werden, bei einem Overload Frame hingegen nicht.

In Bild 4.37 ist ein möglicher Ablauf beim Senden eines Overload Frame gezeigt. Die einzelnen Schritte sind:

1. Knoten A sendet einen Data oder Remote Frame.

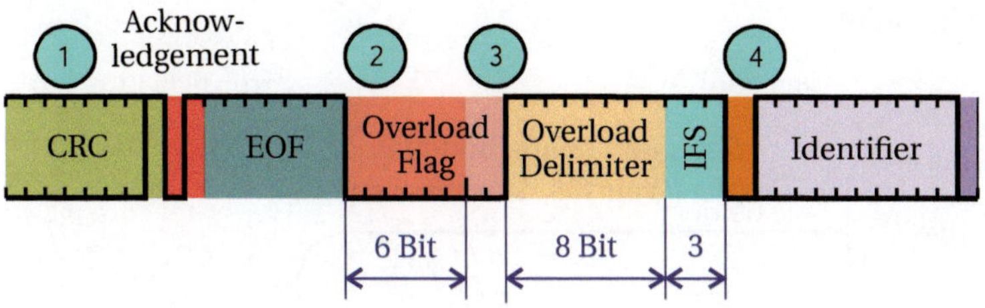

Bild 4.37 Verzögerung eines Data Frame durch einen Overload Frame

2. Knoten B ist noch beschäftigt und benötigt mehr Zeit. Deshalb sendet Knoten B ein Overload Flag (6 dominante Bits) nach dem EOF.
3. Die anderen Knoten erwarten den Interframe Space, der aus drei rezessiven Bits besteht. Sie empfangen aber dominante Bits. Nach dem ersten dominanten Bit erkennen sie eine Overload-Bedingung und senden ihrerseits ein Overload Flag (6 dominante Bits). Dieses sekundäre Overload Flag überlagert sich mit dem Overload Flag von Knoten B. Auf dem Bus wird sich ein 7 bis 8 Bit langes Overload Flag einstellen.
4. Nach dem Overload Delimiter und dem Frame-Zwischenraum (Interframe Space) sendet der nächste Knoten sein Frame.

Mit dem Overload Frame erkauft sich der Knoten A zusätzliche Zeit von mindestens 15 Bits, um den Frame zu bearbeiten. Wenn diese Zeit nicht reicht, könnte der Knoten A einmalig ein weiteres Overload Flag senden. Praktisch spielen die Overload Frames heute keine Rolle mehr, da die Mikrocontroller und die CAN-Controller mittlerweile schnell genug sind, um die Frames entsprechend zu verarbeiten.

4.5.5 Fehlerzustände (Error Modes)

Jeder CAN-Controller befindet sich in einem von drei Fehlerzuständen. Diese Fehlerzustände sind:

- Error Active
- Error Passive
- Bus Off

Ein Knoten wechselt zwischen diesen Fehlerzuständen aufgrund der vom Knoten erkannten oder verursachten Fehler. Die Übergänge werden durch zwei Fehlerzähler gesteuert. Der Empfangsfehlerzähler (REC = Receive Error Count) zählt die Fehler, die mit dem Empfang von Frames im Zusammenhang stehen, der Sendefehlerzähler (TEC = Transmit Error Count) die, die mit dem Senden zusammenhängen.

Wenn ein Knoten startet, beginnt er im Fehlerzustand *Error Active*. Dort sind beide Fehlerzähler gleich null. Stellt der Knoten einen Fehler fest, wird je nach Situation einer der Fehlerzähler erhöht. Erreicht einer der beiden Fehlerzähler einen Wert größer als 127, geht der Knoten in den Fehlerzustand *Error Passive*. Sind beide Fehlerzähler kleiner als 128, geht der Knoten wieder in den Fehlerzustand *Error Active*. Erreicht der Sendefehlerzähler einen Wert größer 255, geht der Knoten in den Fehlerzustand *Bus Off* (Bild 4.38).

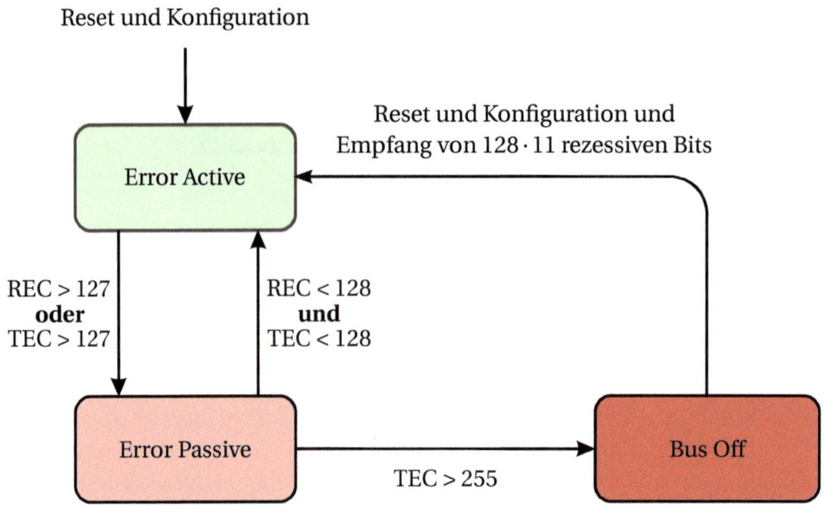

Bild 4.38 Fehlerzustände und -übergänge bei CAN

Die Konsequenz der Fehlerzustände ist, dass einem Knoten bestimmte Rechte entzogen werden. Im Normalzustand (*Error Active*) hat ein Knoten alle Rechte. Im Error Passive werden die Senderechte des Knotens eingeschränkt, was im menschlichen Zusammenleben einer Verwarnung oder einer Bewährungsstrafe entspricht. Im Fehlerzustand *Bus Off* wird der Knoten aus dem Verkehr gezogen, er darf nicht mehr senden.

Welche Senderechte hat ein Knoten in welchem Fehlerzustand?

Error Active: Ein Knoten sendet ein aktives Error Flag während eines Error Frames. Ein aktives Error Flag besteht aus 6 dominanten Bits, wie in Abschnitt 4.5.3 beschrieben. Nach dem Error Frame muss der Knoten nur die 3 Bitzeiten des IFS (Interframe Space) abwarten, bis er wieder senden darf.

Error Passive: Ein Knoten in diesem Fehlerzustand sendet ein passives Error Flag während eines Error Frames. Bei einem passiven Error Flag sendet der Knoten nicht 6 dominante Bits, sondern 6 rezessive. Das bedeutet, nur ein Sender kann so einen Fehler signalisieren. Ein Empfänger wird entweder vom Sender überschrieben oder von einem fehleraktiven Knoten. Nach einem Error Frame muss der Knoten neben den 3 Bitzeiten des IFS weitere 8 Bitzeiten (suspend transmission) warten, bis er mit dem Senden beginnen darf.

Bus Off: Bei einem Knoten in diesem Fehlerzustand wird der Ausgangstreiber abgeschaltet. Der Knoten darf nicht mehr senden, sondern nur noch den Bus beobachten. Um wieder am Geschehen teilnehmen zu dürfen, muss der CAN-Controller nach einem Reset durch den Host 128 mal 11 aufeinanderfolgende rezessive Bits empfangen. Diese 11 rezessiven Bits treten immer zwischen zwei Frames (EOF + IFS) auf. Damit wird sichergestellt, dass die anderen Knoten mindestens 128 Frames miteinander austauschen können, bevor ein Knoten, der im *Bus Off* war, wieder senden darf.

4.5.6 Fehlerzähler (Auszug)

Die beiden Fehlerzähler werden unter bestimmten Bedingungen erhöht. Der *Empfangsfehlerzähler* wird erhöht:

- +1, wenn ein Empfänger einen Fehler erkennt, außer Bitfehler während des Sendens eines aktiven Error Flags oder eines Overload Flags
- +8, wenn der Empfänger ein dominantes Bit als erstes Bit nach dem Senden eines Error Flags detektiert
- +8, wenn der Empfänger einen Bitfehler während des Sendens eines aktiven Error Flags oder eines Overload Flags erkennt (z. B. ein Sender erkennt einen Bitfehler oder bekommt kein Acknowledgement)
- -1 nach dem erfolgreichen Empfang einer Nachricht

Der *Sendefehlerzähler* wird erhöht:

- +8, wenn ein Sender ein Error Flag sendet
- +8, wenn ein Sender einen Bitfehler während des Sendens eines aktiven Error Flags oder eines Overload Flags erkennt
- -1 nach dem erfolgreichen Senden eines Frames

Ein Knoten toleriert 7 aufeinanderfolgende dominante Bits nach dem Senden eines Active Error Flags, Passive Error Flags oder eines Overload Flags. Hat der Knoten ein Active Error Flag oder ein Overload Flag gesendet, dann erhöht er den Fehlerzähler nach der Detektion des 14. aufeinanderfolgenden dominanten Bits bzw. nach dem Senden eines Passive Error Flags nach dem 8. aufeinanderfolgenden dominanten Bit. Ein Sender erhöht den Sendefehlerzähler um 8, ein Empfänger den Empfangsfehlerzähler ebenfalls um 8.

Wenn ein Fehlerzähler den Wert 0 hat, dann wird er nach erfolgreichem Empfang oder Senden nicht verändert. Es gibt also keine negativen Werte.

Es gibt eine wichtige Ausnahme beim Erhöhen des Sendefehlerzählers. Wenn ein fehlerpassiver Sender einen Acknowledge-Fehler erkennt, d. h., dieser Knoten bekommt kein Acknowledgement von einem anderen Knoten, dann wird sein Sendefehlerzähler nicht weiter erhöht. Diese Ausnahme ist insbesondere wichtig für die Inbetriebnahme eines CAN-Clusters. Der erste Knoten im Cluster beginnt mit dem Senden von Frames und bekommt natürlich kein Acknowledgement, weil die anderen Knoten noch nicht so weit sind. Der Knoten sendet also seinen Frame immer und immer wieder, bekommt kein Acknowledgement und erhöht nach jedem Senden seinen Sendefehlerzähler. Ohne diese Ausnahme würde der Knoten nach kurzer Zeit in den Bus Off gehen. Wenn jetzt der zweite Knoten mit dem Senden beginnt, könnte der erste Knoten kein Acknowledgement geben, weil er im Bus Off nicht mehr senden darf. So würde auch der zweite Knoten in den Bus Off gehen usw. Mit dieser Ausnahme bleibt den Sendern die Erlaubnis zum Senden erhalten. Sie senden ihr Frame so lange weiter, bis ein zweiter Knoten im Cluster betriebsbereit ist und ein Acknowledgement sendet.

4.5.7 Acknowledgement

Mit dem Acknowledgement bestätigen die empfangenden Knoten dem sendenden Knoten, dass der CRC übereinstimmt und sie den Frame fehlerfrei empfangen haben. Dazu sendet der sendende Knoten im Acknowledge-Feld zwei rezessive Bits, das Erste im Acknowledge Slot (ACK Slot) und das Zweite als Acknowledge Delimiter (ACK Del). Jeder Knoten, der den Frame fehlerfrei empfangen hat, sendet im Acknowledge Slot ein dominantes Bit. Wird im Acknowledge Slot ein dominantes Bit gesendet, spricht man von einem positiven Acknowledgement, wird ein rezessives Bit gesendet, von einem negativen Acknowledgement (Bild 4.39).

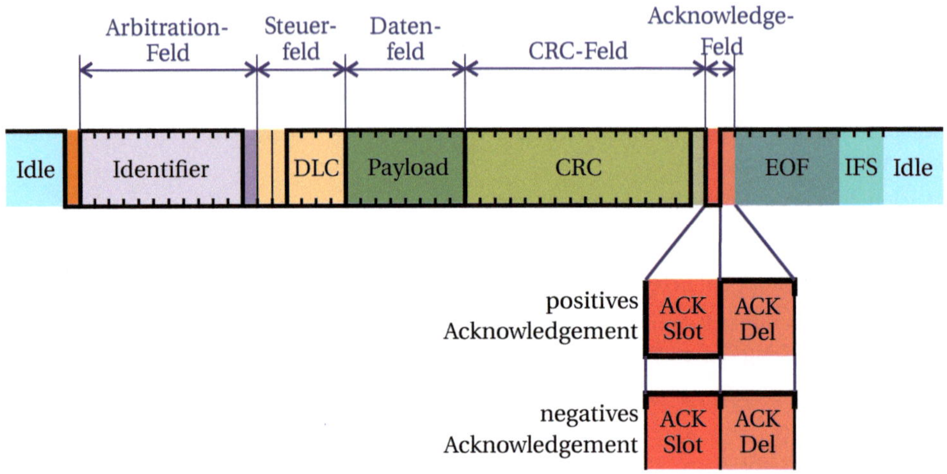

Bild 4.39 CAN-Acknowledgement

Die von den empfangenden Knoten gesendeten Bits im Acknowledge Slot überlagern sich auf dem Bus. Wenn wenigstens ein Knoten ein dominantes Bit gesendet hat, wird dieses den rezessiven Buszustand überschreiben. Der sendende Knoten wird im Acknowledge Slot ein dominantes Bit zurücklesen. Dies ist für ihn die Bestätigung, dass mindestens ein Knoten den Frame fehlerfrei empfangen hat.

Senden alle empfangenden Knoten ein rezessives Bit, wird der sendende Knoten auch ein rezessives Bit zurücklesen. Damit weiß der Sender, dass kein Knoten den Frame korrekt empfangen hat, und der Sender wird den Frame noch einmal senden.

Im Fall, dass einige Knoten ein rezessives Bit (negatives Acknowledgement) und einige ein dominantes Bit (positives Acknowledgement) senden, wird der Sender ein dominantes Bit zurücklesen. Für den Sender wäre damit die Übertragung des Frames erfolgreich beendet. Da die Datenkonsistenz im Cluster ein wichtiges Ziel ist, werden die Knoten, die kein positives Acknowledgement gegeben haben, nach dem Acknowledge Delimiter mit dem Senden eines Error Flags beginnen. Damit wird der Frame als fehlerhaft gekennzeichnet und der Sender muss ihn noch einmal senden.

Befindet sich im Cluster nur ein Knoten, z. B. wenn ein Cluster in Betrieb genommen wird, und sendet dieser Knoten, dann wird er kein positives Acknowledgement erhalten, weil kein Knoten da ist. In diesem Fall wird der Knoten den Frame erneut senden. Dies macht der Knoten so lange, bis er ein positives Acknowledgement bekommt.

Die Funktionsweise des Acknowledgements kann mit einem Oszilloskop beobachtet werden. Dazu wird die gleiche Messschaltung wie in Bild 4.26 gezeigt verwendet. Bild 4.40 zeigt die Spannungsverläufe der TxD-Leitungen von drei Knoten (orange, grün, rot) und die zwischen den beiden Busleitungen gemessene Spannungsdifferenz (blau). Knoten 1 (orange) sendet einen Frame. Nach dem CRC sendet er nur noch rezessive Bits. Dies betrifft den CRC Delimiter, den Acknowledge Slot und den Acknowledge Delimiter. Der grüne und der rote Knoten sind die Empfänger dieses Frames. Sie senden im Acknowledge Slot je ein dominantes Bit, was einem positiven Acknowledgement entspricht. Auf dem Bus erscheint ein dominantes Bit, welches der Knoten 1 zurückliest. Damit ist der Sendevorgang abgeschlossen.

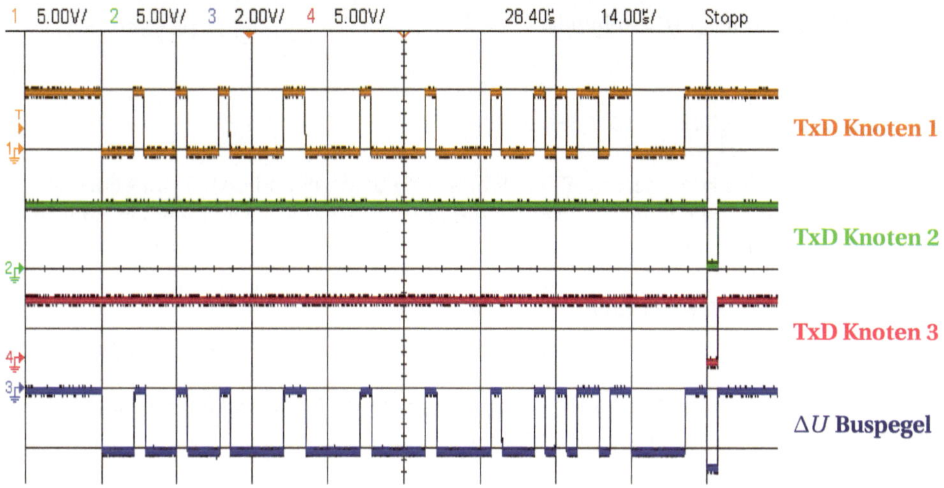

Bild 4.40 Oszilloskopbild Acknowledgement

4.5.8 Zusammenfassung Fehlererkennung

Durch die in CAN definierten Fehlermechanismen werden nicht nur Fehler erkannt, sondern auch für alle Knoten sichtbar signalisiert. Fehler werden sofort signalisiert, es wird nicht gewartet, bis eine Übertragung beendet wurde. Dies spart Zeit und Bandbreite. Der sendende Knoten sendet den fehlerhaften Frame noch einmal.

Jeder Frame wird von jedem Knoten im Cluster überprüft. Dies stellt die Datenkonsistenz im Cluster sicher, da alle Knoten einen Frame nur verwenden, wenn alle Knoten ihn fehlerfrei empfangen haben. Außerdem werden so alle globalen Fehler erkannt.

Der 15 Bit lange CRC stellt sicher, dass bis zu 5 beliebig veränderte Bits im Frame erkannt werden.

In CAN wird zwischen temporären und permanenten Fehlern unterschieden. Bei permanenten Fehlern werden Knoten abgeschaltet, sodass diese Knoten die Kommunikation der anderen nicht stören. Durch temporäre Fehler können Knoten für eine Zeit eingeschränkt werden, doch durch den fehlerfreien Empfang und das fehlerfreie Senden von Frames werden diese Einschränkungen wieder aufgehoben. Dies erhöht die Verfügbarkeit der Knoten.

4.6 Berechnungen zur Busauslastung

Die Busauslastung gibt an, wie viel der zur Verfügung stehenden Zeit für die Kommunikation benötigt wird. Für die Berechnung muss bekannt sein:

- die Bitrate
- die (durchschnittliche) Länge der Frames
- die Anzahl der Frames pro Zeiteinheit

4.6.1 Berechnung der Frame-Länge

Die Länge eines Frames kann bestimmt werden, wenn entsprechend dem Frame-Format unter Berücksichtigung notwendiger Stuff Bits die Bits eines Frames gezählt werden oder nach Gleichung 4.1 berechnet werden.

$$\begin{aligned} Framelength = {} & SOF + ID + Control + Payload + CRC \\ & + CRC\_Del + ACK + EOF + IFS + StuffBits \end{aligned} \tag{4.1}$$

Die Bedeutungen der einzelnen Bezeichnungen in Gleichung 4.1 sowie die jeweiligen Längen in Bits können Tabelle 4.10 entnommen werden.

Tabelle 4.10 Bedeutung der Bezeichnungen und Länge in Bits

Element	Bits	Kommentar
SOF	1	Start of Frame
ID	12	Standard-Identifier einschließlich RTR
Control	6	Steuerfeld
Payload	$8 \cdot n$	*n* ist die Anzahl der Payload-Bytes
CRC	15	CRC
CRC_Del	1	CRC Delimiter
ACK	2	Acknowledge-Bit plus Acknowledge Delimiter
EOF	7	End of Frame
IFS	3	Interframe Space

Die Anzahl der Stuff Bits hängt vom Identifier und den Daten in der Payload ab und ist für beliebige Frames nicht bekannt. Ein Kommunikationssystem wird immer für den Worst Case ausgelegt, d. h., es wird so ausgelegt, dass es mit der *maximal möglichen Anzahl an Stuff Bits* funktioniert. Diese maximale Anzahl kann berechnet werden.

4.6.2 Berechnung der maximalen Anzahl an Stuff Bits

Um die maximal mögliche Anzahl der Stuff Bits in einem Frame zu bestimmen, wird der Frame in zwei Teile zerlegt:

- Vom SOF bis zum Ende des CRCs werden Stuff Bits eingefügt (34 Bits + Payload-Bits).

- Ab dem CRC Delimiter bis zum IFS werden keine Stuff Bits eingefügt (13 Bits).

Nach jeweils 5 Bits wird höchstens ein Stuff Bit (SB) eingefügt. Die maximale Anzahl an Stuff Bits ergibt sich wie folgt:

$$SB(n) = \left\lfloor \frac{n-1}{4} \right\rfloor \tag{4.2}$$

n steht für die Anzahl an Bits und $\lfloor\rfloor$ steht für das Abrunden auf die nächstkleinere Integerzahl.

4.6.3 Berechnung der Frame-Übertragungszeit und der Busauslastung

Aus Gleichung 4.1 und Gleichung 4.2 ergibt sich unter Berücksichtigung der Teile des Frames, in denen Stuff Bits eingefügt bzw. nicht eingefügt werden, folgende Gleichung für die maximale Frame-Länge *Framelength* und die Zeit für einen Frame T_{Frame} zu:[4]

$$Framelength = 55\,\text{Bit} + 10\,\text{Bit/Byte} \cdot s \tag{4.3}$$

$$t_{\text{Frame}} = (55\,\text{Bit} + 10\,\text{Bit/Byte} \cdot s)\tau_{\text{bit}} \tag{4.4}$$

s steht für die Anzahl der Payload-Bytes und τ_{bit} für die Bitzeit.

Damit ergibt sich die Auslastung eines Busses wie folgt:

$$Auslastung = \frac{Framelength \cdot Anzahl\ Frames}{Bitrate} \tag{4.5}$$

Beispiel 1

Aufgabe:
In einem CAN-Cluster, welches mit einer Bitrate von 500 kbit/s arbeitet, werden 1200 Frames pro Sekunde mit einer Payload von 8 Bytes gesendet. Gesucht sind:

a) die Auslastung des CAN-Busses und

b) die übertragene Nutzdatenmenge.

Annahmen:
Es wird angenommen, dass keine Fehler auftreten, sodass es keine Sendungswiederholungen gibt.

Rechnung:

$$\begin{aligned} Framelength &= 55\,\text{Bit} + 10\,\text{Bit/Byte} \cdot 8\,\text{Byte} \\ &= 55\,\text{Bit} + 80\,\text{Bit} = 135\,\text{Bit} \end{aligned}$$

$$\begin{aligned} Auslastung &= \frac{135\,\text{Bit/Frame} \cdot 1200\,\text{Frame/s}}{500\,000\,\text{bit/s}} \\ &= 0{,}324 = 32{,}4\,\% \end{aligned}$$

[4] Herleitung siehe N. Navet, F. Simonot-Lion: Automotive Embedded Systems Handbook. CRC Press, Boca Raton, London, New York, 2008.

Der CAN-Bus ist zu 32,4 % ausgelastet.

$$D = 1200\,\text{Frame} \cdot 8\,\text{Byte/Frame} = 9600\,\text{Byte}$$

Es wird eine Nutzdatenmenge von 9600 Bytes übertragen.

Beispiel 2

Aufgabe:
Ein Steuergerät soll über den CAN-Bus neu geflasht werden. Das Binary File ist 9 KiB groß. Die Busgeschwindigkeit beträgt 250 kbit/s.

a) Welche Zeit wird benötigt, wenn das erste Datenbyte in jedem Frame für eine laufende Nummer verwendet wird, um beim Empfänger die übertragene Datei wieder richtig zusammensetzen zu können?

b) Welche (Standard-)Datenrate ist notwendig, damit die Übertragung in weniger als 200 ms stattfinden kann?

Annahmen:
Es wird angenommen, dass jeder Frame eine Payload von 8 Bytes hat, wovon aber nur 7 für die Daten benutzt werden. Das achte Byte der Payload wird für eine laufende Nummer benutzt.

Des Weiteren wird angenommen, dass nur ein Knoten sendet und dass keine Fehler auftreten, sodass keine Sendungswiederholungen notwendig werden.

Berechnung der benötigten Frames:

$$\begin{aligned} 9\,\text{KiB} &= 9 \cdot 1024\,\text{Byte/KiB} \cdot 8\,\text{Bit/Byte} \\ &= 73\,728\,\text{Bit} \\ \frac{73\,728\,\text{Bit}}{56\,\text{Bit/Frame}} &= 1316{,}57\,\text{Frames} = 1317\,\text{Frames} \end{aligned}$$

1317 Frames sind für die Übertragung notwendig.

Berechnung der benötigten Zeit:

$$\begin{aligned} t_{\text{Frame}} &= (55 + 10 \cdot 8) \cdot 4\,\mu\text{s} = 540\,\mu\text{s} \\ t_{\text{Frame\_Gesamt}} &= t_{\text{Frame}} \cdot \mathit{AnzahlFrames} \\ &= 540\,\mu\text{s} \cdot 1317 = 711\,180\,\mu\text{s} \\ &= 711{,}18\,\text{ms} \end{aligned}$$

Für die Übertragung bei 250 kbit/s werden 711,18 ms benötigt.

$$
\begin{aligned}
t_{\text{Frame\_Gesamt}} &< 200\,\text{ms} \\
t_{\text{Frame}} &< \frac{t_{\text{Frame\_Gesamt}}}{AnzahlFrames} \\
&< \frac{200\,\text{ms}}{1317} \\
&< 152\,\mu\text{s} \\
\tau_{\text{bit}} &< \frac{t_{\text{Frame}}}{135\,\text{Bit}} \\
&< \frac{152\,\mu\text{s}}{135\,\text{Bit}} \\
&< 1{,}126\,\mu\text{s}
\end{aligned}
$$

Bei einer Bitrate von 1 Mbit/s beträgt die Bitzeit 1 µs. Bei dieser Busgeschwindigkeit würde die Übertragung weniger als 200 ms dauern. Bei der nächstlangsameren Standardbitrate würde die Übertragung länger als 200 ms dauern.

Beispiel für die Berechnung der Auslastung für ein Cluster

Aufgabe:
Es soll die Auslastung des CAN-Busses in Prozent bei 500 kbit/s für das in Tabelle 4.11 gegebene Cluster berechnet werden.

Tabelle 4.11 Payload und Update-Rate je Knoten

Knoten-Nr.	Payload [Bytes]	Update-Rate [ms]
1	4	20
2	8	50
3	8	10
4	6	40

Annahmen:
Es wird angenommen, dass keine Fehler auftreten, sodass es keine Sendungswiederholungen gibt.

Rechnung:

$$
\begin{aligned}
t_{\text{Frame\_4}} &= (55 + 10 \cdot 4) \cdot 2\,\mu\text{s} = 190\,\mu\text{s} \\
t_{\text{Frame\_6}} &= (55 + 10 \cdot 6) \cdot 2\,\mu\text{s} = 210\,\mu\text{s} \\
t_{\text{Frame\_8}} &= (55 + 10 \cdot 8) \cdot 2\,\mu\text{s} = 270\,\mu\text{s}
\end{aligned}
$$

$$
\begin{aligned}
t_{\text{Sende}} &= \frac{1000}{20} \cdot 190\,\mu\text{s} + \frac{1000}{50} \cdot 270\,\mu\text{s} + \frac{1000}{10} \cdot 270\,\mu\text{s} + \frac{1000}{40} \cdot 210\,\mu\text{s} \\
&= 47\,150\,\mu\text{s} = 47{,}15\,\text{ms}
\end{aligned}
$$

$$
Auslastung = \frac{47{,}15\,\text{ms}}{1000\,\text{ms}} = 0{,}04715
$$

Der CAN-Bus ist mit rund 4,72 % ausgelastet.

4.6.4 Maximale Anzahl an Frames in einem Cluster

Im Diagramm in Bild 4.41 wurde für die Payload von 0 bis 8 Bytes die maximale Anzahl an Frames in einem CAN-Cluster für verschiedene Bitraten berechnet. Es wurde von einem 11-Bit-Identifier ausgegangen. Die berechneten Werte bedeuten eine Auslastung von 100 %. Praktisch kann diese Auslastung nur sinnvoll erreicht werden, wenn nur ein Knoten sendet.

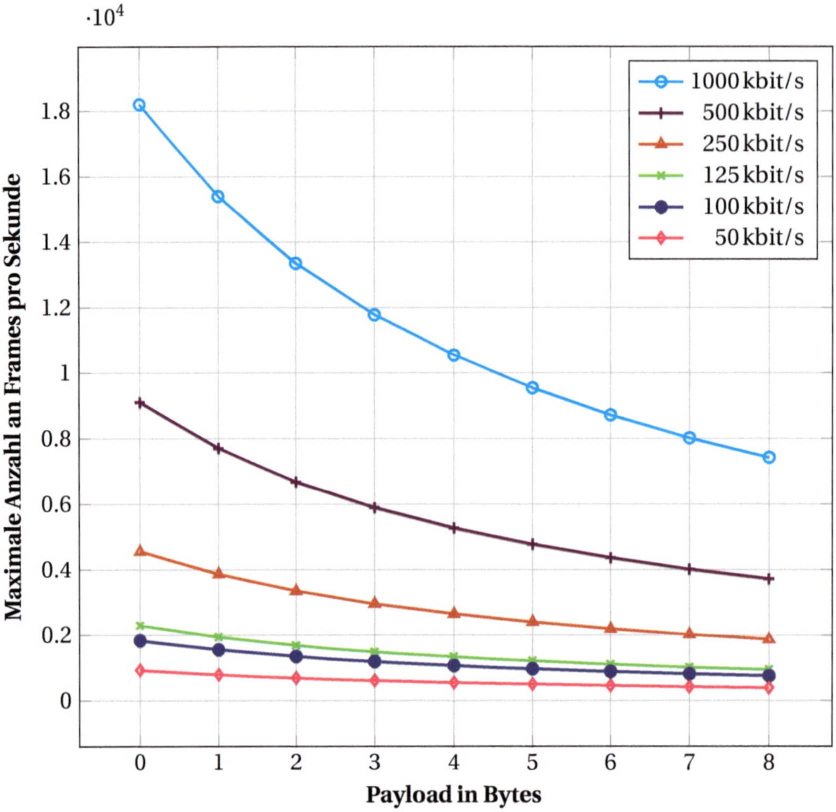

Bild 4.41 Maximale Anzahl an Frames pro Sekunde bei CAN

4.6.5 Maximale Nutzdatenrate in einem Cluster

Im Diagramm in Bild 4.42 wurde die maximal mögliche Nutzdatenrate in einem Cluster berechnet. Dabei wurde von einem 11-Bit-Identifier und einer Payload von 8 Bytes je Frame ausgegangen. Die berechneten Werte bedeuten eine Auslastung von 100 %. Praktisch kann diese Auslastung nur sinnvoll erreicht werden, wenn nur ein Knoten sendet. Nutzdatenraten über den Werten im Diagramm sind nicht erreichbar.

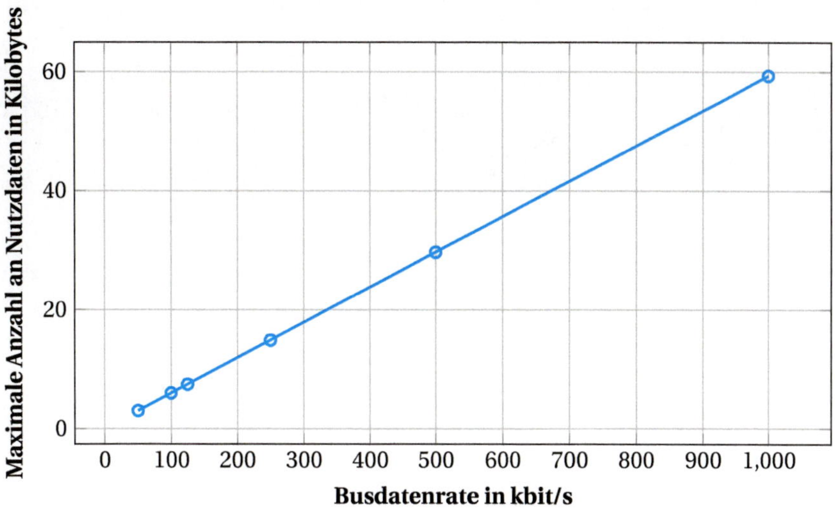

Bild 4.42 Maximale theoretische Nutzdatenrate in Kilobytes pro Sekunde

5 FlexRay (1)

5.1 Einleitung

5.1.1 Was ist FlexRay?

FlexRay ist ein Kunstwort aus *Flex*, was für Flexibilität steht, und *Ray*, dem englischen Wort für einen Rochen, das Logo für FlexRay (siehe Bild 5.1). FlexRay ist ein Bussystem, welches eine serielle Kommunikation realisiert. Es wurde speziell für Echtzeitsysteme und sicherheitsrelevante Systeme entwickelt. FlexRay wurde für die elektrische Übertragung der Signale entwickelt, kann aber auch optisch betrieben werden.

Bild 5.1 FlexRay-Logo

FlexRay wurde vom FlexRay-Konsortium, das von mehreren Firmen aus dem Automobil- und Halbleiterbereich gegründet wurde, entwickelt. Von 2000 bis 2005 wurde im FlexRay-Konsortium I die erste Version entwickelt, die als Version 2.1 bzw. 2.1A veröffentlicht wurde. Von 2006 bis 2010 wurde vom FlexRay-Konsortium II FlexRay noch einmal weiterentwickelt und als Spezifikation 3.0 bzw. 3.0.1 veröffentlicht. Seit 2013 ist FlexRay mit der ISO 17458 ein internationaler Standard.

5.1.2 FlexRay-Eigenschaften

Die wichtigsten Eigenschaften von FlexRay sind:

- Serielles Kommunikationsprotokoll für gemultiplexte Leitungen im Automobil. Es unterstützt 2,5, 5 und 10 Mbit/s.
- FlexRay ist zeitgesteuert.
- FlexRay unterstützt zwei Kanäle, die redundant, teilweise redundant oder nicht redundant genutzt werden können.
- Die Bandbreite kann statisch und dynamisch zugeteilt werden.
- Es gibt keinen Master bei der Kommunikation.

- Das Kommunikationssystem ist in der Lage, einen beliebigen Einfachfehler (single fault) zu tolerieren, ohne dass die Kommunikation unterbrochen wird.
- Eine globale Uhrensynchronisation synchronisiert die Uhren der einzelnen Teilnehmer bis zu einer Mikrosekunde genau.
- Es ist vorab bekannt, wann eine Nachricht ankommt.
- Ein Netzwerk kann auf die Anforderungen unterschiedlicher Anwendungen angepasst werden.

5.1.3 Historie

FlexRay wurde von einem Firmenkonsortium zwischen 2000 und 2010 entwickelt, um ein zeitgesteuertes Kommunikationssystem mit hoher Datenrate für den Einsatz im Automobil zu haben. Die Firmen Daimler und BMW mit ihrem Schwerpunkt im Premiumsegment sahen den Bedarf einer höheren Datenrate als bei CAN in absehbarer Zukunft sowie die Notwendigkeit einer garantierten Echtzeitfähigkeit, um By-wire-Anwendungen realisieren zu können. Für die Entwicklung des Protokolls wurde Motorola, seinerzeit führend bei Mikrocontrollern im Automobilbereich, hinzugenommen. Für die Entwicklung des Physical Layers wurde Philips, seinerzeit führend bei Physical Layern, als Partner gewonnen.

1999 treffen sich Mitarbeiter der Firmen BMW, Daimler, Motorola (später Freescale, heute NXP) und Philips (heute NXP), um ein zeitgesteuertes Kommunikationssystem für den Einsatz im Automobil zu entwickeln.

2000 wird das FlexRay-Konsortium von den vier Firmen gegründet.

2001 tritt Bosch dem Konsortium bei.

2002 tritt General Motors dem Konsortium bei.

2003 tritt VW dem Konsortium bei.

2003 wird die Spezifikation 1.0 den Mitgliedern des Konsortiums zur Verfügung gestellt.

2004 wurde die Spezifikation 2.0 veröffentlicht, die auch außerhalb des Konsortiums zugänglich war.

Bis 2005 traten ca. 130 Firmen dem FlexRay-Konsortium bei mit unterschiedlichen Rechten und Pflichten.

2005 wurden im Mai die Spezifikationen in der Version 2.1 und im Dezember in der Version 2.1A veröffentlicht. Die Spezifikationen Version 2.1A waren die ersten stabilen und konsistenten Spezifikationen, auf denen die ersten Implementierungen beruhten.

2006 erfolgte der erste Einsatz von FlexRay in einem Serienfahrzeug im BMW X5.

2006 bis 2010 wurde das FlexRay-Konsortium II weitergeführt.

2010 wurden die Spezifikationen 3.0 veröffentlicht. Von diesen Spezifikationen wurde nur die *Electrical Physical Layer Spec* implementiert, nicht aber die *Protocol Specification.*

Seit 2013 ist FlexRay internationaler Standard: ISO 17458.

Die verschiedenen FlexRay-Spezifikationen und weitere veröffentlichte Dokumente sind im Abschnitt 5.2.4 in Tabelle 5.1 aufgeführt.

5.2 Begriffe und Aufbau

5.2.1 Begriffe

Die grundlegenden Begriffe für die Kommunikation wurden im Kapitel 2 eingeführt und gelten auch für FlexRay. Ein Kommunikationsteilnehmer bei FlexRay wird als FlexRay-Knoten oder nur als *Knoten* bezeichnet. Mehrere FlexRay-Knoten bilden ein *Cluster*. Die Daten, die die Knoten miteinander austauschen, werden *Frames* genannt.

5.2.2 Aufbau

Jeder FlexRay-Knoten besteht aus einem Mikrocontroller (Host), einem Protokollcontroller und einem FlexRay-Transceiver (Bild 5.2).

Das Anwenderprogramm, kurz auch als *Anwendung* bezeichnet, läuft auf einem Mikrocontroller. Die Anwendung stellt die zu sendenden Daten bereit und wertet die empfangenen Daten aus. Der *Protokollcontroller* realisiert die Kommunikationsfunktionen gemäß dem FlexRay-Protokoll. Er wird durch ein Hardwaremodul realisiert. Eine Realisierung durch Software ist nicht möglich. Der *FlexRay-Transceiver* stellt die Ankopplung an das physische Übertragungsmedium her.

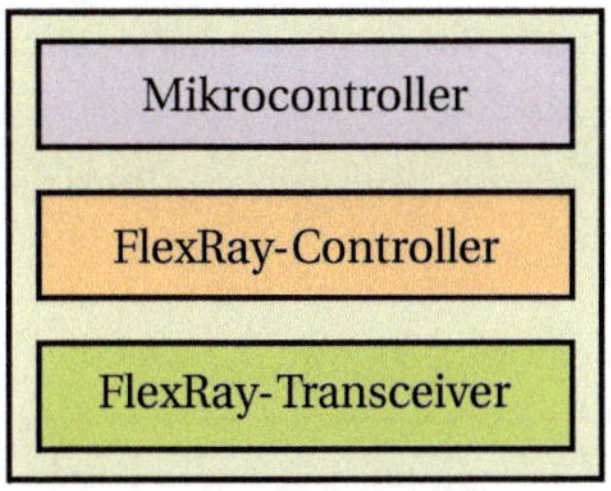

Bild 5.2 FlexRay-Knoten

Ein FlexRay-Knoten kann als stand-alone FlexRay-Controller oder als integrierter FlexRay-Controller realisiert werden. Bei einem stand-alone FlexRay-Controller ist der FlexRay-Controller als eigener Schaltkreis ausgeführt (Bild 5.3a) und über eine Standardschnittstelle (meist SPI) mit dem Mikrocontroller verbunden.

Bei einem integrierten FlexRay-Controller ist dieser als Peripheriemodul im Mikrocontroller integriert und direkt an die internen Busse des Mikrocontrollers angebunden (Bild 5.3b). Diese Art der Realisierung spart neben Platz auf der Platine auch Kosten und ist die vorwiegend verwendete Ausführungsform.

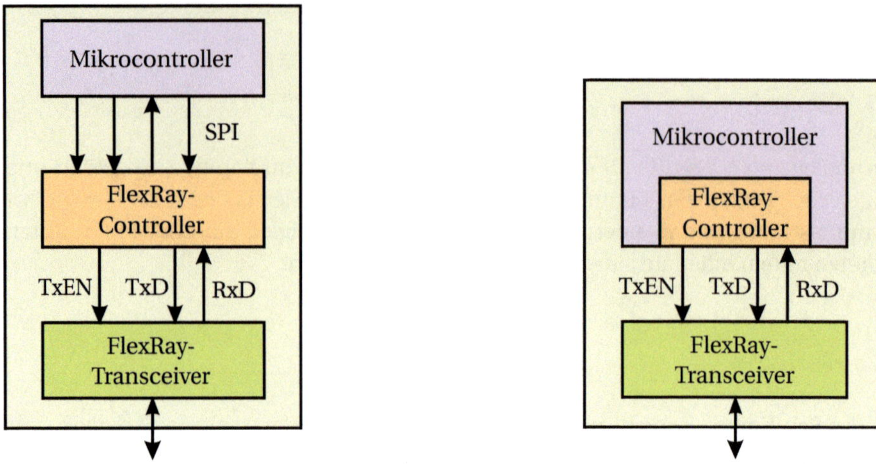

(a) Stand-alone FlexRay-Controller (b) Integrierter FlexRay-Controller

Bild 5.3 Ausführungsformen eines FlexRay-Knotens

Die Kopplung zwischen FlexRay-Controller und FlexRay-Transceiver ist bei beiden Ausführungsformen gleich. Für die Grundfunktionen *Senden* und *Empfangen* werden drei Leitungen benötigt, die `TxD`- und die `TxEN`-Leitung zum Senden und die `RxD`-Leitung zum Empfangen. Üblich sind weitere Leitungen, um beispielsweise die Betriebszustände (power states) oder die Spannungspegel der `TxD`- und der `RxD`-Leitung einstellen zu können.

Ein FlexRay-Cluster besteht aus mehreren FlexRay-Knoten und einem physischen Übertragungsmedium.

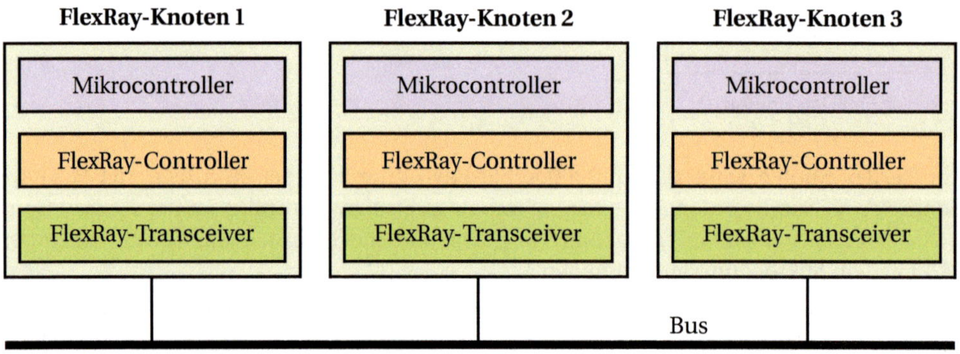

Bild 5.4 Aufbau eines FlexRay-Clusters

Bei einem FlexRay-Cluster kann die Übertragung elektrisch oder optisch erfolgen.

5.2.3 OSI-Modell

Die FlexRay-Spezifikation deckt nur die untersten beiden Schichten (Physical Layer und Data Link Layer) des OSI-Modells ab (Bild 5.5). Diese beiden Schichten sind immer in Hardware realisiert und Gegenstand dieses Buches.

Die Schichten 3 bis 7 werden mehr oder weniger auf dem Mikrocontroller in Software realisiert.

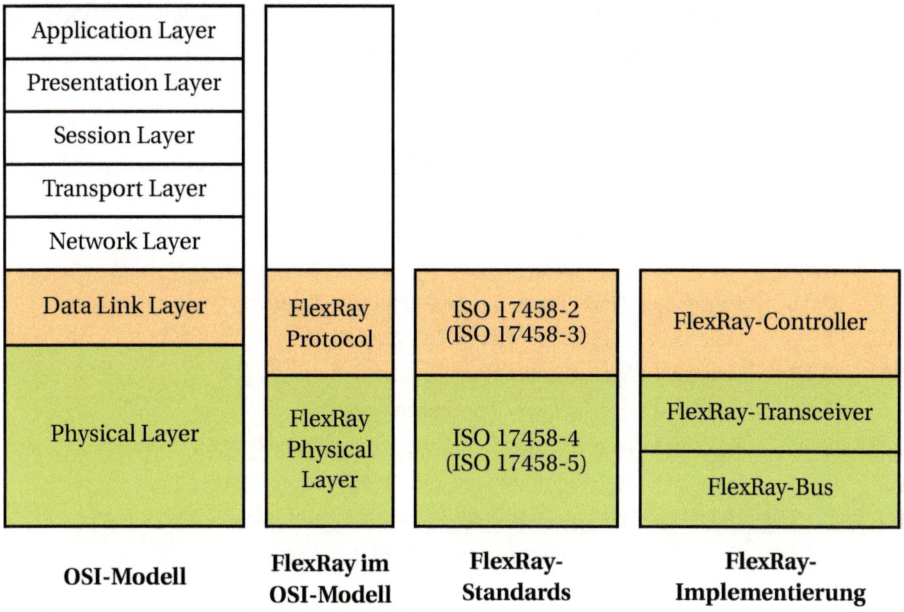

Bild 5.5 Einordnung von FlexRay ins OSI-Modell

5.2.4 FlexRay-Standards

Die FlexRay-Spezifikationen wurden vom FlexRay-Konsortium erarbeitet und waren zunächst nur für Konsortiumsmitglieder verfügbar. Die Version 2.1 bzw. 2.1A wurde 2005 veröffentlicht, die Version 3.0.1 im Jahr 2010. Neben der *FlexRay Protocol Specification* und der *FlexRay Electrical Physical Layer Specification* gehörten dazu auch die *FlexRay Protocol Conformance Test Specification* und die *FlexRay Electrical Physical Layer Conformance Test Specification* sowie weitere Dokumente. Tabelle 5.1 gibt eine Übersicht über die Dokumente, welche wann in welcher Version erschienen sind. Dazwischen gab es konsortiumsintern zahlreiche Zwischenversionen, die jeweils als Diskussionsgrundlage dienten.

Mit dem Abschluss der Entwicklungsarbeiten im Jahr 2010 wurden die Dokumente für die ISO vorbereitet, wo sie 2013 als internationaler Standard unter der Nummer ISO 17458 verabschiedet wurden. Tabelle 5.2 gibt einen Überblick über die einzelnen Teile. Die Zahl nach der Part-Nummer, hier 2013, gibt das Jahr an, in der die Norm zum letzten Mal überprüft und eventuell aktualisiert wurde.

Tabelle 5.1 Vom FlexRay-Konsortium veröffentlichte Standards und Dokumente

Datum	Version	Titel
Jun 2004	v2.0	Protocol Specification
	v2.0	Electrical Physical Layer Specification
	v2.0	Bus Guardian Specification
Mai 2005	v2.1	Electrical Physical Layer Specification
	v2.1	Protocol Specification
	v2.1	Electrical Physical Layer Application Notes
Dez 2005	v2.1A	Electrical Physical Layer Specification
	v2.1A	Protocol Specification
	v2.1	FlexRay EMC Measurement Specification
	v2.1	Requirements Specification
	v2.1	Physical Layer Common Mode Choke EMC Evaluation Specification
	v2.0.9	Preliminary Central Bus Guardian Specification
	v2.0.9	Preliminary Node-Local Bus Guardian Specification
Mrz 2006	v2.1	Data Link Layer Conformance Test Specification
Nov 2006	v2.1B	Electrical Physical Layer Specification
	v2.1B	Electrical Physical Layer Application Notes
Feb 2008	v2.1B	Electrical Physical Layer Conformance Test Specification
Mai 2008	v2.1.1	Data Link Layer Conformance Test Specification
Jul 2009	v2.1B	Electrical Physical Layer Test Specification for Heterogeneous Tests
Dez 2009	v2.1.2	Protocol Conformance Test Specification
Dez 2009	v3.0	Protocol Specification
	v3.0	Electrical Physical Layer Specification
	v3.0	Electrical Physical Layer Application Notes
	v3.0	Physical Layer EMC Measurement Specification
	v3.0	Electrical Physical Layer Conformance Test Specification
	v3.0	Physical Layer – Common Mode Choke EMC Evaluation Specification
	v3.0	Electrical Physical Layer Test Specification for Heterogeneous Tests
Okt 2010	v3.0.1	Protocol Specification
	v3.0.1	Electrical Physical Layer Specification
	v3.0.1	Electrical Physical Layer Application Notes
	v3.0.1	Electrical Physical Layer CMC EMC Evaluation Measurements
	v3.0.1	Electrical Physical Layer Conformance Test Specification
	v3.0.1	Electrical Physical Layer EMC Measurements Transceiver
	v3.0.1	Protocol Conformance Test Specification

Der FlexRay-Standard wird in der Kategorie „Road vehicles engineering" in der Gruppe „Road vehicle systems" und dort in der Untergruppe „Car informatics. On board computer systems" geführt. Bearbeitet wird der FlexRay-Standard vom Technical Committee 22 (TC 22) „Road vehicles" im Subcommittee 31 (SC 31), welches für „Data communication" zuständig ist [ISO].

Tabelle 5.2 ISO-Standards für FlexRay

ISO-Nummer	Inhalt
ISO 17458-1:2013	Straßenfahrzeuge – FlexRay Kommunikationssystem – Teil 1: Allgemeine Informationen und Anwendungsdefinitionen
ISO 17458-2:2013	Straßenfahrzeuge – FlexRay Kommunikationssystem – Teil 2: Spezifikation der Verbindungsschicht
ISO 17458-3:2013	Straßenfahrzeuge – FlexRay Kommunikationssystem – Teil 3: Konformitätsprüfungen der Verbindungsschicht
ISO 17458-4:2013	Straßenfahrzeuge – FlexRay Kommunikationssystem – Teil 4: Spezifikation der elektrischen physikalischen Schicht
ISO 17458-5:2013	Straßenfahrzeuge – FlexRay Kommunikationssystem – Teil 5: Konformitätsprüfungen der elektrischen physikalischen Schicht

5.3 Physical Layer

5.3.1 Medien

Als physisches Medium für die Übertragung der Signale können bei FlexRay geschirmte oder ungeschirmte Twisted-Pair-Leitungen eingesetzt werden. Gewöhnlich reichen ungeschirmte Leitungen aus. Nur in stark EMV-belasteten Umgebungen empfiehlt sich der Einsatz von geschirmten Leitungen. Bild 5.6 zeigt ungeschirmte Twisted-Pair-Leitungen.

Bild 5.6 Twisted-Pair-Leitungen

Ebenfalls möglich ist der Einsatz von Lichtwellenleitern. Da mit einem Lichtwellenleiter keine Busse realisiert werden können, wird unter Verwendung von optischen Sternkopplern das Cluster in Sterntopologie ausgeführt.

Als Leitungen werden Twisted-Pair-Leitungen mit einer Impedanz von 80 Ω bis 110 Ω verwendet. Werden die Leitungen in feuchten Umgebungen verlegt, sollten vergossene Leitungen verwendet werden. Bei stark EMV-gestörten Umgebungen empfiehlt sich die Verwendung von geschirmten Kabeln.

5.3.2 Buspegel

FlexRay arbeitet wie CAN mit dominanten und rezessiven Signalen. Im Unterschied zu CAN werden die Spannungspegel sowohl für die logische 1 als auch für die logische Null aktiv getrieben und sind dominant. Der Spannungspegel für Idle wird nicht getrieben und ist rezessiv. Die Werte für die Spannungspegel sind in Tabelle 5.3 angegeben.

Tabelle 5.3 Spannungspegel bei FlexRay

Logische Werte		Spannungswerte			
TxEN	TxD	ΔU	BP	BM	Ausprägung
0	0	−2 V	1,5 V	3,5 V	dominant
0	1	2 V	3,5 V	1,5 V	dominant
1	–	0 V	2,5 V	2,5 V	rezessiv

Bei FlexRay werden die Signale durch Differenzspannungen auf dem Leitungspaar übertragen. Eine der beiden Übertragungsleitungen wird mit Bus_Plus (BP), die andere mit Bus_Minus (BM) bezeichnet. Zur Ansteuerung des Transceivers durch den Protokollcontroller hat dieser die beiden Anschlüsse TxD und TxEN. Mit TxD wird gesteuert, ob eine logische 0 (Data_0) oder eine logische 1 (Data_1) übertragen wird (Bild 5.7). Mittels TxEN teilt der Protokollcontroller dem Transceiver mit, wann gesendet wird und wann nicht. Ist TxEN = 0, ist der Transceiver im Sendemodus und sendet die an TxD anliegenden Werte. Ist TxEN = 1, ist der Sender im Transceiver abgeschaltet, sodass sich der rezessive Pegel für Idle auf den beiden Übertragungsleitungen einstellt. Dieser kann durch einen anderen sendenden Knoten überschrieben werden.

5.3.3 Topologien

Bei FlexRay können prinzipiell die gleichen Topologien wie bei LIN und CAN genutzt werden. Unterschiede ergeben sich aber in der Anzahl der Knoten an einem Bus und der Länge der Stichleitungen. So sind Punkt-zu-Punkt-Verbindungen sowie die Bustopologie möglich.

Bei FlexRay ist es möglich, aktive Sternkoppler einzusetzen, sodass auch Cluster in Sterntopologie realisierbar sind. Da FlexRay zwei Kanäle unterstützt, kann ein Cluster in einkanaliger oder zweikanaliger Bus- oder Sterntopologie aufgebaut werden.

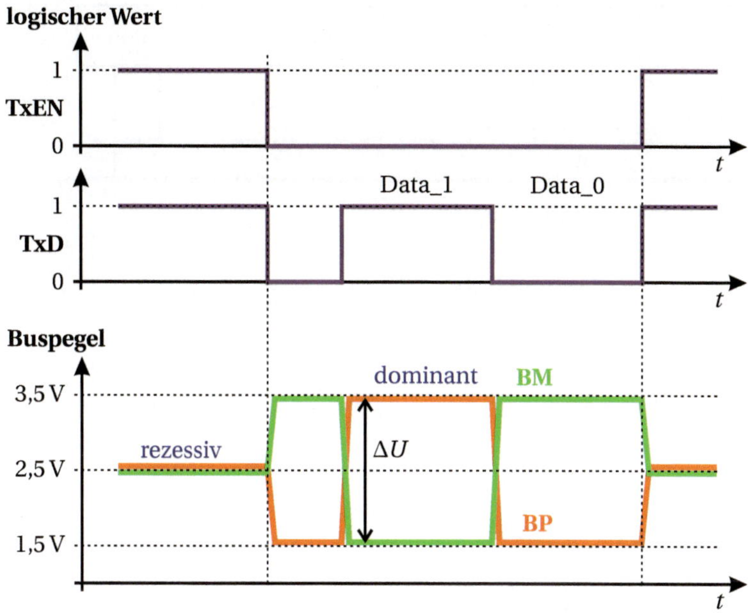

Bild 5.7 Spannungspegel bei FlexRay und deren Steuerung

5.3.3.1 Bustopologie

Bild 5.8 zeigt eine einkanalige Bustopologie, Bild 5.9 eine zweikanalige. Wird FlexRay zweikanalig realisiert, müssen nicht alle Knoten an beiden Kanälen angeschlossen sein. So ist im Cluster in Bild 5.9 der Knoten 2 nur an den Kanal A und der Knoten 4 nur an den Kanal B angeschlossen. Knoten, die für den Startup des Clusters und für die Uhrensynchronisation eine besondere Rolle spielen, müssen aber an beiden Kanälen angeschlossen werden.

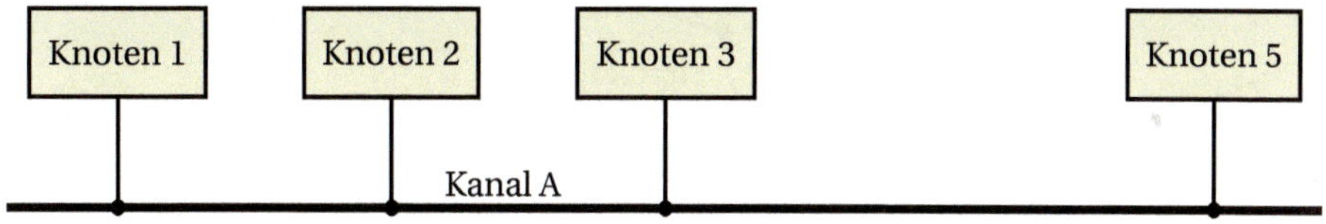

Bild 5.8 Beispiel für einen einkanaligen FlexRay-Bus

FlexRay unterstützt zwar zwei Kanäle, aber es werden in der Mehrheit einkanalige Systeme realisiert.

5.3.3.2 Sterntopologie

Bild 5.10 zeigt eine einkanalige Sterntopologie, Bild 5.11 eine zweikanalige. Wird FlexRay zweikanalig realisiert, müssen wie bei der Bustopologie nicht alle Knoten an beiden Kanälen angeschlossen sein. So ist im Cluster in Bild 5.11 der Knoten 2 nur an den Kanal A und der Knoten 4 nur an den Kanal B angeschlossen. Knoten, die für den Startup des Clusters und für die Uhrensynchronisation eine besondere Rolle spielen, müssen aber an beiden Kanälen angeschlossen werden.

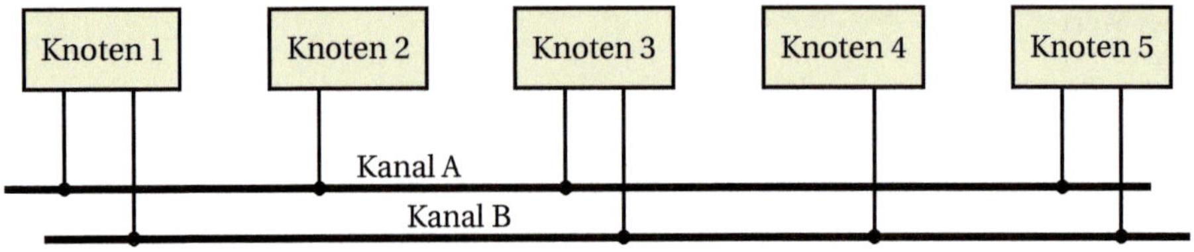

Bild 5.9 Beispiel für einen zweikanaligen FlexRay-Bus

Vom logischen Aufbau sind die Topologien in Bild 5.9 und Bild 5.11 identisch.

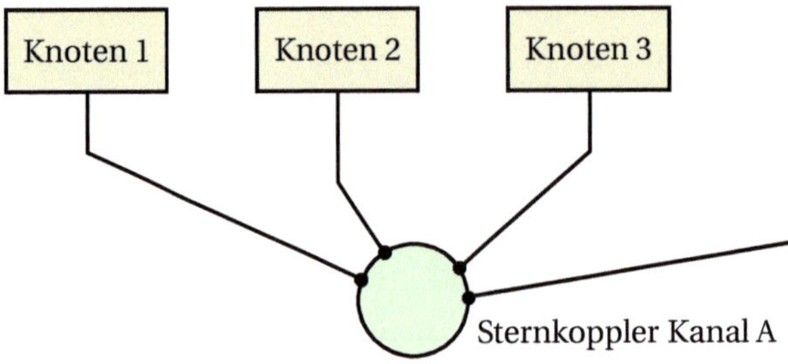

Bild 5.10 Beispiel für eine einkanalige Sterntopologie

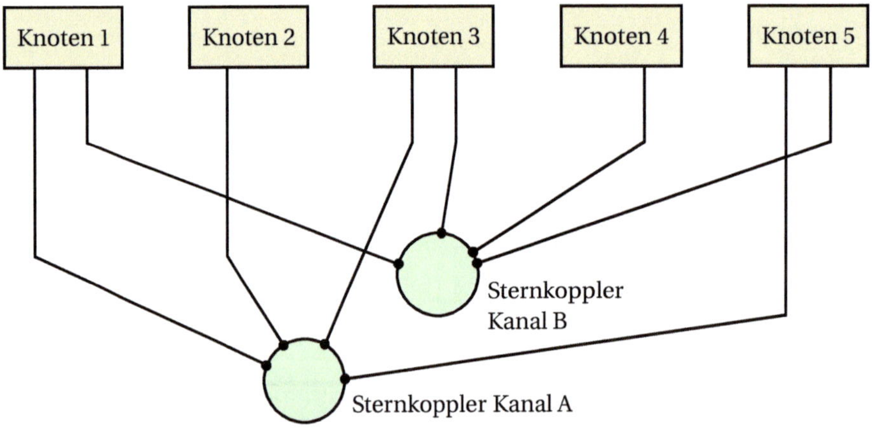

Bild 5.11 Beispiel für eine zweikanalige Sterntopologie

5.3.3.3 Gemischte Topologien

Neben reinen Bus- und Sterntopologien können Cluster auch in gemischten Topologien aufgebaut werden. So ist es möglich, zwei Sternkoppler direkt miteinander zu verbinden. Man spricht in einem solchen Fall von kaskadierten Sternkopplern (Bild 5.12). Es dürfen maximal zwei Sternkoppler in einem Kanal eingesetzt werden. Kaskadierte Sternkoppler ermöglichen es, mehr Knoten anzuschließen und größere Entfernungen zu überbrücken.

Um mehr Knoten in einem FlexRay-Cluster verbinden zu können, bietet sich die Kombination von Stern- und Bustopologie an. An die Zweige des Sternkopplers werden Busse angeschlos-

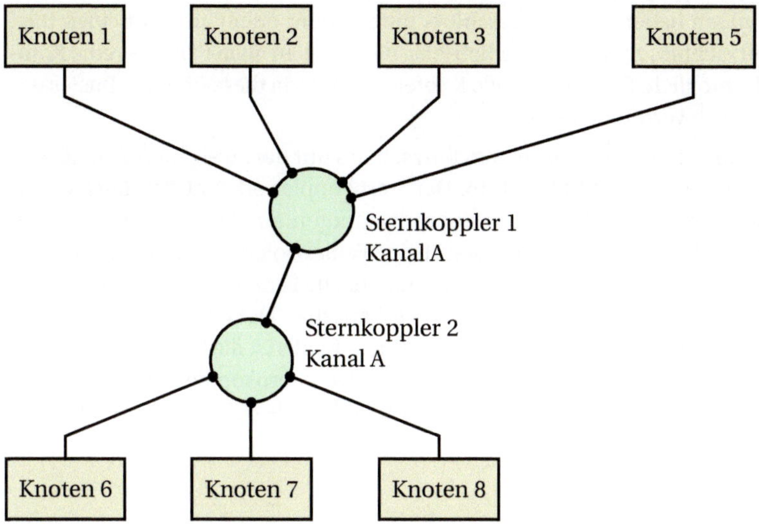

Bild 5.12 FlexRay-Topologie mit zwei kaskadierten Sternkopplern

sen (Bild 5.13). Neben der größeren Anzahl an Knoten ermöglicht diese Topologie, die Anzahl der Knoten je Zweig bzw. Bus klein zu halten. Dies wirkt sich positiv auf das elektrische Verhalten auf den Übertragungsleitungen aus. Dies ist die am häufigsten eingesetzte Topologie für FlexRay in Fahrzeugen.

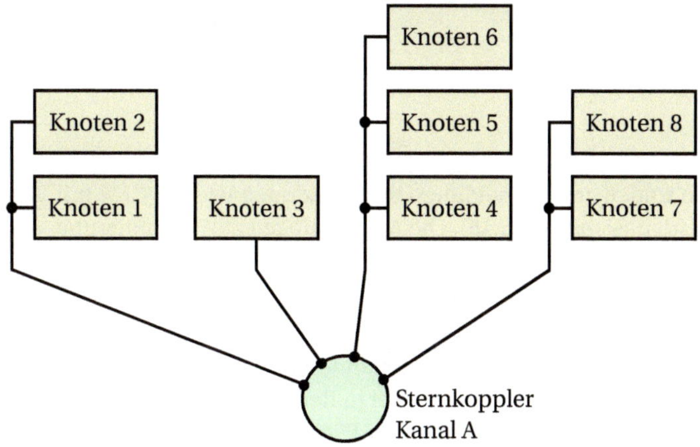

Bild 5.13 Topologie mit Sternkoppler und Bussen an den Zweigen

5.3.4 Sternkoppler

Der Einsatz eines Sternkopplers ermöglicht nicht nur die Verdoppelung der möglichen Leitungslänge und die Reduzierung der Anzahl der Knoten an den einzelnen Bussen, sondern ein Sternkoppler nimmt eine Fehlerisolation vor. In Bild 5.14a ist ein Fehlerfall bei einem Bus gezeigt. Beide Busleitungen haben einen Kurzschluss miteinander oder eine der beiden Busleitungen hat einen Kurzschluss zu Masse oder Betriebsspannung. In allen Fällen ist eine Kommunikation nicht mehr möglich. Dies betrifft alle Knoten am Bus, da diese über die Busleitungen miteinander galvanisch verbunden sind.

Bei Verwendung eines Sternkopplers ist bei einem Kurzschluss nur der Zweig betroffen, in welchem der Kurzschluss aufgetreten ist (Bild 5.14b). Der Sternkoppler erkennt den Kurzschluss und schaltet den Zweig inaktiv. Die Kommunikation der Knoten an allen anderen Zweigen wird nicht beeinflusst. Der Sternkoppler nimmt somit eine Fehlerisolation vor und ermöglicht die Kommunikation zwischen den nicht betroffenen Knoten. Die Fehlerisolation wird z. B. bei Knoten genutzt, die im Crashbereich eines Fahrzeuges verbaut sind. Der oder diese Knoten befinden sich an einem Zweig des Sternkopplers. Im Falle eines Unfalls ist die Wahrscheinlichkeit groß, dass die Leitungen dieses Zweiges beschädigt werden. Der Sternkoppler wird den Fehler erkennen und den Zweig abschalten. Die Kommunikation im Rest des Clusters wird weiterhin möglich sein.

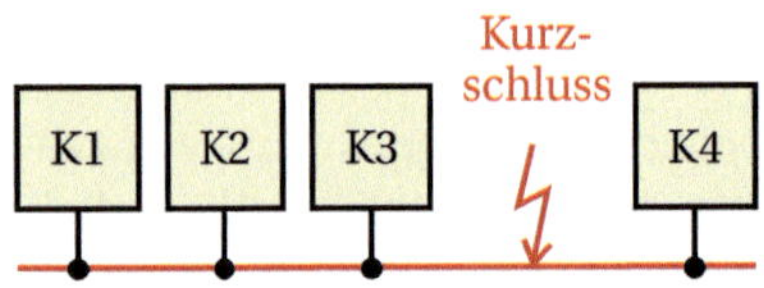

(a) in einer Bustopologie

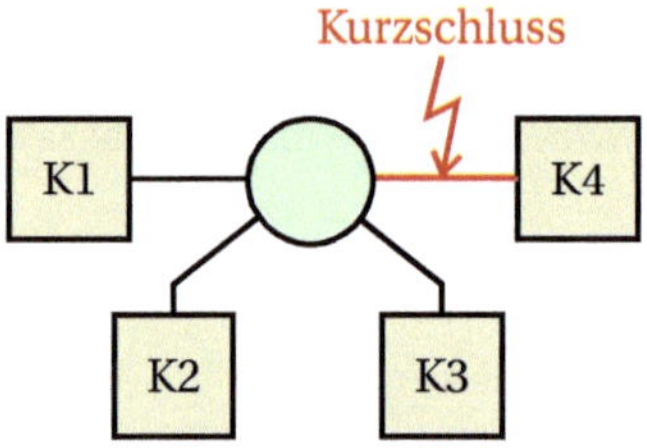

(b) in einer Sterntopologie

Bild 5.14 Kurzschluss einer FlexRay-Leitung

5.3.5 Terminierung

Die Leitungen müssen an den Enden zur Vermeidung von Reflexionen wie bei CAN mit Widerständen abgeschlossen werden (siehe Bild 5.15). Die Ausführungen zur Terminierung, die im Abschnitt 4.3.4 bei CAN geschrieben wurden, gelten auch hier. Der Terminierungswiderstand am Ende der Leitung muss dem Wellenwiderstand der Leitung entsprechen und ist vom verwendeten Kabel abhängig. Typische Werte sind zwischen 80 Ω und 110 Ω.

Praktisch wird wie bei CAN anstelle eines einzelnen Widerstandes als Abschlusswiderstand eine *Split-Terminierung* verwendet (Bild 5.16). Dies sind zwei in Reihe geschaltete Widerstände (Split), an deren Mittelabgriff ein Kondensator zur Tiefpass-Filterung für hochfrequente Störungen angeschlossen ist.

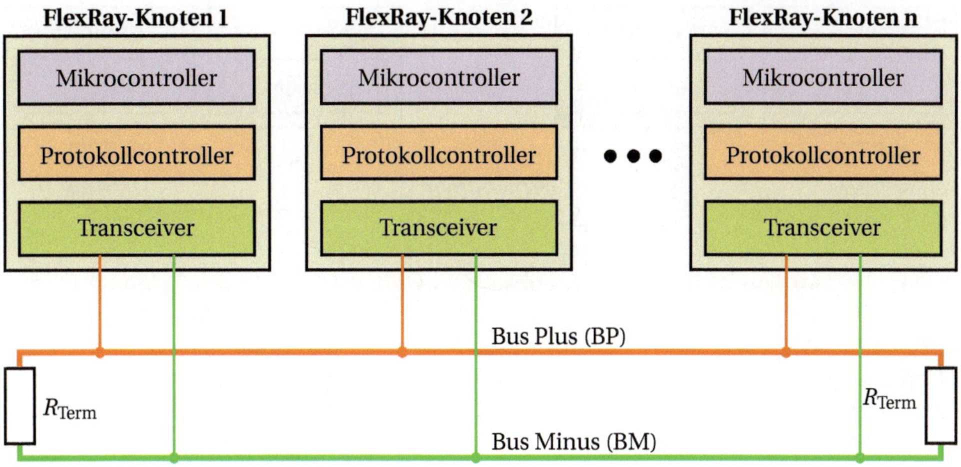

Bild 5.15 Terminierung eines FlexRay-Busses

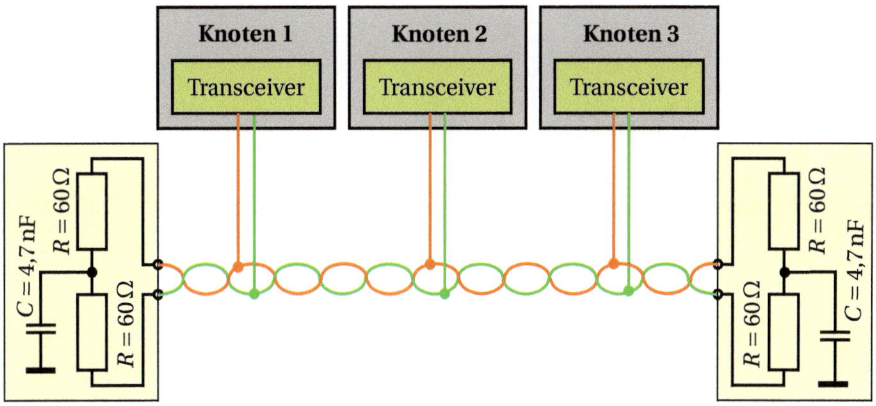

Bild 5.16 Terminierung eines FlexRay-Busses mittels Split-Terminierung

Während ein FlexRay-Cluster in Bustopologie wie bei CAN terminiert wird, gilt es bei einer Sterntopologie zu beachten, dass jeder Zweig des Sternkopplers nach den Regeln der Terminierung für einen Bus abgeschlossen werden muss. In Bild 5.17 hat der Sternkoppler drei Zweige. Jeder Zweig muss für sich terminiert werden, sodass $3 \cdot 2$ Terminierungswiderstände notwendig sind.

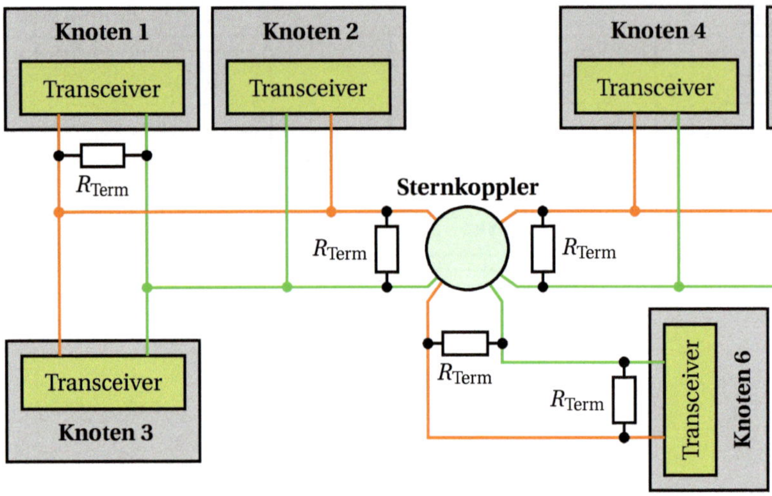

Bild 5.17 Terminierung eines FlexRay-Clusters bei einer Sterntopologie

5.4 Data Link Layer

In diesem Abschnitt werden die wesentlichen Funktionen erläutert, die im Data Link Layer, also der Schicht 2 des OSI-Referenzmodells, realisiert sind.

5.4.1 Aufbau eines Kommunikationszyklus

Bei FlexRay wird der Zugriff auf das Kommunikationsmedium über die Zeit geregelt. Aus diesem Grund ist die Kommunikation auf Protokollebene in Zyklen organisiert. Beginnend mit dem Zyklus 0 folgt diesem der Zyklus 1, darauf der Zyklus 2 usw. Ein interner Zykluszähler wird nach jedem Zyklus erhöht. Wenn dieser Zähler den Zyklus 63 erreicht hat, wird er nach dem Ende von Zyklus 63 auf 0 gesetzt. Somit gibt es bei FlexRay Zyklen von 0 bis 63 (Bild 5.18).

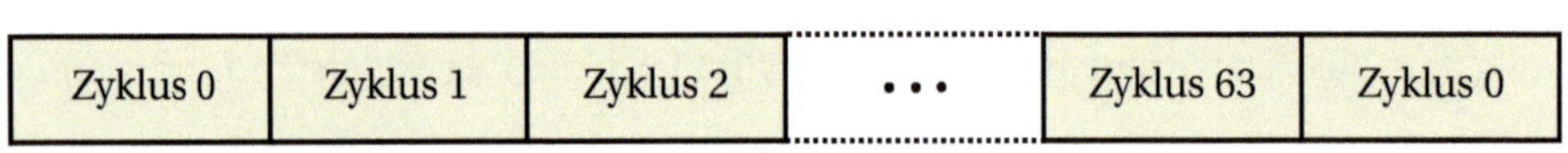

Bild 5.18 Kommunikation in Zyklen

Alle Zyklen sind gleich aufgebaut und haben die gleiche Länge. Die Länge des Zyklus wird vom Anwender in der Konfiguration festgelegt. Dabei muss die Länge eines Zyklus und dessen Aufbau in allen Knoten eines Clusters gleich konfiguriert werden.

Jeder Zyklus hat immer ein statisches Segment und eine NIT (Network Idle Time).Das dynamische Segment und das Symbol Window sind optional. In der Konfiguration wird festgelegt, ob es ein dynamisches Segment und ein Symbol Window gibt. Die Reihenfolge der einzelnen

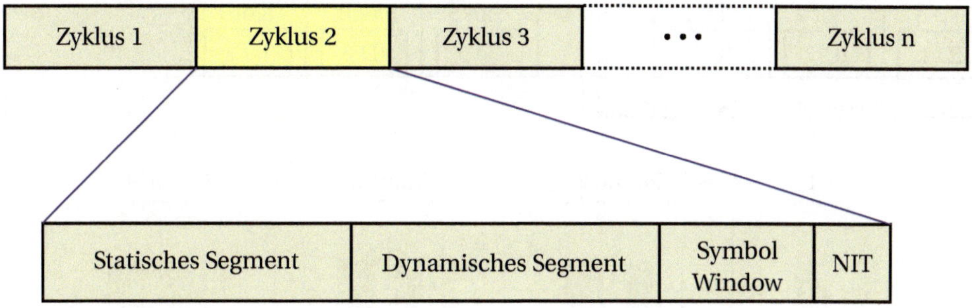

Bild 5.19 Aufbau eines Zyklus

Segmente in einem Zyklus ist fest vorgegeben und kann nicht verändert werden. Bild 5.19 zeigt den Aufbau eines Zyklus und die Reihenfolge der Segmente, aus denen ein Zyklus besteht.

5.4.1.1 Statisches Segment

Das statische Segment ist aus statischen Slots aufgebaut (Bild 5.20). Mit einem statischen Slot wird eine Zeit im Kommunikationszyklus zum Senden eines Frames reserviert. Die Länge der statischen Slots ist konfigurierbar. Es müssen alle statischen Slots im statischen Segment als auch in allen Knoten des Clusters gleich lang sein. Ebenso muss die Anzahl der statischen Slots in allen Knoten eines Clusters gleich konfiguriert werden. Das statische Segment besteht mindestens aus zwei statischen Slots.

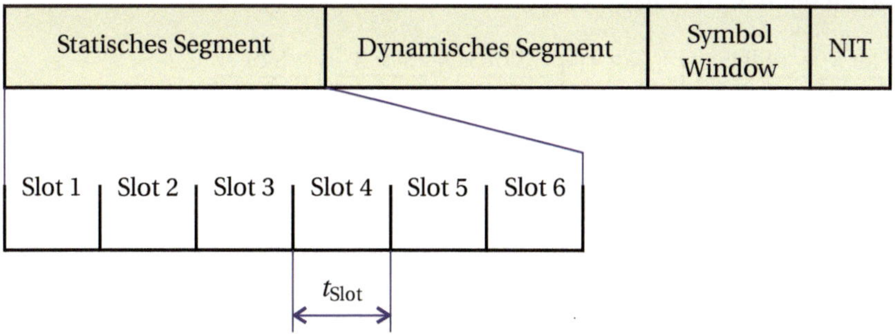

Bild 5.20 Aufbau des statischen Segments

In einem statischen Slot kann *ein* Frame übertragen werden. Ein statischer Slot kann auch leer bleiben. Jedem Knoten werden ein oder mehrere statische Slots zugewiesen, in denen der Knoten je einen Frame senden kann (Bild 5.21). Die Zuteilung erfolgt, bevor die Kommunikation gestartet wird, und kann während der Kommunikation nicht geändert werden. Die Slots sind beginnend mit 1 durchnummeriert. Alle Frames, die im statischen Segment gesendet werden, sind gleich lang.

Bild 5.22 zeigt den Spannungsverlauf, der mit einem Oszilloskop aufgezeichnet wurde, auf dem Physical Layer beim Senden von vier Frames im statischen Segment. Auf dem Physical Layer sind die Slotgrenzen weder sichtbar noch messbar. Es ist aber ersichtlich, dass die Frames gleich groß sind.

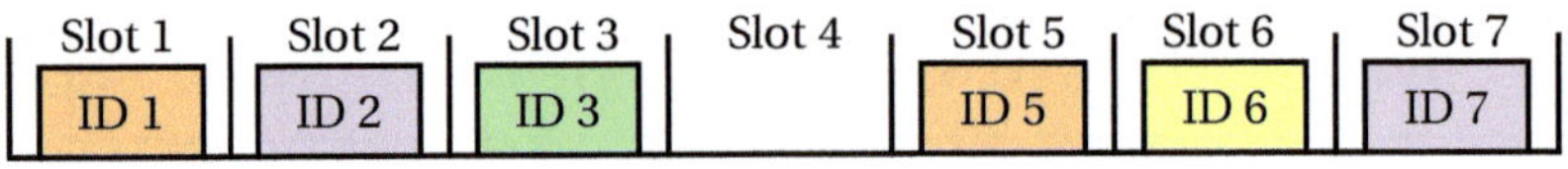

Bild 5.21 Statisches Segment mit Frames

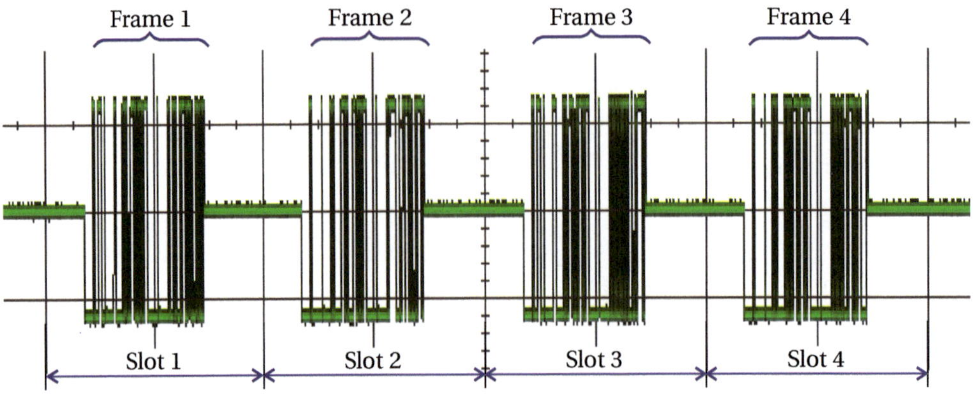

Bild 5.22 Oszilloskopbild des statischen Segments

Bild 5.23 zeigt die Belegung der Slots in drei aufeinanderfolgenden statischen Slots. Es ist zu sehen, dass die Belegung der Slots in allen Zyklen identisch ist. Unterschiede ergeben sich nur, wenn einzelne Knoten nicht verfügbar sind. Dann bleiben die Slots leer, in denen die nicht verfügbaren Knoten senden würden.

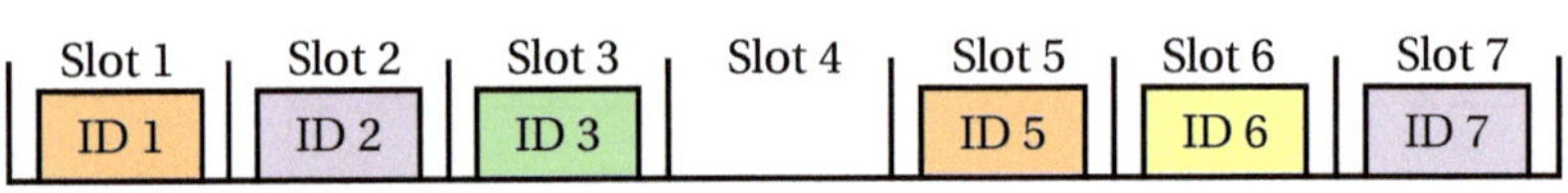

(a) im Zyklus 0

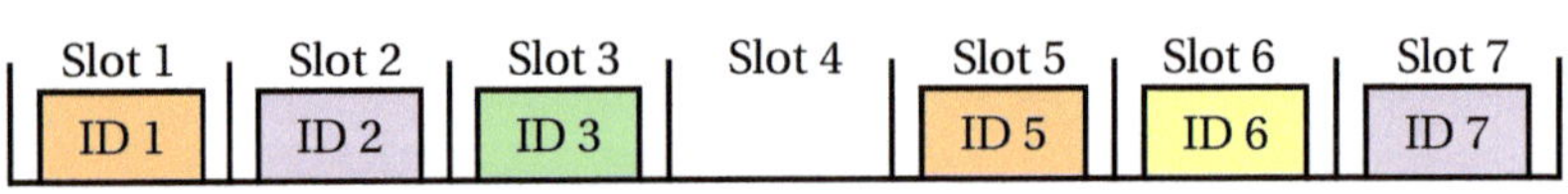

(b) im Zyklus 1

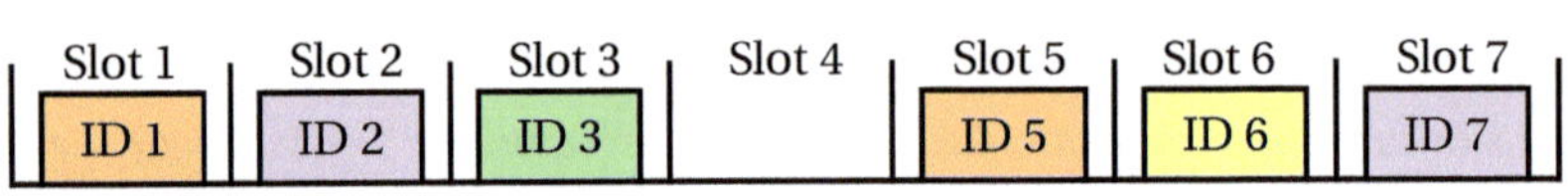

(c) im Zyklus 2

Bild 5.23 Frames im statischen Segment

Bild 5.24 zeigt den Spannungsverlauf von vier statischen Frames für vier Zyklen. Der Beginn und das Ende eines Zyklus sind mit dem Oszilloskop weder sichtbar noch messbar. Es ist aber ersichtlich, dass die Zyklen gleich groß sind.

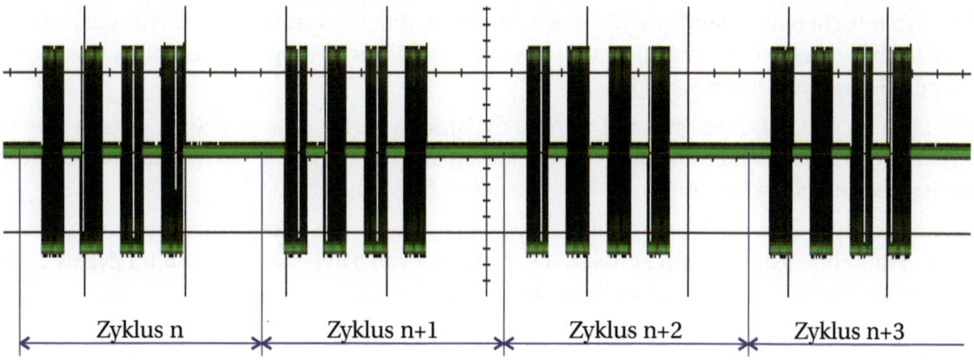

Bild 5.24 Oszilloskopbild mehrerer Zyklen

5.4.1.2 Dynamisches Segment

Das dynamische Segment ist aus Minislots aufgebaut (Bild 5.25). Die Länge eines Minislots ist konfigurierbar. Alle Minislots im dynamischen Segment sind gleich lang. In allen Knoten in einem Cluster müssen die Anzahl und die Länge der Minislots gleich konfiguriert werden. Das dynamische Segment kann zu null konfiguriert werden.

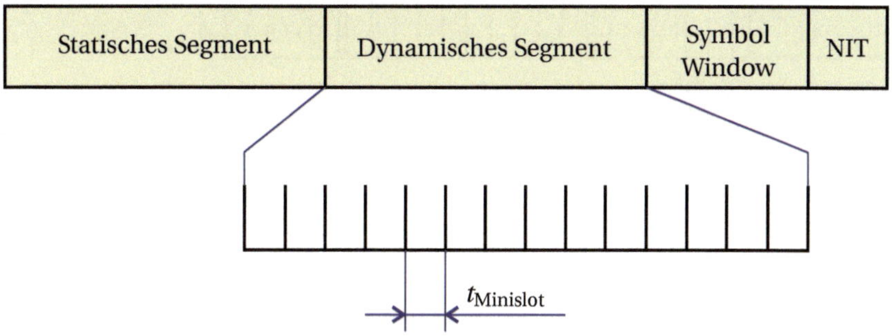

Bild 5.25 Aufbau des dynamischen Segments

Die Frames, die im dynamischen Segment gesendet werden, werden in dynamischen Slots gesendet. Wird in einem dynamischen Slot nicht gesendet, hat dieser die Länge von einem Minislot. Wird gesendet, verlängert sich der dynamische Slot um weitere Minislots, bis der Frame vollständig gesendet wurde (siehe Bild 5.26). Dies erfolgt dynamisch, d. h. zum einen, dass die Anzahl der Minislots, die für das Senden eines Frames benötigt werden, nicht konfiguriert wird, sondern während des Sendens bestimmt wird. Zum anderen können die Frames im dynamischen Segment unterschiedliche Längen haben.

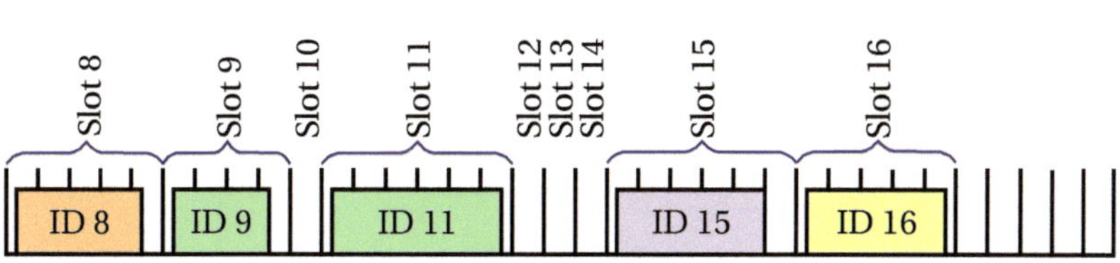

Bild 5.26 Slots und Frames im dynamischen Segment

Die dynamischen Slots sind wie die statischen Slots durchnummeriert. Die Nummerierung wird nach dem letzten statischen Slot fortgesetzt, d. h., der erste dynamische Slot hat die Nummer des letzten statischen Slots plus 1.

Die Slots im dynamischen Segment werden dynamisch belegt. Dies bedeutet, dass in jedem Zyklus ein anderer Knoten in einem dynamischen Slot senden kann. Ob dies immer sinnvoll ist, ist eine andere Sache, aber vom Protokoll her ist dies möglich.

Des Weiteren können die Frames unterschiedlich lang sein. Ein Knoten kann also im Zyklus 1 im dynamischen Slot 10 einen Frame mit der Payload von 8 Bytes senden und im Zyklus 2 im selben Slot einen Frame mit der Payload von 40 Bytes.

Die Anzahl der Minislots wird konfiguriert, die maximal erreichte Slotnummer hängt aber von der Anzahl und der Länge der gesendeten Frames in dem Zyklus ab. Diese kann sich von Zyklus zu Zyklus ändern. Somit kann es auch vorkommen, dass ein Frame im dynamischen Segment nicht gesendet werden kann, weil die Slotnummer nicht erreicht wird. Dies ist im Bild 5.27c mit der ID 25 angedeutet, die im Zyklus davor noch gesendet werden konnte.

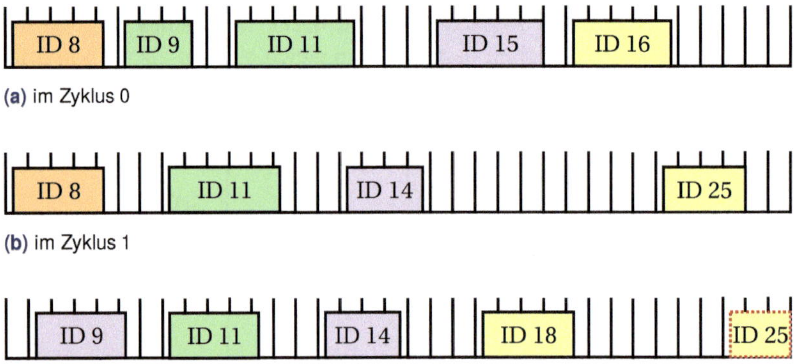

Bild 5.27 Frames im dynamischen Segment

Bild 5.28 zeigt das Oszilloskopbild, in welchem Frames in drei Zyklen zu sehen sind. Der oberste Spannungsverlauf zeigt den ersten Zyklus, der mittlere Spannungsverlauf einen zweiten Zyklus und der untere Spannungsverlauf einen dritten Zyklus.

In allen drei Spannungsverläufen wurden die ersten beiden Frames mit den Identifiern ID 1 und ID 2 im statischen Segment gesendet. Alle weiteren Frames, hier mit den Identifiern ID 3 bis ID 6 wurden im dynamischen Segment gesendet. Hier ist zu sehen, dass im ersten Zyklus die Frames mit der ID 3 und der ID 4 gesendet wurden, im zweiten Zyklus mit der ID 5 und der ID 6 und im dritten Zyklus mit den Identifiern ID 3, ID 4 und ID 6.

Die Frames im dynamischen Segment sind hier länger als die im statischen Segment und sie sind unterschiedlich lang. Außerdem ist zu sehen, dass die Abstände zwischen den Frames unterschiedlich sind. So ist im zweiten Zyklus der Abstand zwischen dem Frame ID 2 und dem Frame ID 5 deutlich größer als der Abstand im ersten Zyklus zwischen den Frames mit der ID 2 und der ID 3. Dies liegt daran, dass zwischen diesen Frames zwei leere Minislots liegen, da die Frames mit der ID 3 und der ID 4 fehlen.

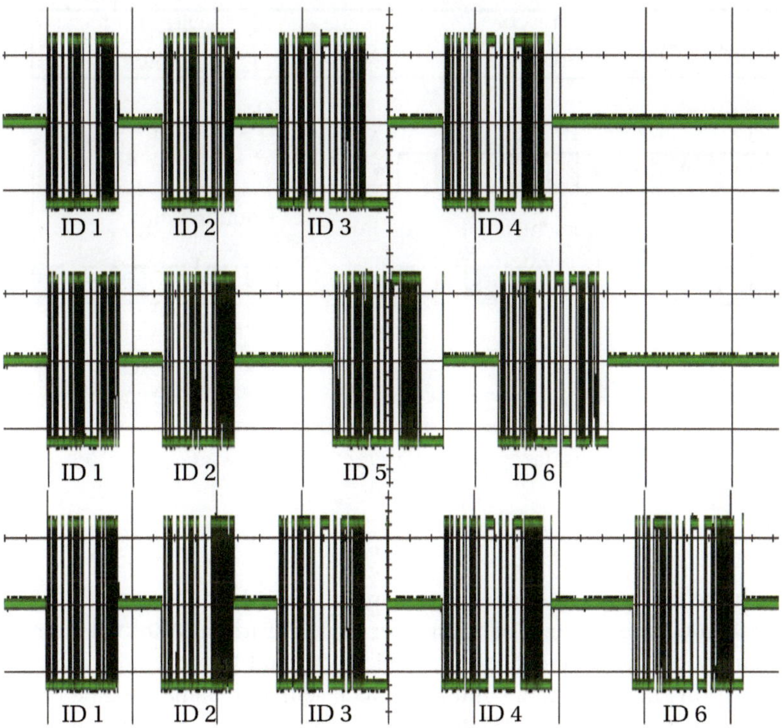

Bild 5.28 Oszilloskopbild des dynamischen Segments von drei Zyklen

5.4.2 Zeithierarchie

So wie der Mensch zur Angabe von Datum und Uhrzeit eine Zeithierarchie bestehend aus Sekunden, Minuten, Stunden, Tagen usw. verwendet, gibt es auch bei FlexRay eine solche Zeithierarchie. Die kleinste Zeiteinheit ist der Microtick, der direkt aus dem Takt des Mikrocontrollers gebildet wird.

Die nächst größere Zeiteinheit ist der Macrotick. Dabei besteht jeder Macrotick aus einer ganzzahligen Anzahl von Microticks. Eine wichtige Eigenschaft der Macroticks ist, dass sie in allen Knoten eines Clusters gleich lang sind und dass die Länge der Macroticks zwischen den Knoten synchronisiert wird.

Basierend auf den Macroticks wird die Länge von statischen Slots und Minislots sowie das Symbol Window und die NIT konfiguriert und im Protokollcontroller realisiert. Somit wird auch die Länge eines Kommunikationszyklus in Macroticks festgelegt (Bild 5.29).

Statische Frames werden in einem statischen Slot gesendet und dynamische Frames beginnen in einem Minislot. Dabei wird bei beiden nicht zu Beginn des Slots mit dem Senden begonnen, sondern nach einem konfigurierbaren Offset. Dieser Offset wird *Action Point* genannt, der in Macroticks konfiguriert wird. Somit startet das Senden immer am Beginn eines Macroticks.

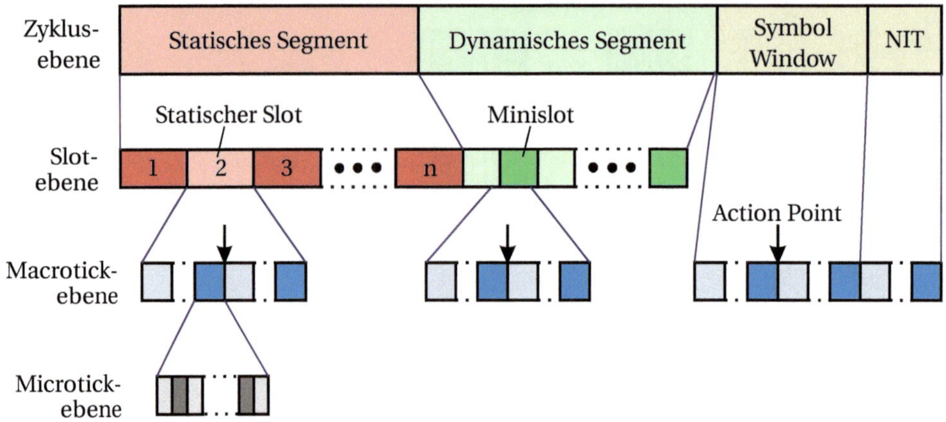

Bild 5.29 Zeithierarchie in FlexRay

5.4.3 Frame-Format

Jeder FlexRay-Frame besteht aus einem Header, einer Payload und einem Trailer (Bild 5.30). Header und Trailer haben eine fixe Länge. Die Länge der Payload variiert. Während Frames, die im statischen Segment gesendet werden, alle die gleiche Payload-Länge haben, kann die Länge im dynamischen von Frame zu Frame unterschiedlich sein. Ein Frame hat eine Länge von mindestens 8 Bytes und von höchstens 262 Bytes. Der Aufbau eines Frames im statischen Segment unterscheidet sich *nicht* von dem im dynamischen Segment.

Bild 5.30 Aufbau eines FlexRay-Frames

5.4.3.1 Header

Der Aufbau des Frame Headers ist in Bild 5.31 gezeigt. Der Header beginnt mit 5 Steuerbits. Das erste Bit ist das *Reserved Bit*, welches für spätere Erweiterungen reserviert wurde. Das zweite Bit mit der Bezeichnung *Payload Preamble Indicator* kann verwendet werden, um bestimme Bytes in der Payload zum Filtern auf Protokollebene zu verwenden.

Das dritte Bit, der *Null Frame Indicator*, kennzeichnet einen Frame als Null-Frame. Ein Null-Frame ist ein Frame, in dem die Daten in der Payload nicht gültig sind. Es werden nur Nullen in der Payload übertragen, woher der Name Null-Frame kommt.

Mit dem *Sync Frame Indicator* und dem *Startup Frame Indicator* werden Frames gekennzeichnet, die FlexRay für die Uhrensynchronisation und für den Startup verwendet. Die Payload bleibt dabei unberührt, sodass diese Frames wie alle anderen Frames von der Anwendung zum Übertragen von Daten verwendet werden können.

Nach den fünf Steuerbits folgt die *Frame-ID* mit einer Länge von 11 Bits. Die Frame-ID wird benutzt, um jedem Frame je Zyklus einen eigenen Identifier zu geben.

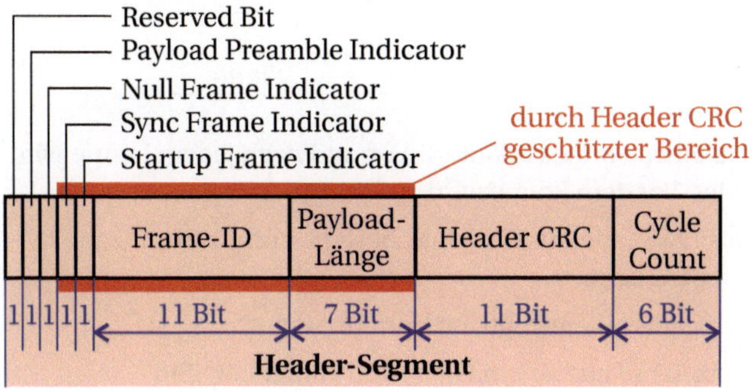

Bild 5.31 Header-Segment

Nach der Frame-ID folgt die Payload-Länge, die angibt, wie viele Bytes die Payload dieses Frames hat. Mit dem 7 Bit langen Feld können Zahlen von 0 bis 127 als Binärzahl dargestellt werden. Die Binärzahl in diesem Feld gibt aber die Anzahl der Payload-Bytes nicht direkt an. Stattdessen muss diese Zahl mit 2 multipliziert werden, um die Anzahl der Payload-Bytes zu bekommen. Steht z. B. im Feld der Payload-Länge eine 5, dann befinden sich 10 Bytes in der Payload.

Es folgt der 11 Bit lange *Header CRC*. Dieser CRC wird über den Sycn Frame Indicator, den Startup Frame Indicator, die Frame-ID und die Payload-Länge berechnet und ermöglicht den Empfängern, Bitverfälschungen dieser Bits festzustellen, bevor der CRC am Ende des Frames ausgewertet wurde.

Das letzte Feld im Header ist der *Cycle Count*. Dieser gibt die Zyklusnummer an, in der der Frame gesendet wurde. Während sich alle anderen Bits im Header eines statischen Frames bei gleichem Identifier nicht ändern, ändert sich der Zykluszähler in jedem Zyklus.

5.4.3.2 Payload

Die Payload kann zwischen 0 und 254 Bytes betragen (Bild 5.32). Es ist allerdings nur eine geradzahlige Anzahl an Bytes nutzbar, sodass 128 verschiedene Payload-Längen nutzbar sind.

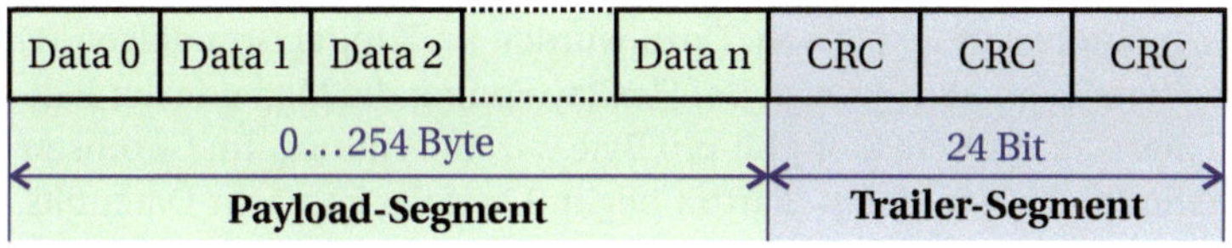

Bild 5.32 Payload-Segment und CRC

5.4.3.3 Trailer

Im Trailer befindet sich ein 24 Bit langer CRC (Bild 5.32). Dieser CRC wird vom ersten Bit des Headers bis zum letzten Bit der Payload berechnet. Die Hamming-Distanz des CRCs ist 6, sodass ein Verfälschen von 5 beliebigen Bits im Frame während der Übertragung vom Empfänger erkannt wird. Die Hamming-Distanz von 6 wird nur zur Fehlererkennung genutzt. Es erfolgt keine Fehlerkorrektur.

5.4.4 Codierung

Frame-Codierung

Im Abschnitt 5.4.3 wurde der Aufbau eines Frames erläutert. Vor und nach jedem Frame wird zusätzlich je eine Bitsequenz gesendet. Vor dem Frame wird

1. eine *Transmission Start Sequence (TSS)*, die aus Low-Bits besteht und deren Anzahl zwischen 3 bis 15 Bits konfiguriert werden kann,
2. eine *Frame Start Sequence (FSS)*, die aus einem High-Bit besteht, und
3. eine *Byte Start Sequence (BSS)*, bestehend aus einem High- und einem Low-Bit,

gesendet (siehe Bild 5.33).

Nach dem Frame wird

1. eine *Frame End Sequence (FES)*, bestehend aus einem Low- und einem High-Bit, und
2. der *Idle Delimiter*, bestehend aus 11 High-Bits, gesendet (siehe Bild 5.33).
   Der Idle Delimiter wird nicht aktiv gesendet, sondern der Transmitter beendet das Senden und es stellt sich der Buspegel für Idle ein. Für einen FlexRay-Controller liegt am Rx-Pin bei Idle der gleiche Pegel an wie bei High-Bits.

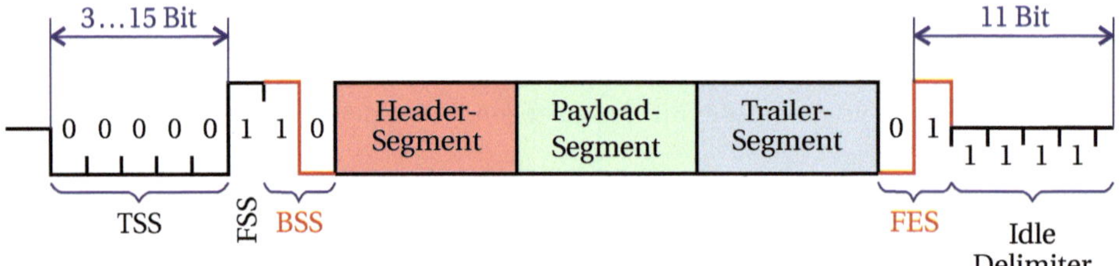

Bild 5.33 Frame-Codierung

Byte-Codierung

Neben der Bitsequenz vor und nach jedem Frame, die zur Erkennung des Frame-Anfangs und des Frame-Endes dient, benötigt der Empfänger noch eine Möglichkeit, mit dem vom Sender gesendeten Bitstrom synchronisiert zu bleiben. Dazu wurden im Kapitel Grundlagen (1) im Abschnitt 2.6.5 verschiedene Methoden gezeigt. Bei FlexRay kommt die Methode der Rahmenbildung mit je einem Start- und einem Stoppbit pro Byte zur Anwendung. Im Gegensatz zur dort dargestellten Methode, die mit einem Startbit beginnt, gefolgt von acht Datenbits, und mit einem Stoppbit abgeschlossen wird, folgt bei FlexRay dem Startbit (High-Bit) sofort das Stoppbit (Low-Bit). Diese beiden Bits werden als *Byte Start Sequence (BSS)* bezeichnet. Der Byte Start Sequence folgen acht Datenbits, denen wiederum die nächste Byte Start Sequence folgt (Bild 5.34). Die fallende Flanke zwischen dem High- und dem Low-Bit in der Byte Start Sequence dient dem Empfänger zur Resynchronisation auf den Bitstrom.

Die Bits bei FlexRay werden NRZ-codiert. Dabei wird ein 1-Bit mit einer negativen und ein 0-Bit mit einer positiven Differenzspannung übertragen.

Die Byte Start Sequence (BSS) wird im gesamten Frame, also im Header, in der Payload und im Trailer, vor jedem Byte eingefügt (Bild 5.35). Damit entspricht ein Byte im Frame 10 Bits auf dem Übertragungskanal. Somit hat ein Frame mit einer Payload von beispielsweise 16 Bytes eine Länge von 24 Bytes (5 Bytes Header + 16 Bytes Payload + 3 Bytes Trailer), die auf dem Bus 240 Bits zuzüglich TSS, FSS, FES und dem Idle Delimiter entspricht. Das Byte Coding führt zu einem Overhead von 20 %.

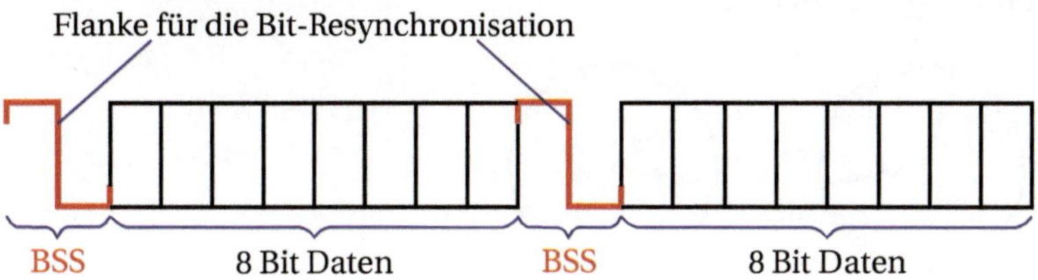

Bild 5.34 Byte-Codierung

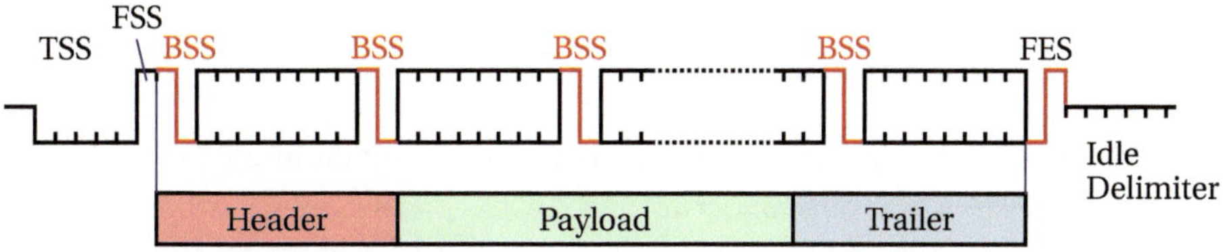

Bild 5.35 FlexRay-Byte-Codierung

Bild 5.36 zeigt den Spannungsverlauf der Differenzspannung zwischen der BP- und der BM-Leitung beim Senden eines kompletten Frames.

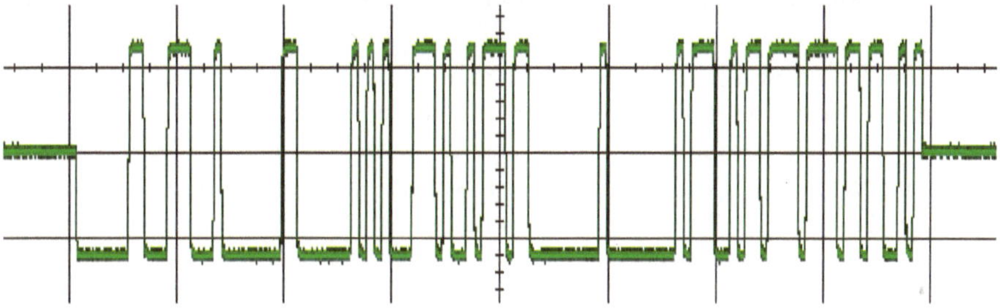

Bild 5.36 Oszilloskopbild eines FlexRay-Frames

5.5 Uhrensynchronisation

Das Senden bzw. die Nutzung des gemeinsamen Übertragungsmediums (Zugriffssteuerung) wird bei FlexRay über die Zeit gesteuert (time-triggered). Dazu muss jeder Knoten eine Uhr haben. Damit die Zugriffssteuerung funktioniert, müssen alle Uhren in einem FlexRay-Cluster die gleiche Zeit haben.

Zwei Uhren laufen aber niemals exakt gleich. Es gibt somit Abweichungen, die mit der Zeit immer größer werden. Gründe für diese Abweichungen sind Fertigungstoleranzen der Zeitgeber der Uhren, was Quarze oder Resonatoren sind. Doch selbst bei exakt gleichen Quarzen führen Temperaturänderungen, Alterung und Vibrationen zu Abweichungen von der Nominalfrequenz. Dabei spielen Temperatureinflüsse die größte Rolle, die in einem verteilten System gewöhnlich vorliegen. Aus diesen Gründen müssen die Uhren in regelmäßigen Abständen miteinander synchronisiert werden (Bild 5.37).

Bild 5.37 Unsynchronisierte Uhren

5.5.1 Uhrenabweichungen

Bevor die Uhren miteinander synchronisiert werden, betrachten wir die folgende Frage.

Was heißt „zwei Uhren weichen voneinander ab"?

Angenommen wir starten zwei Uhren, z. B. zwei Stoppuhren, gleichzeitig. Beide Uhren werden die gleiche Zeit anzeigen. Warten wir aber lange genug, wird die angezeigte Zeit auf beiden Uhren voneinander abweichen. Bei hochwertigen Uhren wird es länger dauern als bei einfachen Uhren. Grund für die Abweichung sind Frequenzunterschiede der Zeitgeber, also der Quarze bei elektronischen Uhren oder der mechanischen Schwinger bei mechanischen Uhren. Diese Abweichung der Uhren wird als *Frequenzabweichung* bezeichnet und ist in Bild 5.38a dargestellt.

Nehmen wir an, wir haben zwei sehr hochwertige Uhren, die wir gleichzeitig durch den Druck auf je einen Taster starten. Jetzt laufen die Uhren in einem überschaubaren Zeitraum nicht voneinander weg, aber wir werden nicht in der Lage sein, zwei Uhren von Hand zum exakt gleichen Zeitpunkt zu starten. Die Uhren haben eine konstante Abweichung zueinander, die weder größer noch kleiner wird. Eine solche Abweichung wird *Offset* oder *Phasenabweichung* genannt und ist im Bild 5.38b dargestellt.

(a) Frequenzabweichung **(b)** Phasenabweichung

Bild 5.38 Uhrenabweichungen

Praktisch tritt bei Uhren immer eine Frequenz- *und* eine Phasenabweichung auf. Damit Uhren synchronisiert werden und bleiben, kann

- die Phasenabweichung durch eine Offset-Korrektur (offset correction) und
- die Frequenzabweichung durch eine Raten-Korrektur (rate correction)

korrigiert werden. Bei FlexRay kommen beide Korrekturmethoden zur Anwendung.

5.5.2 Uhrenkorrektur

5.5.2.1 Offset-Korrektur

Bei der Offset-Korrektur wird die Zeit einer Uhr zu einem definierten Zeitpunkt um den Betrag des Offsets geändert (Bild 5.39).

Beispiel: Zwei Uhren haben einen Unterschied von 3 Minuten zueinander. Die nachgehende Uhr wird um 14:59 Uhr auf 15:00 Uhr gestellt und die vorgehende Uhr um 15:02 Uhr ebenfalls auf 15:00 Uhr. Nach der Korrektur haben die Uhren keine Phasenabweichung zueinander.

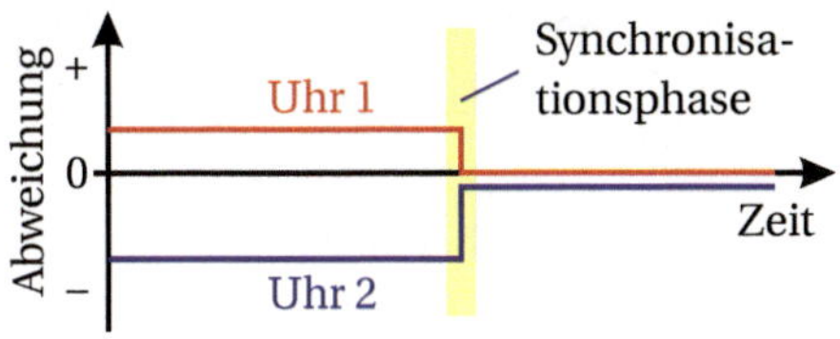

Bild 5.39 Offset-Korrektur

Problematisch ist bei der Offset-Korrektur das Springen der Zeit (im Beispiel die Zeit von 14:59 bis 15:02 Uhr). In dem Zeitraum, in dem die Offset-Korrektur die Zeit „verkürzt" oder „verlängert", dürfen keine Aktionen im System ausgeführt werden, die auf der Zeit basieren. Die Offset-Korrektur erfolgt bei FlexRay in der NIT. Die NIT ist eine reservierte Phase in einem Kommunikationszyklus, in der keine Kommunikation stattfindet. Die NIT muss mindestens so lang sein, dass eine Verkürzung in Folge der Offset-Korrektur vollständig innerhalb der NIT durchgeführt werden kann.

5.5.2.2 Raten-Korrektur

Bei der Raten-Korrektur wird die „Frequenz" einer Uhr geändert. Da die Frequenz eines Quarzes nicht einfach geändert werden kann, wird die Anzahl der Takte für eine bestimmte Zeit angepasst. Dies soll an einem Beispiel erklärt werden. Ein Uhrenquarz hat eine Nominalfrequenz von 32 768 Hz. 32 768 Takte ergeben somit eine Sekunde. Wenn jetzt die wirkliche Frequenz 32 768,1 Hz entspricht, dann wird die Uhr vorgehen (zu schnell sein). Dies ist bei einer Sekunde sehr wenig, doch je größer der betrachtete Zeitraum ist, desto größer wird die Abweichung. Tabelle 5.4 zeigt, welche Abweichungen die Uhr pro Minute, pro Stunde, pro Tag und pro Jahr hat.

Tabelle 5.4 Resultierende Abweichung der Uhr

Zeit		Abweichung
1 Sekunde	1 s	0,00000305 s
1 Minute	60 s	0,000183 s
1 Stunde	3600 s	0,011 s
1 Tag	86400 s	0,2657 s
1 Jahr	31536000 s	96,24 s = 1,6 min

Eine Uhr ist nichts anderes als ein Zähler. Die Uhr bzw. der Zähler zählt die Takte, die der Quarz liefert. In Tabelle 5.5 sind die notwendigen Takte für eine Minute (nominale Frequenz) und für die von Quarz wirklich gelieferten Takte (reale Frequenz) angegeben. Pro Minute liefert der Quarz 6 Takte zu viel. Wenn eine Minute statt aus 1966080 Takten aus 1966074 Takten gebildet wird, stimmt die Zeit wieder und die Uhr „geht richtig". Die Korrektur muss in diesem Beispiel für eine Minute vorgenommen werden, denn bezogen auf eine Sekunde würde die Abweichung nur einem Bruchteil eines Taktes entsprechen, der nicht erfasst und nicht korrigiert werden kann.

Tabelle 5.5 Takte des Quarzes pro Minute

	Frequenz	Takte
Nominale Frequenz:	32768,0 Hz	1966080 Takte
Reale Frequenz:	32768,1 Hz	1966086 Takte

Die Raten-Korrektur bei FlexRay arbeitet wie in dem Beispiel dargestellt. Korrigiert werden soll eigentlich die Länge eines Macroticks, sodass alle Macroticks in allen Knoten gleich lang sind. Da die Abweichung der Macroticks aber kleiner als ein Microtick – die Zeiteinheit, aus der ein Macrotick gebildet wird – ist, wird nicht der einzelne Macrotick betrachtet, sondern die Länge eines Zyklus. Ist ein Zyklus bei einem Knoten zu lang, wird dieser um einige Microticks gekürzt, ist er zu kurz, werden zusätzliche Microticks eingefügt. Der Mechanismus für die Raten-Korrektur bestimmt die Anzahl der zu korrigierenden Microticks für einen Zyklus und teilt diese einzelnen Macroticks gleichmäßig über den Zyklus zu.

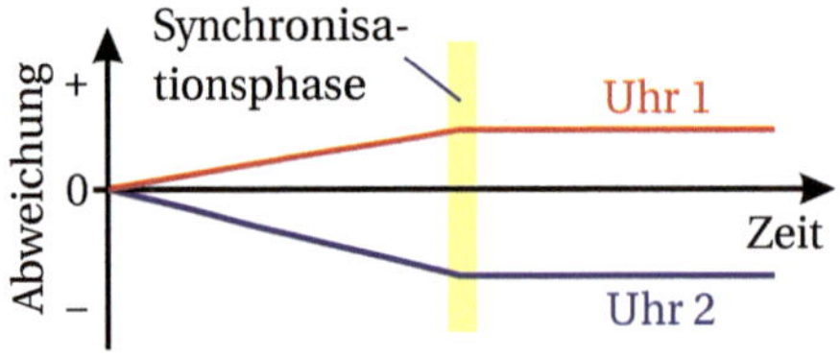

Bild 5.40 Raten-Korrektur

Besteht z. B. ein Zyklus aus 100 Macroticks und hat eine Länge von 10000 Microticks, dann besteht jeder Macrotick aus 100 Microticks. Wurde jetzt festgestellt, dass der Zyklus 3 Microticks im Vergleich zu den anderen Knoten zu kurz ist, wird der Zyklus durch die Raten-Korrektur auf 10003 Microticks verlängert. Da ein Macrotick immer aus einer ganzzahligen Anzahl von Microticks besteht, werden im Zyklus drei Macroticks um je einen Microtick verlängert. Die drei verlängerten Macroticks sind gleichmäßig über den Zyklus verteilt. So wird der 1., der 34. und der 67. Macrotick aus 101 Microticks bestehen und alle anderen Macroticks aus 100. Die Korrektur wird also über den gesamten Zyklus verteilt. Während die Offset-Korrektur schlagartig in der Synchronisationsphase durchgeführt wird, erfolgt die Raten-Korrektur gleichmäßig über dem gesamten Zyklus (Bild 5.40).

5.5.2.3 Uhrenkorrektur bei FlexRay

In Bild 5.41 ist gezeigt, wie die Uhrenkorrektur bei FlexRay abläuft. Dazu wird im geraden und im ungeraden Zyklus die Abweichung für Offset und Frequenz zwischen den Uhren bestimmt. In der NIT des ungeraden Zyklus erfolgt dann die Offset-Korrektur. Ebenfalls in dieser NIT wird die Anzahl der Microticks pro Zyklus für die nächsten beiden Zyklen eingestellt. In diesen beiden Zyklen werden dann je nach Frequenzabweichung einzelne Macroticks um einen Microtick verkürzt oder verlängert. Die Verteilung der verkürzten oder verlängerten Macroticks erfolgt gleichmäßig verteilt über den gesamten Zyklus.

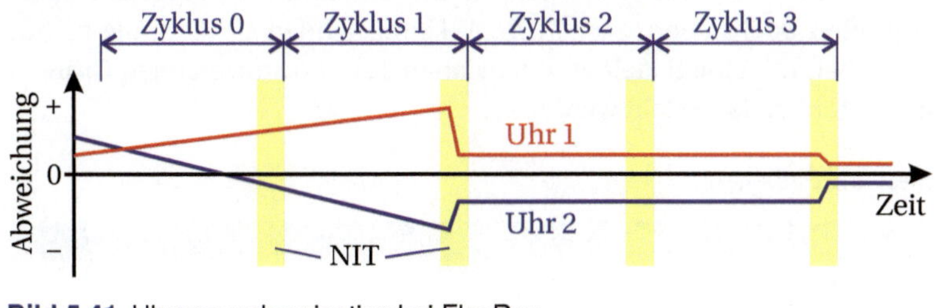

Bild 5.41 Uhrensynchronisation bei FlexRay

Die Zeithierarchie bei FlexRay ist wie im Bild 5.42 dargestellt aufgebaut. Der Zyklus zählt von 0 bis 63 und beginnt dann wieder bei 0. Dabei besteht jeder Zyklus in jedem Knoten im Cluster aus $n-1$ Macroticks.

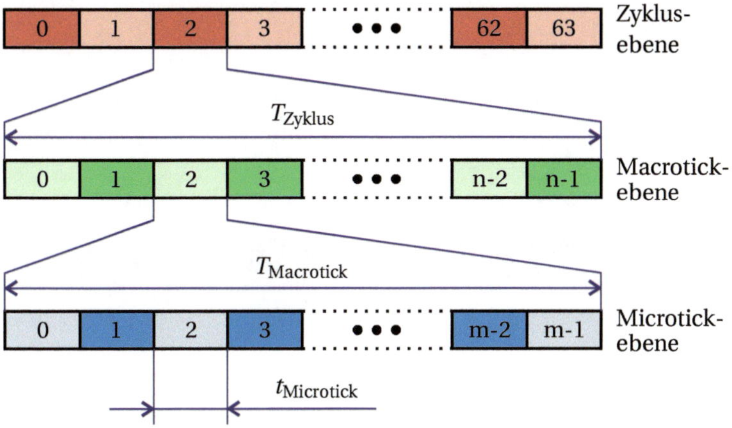

Bild 5.42 Zeithierarchie bei FlexRay

Jeder Macrotick besteht aus einer ganzzahligen Anzahl von Microticks, wobei die Anzahl an Microticks pro Macroticks nicht in allen Knoten gleich sein muss. Durch die Raten-Korrektur werden einzelne Macroticks verkürzt oder verlängert. Aus diesem Grund kann die Anzahl der Mickroticks, aus denen ein Macrotick besteht, auch innerhalb eines Knotens von Macrotick zu Macrotick schwanken.

Die Länge eines Kommunikationszyklus, die Anzahl der Macroticks je Zyklus und die Länge eines Macroticks werden konfiguriert und können erst bei einem Neustart verändert werden.

5.6 Konfiguration

In diesem Abschnitt wird auf die grundlegende Konfiguration eines FlexRay-Clusters eingegangen.

5.6.1 Schreibweisen

In Tabelle 5.6 sind die im Weiteren verwendeten Formelzeichen und Einheiten aufgelistet. Formelzeichen mit einem großen Buchstaben, z. B. T, B, A, kennzeichnen Größen, die es nur ganzzahlig gibt. Formelzeichen mit einem kleinen Buchstaben, z. B. t, kennzeichnen Größen, deren Werte mit rationalen Zahlen dargestellt werden.

Tabelle 5.6 Formelzeichen und Einheiten

Zeichen	Bedeutung
ms, µs, ns	Millisekunde, Mikrosekunde, Nanosekunde
µT	Microtick
MT	Macrotick
t	Zeit in ms, µs, ns
T	Zeit in Macroticks
B_{Frame}	Anzahl Bits für ein Frame
B_{TSS}	Anzahl Bits für die TSS
$A_{\text{StaticSlot}}$	Anzahl statische Slots
A_{Minislot}	Anzahl Minislots
$\lceil x \rceil$	Aufrunden
$\lfloor x \rfloor$	Abrunden
$\lceil t \rceil^{\text{MT}}$	Aufrunden auf den nächsten Macrotick
$t_{\text{MT}} = 1\,\frac{\mu\text{s}}{\text{MT}}$	Länge eines Macroticks in Mikrosekunden
$t_{\text{Bit}} = 0{,}1\,\frac{\mu\text{s}}{\text{Bit}}$	Länge eines Bits in Mikrosekunden
BY_{Payload}	Payload-Länge in Bytes
BY_{Header}	Header-Länge in Bytes

5.6.2 Berechnung der Zykluszeit

Ein Kommunikationszyklus setzt sich aus dem statischen Segment, dem dynamischen Segment, dem Symbol Window und der Network Idle Time (NIT) zusammen. Damit kann die Länge eines Zyklus durch die Addition der einzelnen Segmente berechnet werden. Die Konfiguration der Segmente erfolgt in Macroticks. Aus Bild 5.43 lassen sich die folgenden Gleichungen ableiten:

$$T_{\text{Cycle}} = T_{\text{StaticSegment}} + T_{\text{DynamicSegment}} + T_{\text{SymbolWindow}} + T_{\text{NIT}} \tag{5.1}$$

$$T_{\text{StaticSegment}} = T_{\text{StaticSlot}} \cdot A_{\text{StaticSlot}} \tag{5.2}$$

$$T_{\text{DynamicSegment}} = T_{\text{Minislot}} \cdot A_{\text{Minislot}} \tag{5.3}$$

An zwei Beispielen soll die Berechnung einzelner Segmente im Zyklus illustriert werden.

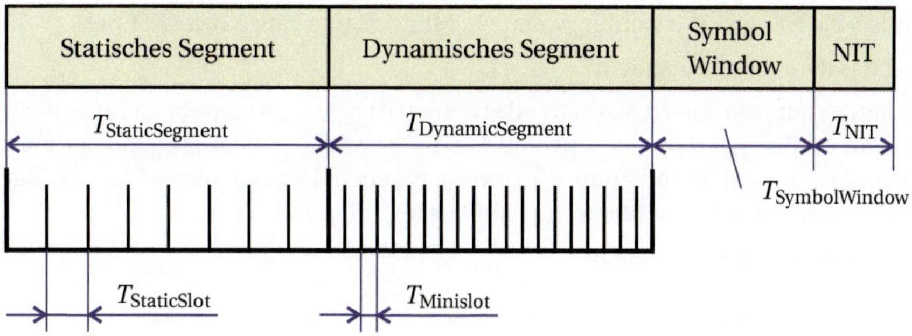

Bild 5.43 Konfiguration eines FlexRay-Zyklus

Beispiel 1

Gegeben:	Anzahl statischer Slots	30
	Anzahl Minislots	356
	Länge eines statischen Slots	50 MT
	Länge eines Minislots	7 MT
	Länge des Zyklus	4000 MT
Gesucht:	Länge der NIT	

Die Länge des Symbol Windows ist in diesem Beispiel nicht angegeben. Da das Symbol Window optional ist, kann davon ausgegangen werden, dass es nicht benötigt wird und somit eine Länge von null hat. Bild 5.44 veranschaulicht die Aufgabenstellung.

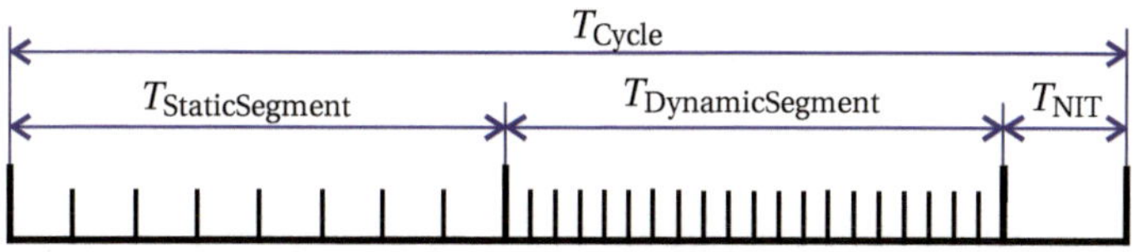

Bild 5.44 Konfiguration eines FlexRay-Zyklus

Bei der Rechnung muss Gleichung 5.1 umgestellt werden. Gleichung 5.2 und 5.3 können direkt verwendet werden.

$$T_{NIT} = T_{Cycle} - (T_{StaticSegment} + T_{DynamicSegment})$$

$$T_{StaticSegment} = 30 \cdot 50\,MT = 1500\,MT$$

$$T_{DynamicSegment} = 356 \cdot 7\,MT = 2492\,MT$$

$$T_{NIT} = 4000\,MT - (1500\,MT + 2492\,MT) = 8\,MT$$

Im gegebenen Beispiel muss die Network Idle Time mit 8 Macroticks konfiguriert werden.

Beispiel 2

Ein FlexRay-Kommunikationszyklus soll eine Länge von 5 ms haben. Das statische Segment soll 60 Slots enthalten. Die statische Slotlänge beträgt 50 MT. Die Network Idle Time muss mindestens 8 MT lang sein.

a) Wie lang muss die NIT gewählt werden, wenn ein Minislot eine Länge von 7 MT hat?

b) Wie lang ist das dynamische Segment?

Für ein unbekanntes oder ein neu zu realisierendes System ist die Länge eines Macroticks nicht bekannt. Sie kann im Bereich zwischen 1 µs und 6 µs frei gewählt werden. Für eine optimale Wahl der Macrotick-Länge sind im Kapitel 9 Hinweise gegeben. Für eine überschlagsmäßige Rechnung reicht es, die Länge eines Macroticks auf 1 µs festzulegen.

Die Rechnung könnte wie folgt aussehen:

$$\begin{aligned} T_{\text{Cycle}} &= T_{\text{StaticSegment}} + T_{\text{DynamicSegment}} + T_{\text{NIT}} \qquad \text{mit } T_{\text{NIT}} \geq 8\,\text{MT} \\ 5000\,\text{MT} &= 60 \cdot 50\,\text{MT} + A_{\text{Minislots}} \cdot 7\,\text{MT} + 8\,\text{MT} + x \end{aligned}$$

x beschreibt den Rest, um genau auf 5000 MT zu kommen. Dies ist notwendig, da alle Werte in der Gleichung ganzzahlig sind.

$$1992\,\text{MT} - x = A_{\text{Minislots}} \cdot 7\,\text{MT}$$

$A_{\text{Minislots}}$ wird so berechnet, dass es maximal wird. Damit ist x immer kleiner als die Anzahl an Macroticks, aus denen ein Minislot besteht.

$$\begin{aligned} x &< 7\,\text{MT} \\ A_{\text{Minislots}} &= \left\lfloor \frac{1992\,\text{MT}}{7\,\text{MT}} \right\rfloor = 284 \\ T_{\text{Dynamic}} &= 284 \cdot 7\,\text{MT} = 1988\,\text{MT} \\ T_{\text{NIT}} &= 5000\,\text{MT} - 3000\,\text{MT} - 1988\,\text{MT} = 12\,\text{MT} \end{aligned}$$

Die Network Idle Time muss mit 12 Macroticks konfiguriert werden. Das dynamische Segment hat eine Länge von 1988 Macroticks, was 1988 µs entspricht.

5.6.3 Berechnung der statischen Slotlänge

Die statische Slotlänge war in den vorherigen Beispielen gegeben. Die notwendige Länge eines statischen Slots kann aus der Frame-Länge bestimmt werden. Ein statischer Slot setzt sich neben der Zeit, die das Senden des Frames t_{Frame} benötigt, aus $T_{\text{ActionPoint}}$, $t_{\text{IdleDelimiter}}$ und t_{Delay} zusammen (Bild 5.45).

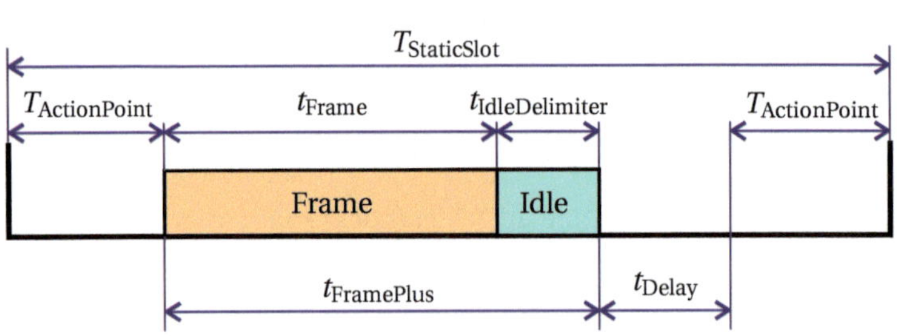

Bild 5.45 Berechnung der Länge eines statischen Slots

$T_{\text{ActionPoint}}$ ist die Zeit, die vor und nach einem Frame vorgehalten werden muss aufgrund der Uhrenabweichungen in einem Cluster. Sind die Uhren genauer, kann für $T_{\text{ActionPoint}}$ eine kleinere Zeit gewählt werden. Die maximale Abweichung der Uhren in einem Cluster wird mit $t_{\text{Precision}}$ in Mikrosekunden angegeben. $T_{\text{ActionPoint}}$ wird in Macroticks konfiguriert. Somit muss $t_{\text{Precision}}$ in Macroticks umgerechnet und auf den nächsten ganzahligen Wert aufgerundet werden (Gleichung 5.4).

$$T_{\text{ActionPoint}} = \lceil t_{\text{Precision}} \rceil^{\text{MT}} \tag{5.4}$$

Um die Länge eines Frames zu bestimmen, müssen die Bits, aus denen der Frame besteht, gezählt werden. Es werden also die Anzahlen der Bytes in Header, Payload und Trailer addiert und mit 10 multipliziert. Ein Byte hat zwar nur 8 Bits, doch durch die Byte-Codierung mit Start- und Stoppbit werden auf dem Bus pro Byte 10 Bits gesendet. Zu dem eben berechneten Wert muss noch die Anzahl an Bits für die Transmission Start Sequence B_{TSS}, die Frame Start Sequence B_{FSS} und die Frame End Sequence B_{FES} dazugenommen werden. Die Länge der Frame Start Sequence wird konfiguriert. B_{FSS} ist immer ein Bit lang, ebenfalls B_{FES}. Da der Idle Delimiter auch in Bits bestimmt wird, macht es Sinn, diesen gleich mit zum Frame dazuzunehmen. Die Frame-Länge mit dem Idle Delimiter wird in diesem Buch mit $t_{\text{FramePlus}}$ bezeichnet. Der Idle Delimiter $B_{\text{IdleDelimiter}}$ hat immer eine Länge von 11 Bits.

$$\begin{aligned} B_{\text{FramePlus}} = & (BY_{\text{Payload}} + BY_{\text{Header}} + BY_{\text{Trailer}}) \cdot 10 \, \tfrac{\text{Bit}}{\text{Byte}} \\ & + B_{\text{TSS}} + B_{\text{FSS}} + B_{\text{FES}} + B_{\text{IdleDelimiter}} \end{aligned} \tag{5.5}$$

$$t_{\text{FramePlus}} = B_{\text{FramePlus}} \cdot t_{\text{Bit}} \tag{5.6}$$

$B_{\text{FramePlus}}$ gibt die Länge eines Frames einschließlich dem Idle Delimiter in Bits an. Wird dieser Wert mit der Länge einer Bitzeit (in Mikro- oder Nanosekunden) multipliziert, ergibt sich die Zeit, die für das Senden benötigt wird (siehe Gleichung 5.6).

Mit der Kenntnis der Laufzeit im FlexRay-Cluster t_{Delay} kann die Mindestlänge eines statischen Slots berechnet werden. Die Laufzeit t_{Delay} setzt sich zusammen aus den Laufzeiten durch die Transceiver beim Sender und Empfänger, der Laufzeit durch den Sternkoppler und der anteiligen Laufzeit im Protokollcontroller. Dazu kommt noch die Laufzeit auf den Leitungen, die durch den Kabeltyp und die Länge beeinflusst wird. Die Laufzeit wird in Mikro- oder Nanosekunden angegeben.

Die Länge eines statischen Slots $T_{\text{StaticSlot}}$ wird nach Gleichung 5.7 berechnet und in Macroticks angegeben. $T_{\text{ActionPoint}}$ ist schon in Macroticks. $t_{\text{FramePlus}}$ und t_{Delay} müssen noch in Macroticks umgerechnet werden. Dazu werden beide Werte addiert, in Macroticks umgerechnet und auf den nächstgrößeren ganzzahligen Wert aufgerundet.

$$T_{\text{StaticSlot}} = 2 \cdot T_{\text{ActionPoint}} + \lceil t_{\text{FramePlus}} + t_{\text{Delay}} \rceil^{\text{MT}} \tag{5.7}$$

Beispiel 3

Bei einem Roboterhersteller kommt die Idee auf, FlexRay für die Steuerung der Achsen einzusetzen. In einem ersten Schritt soll ermittelt werden, ob FlexRay die grundlegenden Anforderungen erfüllen kann. Da sich in der Firma niemand mit FlexRay auskennt, wird eine Serviceanfrage an eine andere Firma oder eine Hochschule gestellt, die sich mit FlexRay auskennt. In der Serviceanfrage wird mitgeteilt, dass der Einsatz von FlexRay in einem Roboter erfolgen soll, dass eine Zykluszeit von 1 ms erforderlich ist und dass 30 Bytes pro Frame für die Mess- und Stellbefehle ausreichend sind. Es stellen sich somit zwei Fragen:

a) Ist eine Zykluszeit von 1 ms realisierbar?

b) Welche minimale Zykluszeit ist erreichbar?

Mit diesen nicht gerade üppigen Informationen ist es unter Zuhilfenahme von sinnvollen Annahmen trotzdem möglich, eine belastbare Aussage zu treffen. Als Erstes ist festzulegen, mit welcher Bitrate FlexRay betrieben wird. Aus den Umgebungsbedingungen spricht nichts dagegen, FlexRay mit 10 Mbit/s zu betreiben. Für die Berechnung der Zykluszeit ist es wichtig zu wissen, wie viele (statische) Slots benötigt werden. Gängige Roboter haben sechs Achsen und damit auch sechs Stellantriebe. Zu den Stellantrieben kommt das zentrale Steuergerät, welches die Bahnführung berechnet und die Stellbefehle an die Stellantriebe gibt. Zu diesen sieben Knoten wird noch einer hinzugenommen für eventuelle Überwachungsaufgaben. In der Rechnung wird somit von 8 Knoten im Cluster ausgegangen. Laut Serviceanfrage sendet jeder dieser Knoten pro Zyklus ein Frame mit einer Payload von 30 Bytes. Damit kann von acht statischen Slots ausgegangen werden.

Die meisten Fahrzeughersteller gehen von einer Präzision zwischen 2 und 3 µs aus, sodass wir mit 3 µs bei der Überschlagsrechnung auf der sicheren Seite sind. Ein Transceiver hat eine Laufzeit von ca. 50 ns, ein Sternkoppler von ca. 75 ns. Es wird angenommen, dass ein Sternkoppler ausreichend ist. Die Leitungslänge sollte überschaubar sein, sodass bei der Annahme von 1 µs für die Laufzeit Reserven enthalten sind. Mit der Annahme, dass sich maximal ein Sternkoppler im Cluster befindet, sollten 12 Bit für die Transmission Start Sequence ausreichend sein.

Für eine vereinfachte Rechnung wird eine Macrotick-Länge von 1 µs angenommen. In der Network Idle Time erfolgt die Korrektur des Offsets der Uhren. Wenn es kein dynamisches Segment gibt, muss auch die Berechnung der Korrekturwerte innerhalb der Network Idle Time erfolgen. Diese muss dann größer konfiguriert werden. Für die Rechnung wird eine Network Idle Time von 19 Macroticks angenommen. Für die Rechnung wird von folgenden Werten ausgegangen:

$$\begin{aligned}
t_{\mathrm{Bit}} &= 100\,\mathrm{ns}\\
t_{\mathrm{Delay}} &= 1\,\mu\mathrm{s}\\
t_{\mathrm{Precision}} &= 3\,\mu\mathrm{s}\\
B_{\mathrm{TSS}} &= 12\,\mathrm{Bit}\\
T_{\mathrm{NIT}} &\geq 19\,\mathrm{MT}\\
BY_{\mathrm{Payload}} &= 30\,\mathrm{Byte}\\
A_{\mathrm{StaticSlot}} &= 8\\
t_{\mathrm{MT}} &= 1\,\mu\mathrm{s}
\end{aligned}$$

Als Erstes werden die Länge eines Frames in Bit und die für die Übertragung benötigte Zeit berechnet.

$$\begin{aligned}B_{\text{FramePlus}} &= (BY_{\text{Payload}} + BY_{\text{Header}} + BY_{\text{Trailer}}) \cdot 10\,\tfrac{\text{Bit}}{\text{Byte}} \\ &\quad + B_{\text{TSS}} + B_{\text{FSS}} + B_{\text{FES}} + B_{\text{IdleDelimiter}} \\ &= (30\,\text{Byte} + 8\,\text{Byte}) \cdot 10\,\tfrac{\text{Bit}}{\text{Byte}} + 12\,\text{Bit} + 1\,\text{Bit} + 1\,\text{Bit} + 11\,\text{Bit} \\ &= 380\,\text{Bit} + 25\,\text{Bit} = 405\,\text{Bit} \\ t_{\text{FramePlus}} &= B_{\text{FramePlus}} \cdot t_{\text{Bit}} \\ &= 405\,\text{Bit} \cdot 0{,}1\,\tfrac{\mu\text{s}}{\text{MT}} \\ &= 40{,}5\,\mu\text{s}\end{aligned}$$

Nach der Festlegung von $T_{\text{ActionPoint}}$ kann die Länge eines statischen Slots berechnet werden.

$$\begin{aligned}T_{\text{ActionPoint}} &= \lceil t_{\text{Precision}} \rceil^{\text{MT}} \\ &= \lceil 3\,\mu\text{s} \rceil^{\text{MT}} \\ &= 3\,\text{MT} \\ T_{\text{StaticSlot}} &= 2 \cdot T_{\text{ActionPoint}} + \lceil t_{\text{FramePlus}} + t_{\text{Delay}} \rceil^{\text{MT}} \\ &= 2 \cdot 3\,\text{MT} + \lceil 40{,}5\,\mu\text{s} + 1\,\mu\text{s} \rceil^{\text{MT}} \\ &= 6\,\text{MT} + \lceil 41{,}5\,\mu\text{s} \rceil^{\text{MT}} \\ &= 6\,\text{MT} + 42\,\text{MT} \\ &= 48\,\text{MT}\end{aligned}$$

Nun kann die Berechnung der Zykluszeit erfolgen.

$$\begin{aligned}T_{\text{Cycle}} &= A_{\text{StaticSlot}} \cdot T_{\text{StaticSlot}} + T_{\text{NIT}} \\ &= 8 \cdot 48\,\text{MT} + 19\,\text{MT} \\ &= 403\,\text{MT} \\ t_{\text{Cycle}} &= T_{\text{Cycle}} \cdot t_{\text{MT}} \\ &= 403\,\text{MT} \cdot 1\,\tfrac{\mu\text{s}}{\text{MT}} \\ &= 403\,\mu\text{s}\end{aligned}$$

Mit den getroffenen Annahmen ist eine Zykluszeit von 403 µs erreichbar. Diese befindet sich deutlich unter der geforderten Zykluszeit von 1 Millisekunde. Die Zykluszeit könnte somit halbiert oder die Anzahl der Knoten oder der statischen Slots verdoppelt werden. Auch eine Erhöhung der Payload-Länge ist möglich.

5.7 Übungen

Aufgabe 1

Ein 10-Mbit/s-FlexRay-Cluster besteht aus 7 Knoten. Drei der Knoten sollen je 5 Nachrichten pro Zyklus im statischen Segment verschicken, zwei Knoten sollen je 3 Nachrichten und alle anderen Knoten je 2 Nachrichten pro Zyklus verschicken. Wie viele statische Slots sind mindestens notwendig?

$$\begin{aligned} A_{\text{StaticSlots}} &= 3 \cdot 5 + 2 \cdot 3 + (7 - 3 - 2) \cdot 2 \\ &= 15 + 6 + 4 \\ &= 25 \end{aligned}$$

Im gegebenen Cluster müssen mindestens 25 statische Slots konfiguriert werden.

Aufgabe 2

Ein 5-Mbit/s-FlexRay-Cluster besteht aus 9 Knoten. Vier der Knoten sollen je 5 Nachrichten pro Zyklus im statischen Segment verschicken, drei Knoten sollen je 3 Nachrichten und alle anderen Knoten je 2 Nachrichten pro Zyklus verschicken. Wie viele statische Slots sind mindestens notwendig?

$$\begin{aligned} A_{\text{StaticSlots}} &= 4 \cdot 5 + 3 \cdot 3 + (9 - 4 - 3) \cdot 2 \\ &= 20 + 9 + 4 \\ &= 33 \end{aligned}$$

Im gegebenen Cluster müssen mindestens 33 statische Slots konfiguriert werden.

Aufgabe 3

Der Zyklus eines 2,5-Mbit/s-FlexRay-Clusters besteht aus 60 statischen Slots, 73 Minislots und einer Network Idle Time von 12 Macroticks. Die statischen Slots haben dabei eine Länge von 40 Macroticks, die Minislots von 7 Macroticks.

Wie lang ist der Zyklus in Mikrosekunden, wenn ein Macrotick eine Länge von 1,3 µs hat?

$$\begin{aligned} T_{\text{Cycle}} &= T_{\text{StaticSegment}} + T_{\text{DynamicSegment}} + T_{\text{NIT}} \\ &= 60 \cdot 40\,\text{MT} + 73 \cdot 7\,\text{MT} + 12\,\text{MT} \\ &= 2400\,\text{MT} + 511\,\text{MT} + 12\,\text{MT} \\ &= 2923\,\text{MT} \\ t_{\text{Cycle}} &= T_{\text{Cycle}} \cdot t_{\text{MT}} \\ &= 2923\,\text{MT} \cdot 1{,}3\,\tfrac{\mu\text{s}}{\text{MT}} \\ &= 3799{,}9\,\mu\text{s} \end{aligned}$$

Ein Zyklus besteht aus 2923 Macroticks, was einer Dauer von 3799,9 µs entspricht.

Aufgabe 4

Wie viele Minislots stehen im dynamischen Segment zur Verfügung, wenn die Zykluszeit 2,5 ms beträgt und es 30 statische Slots gibt? Die statischen Slots haben dabei eine Länge von 35

Macroticks, die Minislots von 6 Macroticks und die Network Idle Time von 8 Macroticks. Es gibt kein Symbol Window. Ein Macrotick hat eine Länge von 1,25 µs.

$$
\begin{aligned}
T_{\text{Cycle}} &= \frac{t_{\text{Cycle}}}{t_{\text{MT}}} \\
&= \frac{2500\,\mu\text{s}}{1{,}25\,\frac{\mu\text{s}}{\text{MT}}} \\
&= 2000\,\text{MT} \\
T_{\text{DynamicSegment}} &= T_{\text{Cycle}} - T_{\text{StaticSegment}} - T_{\text{NIT}} \\
&= 2000\,\text{MT} - 30 \cdot 35\,\text{MT} - 8\,\text{MT} \\
&= 942\,\text{MT} \\
A_{\text{Minislots}} &= \frac{T_{\text{DynamicSegment}}}{T_{\text{Minislot}}} \\
&= \frac{942\,\text{MT}}{6\,\text{MT}} \\
&= 157
\end{aligned}
$$

Im dynamischen Segment stehen 157 Minislots zur Verfügung.

Aufgabe 5

Berechnen Sie die Länge eines statischen Slots in Mikrosekunden, wenn die Payload-Länge 30 Bytes, die Präzision 1,93 µs und die maximale Laufzeit 750 ns betragen und die TSS mit 9 Bit konfiguriert ist. Das Netzwerk hat eine Bitrate von 10 Mbit/s.

$$
\begin{aligned}
B_{\text{FramePlus}} &= (BY_{\text{Payload}} + BY_{\text{Header}} + BY_{\text{Trailer}}) \cdot 10\,\frac{\text{Bit}}{\text{Byte}} \\
&\quad + B_{\text{TSS}} + B_{\text{FSS}} + B_{\text{FES}} + B_{\text{IdleDelimiter}} \\
&= (30\,\text{Byte} + 8\,\text{Byte}) \cdot 10\,\frac{\text{Bit}}{\text{Byte}} + 9\,\text{Bit} + 1\,\text{Bit} + 1\,\text{Bit} + 11\,\text{Bit} \\
&= 402\,\text{Bit} \\
t_{\text{FramePlus}} &= B_{\text{FramePlus}} \cdot t_{\text{Bit}} \\
&= 402\,\text{Bit} \cdot 0{,}1\,\frac{\mu\text{s}}{\text{Bit}} \\
&= 40{,}2\,\mu\text{s} \\
t_{\text{MT}} &= 1\,\frac{\mu\text{s}}{\text{MT}} \qquad (1\,\text{MT} \mathrel{\hat{=}} 1\,\mu\text{s}) \\
T_{\text{ActionPoint}} &= \lceil t_{\text{Precision}} \rceil^{\text{MT}} \\
&= \lceil 1{,}93\,\mu\text{s} \rceil^{\text{MT}} = 2\,\text{MT} \\
T_{\text{StaticSlot}} &= 2 \cdot T_{\text{ActionPoint}} + \lceil t_{\text{FramePlus}} + t_{\text{Delay}} \rceil^{\text{MT}} \\
&= 2 \cdot 2\,\text{MT} + \lceil 40{,}2\,\mu\text{s} + 0{,}75\,\mu\text{s} \rceil^{\text{MT}} \\
&= 4\,\text{MT} + \lceil 40{,}95\,\mu\text{s} \rceil^{\text{MT}} \\
&= 4\,\text{MT} + 41\,\text{MT} \\
&= 45\,\text{MT}
\end{aligned}
$$

Ein statischer Slot hat eine Länge von 45 Macroticks. Da ein Macrotick mit einer Länge von 1 µs festgelegt wurde, beträgt die Länge eines statischen Slots 45 µs.

Aufgabe 6

In einem 10-Mbit/s-FlexRay-Cluster wird eine statische Slotlänge von 50,6 µs gemessen. Welche Payload-Länge ist damit möglich, wenn folgende Annahmen getroffen werden: Präzision ist 2,2 µs, die maximale Laufzeit ist 950 ns und die TSS ist 8 Bit lang.

Der Action Point wird so festgelegt, dass $t_{\text{ActionPoint}} = t_{\text{Precision}}$. Damit muss die Länge eines Macroticks so festgelegt werden, dass dies möglich ist. Es ergibt sich:

$$\begin{aligned} t_{\text{ActionPoint}} &= t_{\text{Precision}} = 2{,}2\,\mu\text{s} \\ t_{\text{MT}} &= 1{,}1\,\mu\text{s} \\ T_{\text{ActionPoint}} &= 2\,\text{MT} \\ T_{\text{StaticSlot}} &= \frac{t_{\text{StaticSlot}}}{t_{\text{MT}}} = \frac{50{,}6\,\mu\text{s}}{1{,}1\,\frac{\mu\text{s}}{\text{MT}}} \\ &= 46\,\text{MT} \end{aligned}$$

Mit diesen Werten kann die Rechnung weiter durchgeführt werden.

$$\begin{aligned} t_{\text{FramePlus}} &= t_{\text{StaticSlot}} - 2 \cdot t_{\text{ActionPoint}} - t_{\text{Delay}} \\ &= 50{,}6\,\mu\text{s} - 2 \cdot 2{,}2\,\mu\text{s} - 0{,}95\,\mu\text{s} = 45{,}25\,\mu\text{s} \\ B_{\text{FramePlus}} &= \left\lfloor \frac{t_{\text{FramePlus}}}{t_{\text{Bit}}} \right\rfloor = \left\lfloor \frac{45{,}25\,\mu\text{s}}{0{,}1\,\frac{\mu\text{s}}{\text{Bit}}} \right\rfloor = 452\,\text{Bit} \\ BY_{\text{Payload}} &= \left\lfloor \frac{B_{\text{FramePlus}} - B_{\text{TSS}} - B_{\text{FSS}} - B_{\text{FES}} - B_{\text{IdleDelimiter}}}{10\,\frac{\text{Bit}}{\text{Byte}}} \right\rfloor \\ &\quad - BY_{\text{Header}} - BY_{\text{Trailer}} \\ &= \left\lfloor \frac{452\,\text{Bit} - 8\,\text{Bit} - 1\,\text{Bit} - 1\,\text{Bit} - 11\,\text{Bit}}{10\,\frac{\text{Bit}}{\text{Byte}}} \right\rfloor - 5\,\text{Byte} - 3\,\text{Byte} \\ &= 35\,\text{Byte} \quad \Rightarrow 34\,\text{Byte} \end{aligned}$$

Für das gegebene System ist eine maximale Payload von 34 Bytes möglich. Die Rechnung ergab zwar 35 Bytes, da aber nur gradzahlige Payload-Längen konfiguriert werden können, muss auf die nächstkleinere gerade Zahl abgerundet werden.

II Erweiterte Prinzipien und spezielle Mechanismen

6 Grundlagen (2)

6.1 Methoden zur Berechnung eines Prüfwerts

Bei der Übertragung von Daten über Kommunikationssysteme werden Prüfwerte verwendet, um sicherzustellen, dass bei der Übertragung keine Daten verfälscht wurden. Bei geringen Datenmengen reichen meist einfache Verfahren, wie dies z. B. bei LIN der Fall ist. Um sowohl größere Datenmengen abzusichern als auch ein höheres Sicherheitsniveau zu erreichen, wird ein Verfahren mit der Bezeichnung *zyklische Redundanzprüfung* angewendet. Im Englischen heißt dieses Verfahren *Cyclic Redundancy Check* und wird mit CRC abgekürzt. Ein CRC kann sowohl in Software auf einem Mikrocontroller als auch in Hardware mit einer speziellen Schaltung berechnet werden. Nachfolgend werden zuerst die Verfahren der Paritätsprüfung und der Kreuzparitätsprüfung dargestellt. Anschließend wird das mathematische Verfahren zur Berechnung eines CRCs dargestellt, die dafür benötigte elektronische Schaltung gezeigt und es werden die Polynome für die Berechnung der CRCs für die in diesem Buch behandelten Kommunikationssysteme angegeben.

6.1.1 Paritätsprüfung

Die Sicherung der Daten mittels Parität bzw. Paritätsbit ist die einfachste Methode. Dazu wird bei einer festgelegten Anzahl von Bits die Anzahl der 1-Bits gezählt. Ist die Anzahl gerade, wird das Prüfbit auf 0 gesetzt, ist die Anzahl ungerade, auf 1. Man spricht von einer geraden Parität (engl.: even parity), wenn die Anzahl der 1-Bits einschließlich dem Prüfbit gerade ist.

Genauso ist es möglich, das Prüfbit so zu bestimmen, dass die Anzahl der 1-Bits einschließlich Prüfbit ungerade ist. Dies ist dann eine ungerade Parität (engl.: odd parity). Ob in einem Kommunikationssystem auf gerade oder ungerade Parität geprüft wird, ist prinzipiell egal. Es ist nur wichtig, dass Sender und Empfänger mit derselben Parität arbeiten.

Tabelle 6.1 zeigt mehrere Beispiele für die Bestimmung der Paritätsbits. Die zu sendenden Daten bestehen aus n Datenbits, mit den Bezeichnungen $D_0, D_1, D_2, \ldots, D_{n-1}$. An diese Daten wird das Paritätsbit angehängt und mit übertragen, damit der Empfänger prüfen kann, ob Daten bei der Übertragung verändert wurden.

Tabelle 6.1 Beispiel für die Bestimmung des Paritätsbits bei gerader Parität

Daten	Paritätsbit	zu sendende Daten
0001 1010	1	0001 1010 1
0101 0110	0	0101 0110 0
1000 0010	0	1000 0010 0
1111 01	1	1111 011

Mathematisch betrachtet ist die Berechnung eine Exklusiv-ODER-Verknüpfung[1] der Datenbits $D_0, D_1, D_2, \ldots, D_{n-1}$.

$$P_{\text{gerade}} = D_0 \oplus D_1 \oplus D_2 \oplus \cdots \oplus D_{n-1} \tag{6.1}$$

$$P_{\text{ungerade}} = \overline{D_0 \oplus D_1 \oplus D_2 \oplus \cdots \oplus D_{n-1}} \tag{6.2}$$

Mit dem Paritätsbit ist der Empfänger in der Lage, festzustellen, ob *ein* Bit bei der Übertragung verändert wurde. Er weiß aber nicht, welches Bit verändert wurde. Wurden zwei Bits verändert, kann der Empfänger dies nicht feststellen.

Bei drei und bei jeder ungeraden Anzahl an veränderten Bits bemerkt der Empfänger, dass etwas verändert wurde, aber nicht welche Bits und auch nicht wie viele. Bei einer geraden Anzahl von veränderten Bits kann der Empfänger dies nicht feststellen. Ein solcher Fehler bleibt bei dieser Methode unentdeckt. Die Berechnung eines Paritätsbits ist sehr einfach.

Geeignet ist dieses Verfahren für geringe Datenmengen. Eingesetzt wird es z. B. bei der Übertragung nach dem RS232-Standard. Wenn die Daten mit einem Paritätsbit gesichert werden, wird meist nach 7 oder 8 Datenbits ein Paritätsbit bestimmt und übertragen.

6.1.2 Berechnung der Prüfbits bei LIN

LIN verwendet Prüfbits, um Veränderungen von Bits bei der Übertragung feststellen zu können. So werden Paritätsbits im Identifier-Feld und eine Checksumme im Checksum-Feld verwendet.

6.1.2.1 Bestimmung der Paritätsbits im Identifier-Feld

Bild 6.1 zeigt die Anordnung der Bits im Identifier-Feld in einem LIN-Frame. Die beiden Bits $P0$ und $P1$ sind Paritätsbits, die den Identifier schützen.

Die beiden Paritätsbits werden über die Bits des Identifiers wie folgt berechnet:

$$P0 = ID0 \oplus ID1 \oplus ID2 \oplus ID4 \qquad \text{(gerade Parität)} \tag{6.3}$$

$$P1 = \overline{ID1 \oplus ID3 \oplus ID4 \oplus ID5} \qquad \text{(ungerade Parität)} \tag{6.4}$$

Die Berechnung kann nacheinander erfolgen, z. B. $P0 = ((ID0 \oplus ID1) \oplus ID2) \oplus ID4$. $P0$ wird so bestimmt, dass sich eine gerade Parität, und $P1$, dass sich eine ungerade Parität ergibt.

[1] ⊕ steht für Exklusiv-ODER, XOR, Antivalenz

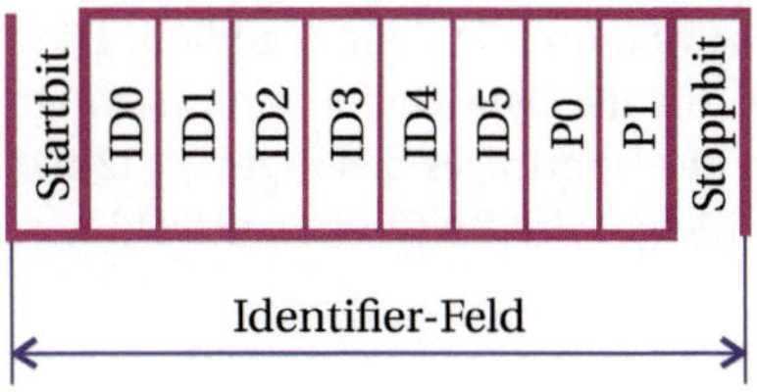

Bild 6.1 Bits im Identifier-Feld

In Tabelle 6.2 wird die Berechnung der Paritätsbits an mehreren Beispielen gezeigt. Die grün hervorgehobenen Bits markieren die für die Berechnung von P1 relevanten Bits, die orange hervorgehobenen Bits entsprechend für P0.

Tabelle 6.2 Beispiele für die Paritätsberechnung

ID		IDx						P0	P1
Dezimal	Hexadezimal	5	4	3	2	1	0		
0	0x00	0	0	0	0	0	0	0	1
10	0x0A	0	0	1	0	1	0	1	1
20	0x14	0	1	0	1	0	0	0	0
30	0x1E	0	1	1	1	1	0	1	0
45	0x2D	1	0	1	1	0	1	0	1
59	0x3B	1	1	1	0	1	1	1	1

6.1.2.2 Bestimmung der Prüfbits für das Checksum-Feld

Ein LIN-Frame wird durch das acht Bit große Checksum-Feld gesichert. Im Abschnitt 3.3.3.2 wurde dargestellt, dass es eine Checksumme für LIN 1.3 und eine andere für LIN 2.x gibt. Die Methode zur Berechnung ist bei beiden gleich. Es gibt lediglich einen Unterschied, welche Daten in die Berechnung einbezogen werden. Bei der Berechnung nach LIN 1.3 wird die Checksumme nur über die Bytes der Daten-Felder berechnet (Classic Checksum). Die Berechnung nach LIN 2.x bezieht neben den Bytes der Daten-Felder auch das Byte mit dem Identifier einschließlich der beiden Paritätsbits mit ein (Enhanced Checksum).

In Tabelle 6.3 wird die Berechnung der Checksumme sowohl für die Classic Checksum als auch für die Enhanced Checksum anhand eines Beispiels gezeigt. Ausgehend von den Daten aus dem Identifier-Feld (Identifier + Paritätsbits) in Zeile 1 werden die Daten aus dem ersten Data-Feld (Data 1) bei der Enhanced Checksum dazuaddiert (Zeile 2). Die Summe der beiden Felder ist in Zeile 3 angegeben. Bei der Berechnung der Classic Checksum wird der Identifier nicht mit einbezogen und es wird mit dem ersten Data-Feld begonnen (Zeile 2). Die Summe in Zeile 3 ist dann identisch mit dem ersten Data-Feld. Kommt es bei der Addition zu einem Übertrag in die neunte Stelle (siehe Spalte *Übertrag*), wird dieser Übertrag zur Summe in Zeile 3 addiert und das Ergebnis ist in Zeile 4 angegeben. Bei der Enhanced Checksum gibt es in diesem Beispiel einen Übertrag, bei der Classic Checksum keinen.

In Zeile 5 werden die Daten aus dem nächsten Data-Feld (Data 2) angegeben. In Zeile 6 ist dann die Summe aus Zeile 4 und 5 angegeben. Gibt es bei dieser Addition einen Übertrag in die neunte Stelle, wird dieser Übertrag wieder in Zeile 7 zur Summe in Zeile 6 addiert. Dies setzt sich mit weiteren Data-Feldern fort (Zeile 8, 9 und 10), bis alle Data-Felder berücksichtigt wurden. Im letzten Schritt wird nach der letzten Addition des Übertrages das Ergebnis (Zeile 10) bitweise invertiert und in Zeile 11 angegeben. Diese Bitfolge wird im Checksum-Feld von dem Knoten gesendet, der die Frame Response sendet.

Tabelle 6.3 Beispiel für die Berechnung der Checksumme

			Enhanced		Classic	
Zeile	**Beschreibung**	**Wert**	**Übertrag**	**Binär**	**Übertrag**	**Binär**
1	Identifier	0xA6		1010 0110		
2	+ Data 1	0xF3		1111 0011		1111 0011
3	Summe		1	1001 1001	0	1111 0011
4	+ Übertrag			1001 1010		1111 0011
5	+ Data 2	0x53		0101 0011		0101 0011
6	Summe		0	1110 1101	1	0100 0110
7	+ Übertrag			1110 1101		0100 0111
8	+ Data 3	0x2E		0010 1110		0010 1110
9	Summe		1	0001 1011	0	0111 0101
10	+ Übertrag			0001 1100		0111 0101
11	Invertieren			1110 0011		1000 1010

6.1.3 Kreuzparitätsprüfung

Etwas mehr Schutz als die Paritätsprüfung bietet die Kreuzparitätsprüfung. Sie beruht auf der gleichen Berechnung wie die Paritätsprüfung, ermöglicht aber auch Zwei-Bit-Fehler zu erkennen und Ein-Bit-Fehler zu korrigieren.

Dazu werden die Daten in einer Tabelle angeordnet, die eine Anzahl von Zeilen und Spalten hat. Für jede Zeile und für jede Spalte wird das Paritätsbit bestimmt. Übertragen werden die Zeilen nacheinander.

Tabelle 6.4 zeigt ein Beispiel, bei dem die Daten in sechs Zeilen und acht Spalten angeordnet sind. Pro Zeile gibt es acht Datenbits, für die jeweils das Paritätsbit für ungerade Parität bestimmt wird (siehe rechte Spalte). Für jede Spalte wird ebenfalls das Paritätsbit bestimmt (siehe Zeile 7). Über die acht Spaltenparitätsbits in Zeile 7 kann zuletzt noch ein Paritätsbit bestimmt werden.

Übertragen werden die Daten zeilenweise, gefolgt von dem jeweiligen Zeilenparitätsbit. Nach der Übertragung der letzten Zeile, hier Zeile 6, folgen die Spaltenparitätsbits.

Der Empfänger prüft nach dem Empfang, ob alle Paritätsbits korrekt sind. Ist dies der Fall, kann von einer fehlerfreien Übertragung ausgegangen werden. Sollten ein oder mehrere Paritätsbits nicht korrekt sein, liegt ein Fehler vor. Für einige Fehler ist es möglich, das oder die Bits zu bestimmen, die bei der Übertragung verändert wurden.

Unter der Annahme eines Ein-Bit-Fehlers können folgende Fälle auftreten:

Tabelle 6.4 Beispiel für die Kreuzparitätsprüfung bei ungerader Parität

Zeile	Daten									Paritätsbit
	D_7	D_6	D_5	D_4	D_3	D_2	D_1	D_0		P
1	0	0	0	0	0	1	0	0	→	0
2	0	1	0	0	0	0	1	0	→	1
3	1	0	0	0	1	0	0	1	→	0
4	0	0	1	1	0	1	1	0	→	1
5	1	1	0	1	0	1	1	0	→	0
6	1	0	1	0	1	1	1	1	→	1
	↓	↓	↓	↓	↓	↓	↓	↓		
7	0	1	1	1	1	1	1	1	→	0

- Ein Zeilenparitätsbit ist nicht korrekt, die Spaltenparitätsbits sind alle korrekt. Hier wurde nur ein Zeilenparitätsbit verändert, die Daten sind korrekt.
- Ein Spaltenparitätsbit ist nicht korrekt, die Zeilenparitätsbits sind alle korrekt. Hier wurde nur ein Spaltenparitätsbit verändert, die Daten sind korrekt.
- Ein Zeilen- und ein Spaltenparitätsbit sind nicht korrekt. Es wurde ein Datenbit verändert. Mittels der Zeilen- und der Spaltennummer, in denen die Paritätsbits nicht korrekt waren, kann das veränderte Datenbit bestimmt und somit korrigiert werden.

Unter der Annahme eines Zwei-Bit-Fehlers können folgende Fälle auftreten:

- Ein Zeilenparitätsbit ist nicht korrekt, die Spaltenparitätsbits sind alle korrekt. In diesem Fall wurde ein Datenbit und ein Spaltenparitätsbit verfälscht.
- Ein Spaltenparitätsbit ist nicht korrekt, die Zeilenparitätsbits sind alle korrekt. In diesem Fall wurde ein Datenbit und ein Zeilenparitätsbit verfälscht.
- Zwei Zeilenparitätsbits sind nicht korrekt, die Spaltenparitätsbits sind alle korrekt. Es wurden entweder zwei Datenbits, die in einer Spalte liegen, oder die zwei Zeilenparitätsbits verändert.
- Zwei Spaltenparitätsbits sind nicht korrekt, die Zeilenparitätsbits sind alle korrekt. Es wurden entweder zwei Datenbits, die in einer Zeile liegen, oder die zwei Spaltenparitätsbits verändert.
- Zwei Zeilen- und zwei Spaltenparitätsbits sind nicht korrekt. In diesem Fall wurden zwei Datenbits verändert.

Bei einem Zwei-Bit-Fehler kann nur erkannt werden, dass ein Fehler vorliegt. Eine Korrektur ist für beliebige Fehler nicht möglich.

Ein Drei-Bit-Fehler führt im günstigsten Fall zu Fehlern in drei Zeilen- und in drei Spaltenparitätsbits. Im ungünstigsten Fall zeigt nur ein einziges Paritätsbit (Spalten- oder Zeilenparitätsbit) an, dass ein Fehler vorliegt, und der Fehler kann dann nicht von einem Ein-Bit-Fehler unterschieden werden.

Viele Vier-Bit-Fehler können erkannt werden. Liegen aber die veränderten Bits auf den Ecken eines Rechtecks, sind alle Paritätsbits korrekt und der Empfänger geht von einer fehlerfreien Übertragung aus. Dieser Fall liegt z. B. vor, wenn beispielsweise die Datenbits D_7 und D_5 in

Zeile 2 und in Zeile 5 jeweils verändert wurden. Da je Zeile und je Spalte jeweils zwei Bits verändert wurden, ändern sich die Zeilen- und die Spaltenparitätsbits nicht.

Mit der Kreuzparitätsprüfung können somit alle Ein-, Zwei- und Drei-Bit-Fehler erkannt werden. Damit die Empfänger die korrekten Daten erhalten, ist es üblich, die Datenübertragung zu wiederholen.

6.1.4 Zyklische Redundanzprüfung

Eine weitere Methode zur Erkennung von verfälschten Bits bei der Übertragung ist die zyklische Redundanzprüfung (engl.: Cyclic Redundancy Check (CRC)). Die englische Abkürzung wird auch im Deutschen vorwiegend benutzt, wenn es um diese Methode geht. Die Berechnung eines CRCs beruht auf einer Polynomdivision mit einem geeigneten Divisor (Polynom). Die zu sichernden Nutzdaten liegen in binärer Form vor, d. h., es sind Bits mit den Werten 0 und 1. Sie werden auch als *Rahmen* bezeichnet. Dieser Rahmen wird um $k-1$ Bits erweitert und als *Anhang* bezeichnet. k ist dabei die Anzahl der Stellen, die der Divisor hat. Der Divisor wird als Generatorpolynom bezeichnet.

Beim Sender wird der Rahmen mit Anhang durch das Generatorpolynom geteilt. Die Polynomdivision erfolgt ganzzahlig, sodass die Division entweder aufgeht (Rest gleich 0) oder ein Rest übrig bleibt, der kleiner als das Generatorpolynom ist. Der Rest ist der berechnete CRC, der den Nutzdaten, also dem Rahmen ohne Anhang, angehängt wird.

Bei einer „normalen“ schriftlichen Division wird vom Dividenden der Divisor abschnittsweise subtrahiert. Der erhaltene Rest wird mit weiteren Stellen des Dividenden erweitert und die nächste Subtraktion ausgeführt.

Bei der Berechnung des CRCs wird das Generatorpolynom ebenfalls schrittweise vom Rahmen mit Anhang subtrahiert. Die Subtraktion erfolgt aber ohne Berücksichtigung eines Übertrages, sondern jede Stelle wird nur für sich betrachtet. Man spricht von einer Modulo-2-Rechnung. Technisch kann diese Art der Subtraktion mit einer XOR-Verknüpfung realisiert werden, für die folgende Regeln gelten:

$$0-0=0$$

$$0-1=1$$

$$1-0=1$$

$$1-1=0$$

Die gleichen Regeln gelten übrigens auch für die Addition. Vereinfacht lässt sich sagen, dass das Resultat der XOR-Verknüpfung 0 ist, wenn die beiden Operanden gleich sind, und 1, wenn die Operanden verschieden sind. Das folgende Beispiel verdeutlicht die Rechnung:

```
  1 0 1 1 0 0
- 1 1 0 1 0 1
-------------
  0 1 1 0 0 1
```

Basierend auf diesen Rechenregeln bestimmt der Sender den CRC und überträgt den Rahmen ohne Anhang. Anstelle des Anhangs wird der CRC an den Rahmen angehängt. Der Empfänger empfängt die Nutzdaten mit dem angehängten CRC und führt die gleiche Rechnung aus.

An einem Beispiel soll die CRC-Berechnung veranschaulicht werden. Zuerst muss das Generatorpolynom festgelegt werden. Die Wahl des Polynoms bestimmt wesentlich die Eigenschaften der Redundanzprüfung. Dafür eignen sich nicht alle möglichen Polynome.

In den Bildern 6.2 und 6.3 wird die Rechnung des Senders und des Empfängers gezeigt. Als Generatorpolynom wird das in Gleichung 6.5 gegebene Generatorpolynom verwendet, welches beispielsweise USB nutzt, um die Daten zu sichern.

$$x^5 + x^2 + 1 \tag{6.5}$$

Von folgenden Daten geht das Beispiel aus:

Generatorpolynom: `100101`
Rahmen (Nutzdaten): `10011111011011001`
Anhang: `00000`
Rahmen mit Anhang: `1001111101101100100000`

Bild 6.2 zeigt die Rechnung des Senders. In Blau ist jeweils das Generatorpolynom dargestellt, welches jeweils XOR mit dem darüberstehenden Teil des Rahmens und des Anhangs verknüpft wird.

```
 1001111101101100100000 : 100101 = 1000101001110001
-100101
     101101
    -100101
       100010
      -100101
          111110
         -100101
           110110
          -100101
            100111
           -100101
                100000
               -100101
                   1010
                  01010  (Rest)
```

Bild 6.2 CRC-Berechnung beim Sender

Das Ergebnis der Division ist uninteressant, nur der Rest wird benötigt und an die Nutzdaten angehängt. Der Empfänger überprüft mit der gleichen Rechnung, ob die Daten fehlerfrei übertragen wurden. Ist der Rest der Division gleich 0, geht der Empfänger davon aus, dass die Übertragung fehlerfrei war (Bild 6.3).

Die Schaltung, um den Rest der Polynomdivision wie beschrieben zu berechnen, ist sehr einfach (siehe Bild 6.4). Sie besteht aus k D-Flipflops (k ist die Größe des Generatorpolynoms), die ein Schieberegister bilden, und einer Reihe von XOR-Gattern. Die XOR-Gatter bilden die Rückkopplungen, die sich im Generatorpolynom durch die von null verschiedenen Koeffizienten ergeben. Die Daten (Rahmen mit Anhang) werden mit einem Takt schrittweise durch dieses rückgekoppelte Schieberegister geschoben. Nach n Takten steht in den Registern x^4 bis

x^0 der gesuchte Rest, der dem CRC entspricht. n ergibt sich aus der Anzahl an Bits, aus denen der Rahmen mit Anhang besteht. Im Beispiel sind es 22 Takte. In der Schaltung ist zu beachten, dass die Nutzdaten im oberen Register nach links herausgeschoben und in die rückgekoppelten Schieberegister geschoben werden. Der berechnete Rest in den Registern x^4 bis x^0 sind von rechts nach links zu lesen.

```
 1001111101101100101010 : 100101 = 1000101001110001
-100101
      101101
     -100101
        100010
       -100101
           111110
          -100101
            110110
           -100101
              100111
             -100101
                  100101
                 -100101
                        00  (Rest)
```

Bild 6.3 CRC-Überprüfung beim Empfänger

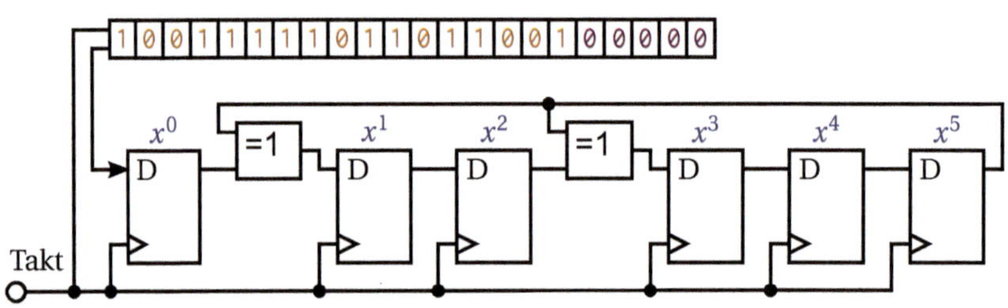

Bild 6.4 Schaltung zur Berechnung des CRCs nach Gleichung 6.5

Die Wahl des Generatorpolynoms bestimmt die Möglichkeiten der Fehlererkennung, die als Hamming-Distanz bezeichnet wird. Bei einem Generatorpolynom, welches eine Hamming-Distanz von vier hat, wird das Verfälschen von drei beliebigen Bits immer erkannt. Wurden mehr als drei Bits geändert, werden Fehler auch noch erkannt, aber es gibt Kombinationen, bei denen die Division beim Empfänger null ergibt und somit die Verfälschung von Bits nicht erkannt wird. Bei den Kommunikationsprotokollen CAN, CAN FD, CAN XL und FlexRay werden Generatorpolynome verwendet, die eine Hamming-Distanz von sechs haben, sodass es garantiert ist, dass bis zu fünf beliebig geänderte Bits immer erkannt werden. CAN XL und FlexRay haben bei kurzen Frames sogar eine Hamming-Distanz von 8 (FlexRay bei Frames mit einer Payload von 8 Bytes oder weniger). Ethernet hingegen hat für Frames kleiner 372 Bytes eine Hamming-Distanz von 5, für Frames ab 372 Bytes nur noch von 4.

In den Gleichungen 6.6 bis 6.13 sind die im Automotive-Bereich verwendeten Generatorpolynome zur Berechnung der CRCs angegeben. Das in Gleichung 6.6 angegebene Generatorpolynom wird beim CAN verwendet, welches im Kapitel 4 beschrieben wurde. Im Kapitel 8 werden die Erweiterungen von CAN dargestellt. CAN FD ist eine dieser Erweiterungen, welche die Möglichkeit bietet, eine Payload mit mehr als acht Bytes zu verschicken. Um trotzdem eine Hamming-Distanz von 6 zu erreichen, ist ein längeres Generatorpolynom notwendig. Die beiden bei CAN FD verwendeten Generatorpolynome sind in den beiden Gleichungen 6.7 und 6.8 angegeben. CAN XL ist die neueste Erweiterung, die Frames bis zu einer Länge von 2048 Bytes in der Payload unterstützt. Durch die größere Datenlänge ist ein Generatorpolynom notwendig, das bei dieser Länge eine Hamming-Distanz von 6 garantiert. Dazu ist ein Generatorpolynom erst ab einer Länge von 32 in der Lage (Gleichung 6.10).

Classical CAN CRC

$$x^{15}+x^{14}+x^{10}+x^{8}+x^{7}+x^{4}+x^{3}+1 \qquad \text{15-bit CRC polynomial} \tag{6.6}$$

CAN FD CRC

$$x^{17}+x^{16}+x^{14}+x^{13}+x^{11}+x^{6}+x^{4}+x^{1}+1 \qquad \text{17-bit CRC polynomial} \tag{6.7}$$

$$x^{21}+x^{20}+x^{13}+x^{11}+x^{7}+x^{4}+x^{3}+1 \qquad \text{21-bit CRC polynomial} \tag{6.8}$$

CAN XL Header CRC

$$x^{13}+x^{12}+x^{11}+x^{8}+x^{7}+x^{6}+x^{5}+x^{2}+x+1 \tag{6.9}$$

CAN XL Frame CRC

$$x^{32}+x^{31}+x^{30}+x^{29}+x^{28}+x^{26}+x^{23}+x^{21}+x^{19}+x^{18} \\ +x^{15}+x^{14}+x^{13}+x^{12}+x^{11}+x^{9}+x^{8}+x^{4}+x+1 \tag{6.10}$$

FlexRay verwendet auch zwei verschiedene Generatorpolynome. Dabei wird ein Generatorpolynom für den Header CRC (Gleichung 6.11) verwendet, der nur über einen Teil des Headers berechnet wird. Das andere Generatorpolynom dient für die Berechnung des Frame-CRCs (Gleichung 6.12), der über den gesamten Frame berechnet wird.

FlexRay Header CRC

$$x^{11}+x^{9}+x^{8}+x^{7}+x^{2}+1=(x+1)\cdot(x^{5}+x^{3}+1)\cdot(x^{5}+x^{4}+x^{3}+x+1) \tag{6.11}$$

FlexRay Frame CRC

$$x^{24}+x^{22}+x^{20}+x^{19}+x^{18}+x^{16}+x^{14}+x^{13}+x^{11}+x^{10}+x^{8}+x^{7}+x^{6}+x^{3}+x+1 \\ =(x+1)^{2}\cdot(x^{11}+x^{9}+x^{8}+x^{7}+x^{5}+x^{3}+x^{2}+x+1)\cdot(x^{11}+x^{9}+x^{8}+x^{7}+x^{6}+x^{3}+1) \tag{6.12}$$

Ethernet CRC

$$x^{32}+x^{26}+x^{23}+x^{22}+x^{16}+x^{12}+x^{11}+x^{10}+x^{8}+x^{7}+x^{5}+x^{4}+x^{2}+x+1 \tag{6.13}$$

6.2 Kommunikationsarten

Im ersten Teil des Buches wurde die Kommunikation mittels LIN, CAN und FlexRay dargestellt. Die eigentlichen Nutzdaten, z. B. ein Messwert, wurden in den Payload-Bereich eines Frames gepackt und dieser Frame wurde verschickt. Für die Protokolle ist es unerheblich, welche Daten verschickt werden. Tritt man aber einen Schritt zurück und bezieht in die Kommunikation mit ein, wie die Daten in die Frames kommen und wie die Daten organisiert sind bzw. dargestellt werden, ergeben sich ganz neue Aspekte. Die Architektur eines verteilten Systems kann signalorientiert oder serviceorientiert sein. Damit kann bei der Kommunikation zwischen einer

- signalorientierten und einer
- serviceorientierten Kommunikation

unterschieden werden. In den folgenden Abschnitten wird versucht, die Grundzüge der beiden Kommunikationsarten und deren Unterschiede zu beschreiben.

6.2.1 Signalorientierte Kommunikation

Die Kommunikation, wie wir sie heute in den meisten Fahrzeugen finden, hat sich mit der Zeit entwickelt. Zu Beginn der Entwicklung in den 60er- und 70er-Jahren wurden erste elektronische Systeme direkt miteinander verbunden. Mit zunehmender Anzahl der Systeme stieg neben der Anzahl der Leitungen auch die Komplexität. Mit der Einführung von Bussystemen in den 80er- und 90er-Jahren reduzierte sich die Anzahl der benötigten Leitungen und führte zu einer großen Flexibilität.

Diese Kommunikation ist dadurch gekennzeichnet, dass jeder Messwert, jeder Stellwert und jede Befehlseingabe durch ein Signal dargestellt wird. Dabei besteht ein Signal aus so vielen Bits, wie nötig sind. Ein Schalter, der die Zustände *Ein* und *Aus* hat, kann durch ein Bit repräsentiert werden. Das dazugehörende Signal hat somit die Länge von einem Bit. Ein Messwert, welcher 250 verschiedene Werte annehmen kann, wird mit einem 8 Bit langen Signal dargestellt. Die Bits werden in den Frames hintereinander gepackt, sodass die Payload effizient genutzt wird.

Damit der Empfänger eines Frames die Signale verwenden kann, muss ihm bekannt sein, wo welches Signal im Frame ist, wie lang es ist und wie es codiert ist. Mithilfe von Filtern und Bitoperationen ist es den Empfängern möglich, die für sie interessanten Daten aus den Frames zu extrahieren.

Das mit der Zeit steigende Datenvolumen wurde durch die Entwicklung neuer Busse mit höherer Datenrate, z. B. FlexRay, und durch die Verwendung mehrerer Busse, z. B. CAN, bewältigt. Dabei ist jeder Bus einer der Domänen im Fahrzeug zugeordnet, wie dem Karosserie- und Komfortbereich, dem Fahrwerksbereich, dem Antriebsstrang oder dem Infotainment-Bereich. In Bild 2.49 ist ein solches in Domänen organisiertes Kommunikationssystem gezeigt. Die Busse werden dabei über Gateways miteinander verbunden. Die Domänen spiegeln meist auch die Organisationsstruktur des Automobilherstellers wider, denn jede der Domänen wird von einer anderen Abteilung entwickelt.

Die Art der Kommunikation wird als signalorientierte Kommunikation bezeichnet. Diese soll am Beispiel einer Reifendrucküberwachung veranschaulicht werden. Bild 6.5 zeigt die für

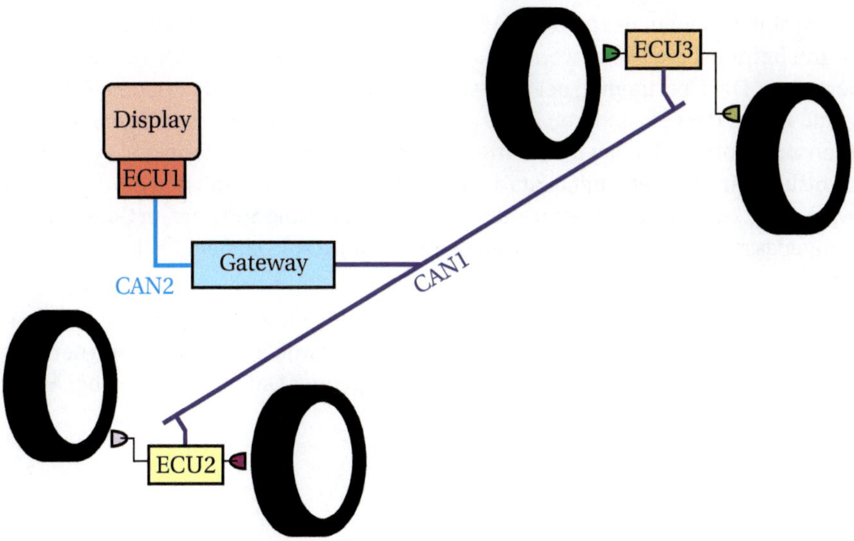

Bild 6.5 Beispiel für eine signalorientierte Kommunikation

die Reifendrucküberwachung relevanten Teile. Es gibt je ein Steuergerät an der Vorderachse (ECU2) und an der Hinterachse (ECU3). Diese beiden Steuergeräte empfangen den Reifendruck, den ein im Reifen montierter Sensor erfasst und an das Steuergerät überträgt. ECU2 und ECU3 sind über den CAN1 mit dem Gateway verbunden. Signale auf dem CAN1 können über das Gateway auf den CAN2 übertragen werden und stehen somit auch der ECU1 zur Verfügung. Das Steuergerät im Cockpit (ECU1) warnt den Fahrer, wenn einer der Reifen einen zu geringen Reifendruck hat. Dies kann durch eine Warnleuchte, eine Grafik oder die Anzeige des Messwertes erfolgen, je nach Aufbau des Systems.

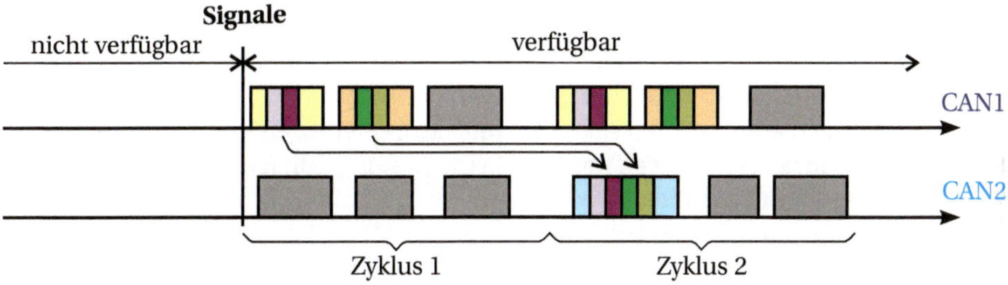

Bild 6.6 Signalorientierte Kommunikation

Die Kommunikation der beiden CAN-Busse ist im Bild 6.6 skizziert. ECU2 und ECU3 senden die gemessenen Reifendrücke auf dem CAN1. Dazu sendet jede ECU einen Frame, in dem zwei Signale sind. Ein Signal ist die Information zum Reifendruck vom linken Rad, das andere Signal vom rechten Rad. Das Gateway entnimmt diesen Frames die Signale und schickt alle vier Signale in einem Frame auf CAN2. Über den CAN2 erhält die ECU1 die Messwerte, die zur Warnung des Fahrers führen. Die Farben in den Frames korrespondieren mit den Farben der Sensoren, von denen die Signale ursprünglich kommen.

Alle Steuergeräte sind an einem der beiden CAN-Busse angeschlossen. Nachdem ECU1, 2 und 3 initialisiert und betriebsbereit sind, werden sie ihre Messwerte über die CAN-Busse und das Gateway übertragen. Die Übertragung der Messwerte erfolgt meist zyklisch. Mit dem Empfang der Frames weiß ECU1, dass die anderen ECUs arbeiten. Wird nun beispielsweise ein besserer Reifendrucksensor montiert, der den Reifendruck genauer messen kann, dann muss der Messwert statt wie bisher mit 6 Bits jetzt mit 8 Bits abgebildet werden. Damit müssen die Signale für jeden Messwert um je zwei Bits erweitert werden. Ebenfalls muss die Software im Gateway und in der ECU1 angepasst werden und eventuell auch die Software zur Darstellung der Messwerte auf dem Display.

Seit der Einführung der ersten Bussysteme im Fahrzeug wurde die signalorientierte Kommunikation immer weiter ausgebaut und optimiert. Sie nutzt die vorhandene Bandbreite der Bussysteme optimal aus. Allerdings stößt dieser Ansatz bei steigender Datenmenge und bei Änderungen an seine Grenzen.

6.2.2 Serviceorientierte Kommunikation

Ziel einer serviceorientierten Architektur ist es, die Abhängigkeiten zwischen den Steuergeräten zu reduzieren. Dabei sind die Änderungen in der Kommunikation ein wichtiger Teil, aber mindestens genauso wichtig oder noch wichtiger ist eine völlig neue Softwarearchitektur. Bei der signalorientierten Architektur realisiert jedes Steuergerät ein oder mehrere Funktionen, wie das ESP-Steuergerät (elektronisches Stabilitätsprogramm) die Fahrzeugstabilität sicherstellt und das Türsteuergerät den Fensterheber und die Türöffnung steuert. Dementsprechend ist die Software funktionsgetrieben.

Bei einer serviceorientierten Architektur gibt es Module, die Services anbieten, und Module, die diese Services nutzen, um ihrerseits Services anzubieten. In anderen Bereichen der Informatik sind solche Architekturen auch unter den Namen Server-Client- oder Producer-Consumer-Architektur bekannt.

Im Beispiel in Bild 6.7 wird wieder der Reifendruck erfasst. Es gibt die Steuergeräte ECU2 und ECU3, die die Reifendrücke an der Vorder- und an der Hinterachse erfassen. Die beiden ECUs als auch die ECU1 sind direkt mit einem Switch verbunden. Frames, die eine der ECUs sendet, können je nach Adressierung von einer ECU (unicast), einer Gruppe (multicast) oder allen anderen ECUs (broadcast) empfangen werden. Ein Gateway ist nicht mehr erforderlich. Ethernet kann dafür als Netzwerktechnologie genutzt werden, aber auch mit anderen Technologien kann eine serviceorientierte Architektur aufgebaut werden. Die Werte für die Reifendrücke für jedes Rad werden in einen eigenen Frame gepackt. Um die Reifendrücke von allen vier Rädern im Display anzuzeigen, sind also vier Frames erforderlich.

Beim Starten des Fahrzeugs melden sich die ECUs im Netzwerk an und veröffentlichen die Services, die sie anbieten. ECU2 bietet den Service, Messwerte für den Reifendruck der Reifen vorne bereitzustellen, ECU3 für die Reifen hinten. Der Service kann beispielsweise den Messwert des Reifendrucks beinhalten, aber auch die Mitteilung, dass der Reifendruck einen bestimmten Wert unterschritten hat.

Die Services stehen allen Teilnehmern im Netzwerk zur Verfügung. Wenn die ECU1 gestartet wird, fragt sie die zur Verfügung stehenden Services ab und abonniert dann die, mit denen eine bestimmte Aufgabe am besten gelöst werden kann. Dieses Abonnieren kann heißen:

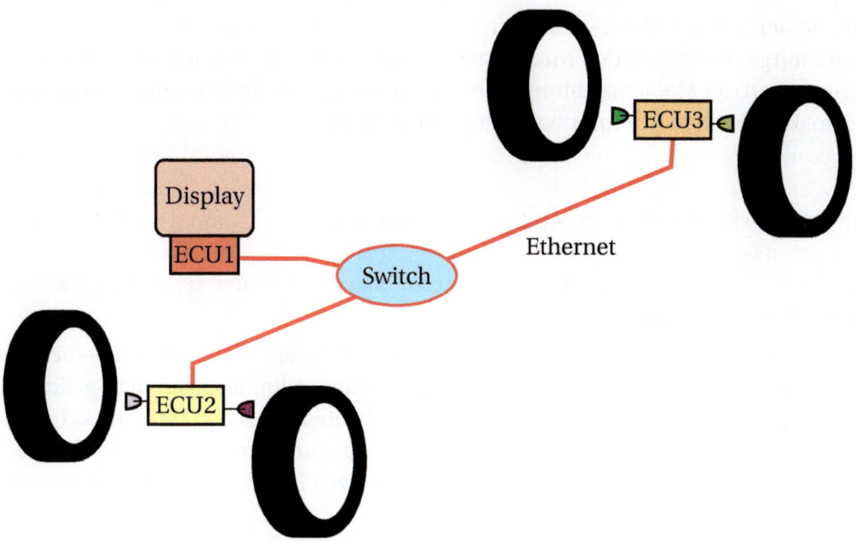

Bild 6.7 Beispiel für eine serviceorientierte Kommunikation

- schicke mir einen Wert zyklisch
- informiere mich, wenn ein Wert einen bestimmten Wert über- oder unterschreitet
- schicke mir einen Wert nach Anforderung (on request)

Für das Beispiel könnten zwei Services abonniert werden. Erstens möchte die ECU1 informiert werden, wenn der Reifendruck in einem der Reifen einen bestimmten Druck unterschreitet, um den Fahrer zu warnen. Als zweiten Service würde ECU1 die konkreten Reifendrücke nach Anforderung (Service Request) von den anderen ECUs abonnieren, um dem Fahrer diese im Display anzuzeigen, wenn dieser den Menüpunkt „Reifendruck anzeigen" ausgewählt hat. Somit werden die konkreten Reifendrücke nur nach Anforderung übertragen. In Bild 6.8 ist veranschaulicht, wie ECU1 mittels eines Service Requests die Reifendrücke von den Steuergeräten anfordert, die diese daraufhin senden. Hier korrespondieren die Farben der Frames mit den Farben der Sensoren, die die Messwerte erfassen, bzw. mit den ECUs, die die Frames schicken.

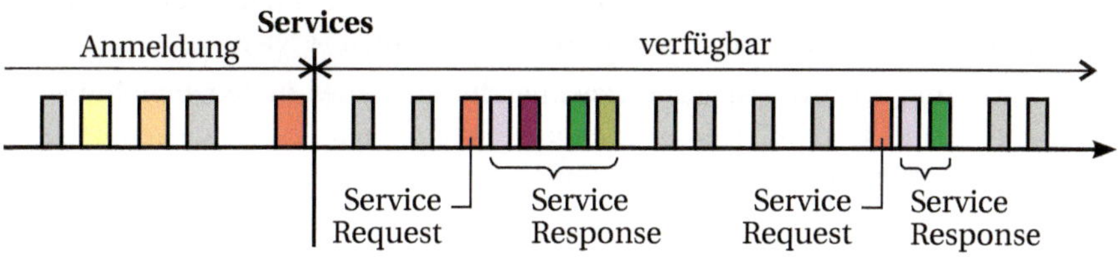

Bild 6.8 Serviceorientierte Kommunikation

Bei der serviceorientierten Kommunikation werden die Mess-, Stell- und Schaltwerte nicht wie bei der signalorientierten Kommunikation auscodiert, sondern generisch abgelegt. Typisch ist die Verwendung von Basisdatentypen, wie z. B. `uint8` und `uint16`, wie sie auch in der Applikation verwendet werden. Es entfällt das Umcodieren, was CPU-Last spart zum Preis, dass mehr Bits übertragen werden müssen. Des Weiteren kann der Messwert noch mit einem Zeitstempel, einer Einheit und der Messwertbezeichnung ergänzt werden. Damit wird der Kontext des reinen Messwertes mitgesendet, was den Nutzen steigert. Bei einer guten Definition der Services führen Änderungen an der Messeinrichtung nicht zu Änderungen in der Kommunikation, wie dies bei der signalorientierten Kommunikation meist der Fall ist.

6.2.3 Vergleich der beiden Kommunikationsarten

Das Beispiel mit der Reifendruckmessung kann nur einige Aspekte der serviceorientierten Kommunikation veranschaulichen.

Bei der signalorientierten Kommunikation wird die Kommunikation zwischen den Steuergeräten statisch festgelegt. Das bedeutet, dass die Kommunikation immer nach dem gleichen Schema abläuft. Änderungen sind weder erforderlich noch möglich. Dafür kann die Echtzeit garantiert werden. Die Bandbreite der Bussysteme wird sehr gut ausgenutzt, was auf der anderen Seite heißt, dass die verbaute Hardware nur wenige Reserven für Erweiterungen oder neue Funktionen hat.

Bei der serviceorientierten Kommunikation ist die Kommunikation dynamisch. Durch das Bereitstellen von Services von einzelnen Steuergeräten und das Abonnieren durch andere Steuergeräte wird erst zur Laufzeit festgelegt, welche Services genutzt werden und welche Kommunikation dafür notwendig ist. Eine Funktion zur Reifendrucküberwachung ist gesetzlich vorgeschrieben. Wie diese Funktion realisiert wird, ist hingegen dem Fahrzeughersteller überlassen. Die Funktion kann durch eine Druckmessung oder eine einfache Überwachung in den Reifen oder durch eine Auswertung der Drehzahlen der Räder und des Lenkwinkels erfolgen. Raddrehzahlen und Lenkwinkel liegen im ESP-Steuergerät vor. Dieses Steuergerät könnte auch einen Service für die Reifendrucküberwachung anbieten. Damit lässt sich zwar nicht der Reifendruck messen, aber es kann detektiert werden, wenn einer der Reifen einen geringeren Reifendruck als die anderen Reifen hat. Es ist die einfachste Form, um die gesetzlichen Forderungen zu erfüllen. Aufwändiger, aber auch nützlicher für den Fahrer ist das direkte Messen der Reifendrücke mit Sensoren. Bei einer serviceorientierten Architektur würde das ESP-Steuergerät den Service anbieten, die Raddrehzahlen und den Lenkwinkel zu übertragen. Ebenso würden die Steuergeräte ECU2 und ECU3 aus dem Beispiel die Messwerte der Reifendrücke und die Überwachung der kritischen Schwellwerte anbieten. Das Steuergerät zur Anzeige und zur Warnung des Fahrers (ECU1) würde den besten Service auswählen oder den, für den der Autofahrer bezahlt hat. Die Kommunikation richtet sich dann nach dem gewählten Service.

Die signalorientierte Kommunikation ist gekennzeichnet durch Frames, in denen mehrere Signale zusammengefasst sind. Dadurch werden mehrere Funktionen im Fahrzeug bedient. Bei der serviceorientierten Kommunikation wird pro Frame ein Service bedient. Es werden nicht nur die reinen Mess- oder Stelldaten übertragen, sondern auch Kontextinformationen. Dafür müssen mehr Daten übertragen werden, aber die Daten können flexibler genutzt und einfacher erweitert oder geändert werden.

Bis in die 1990er-Jahre waren Radio und Fernsehen neben den Printmedien die wichtigsten Informationsquellen. Radio und Fernsehen senden Broadcast. Ein Radiohörer oder ein Fernsehzuschauer schaltet sein Gerät bei den Sendungen an, die er hören bzw. sehen möchte. Er kann an den angebotenen Inhalten nichts ändern. Dies ist vergleichbar mit der signalorientierten Kommunikation.

Mit der Verbreitung des Internets ist nicht nur eine weitere Informationsquelle dazugekommen, sondern auch die Art der Kommunikation hat sich grundlegend geändert. So muss ein Nutzer nicht mehr darauf warten, dass eine Information, z. B. die Nachrichten, gesendet werden, sondern er kann sie sich selbst „holen", indem er auf die Webseite geht, auf der sie angeboten werden. Das Internet ist das beste Beispiel für eine serviceorientierte Kommunikation. Es werden Services angeboten, die von Clients genutzt werden.

Der Übergang von der signalorientierten zur serviceorientierten Kommunikation findet aktuell im Fahrzeug statt. Dabei ist dieser Übergang nicht auf die Kommunikation beschränkt, sondern findet gleichzeitig in der Softwarearchitektur statt. Damit sind auch Änderungen in der Hardware und den verwendeten Bussystemen notwendig. So wie sich das Internet über Jahre entwickelt hat, werden auch die Änderungen der Hard- und Software und der Kommunikation im Fahrzeug über einen längeren Zeitrum gehen.

6.3 Leitungsreflexionen

In den vorangegangenen Kapiteln wurde insbesondere bei CAN und FlexRay darauf hingewiesen, dass die Leitungen mit entsprechenden Widerständen abgeschlossen werden müssen. In diesem Abschnitt wird gezeigt, was passiert, wenn die Leitungen nicht oder mit falschen Widerständen abgeschlossen werden.

6.3.1 Entstehung von Reflexionen[2]

Die Bits, die als Signal über eine Zwei-Draht-Leitung übertragen werden, breiten sich wie eine Welle aus. Ein solches Signal wird durch eine Spannung u und einen Strom i beschrieben. Breitet sich die Welle in x-Richtung aus, sind Spannung und Strom positiv (u^+, i^+). Bei der Ausbreitung entgegen der x-Richtung sind Strom und Spannung negativ (u^-, i^-). Bild 6.9 illustriert die Definition der Ströme und Spannungen.

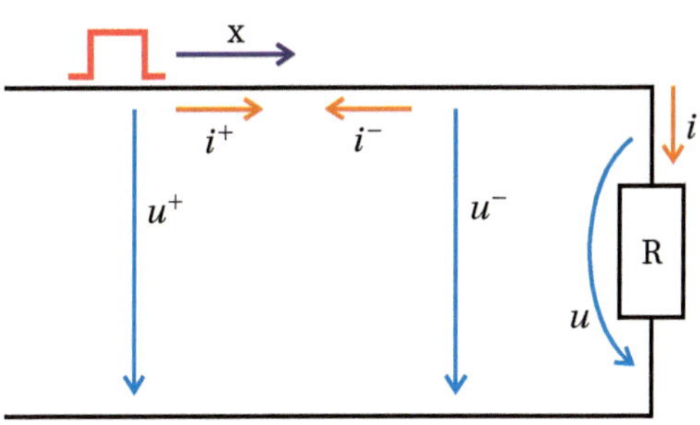

Bild 6.9 Definition von Strom und Spannung bei einer Zwei-Draht-Leitung

[2] Dieser Abschnitt entstand auf Basis eines Skripts von Prof. Dr.-Ing. F. Keller von der Hochschule Karlsruhe.

Bei der Übertragung eines Signals, z. B. eines Pulses, gilt:

$$\frac{u^+}{i^+} = Z \tag{6.14}$$

Z ist der Wellenwiderstand der Leitung. Am Leitungsende muss das ohmsche Gesetz erfüllt sein:

$$\frac{u}{i} = R \tag{6.15}$$

Ist $R \neq Z$ können die Gleichungen 6.14 und 6.15 nur erfüllt werden, wenn es eine reflektierte Welle gibt. Da die reflektierte Welle entgegen der x-Richtung läuft, werden Strom und Spannung mit i^- und u^- bezeichnet:

$$\frac{u^-}{i^-} = Z \tag{6.16}$$

Die Spannung u und der Strom i ergeben sich durch die Überlagerung der beiden Wellen:

$$u = u^+ + u^- \tag{6.17}$$

$$i = i^+ - i^- \tag{6.18}$$

Mit Hilfe der Gleichungen 6.14 bis 6.18 lässt sich die Spannung u^- der reflektierten Welle aus der Spannung u^+, dem Wellenwiderstand Z der Leitung und dem Abschlusswiderstand R berechnen. Es ergibt sich:

$$u^- = r \cdot u^+ \qquad \text{mit} \quad r = \frac{R - Z}{R + Z} \tag{6.19}$$

r wird als Reflexionsfaktor bezeichnet. Er kann Werte zwischen -1 und $+1$ annehmen. Es ergeben sich drei Sonderfälle:

- $R = Z$
  In diesem Fall ist die Leitung mit einem Widerstand abgeschlossen, der genauso groß wie der Wellenwiderstand ist. Damit ergibt sich $r = 0$, sodass es keine Reflexion gibt.
- $R = 0$
  Dies entspricht einem Kurzschluss am Leitungsende. Der Reflexionsfaktor berechnet sich nach Gleichung 6.19 zu $r = -1$. Die reflektierte Welle ist genauso groß wie die ursprüngliche Welle, allerdings mit entgegengesetzter Polarität.
- $R = \infty$
  Dies entspricht einem offenen Leitungsende. r ergibt sich zu 1. Damit ist die reflektierte Welle genauso groß wie die ursprüngliche Welle. Am Leitungsende überlagern sich die Spannung u^+ und u^-, sodass die Spannung u doppelt so groß wie die der gesendeten Welle wird.

Im nächsten Abschnitt werden verschiedene Szenarien messtechnisch untersucht, um die Gültigkeit der Überlegungen zu belegen.

6.3.2 Leitungsparameter

Zur Überprüfung der Ausführungen im vorherigen Abschnitt werden Messungen an einer 50 m langen Twisted-Pair-Leitung vorgenommen. Dazu werden als Erstes der Widerstand R, die Induktivität L und die Kapazität C der Leitung bestimmt. Anschließend werden die Leitungsbeläge für diese drei elektrischen Größen berechnet. Die Leitungsbeläge R', L' und C' beschreiben die Widerstands-, Induktivitäts- und Kapazitätswerte je Meter für diese Leitung. Folgende Werte wurden gemessen:

$$R = 5{,}28\,\Omega$$
$$L = 33{,}53\,\mu\text{H}$$
$$C = 3{,}49\,\text{nF}$$

Damit ergeben sich folgende Leitungsbeläge:

$$R' = 105{,}6\,\frac{\text{m}\Omega}{\text{m}}$$
$$L' = 0{,}67\,\frac{\mu\text{H}}{\text{m}}$$
$$C' = 70\,\frac{\text{pF}}{\text{m}}$$

Bei der Übertragung von Bits durch Spannungspegel ergeben sich steile Flanken beim Wechsel von 1- auf 0-Bits und umgekehrt. Diese Pegelwechsel führen zu hohen Frequenzen. Damit kann die Berechnung des Wellenwiderstandes Z_l nach Gleichung 6.20 erfolgen:

$$Z_l = \sqrt{\frac{L}{C}} = \sqrt{\frac{L'}{C'}} \tag{6.20}$$

Damit kann der Wellenwiderstand der Leitung berechnet werden:

$$Z_l = \sqrt{\frac{33{,}53\,\mu\text{H}}{3{,}49\,\text{nF}}} = 98\,\Omega$$

Die Berechnung des Wellenwiderstands Z_l ergibt 98 Ω.

6.3.3 Messung von Reflexionen

Die erste Messschaltung besteht aus einem CAN-Transceiver, an dem eine 50 m lange Twisted-Pair-Leitung angeschlossen ist. Am Beginn der Twisted-Pair-Leitung befindet sich der Terminierungswiderstand R_1, am Ende der Leitung der Terminierungswiderstand R_2. Die beiden Widerstände werden variiert (siehe Tabelle 6.5), die resultierenden Spannungsverläufe sind in den Bildern 6.11 bis 6.14 dargestellt.

Mit einem 500-MHz-Oszilloskop werden die Differenzspannungen mit je einem Differenzspannungstastkopf am Anfang (orange Kurve) und am Ende (blaue Kurve) der Leitung gemessen. Beide Kurven werden außer bei der dritten Messung (Bild 6.11) mit 1 V pro Raster in vertikaler Richtung dargestellt. Der Transceiver wird mit einem ca. 150 ns langen Puls (grüne Kurve) angesteuert, sodass die Leitung für die Dauer des Pulses von einem rezessiven zu einem dominanten Pegel wechselt. Die grüne Kurve dient zur Kontrolle der Pulsbreite sowie als Triggersignal für die Messungen. In Tabelle 6.5 sind für jede der durchgeführten Messungen die Widerstände R1 und R2 angegeben. Außerdem wird auf das jeweilige Bild verwiesen, in dem das Oszilloskopbild dargestellt ist.

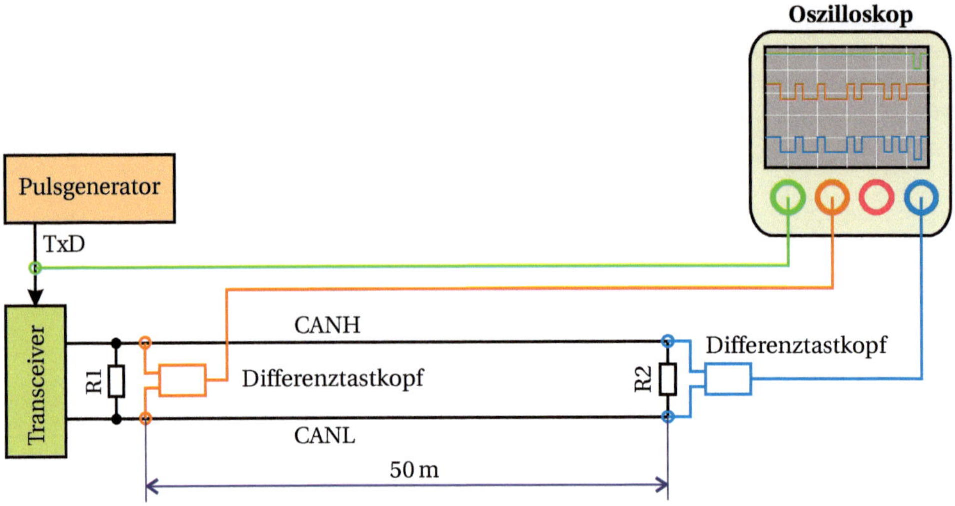

Bild 6.10 Messschaltung 1

Tabelle 6.5 Messungen mit der Messschaltung 1 (Bild 6.10)

Messung	Widerstand R1	Widerstand R2	Ergebnis
1	100 Ω	100 Ω	Bild 6.11
2	100 Ω	∞	Bild 6.12
3	100 Ω	4,7 Ω	Bild 6.13
4	4,7 kΩ	4,7 kΩ	Bild 6.14

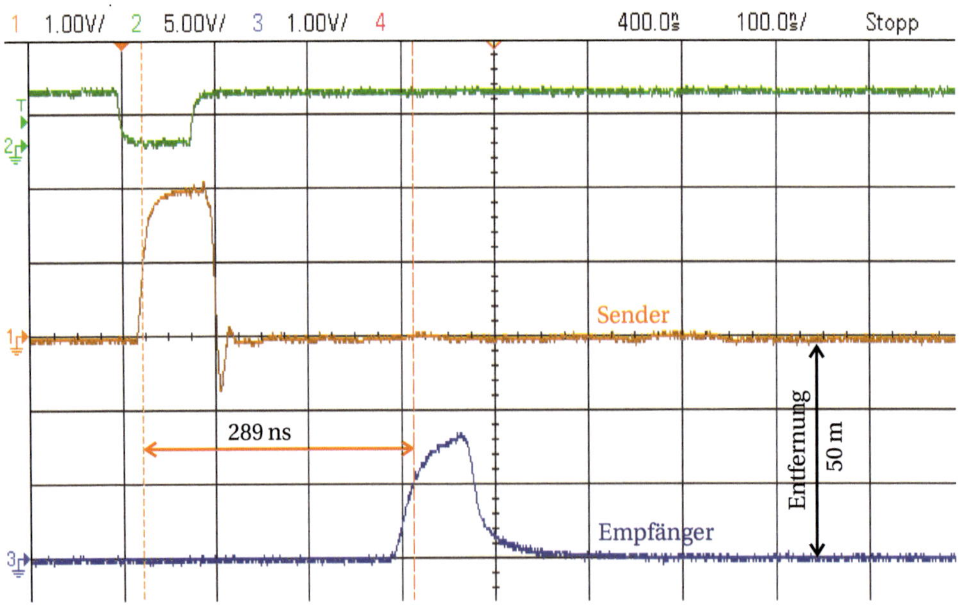

Bild 6.11 Messung mit R1 = 100 Ω und R2 = 100 Ω mittels Messschaltung 1

Bei der ersten Messung (Bild 6.11) wird die Leitung an beiden Enden mit je einem 100-Ω-Widerstand abgeschlossen. Die beiden Terminierungswiderstände R_1 und R_2 entsprechen dem Wellenwiderstand $Z = 100\,\Omega$ der Leitung. Damit ergibt sich der Reflexionsfaktor $r = 0$. Der am TxD-Pin anliegende Puls wird vom Transceiver als Differenzspannung auf der Leitung umgesetzt (orange Kurve). Der Puls kommt nach ca. 289 ns am Ende der Leitung an (blaue Kurve). Dies entspricht einer spezifischen Signallaufzeit von 5,8 ns/m. Durch den Terminierungswiderstand R_2 am Ende der Leitung wird die Energie des Pulses vollständig absorbiert. Es kommt zu keiner Reflexion.

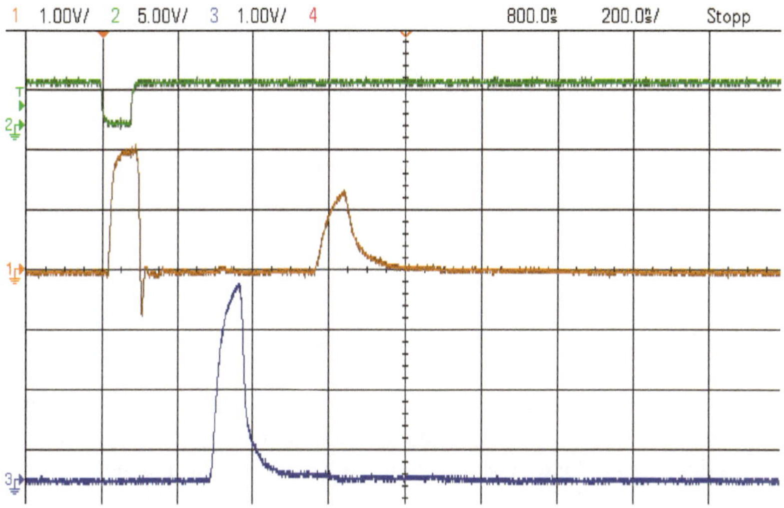

Bild 6.12 Messung mit R1 = 100 Ω und R2 = ∞ mittels Messschaltung 1

Bei der zweiten Messung (Bild 6.12) wird die Leitung am Anfang mit $R_1 = 100\,\Omega$ abgeschlossen. Das Ende der Leitung wird nicht abgeschlossen, sodass der Widerstand $R_2 = \infty$ ist. Die orange Kurve zeigt wieder den Spannungsverlauf am Eingang der Leitung, die blaue Kurve am Ende der Leitung. Die maximale Spannung der blauen Kurve ist größer als in der Messung 1 und auch größer als der ursprünglich gesendete Puls. Da die Leitung nicht abgeschlossen ist, kommt es am Leitungsende zur Reflexion des Pulses. Der ursprünglich gesendete Puls überlagert sich mit dem reflektierten Puls, sodass die gemessene Spannung ca. 4 V entspricht, was ungefähr doppelt so groß ist wie der ursprüngliche Puls. Nach 585 ns kommt der reflektierte Puls wieder am Eingang an (zweiter Puls in der orangen Kurve). Dort wird er vom Terminierungswiderstand R_1 absorbiert, sodass es zu keiner weiteren Reflexion kommt.

Bei der Beschaltung mit $R_1 = 100\,\Omega$ und $R_2 = 4{,}7\,\text{k}\Omega$ ergibt sich der Reflexionsfaktor $r = 0{,}96$. Die Messkurven unterschieden sich nicht oder nur unwesentlich von der in Bild 6.12 dargestellten Kurve, sodass diese Messung nicht extra abgebildet ist. Für Untersuchungen kann somit auch mit einem hochohmigen Widerstand anstelle einer offenen Leitung gearbeitet werden.

Wird $R_1 = \infty$ und $R_2 = 100\,\Omega$ gewählt, unterscheidet sich das Oszilloskopbild nicht bzw. nur unwesentlich von den in Bild 6.11 gezeigten Kurven, weswegen diese Messung nicht extra dargestellt wird. Dies zeigt, dass für die Vermeidung von Reflexionen nicht der Terminierungswiderstand beim Sender entscheidend ist, sondern der am anderen Ende der Leitung.

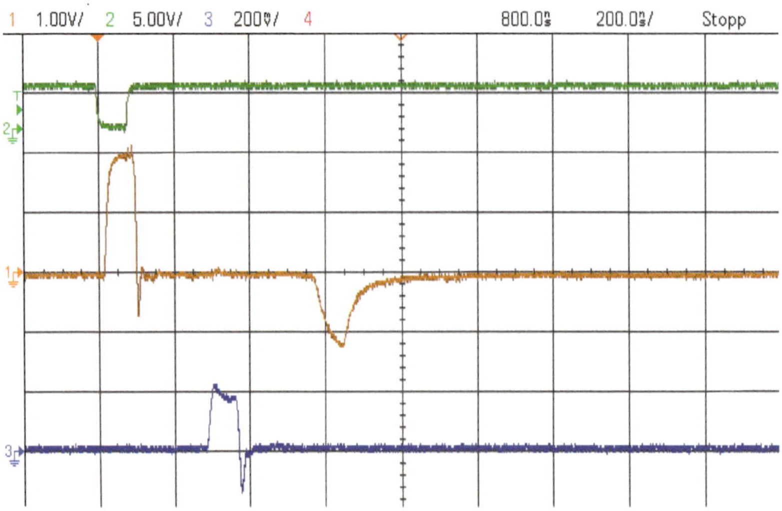

Bild 6.13 Messung mit R1 = 100 Ω und R2 = 4,7 Ω mittels Messschaltung 1

Bei der dritten Messung wird $R_1 = 100\,\Omega$ und $R_2 = 4{,}7\,\Omega$ gewählt. Der Widerstand R_2 ist wesentlich kleiner als die Leitungsimpedanz. Damit ergibt sich der Refexionsfaktor $r = -0{,}91$. Die Auswirkung dieser Dimensionierung ist in Bild 6.13 zu sehen. Der erste Puls in der orangen Kurve ist der gesendete Puls, der nach einiger Zeit an Ende der Leitung ankommen (blaue Kurve). Auffällig ist, dass der Puls am Leitungsende wesentlich kleiner ist als bei den vorherigen Messungen. Es sei darauf hingewiesen, dass die Verstärkung der blauen Kurve größer ist als die der orangen Kurve. Die orange Kurve wird mit 1 V pro Raster in vertikaler Richtung dargestellt, die blaue mit 0,2 V pro Raster. Die Amplitude des Pulses der blauen Kurve ist kleiner, da der Widerstand, über dem gemessen wird, viel kleiner ist, sodass sich bei gleichem Strom ein kleinerer Spannungsabfall ergibt. Das Interessante an der Messung ist aber nicht der kleinere Puls am Ende der Leitung, sondern der reflektierte Puls (zweiter Puls in der orangen Kurve) am Anfang der Leitung. Dieser hat jetzt eine negative Polarität, was durch das negative Vorzeichen beim Reflexionsfaktor r ausgedrückt wird.

Bei der vierten Messung werden beide Terminierungswiderstände viel zu groß gewählt ($R_1 = R_2 = 4{,}7\,\text{k}\Omega$). Der Reflexionsfaktor beträgt 0,96, und zwar in beide Richtungen. Der Puls wird am Ende der Leitung reflektiert, wandert zurück zum Anfang der Leitung und wird auch da reflektiert. Dies setzt sich solange fort, bis die gesamte Energie des Pulses durch Verluste in der Leitung und durch unvollständige Reflexionen abgebaut wurde. Die Messung zeigt sehr schön, dass ein einzelner Puls zu vielen Pulsen auf der Leitung führt, wenn keine oder eine nicht abgestimmte Terminierung vorhanden ist.

6.3.4 Ringing

Wie in den Abschnitten 6.3.1 und 6.3.3 gezeigt, treten Reflexionen an Leitungsenden auf, wenn der Widerstand am Ende der Leitung vom Wellenwiderstand Z der Leitung abweicht. Besonders in CAN-Clustern mit langen Stichleitungen kann es zu erheblichen Reflexionen kommen.

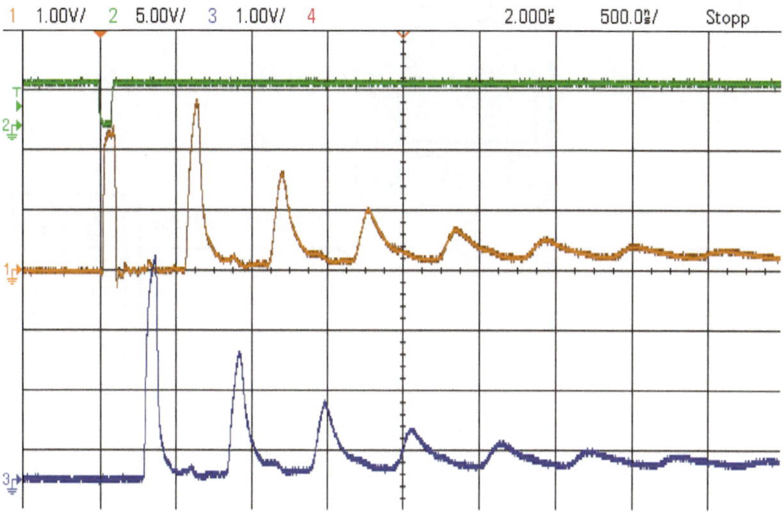

Bild 6.14 Messung mit R1 = 4,7 kΩ und R2 = 4,7 kΩ mittels Messschaltung 1

Bei CAN werden die dominanten Bits getrieben. Dabei ist der Widerstand des Transceivers niederohmig. Bei den rezessiven Bits sperren die Transistoren im Transceiver, sodass der Transceiver hochohmig ist. Hier liegt eine größere Fehlanpassung zum Wellenwiderstand Z der Leitung vor, wenn sich der Knoten am Ende der Leitung befindet.

Mit der in Bild 6.15 gezeigten Messschaltung soll dieser Effekt gezeigt werden. Das CAN-Cluster bestehend aus vier Knoten. Knoten 1 und 2 sind mit 100 Ω terminiert, Knoten 3 und 4 sind nicht terminiert. Die Twisted-Pair-Leitungen aller vier Knoten sind je 5 m lang und in einem Punkt miteinander verbunden. Die Topologie entspricht somit einem passiven Stern. Die CAN-Knoten senden CAN-Frames. Die Differenzspannung auf den Leitungen wird an einem terminierten Knoten (orange) und an einem unterminierten Knoten (grün) gemessen. Die CAN-Frames werden mit einer Datenrate von 1 Mbit/s übertragen, sodass die Bitzeit 1 µs beträgt.

Bild 6.16 zeigt den Ausschnitt aus einem CAN-Frame. Gesendet wurde der Frame von einem der unterminierten Knoten. Während der Spannungsverlauf während der dominanten Bits bei beiden Knoten stabil ist, schwingt die Spannung am terminierten Knoten während der rezessiven Bits stark. Diese Schwingungen werden *Ringing* genannt und bedürfen der besonderen Beachtung bei der Auslegung eines Clusters. In Clustern, die in einer Daisy-Chain-Topologie realisiert sind, kommt es aufgrund der kurzen Stichleitungen nur zu geringen oder keinen Reflexionen.

Das Ringing führt in einem Cluster erst zu Problemen, wenn dabei zeitweise die Schaltschwelle für 1-Bits verlassen wird. Dann kann fehlerhafterweise statt einem 1-Bit ein 0-Bit detektiert werden. Die Dauer und die Frequenz des Ringings ist unabhängig von der Datenrate. Bei längeren Bitzeiten ist die Situation etwas entspannter, weil bis zum Abtastzeitpunkt (samplen) des Bits das Ringing abklingen kann. Auf das Samplen der Bits bei CAN wird im Abschnitt 8.1 näher eingegangen.

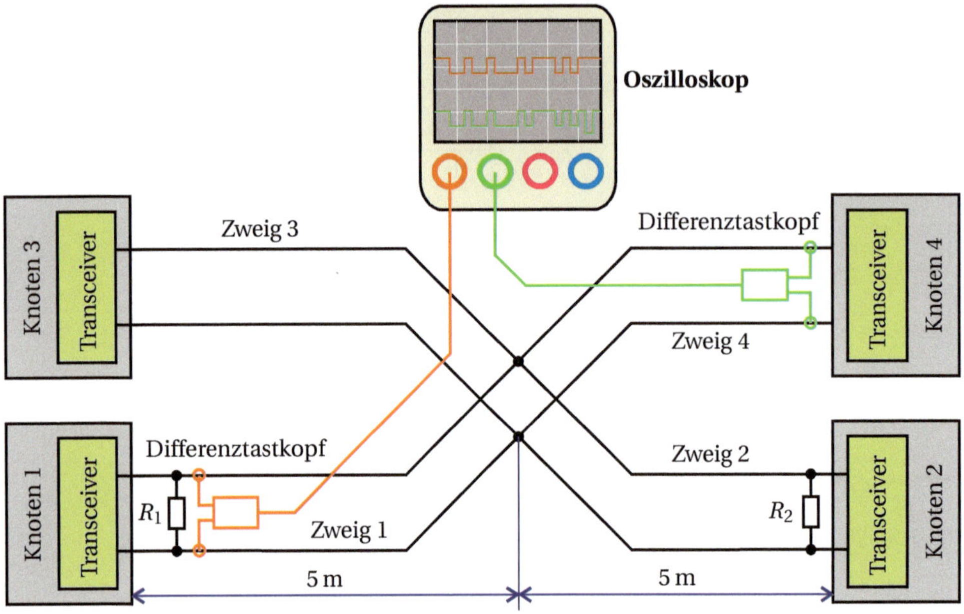

Bild 6.15 Messschaltung 2

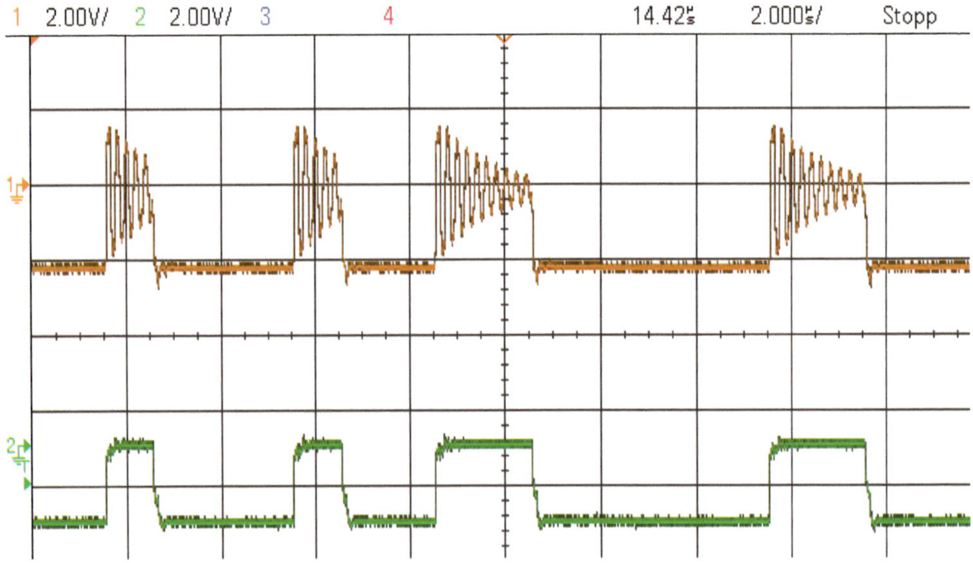

Bild 6.16 Ausschnitt aus einem CAN-Frame gemessen mit Messschaltung 2

7 LIN (2)

In diesem Kapitel wird auf den Entwicklungsprozess von LIN eingegangen, der durch entsprechende Datenformate und Tools unterstützt wird. Außerdem wird ein größeres Beispiel für ein LIN-Cluster beschrieben ausgehend von der Beschreibung der Signale, der Festlegung der Frames bis hin zu den Schedules.

7.1 Entwicklungsprozess

7.1.1 Überblick

Bei der Entwicklung von LIN war neben dem Bussystem selbst auch der Entwicklungsprozess mit einer formalen und standardisierten Beschreibung eines LIN-Clusters im Fokus. Bevor ein Kommunikationssystem produktiv arbeiten kann, gibt es zuerst die Designphase, in der das System entworfen wird. Daran schließt sich eine Analyse- und Emulationsphase an, in der die angestrebten Eigenschaften nachgewiesen werden. Erst danach folgt die Produktivphase, in der das Kommunikationssystem oft über viele Jahre seinen Dienst ohne Änderungen verrichtet.

Um den Entwickler eines LIN-Clusters bestmöglich zu unterstützen, wurden zwei Datenformate definiert, mit denen Informationen in einem standardisierten Format erfasst und ausgetauscht werden können. Das erste Datenformat ist das *Node Capability File (NCF)*, in dem die Eigenschaften eines Knotens erfasst werden können. Das zweite Datenformat ist das *LIN Description File (LDF)*, in dem alle für die Kommunikation wichtigen Daten enthalten sind. Bild 7.1 zeigt den Entwicklungsprozess, der zum einen zum Ziel hat, einmal erfasste Daten nicht erneut eingeben zu müssen. Zum anderen sollen alle Schritte möglichst mit entsprechenden Werkzeugen unterstützt werden. Die pastellblauen Rechtecke mit den abgerundeten Ecken zeigen Dateien, in denen Daten erfasst sind. Grau hinterlegte Rechtecke stehen für Werkzeuge, mit denen die erfassten Daten verarbeitet und neue Daten erzeugt werden. Die grünen Rechtecke zeigen Hardware, mit der das Cluster aufgebaut wird bzw. mit der das Cluster untersucht werden kann.

Im NCF sind die Eigenschaften der Knoten beschrieben. Diese Dateien dienen dem LIN Cluster Design Tool als Input. Mit weiteren Eingaben des Entwicklers erstellt dieses Tool das LDF, in dem das LIN-Cluster vollständig beschrieben ist. Das LDF wird vom LIN Cluster Generator genutzt, um C-Files zu erzeugen, die die LIN-Kommunikation der einzelnen Knoten beschreiben. Die Idee ist, dass Änderungen am LIN-Cluster im LIN Cluster Design Tool bzw. im LDF vorgenommen werden und nicht in den einzelnen C-Files. Die C-Files werden bei Änderungen wieder aus dem LDF erzeugt. Das LDF dient außerdem als Eingangsfile für eine Busanalyse oder für die Emulation einzelner oder mehrerer Knoten.

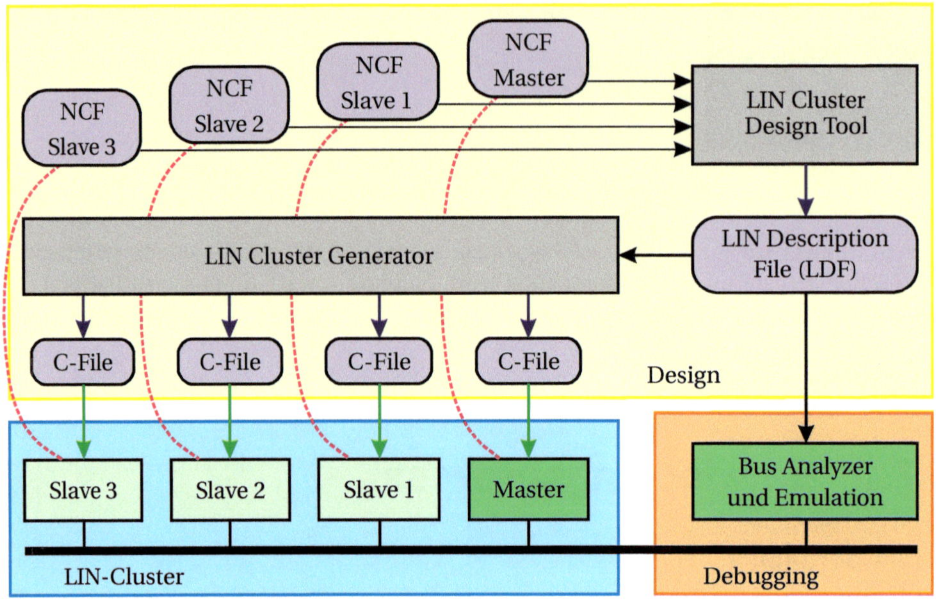

Bild 7.1 LIN-Entwicklungsprozess

Ziel des in der LIN-Spezifikation beschriebenen Entwicklungsprozesses ist es, den Entwicklungsaufwand zu minimieren, indem einmal erstellte Beschreibungen wiederverwendet werden, und um Inkonsistenzen und damit Konfigurationsfehler zu vermeiden. In den folgenden beiden Abschnitten wird auf das LDF und das NCF näher eingegangen.

7.1.2 LIN Description File (LDF)

Ein *LIN Description File (LDF)* ist ein ASCII-File mit standardisierter Syntax und Semantik, in dem alle notwendigen Parameter und Bezeichnungen gespeichert werden, um ein LIN-Cluster vollständig zu beschreiben. Neben der Beschreibung eines Clusters dient es als Input für Programme und Tools, um beispielsweise C-Code für die einzelnen Knoten automatisch zu erzeugen. Das Format und die Syntax sind im LIN-Standard beschrieben und somit herstellerunabhängig. Jedes LIN-Cluster wird durch ein eigenes LDF beschrieben.

Ein LDF besteht aus folgenden Teilen[1]:

- Global Definition
- Node Definition
- Signal Definition
- Frame Definition
- Schedule Table Definition

[1] Die Bezeichnungen der Teile sind ohne Änderungen der in Englisch verfassten LIN-Spezifikation entnommen und als englische Begriffe zu lesen.

- Additional Information

Diese Teile werden in den nächsten Abschnitten erläutert.

Global Definition

Die *Global Definition* enthält:

- die LIN-Protokollversion,
- die LIN-Sprachversion,
- die LIN-Geschwindigkeit in kbit/s von 1 … 20 kbit/s und
- optional den Channel-Postfix-Namen.

Listing 7.1 zeigt ein Beispiel für die globale Definition in einem LDF. Hier wie auch bei den folgenden Beispielen sind die Schlüsselwörter in Blau hervorgehoben. Schlüsselwörter können nicht als Bezeichner verwendet werden. Das File beginnt immer mit dem Schlüsselwort `LIN_description_file`. Danach folgen die Versionsnummern und die LIN-Geschwindigkeit. Ein Channel-Postfix-Name ist nur erforderlich, wenn der Master-Knoten mit mehr als einem LIN-Cluster verbunden ist. Dann sollen alle bezeichneten Objekte, also Knoten, Frames, Signale etc., um diesen Channel-Postfix-Namen erweitert werden. Dazu wird der Channel-Postfix-Name mit einem Underscore „_“ an den Objektnamen angehängt.

Beispiel: Der Channel-Postfix-Name ist `Ch1` und der Frame-Name ist `FrameA`, dann ergibt sich der Frame-Name zu `FrameA_Ch1`.

Listing 7.1 Beispiel für eine LDF Global Definition

```
LIN_description_file;
LIN_protocol_version = "2.2";
LIN_language_version = "2.2";
LIN_speed = 19.2 kbps;
```

Node Definition

Die *Node Definition* enthält folgende Informationen:

- den Namen des Master-Knotens mit der Zeitbasis und dem Jitter der Zeitbasis sowie
- die Namen der Slave-Knoten.

Die Zeiten werden meist in Millisekunden angegeben. Listing 7.2 zeigt ein Beispiel für die Node Definition in einem LDF. Der Master-Knoten hat die Bezeichnung `M_Door`, die beiden Slave-Knoten die Bezeichnungen `Fensterheber_links` und `Fensterheber_rechts`. Als Zeitbasis ist eine Millisekunde angegeben, als Jitter für die Zeitbasis 0,1 Millisekunde.

Listing 7.2 Beispiel für eine LDF Node Definition

```
Nodes {
  Master: M_Door, time_base 1 ms, jitter 0.1 ms;
  Slaves: Fensterheber_links, Fensterheber_rechts;
}
```

Signal Definition

Die *Signal Definition* enthält folgende Informationen:

- Signal-Namen
- Signal-Größen in Bits
- Initialwerte
- Sender (Publisher)
- Empfänger (Subscriber)

Jedes Signal, d. h. jeder Messwert, jeder Stellwert oder jedes Kommando, wird durch ein Signal abgebildet. Dabei werden skalare Signale und Byte Arrays unterschieden. Ein skalares Signal kann eine Länge zwischen 1 und 16 Bits annehmen. Byte Arrays können eine Länge von 8, 16, 24, 32, 40, 48, 56 oder 64 Bits haben. Der Initialwert wird als Integerwert angegeben. Jedes Signal hat einen Sender und einen oder mehrere Empfänger. Das Listing 7.3 zeigt ein Beispiel für eine Signaldefinition.

Listing 7.3 Beispiel für eine LDF Signal Definition

```
Signals {
    Temperatur_L: 8, 0, Fensterheber_links, Master_door;
    Position_L:   8, 0, Fensterheber_links, Master_door;
    Temperatur_R: 8, 0, Fensterheber_rechts, Master_door;
    Position_R:   8, 0, Fensterheber_rechts, Master_door;
    Schalter1:    1, 0, Master_Door, Fensterheber_links;
}
```

Frame Definition

Bei der Frame Definition werden die einzelnen Frames beschrieben. Diese beinhalten ein oder mehrere Signale. Die *Frame Definition* enthält folgende Informationen:

- Frame-Namen
- Frame-ID (0 ... 59)
- Sender (Publisher)
- Frame-Länge
- optional: Signal-Namen, Signal-Offset

Die Frame-Namen müssen wieder einmalig sein, d. h., jeder Frame hat einen anderen Namen, der sich ebenfalls von allen Bezeichnern für Knoten und Signale unterscheiden muss. Frame-IDs können von 0 bis 59 vergeben werden und jeder Identifier darf nur einmal vergeben werden. Die Frame-Länge wird in Bytes angegeben und kann zwischen 1 und 8 Bytes betragen. In Listing 7.4 ist ein Beispiel für die Definition von zwei Frames gezeigt. Dabei sind beide Frames gleich aufgebaut. Sie haben eine Länge von zwei Bytes und haben je zwei Signale in der Payload. Das Signal `Temperatur_X` ist acht Bits lang, das Signal `Position_X` ebenfalls. `Temperatur_X` beginnt bei Bit 0, `Position_X` bei Bit 8. Damit sind die beiden Bytes komplett gefüllt.

Listing 7.4 Beispiel für eine LDF Frame Definition

```
Frames {
   Frame_1: 10, Fensterheber_links, 2 {
      Temperatur_L, 0;
      Position_L,   8;
   };
   Frame_2: 11, Fensterheber_rechts, 2 {
      Temperatur_R, 0;
      Position_R,   8;
   };
}
```

Schedule Tables

Mit dem *Schedule Table* wird der Zeitplan beschrieben, wann welcher Frame gesendet wird. Er enthält folgende Informationen:

- Schedule-Name
- Aufzählung der Frames (Frame-Namen) mit je einer Zeit
  Die Zeit gibt die Slotlänge an.

In einem Cluster kann das Senden der Frames nach mehr als einem Schedule erfolgen. Im Schedule Table werden die Namen der Frames gefolgt von einer Zeit aufgeführt, die nacheinander gesendet werden. Die Zeit gibt an, wie groß der Slot für diesen Frame sein muss. Nach dieser Zeit kann der nächste Frame gesendet werden. Die Berechnung der Slotlängen wurde im Abschnitt 3.6 dargestellt. Praktisch werden die Zeiten meist von einem Tool berechnet. In Listing 7.5 ist ein Beispiel für einen Schedule Table gezeigt.

Listing 7.5 Beispiel für einen LDF Schedule Table

```
Schedule_tables {
  Table1 {
   Frame_1 delay 8 ms;
   Frame_2 delay 8 ms;
   Frame_3 delay 6 ms; }
}
```

7.1.3 Node Capability File (NCF)

Die Intension des Node Capability File (NCF) ist es, die Eigenschaften eines Slave-Knotens in einer standardisierten Form zu beschreiben. Es dient als Input für Softwaretools, um das LIN Description File zu erstellen. Ein LDF, welches der Hersteller eines Knotens erstellt und seinen Kunden zur Verfügung stellt, enthält folgende Teile:

- general
- diagnostic
- frames
- encoding
- status management
- freier Text

Unter *general* werden die Protokollversion, Herstellerinformationen, der Bitratenbereich und die Information angegeben, ob dieser Knoten Wakeup-Signale sendet. Informationen über den Hersteller sind eine Supplier-ID, eine Funktions-ID und eine Variantennummer. Die Supplier-ID ist eine 16-stellige Nummer, die für einen bestimmten Hersteller steht. Die Liste aller Supplier-IDs ist unter *https://www.lin-cia.org/id/* verfügbar. Mit der Funktions-ID und der Variantennummer kann der Hersteller ein Produkt, z. B. einen Stellmotor aus einer Serie, genauer bezeichnen.

Unter *diagnostic* wird neben der Diagnoseklasse und verschiedenen Zeitwerten die Adresse des Slave-Knotens angegeben, die als einzelner Wert, als Liste oder als Bereich vorliegen kann.

Als Nächstes werden unter *frames* die einzelnen Frames beschrieben, die dieser Knoten sendet und empfängt. Zu sendende Frames werden mit *publish* gekennzeichnet, zu empfangende mit *subscribe*. Zu den Eigenschaften eines Frames gehören die Frame-Länge, die minimale und die maximale Zykluszeit sowie die Angabe, ob es sich um einen Event Triggered Frame handelt. Des Weiteren werden die Signale mit Namen, Größe und Offset angegeben, aus denen jeder Frame besteht.

Unter *encoding* wird die Codierung von Signalen angegeben. Dazu gehört z. B., ob es sich um ein physikalisches oder ein logisches Signal handelt, welches der minimale und welches der maximale Wert ist, die Umrechnung der Bits in den physikalischen Wert (scale) sowie den Offset und die Einheit der physikalischen Größe.

Bei *status management* wird angegeben, welche vom Knoten gesendeten Signale der Master-Knoten beobachten muss, um den Zustand der Slave-Knoten bestimmen zu können.

Unter *free_text* können weitere Informationen sowie Abweichungen zum LIN-Standard angegeben werden.

Ein Beispiel für ein NCF ist im Listing 7.6 gegeben. Dieses Beispiel ist der LIN-Spezifikation 2.2A [LINspec] entnommen. Alle in Blau geschriebenen Wörter sind reservierte Schlüsselwörter (key words), die nicht für Knoten- und Signalnamen sowie andere Bezeichner verwendet werden dürfen.

Listing 7.6 Beispiel für ein Node Capability File

```
node_capability_file;
LIN_language_version = "2.2";

node step_motor {
  general {
    LIN_protocol_version = "2.2";
    supplier = 0x0005; function = 0x0020;
    variant = 1;
```

```
    bitrate = automatic min 10 kbps max 20 kbps;
    sends_wake_up_signal = "yes";
  }

  diagnostic {
    NAD = 1 to 3;
    diagnostic_class = 2;
    P2_min = 100 ms; ST_min = 40 ms;
    support_sid { 0xB0, 0xB2, 0xB7 };
  }

  frames {
    publish node_status {
      length = 4; min_period = 10 ms; max_period = 100 ms;
      signals {
        state {size = 8; init_value = 0; offset = 0;}
        fault_state {size = 2; init_value = 0; offset = 9;
            fault_enc;}
        error_bit {size = 1; init_value = 0; offset = 8;}
        angle {size = 16; init_value = {0x22, 0x11}; offset = 16;}
      }
    }

    subscribe control {
      length = 1; max_period = 100 ms;
      signals {
        command {size = 8; init_value = 0; offset = 0; position;}
      }
    }
  }

  encoding {
    position {physical_value 0, 199, 1.8, 0, "deg";}
    fault_enc {logical_value, 0, "no result";
            logical_value, 1, "failed";
            logical_value, 2, "passed";}
  }
  status_management {
    response_error = error_bit;
    fault_state_signals = fault_state;
  }
  free_text {
    "step_motor signal values outside 0 - 199 are ignored"
  }
}
```

7.2 Anwendungsbeispiel

Anhand der Türsteuerung eines Personenkraftwagens soll gezeigt werden, wie die Kommunikation mittels LIN realisiert werden kann. Das Ziel dieses Beispiels ist es nicht, eine reale Anwendung möglichst gut wiederzugeben, sondern bestimmte Aspekte von LIN in einem Beispiel zu demonstrieren. Durch den Bezug zu einer realen Anwendung soll das Verständnis erleichtert werden.

Nach der Beschreibung der Sensoren, Bedienelemente und Aktoren, die die Knoten des LIN-Clusters bilden, werden als Nächstes die Signale beschrieben, die dann Frames zugeordnet werden. Die Frames werden zwei Schedules zugewiesen, die die Kommunikation beschreiben. In den Schedules gibt es neben Unconditional Frames auch Event Triggered Frames und Sporadic Frames. Das LDF wird schrittweise entwickelt und die Schedules werden nachfolgend grafisch veranschaulicht.

7.2.1 Beschreibung der Knoten

Die betrachtete Türsteuerung umfasst vier Türen. Jede dieser Türen hat einen elektrischen Fensterheber, der die Scheibe nach oben (Auf) und nach unten (Ab) verfahren kann. Die Endlagen werden von einer Strommessung im Fensterheber erfasst. Durch eine Erfassung der Drehzahl weiß der Fensterheber grob, in welcher Stellung sich das Fenster befindet. Im Motor des Fensterhebers wird die Temperatur erfasst, um Überhitzungen zu vermeiden. Die Position des Fensters und die Temperatur des Motors können anderen Steuergeräten mitgeteilt werden. Der Fensterheber mit interner Strom-, Drehzahl- und Temperaturmessung ist eine Komponente. Sie besitzt eine LIN-Schnittstelle und bildet einen LIN-Knoten.

An der Fahrertür und an der Beifahrertür ist je ein Außenspiegel verbaut, der elektrisch verstellt und der elektrisch geheizt werden kann. Die Spiegel können in zwei Richtungen gedreht werden, und zwar um die Fahrzeughochachse (y-Richtung) und um die Fahrzeugquerachse (x-Richtung).

An jeder der vier Türen befindet sich ein Bedientableau, mit dem die Fensterheber gesteuert werden können. Die Fahrertür besitzt ein großes Bedientableau, alle anderen Türen ein kleines. Mit den kleinen Bedientableaus können nur die Befehle „Auf“ oder „Ab“ für die Fensterheber der Tür gegeben werden, an der das Bedientableau verbaut ist. Mit dem großen Bedientableau in der Fahrertür können die Fensterheber in allen Türen des Fahrzeuges sowie die beiden Außenspiegel gesteuert werden.

Tabelle 7.1 listet alle Knoten auf und führt für jeden Knoten ein Kürzel ein. Die verwendeten Kürzel haben für dieses Beispiel eine Systematik. Diese Systematik ist frei gewählt. Ein Anwender kann bei seinem Projekt eine andere Systematik verwenden oder beliebige Namen verwenden. Die gilt nicht nur für die Bezeichnung der Knoten, sondern auch für die Bezeichnung der Signale und der Frames.

Das Kürzel beginnt mit einem `M` für den Master-Knoten oder einem `N` für einen Slave-Knoten. Es folgen zwei Buchstaben für die Komponente (Fensterheber (`FH`), Außenspiegel (`AS`), Bedientableau (`BT`)) und zwei weitere Buchstaben ((vorne links (`VL`), vorne rechts (`VR`), hinten links (`HL`), hinten rechts (`HR`)) für die Position, an der die Komponente verbaut ist. Die drei Buchsta-

Tabelle 7.1 Abkürzungen für die Knoten der Türsteuerung

Komponente	Position	Kürzel	Kommentar
Fensterheber	vorne links	N.FH.VL	Fahrertür
Fensterheber	vorne rechts	N.FH.VR	Beifahrertür
Fensterheber	hinten links	N.FH.HL	
Fensterheber	hinten rechts	N.FH.HR	
Außenspiegel	vorne links	N.AS.VL	Fahrertür
Außenspiegel	vorne rechts	N.AS.VR	Beifahrertür
Bedientableau	vorne links	M.BT.VL	Fahrertür
Bedientableau	vorne rechts	N.BT.VR	Beifahrertür
Bedientableau	hinten links	N.BT.HL	
Bedientableau	hinten rechts	N.BT.HR	

bengruppen werden zur besseren Lesbarkeit durch Punkte voneinander getrennt. Diese Kürzel werden in den Bildern und im LDF weiter verwendet.

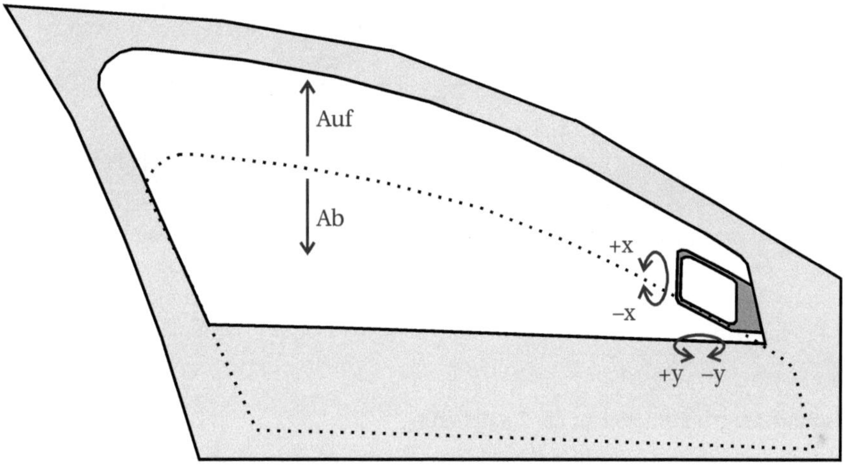

Bild 7.2 Signaldefinition für das Fenster und die Außenspiegel

Bild 7.2 zeigt von der Fahrertür die Fensterscheibe und den Außenspiegel. Eingezeichnet sind Bezeichnungen, um die Richtung für die Verstellung des Fensters und der Außenspiegel in den Signalen zu kennzeichnen. Diese Bezeichnungen gelten auch für die Beifahrertür und die beiden hinteren Türen.

Bild 7.3 zeigt die vier Türen des Beispielfahrzeugs mit den 10 Knoten, die über LIN miteinander kommunizieren. Für jeden der Knoten wurde die Bezeichnung, wie sie gerade eingeführt wurde und wie sie im weiteren Verlauf verwendet wird, eingezeichnet.

Mit diesen Angaben kann der erste Teil des LDF erstellt werden (siehe Listing 7.7). Für die Protokoll- und die Sprachversion wird die aktuelle Version 2.2 und als Busgeschwindigkeit 19,2 kbit/s gewählt. Der Master-Knoten ist das Bedientableau in der Fahrertür. Als Zeitbasis wird eine Millisekunde und für den Jitter werden 0,01 Millisekunden angenommen.

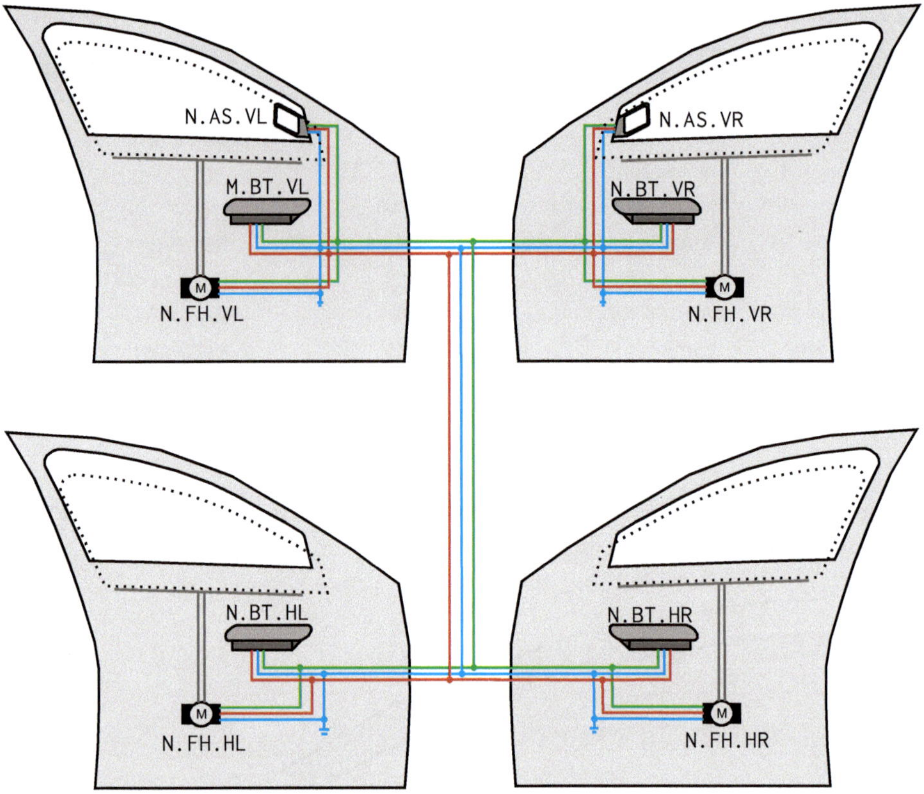

Bild 7.3 Viertüriges Fahrzeug mit LIN-Knoten und Verkabelung

Listing 7.7 Beschreibung der Knoten für die Türsteuerung

```
LIN_description_file;
LIN_protocol_version = "2.2";
LIN_language_version = "2.2";
LIN_speed = 19.2 kbps;

Nodes {
  Master: M.BT.VL, 1 ms, 0.01 ms ;
  Slaves: N.BT.VR, N.BT.HL, N.BT.HR, N.AS.VL, N.AS.VR,
          N.FH.VL, N.FH.VR, N.FH.HL, N.FH.HR;
}
```

7.2.2 Signalcodierung

Bevor die einzelnen Signale festgelegt werden, macht es Sinn, sich zu überlegen, wie die Signale codiert werden, d. h., wie viele Bits jedes Signal umfasst und wie die Werte und Zustände dargestellt werden. Im Beispiel können sechs verschiedene Arten von Signalen unterschieden werden. Dies sind die Befehle zur Verstellung der Außenspiegel in x- und y-Richtung, zum Schalten der Spiegelheizung und zur Verstellung des Fensters. Die Fensterheber geben zwei Messwerte an den Master-Knoten zurück über die Position des Fensters und die Temperatur des Fensterhebermotors.

In Tabelle 7.2 sind diese Signalgruppen aufgelistet, ein Kürzel ist für jede der Gruppen eingeführt und es ist angegeben, mit wie vielen Bits das Signal codiert wird. Da ein Signal immer eine Quelle (Sender) und eine Senke (Empfänger) hat, sind für jede Signalgruppe zwei Komponenten angegeben.

Tabelle 7.2 Signalgruppen

Komponente	Stellsignal	Kürzel	Bits
Außenspiegel, Bedientableau	Verstellung x-Achse	posX	2
	Verstellung y-Achse	posY	2
	Heizung	heizg	1
Fensterheber, Bedientableau	Verstellung Fenster	aufab	2
	Position Fenster	posF	8
	Temperatur Motor	temp	8

In Tabelle 7.3 ist die Codierung für die sechs Signalgruppen angegeben. Dabei ist für jede mögliche Bitkombination angegeben, was diese Kombination bedeutet. Bei einem Bit gibt es zwei mögliche Werte (0 und 1), bei zwei Bits gibt es vier und bei acht Bits 256 Kombinationen. Diese Signalcodierung wird im LDF umgesetzt (siehe Listing 7.8 auf Seite 191). Im Beispiel wird zwischen einem `logical_value` und einem `physical_value` unterschieden. Ein `logical_value` bezeichnet genau eine mögliche Bitkombination, ein `physical_value` einen Bereich, z. B. einen Mess- oder Stellbereich.

Tabelle 7.3 Signalcodierung

Kürzel	Codierung	Bedeutung
posX	00	Motor aus
	01	Motor ein +x-Richtung
	10	Motor ein –x-Richtung
	11	ungültig
posY	00	Motor aus
	01	Motor ein +y-Richtung
	10	Motor ein –y-Richtung
	11	ungültig
heizg	0	Heizung aus
	1	Heizung ein
aufab	00	Fensterhebermotor aus
	01	Fenster nach oben fahren
	10	Fenster nach unten fahren
	11	ungültig
posF	0	ungültig
	1	untere Endlage erreicht
	2 ... 254	Position in mm
	255	obere Endlage erreicht
temp	0	ungültig
	1	Temperatur unter 0 °C
	2 ... 254	Temperatur in Grad Celsius, 0,5°-Schritte
	255	Temperatur über 120 °C

7.2.3 Signaldefinition

Die Signalcodierung erleichtert die Definition der Signale. Jeder Messwert, jeder Stellwert und jede Befehlseingabe wird durch ein Signal dargestellt. Jedes Signal hat eine Quelle und eine oder mehrere Senken. Die Signale werden im nächsten Schritt zu Frames zusammengefasst, die dann von den Knoten gesendet werden.

Die Bezeichnung der Signale orientiert sich an dem Schema, welches für die Komponenten verwendet wurde. Ein Signal beginnt mit dem Buchstaben S. Nach einem Punkt „.“ folgt das Kürzel der Komponente, mit der das Signal in Verbindung steht. Dies ist im Beispiel fast immer der Slave-Knoten, der entweder die Quelle oder das Ziel des Signals ist. Das Bezeichnungsschema für die Signale ist wie beschrieben möglich, da alle Signale nur zwischen Master- und Slave-Knoten ausgetauscht werden und nicht zwischen Slave-Knoten direkt. Prinzipiell ist es aber möglich, dass ein Slave-Knoten einem anderen Slave-Knoten einen Frame ohne den Umweg über den Master-Knoten schickt. Nach dem Kürzel für den kennzeichnenden Knoten folgt ein Unterstrich und das Kürzel für die Signalcodierung. Damit liegt auch fest, aus wie vielen Bits das Signal besteht.

Listing 7.8 Signalencoding im LDF

```
Signal_encoding_types {

  posX {
    logical_value, 0, "Motor aus";
    logical_value, 1, "Motor ein +x Richtung";
    logical_value, 2, "Motor ein -x Richtung";
    logical_value, 3, "ungültig";
  }

  posY {
    logical_value, 0, "Motor aus";
    logical_value, 1, "Motor ein +y Richtung";
    logical_value, 2, "Motor ein -y Richtung";
    logical_value, 3, "ungültig";
  }

  heizg {
    logical_value, 0, "Heizung aus";
    logical_value, 1, "Heizung an";
  }

  aufab {
    logical_value, 0, "Fensterhebermotor aus";
    logical_value, 1, "Fenster nach oben fahren";
    logical_value, 2, "Fenster nach unten fahren";
    logical_value, 3, "ungültig";
  }

  posF {
    logical_value, 0, "ungültig";
    logical_value, 1, "untere Endlage erreicht";
    physical_value, 2, 254, 1, 0, "Position in mm";
    logical_value, 255, "obere Endlage erreicht";
  }

  temp {
    logical_value, 0, "ungültig";
    logical_value, 1, "Temperatur unter 0 Grad Celsius";
    physical_value, 2, 254, 0.5, 0, "Temperatur in Grad Celsius";
    logical_value, 255, "Temperatur über 120 Grad Celsius";
  }
}
```

Tabelle 7.4 listet alle Signale auf. Zum linken und zum rechten Außenspiegel gibt es je drei Signale für die Verstellung in x- und y-Richtung sowie für das Ein- und Ausschalten der Heizung.

Von den Bedientableaus in der Beifahrertür und von den hinteren Türen gibt es je ein Signal für die Anforderung zum Hoch- oder Runterfahren des Fensters an den Master-Knoten. Der Master-Knoten entscheidet, ob die Anforderung an den jeweiligen Fensterheber weitergegeben wird. Er kann diese Anforderung überstimmen. Um den Befehl zum Hoch- oder Runterfahren vom Master-Knoten an die Fensterheber zu geben, gibt es vier Signale.

Tabelle 7.4 Signaldefinition

Quelle	Signal	Senke	Bits
M.BT.VL	S.AS.VL_posX	N.AS.VL	2
	S.AS.VL_posY	N.AS.VL	2
	S.AS.VL_heizg	N.AS.VL	1
M.BT.VL	S.AS.VR_posX	N.AS.VR	2
	S.AS.VR_posY	N.AS.VR	2
	S.AS.VR_heizg	N.AS.VR	1
N.BT.VR	S.BT.VR_aufab	M.BT.VL	2
N.BT.HL	S.BT.HL_aufab	M.BT.VL	2
N.BT.HR	S.BT.HR_aufab	M.BT.VL	2
N.FH.VL	S.FH.VL_pos	M.BT.VL	8
	S.FH.VL_temp	M.BT.VL	8
N.FH.VR	S.FH.VR_pos	M.BT.VL	8
	S.FH.VR_temp	M.BT.VL	8
N.FH.HL	S.FH.HL_pos	M.BT.VL	8
	S.FH.HL_temp	M.BT.VL	8
N.FH.HR	S.FH.HR_pos	M.BT.VL	8
	S.FH.HR_temp	M.BT.VL	8
M.BT.VL	S.FH.VL_aufab	N.FH.VL	2
	S.FH.VR_aufab	N.FH.VR	2
	S.FH.HL_aufab	N.FH.HL	2
	S.FH.HR_aufab	N.FH.HR	2

Die Information der Fensterheber über die Position des Fensters und die Temperatur des Motors wird für jeden Fensterheber durch je zwei Signale abgebildet.

Die in Tabelle 7.4 aufgeführten Signale sind im Listing 7.9 im LDF beschrieben.

Listing 7.9 Beschreibung der Signale für die Türsteuerung

```
Signals {
   S.AS.VL_posX:   2, 0, M.BT.VL, N.AS.VL;
   S.AS.VL_posY:   2, 0, M.BT.VL, N.AS.VL;
   S.AS.VL_heizg: 1, 0, M.BT.VL, N.AS.VL;
   S.AS.VR_posX:   2, 0, M.BT.VL, N.AS.VR;
   S.AS.VR_posY:   2, 0, M.BT.VL, N.AS.VR;
   S.AS.VR_heizg: 1, 0, M.BT.VL, N.AS.VR;
   S.FH.VL_aufab: 2, 0, M.BT.VL, N.FH.VL;
   S.FH.VR_aufab: 2, 0, M.BT.VL, N.FH.VR;
   S.FH.HL_aufab: 2, 0, M.BT.VL, N.FH.HL;
   S.FH.HR_aufab: 2, 0, M.BT.VL, N.FH.HR;
   S.FH.VL_pos:    8, 0, N.FH.VL, M.BT.VL;
   S.FH.VR_pos:    8, 0, N.FH.VR, M.BT.VL;
   S.FH.HL_pos:    8, 0, N.FH.HL, M.BT.VL;
   S.FH.HR_pos:    8, 0, N.FH.HR, M.BT.VL;
   S.FH.VL_temp:   8, 0, N.FH.VL, M.BT.VL;
   S.FH.VR_temp:   8, 0, N.FH.VR, M.BT.VL;
   S.FH.HL_temp:   8, 0, N.FH.HL, M.BT.VL;
   S.FH.HR_temp:   8, 0, N.FH.HR, M.BT.VL;
   S.BT.VR_aufab: 2, 0, N.BT.VR, M.BT.VL;
   S.BT.HL_aufab: 2, 0, N.BT.HL, M.BT.VL;
   S.BT.HR_aufab: 2, 0, N.BT.HR, M.BT.VL;
}
```

7.2.4 Frames

Die Frames werden aus Signalen zusammengesetzt, die zuvor definiert wurden. Alle Signale in einem Frame müssen die gleiche Quelle haben, denn nur ein Knoten kann diesen Frame senden. Die Signale können bitweise hintereinander angeordnet werden, um die zur Verfügung stehende Payload maximal auszunutzen. Dazu wird im LDF ein Offset für jedes Signal angegeben. Es ist aber auch möglich, die Signale so anzuordnen, dass sie sich von der Software einfach schreiben und auswerten lassen, indem sie z. B. byteweise platziert werden.

Auch bei den Frames wird wieder das gleiche Schema zur Bezeichnung verwendet wie zuvor bei den Knoten und den Signalen. Das Kürzel für einen Frame beginnt mit einem `F` gefolgt von einem Punkt zur Abtrennung. Als Nächstes kommt das Kürzel des Knotens, der den Frame sendet oder für den der Frame bestimmt ist, oder eine andere Bezeichnung, wenn diese den Frame besser beschreibt. Nach der Frame-Bezeichnung folgt im LDF der Frame-Identifier. Alle Frames, die mit der Kommunikation zwischen Bedientableaus und Master-Knoten zusammenhängen, haben die ID 1x. Im Beispiel sind das die IDs 12, 13 und 14. Frames für die Kommunikation zwischen Master-Knoten und Außenspiegel haben die IDs 2x. Für das Kommando zum Verstellen der Fenster vom Master-Knoten an die Fensterheber wird die ID 30 verwendet. Die Frames von den Fensterhebern an den Master-Knoten haben die IDs 4x.

Listing 7.10 Beschreibung der Frames für die Türsteuerung

```
Frames {
  F.BT.VR: 12, N.BT.VR, 2 {
    S.BT.VR_aufab, 8;
  }
  F.BT.HL: 13, N.BT.HL, 2 {
    S.BT.HL_aufab, 8;
  }
  F.BT.HR: 14, N.BT.HR, 2 {
    S.BT.HR_aufab, 8;
  }
  F.AS.VL: 21, M.BT.VL, 1 {
    S.AS.VL_posX, 0;
    S.AS.VL_posY, 2;
    S.AS.VL_heizg, 4;
  }
  F.AS.VR: 22, M.BT.VL, 1 {
    S.AS.VR_posX, 0;
    S.AS.VR_posY, 2;
    S.AS.VR_heizg, 4;
  }
  F.Befehl: 30, M.BT.VL, 1 {
    S.FH.VL_aufab, 0;
    S.FH.VR_aufab, 2;
    S.FH.HL_aufab, 4;
    S.FH.HR_aufab, 6;
  }
  F.FH.VL: 41, N.FH.VL, 2 {
    S.FH.VL_temp, 0;
    S.FH.VL_pos, 8;
  }
  F.FH.VR: 42, N.FH.VR, 2 {
    S.FH.VR_temp, 0;
    S.FH.VR_pos, 8;
  }
  F.FH.HL: 43, N.FH.HL, 2 {
    S.FH.HL_temp, 0;
    S.FH.HL_pos, 8;
  }
  F.FH.HR: 44, N.FH.HR, 2 {
    S.FH.HR_temp, 0;
    S.FH.HR_pos, 8;
  }
}
```

Im LDF im Listing 7.10 sind 10 Frames definiert:

- Je ein Frame wird vom Bedientableau vorne rechts (ID 12), hinten links (ID 13) und hinten rechts (ID 14) mit dem Signal `S.BT.xx_aufab` an den Master-Knoten gesendet. Die Frames haben eine Payload von zwei Bytes.
- Je ein Frame wird an den linken (ID 21) und den rechten (ID 22) Außenspiegel mit den Signalen `S.AS.xx_posX`, `S.AS.xx_posY` und `S.AS.xx_heizg` vom Master-Knoten geschickt. Die Bits der Signale werden in einem Byte hintereinander angeordnet. Die Payload der Frames ist ein Byte lang.
- Im Frame mit der ID 30 werden die vier Stellsignale vom Master-Knoten an die vier Fensterheber zum Verfahren der Fenster hintereinander gepackt. Der Frame hat eine Länge von einem Byte. Mit diesem einen Frame gehen die Stellbefehle gleichzeitig an alle vier Fensterheber. Jeder Fensterheber sucht sich dann seine Bits bzw. sein Signal aus dem Byte in der Payload heraus.
- Die vier Fensterheber schicken je einen Frame an den Master-Knoten. Der Fensterheber vorn links schickt den Frame mit der ID 41, der Fensterheber vorn rechts mit der ID 42, der Fensterheber hinten links mit der ID 43 und der Fensterheber hinten rechts mit der ID 44. Jeder dieser Frames hat eine Payload von zwei Bytes mit dem Signal `S.FH.xx_temp` im ersten Byte und dem Signal `S.FH.xx_pos` im zweiten Byte.

Die im Listing 7.10 definierten Frames sind zunächst einmal als *Unconditional Frames* definiert. Im Listing 7.11 werden einige dieser Frames als *Sporadic Frames* oder als *Event Triggered Frames* gekennzeichnet.

Listing 7.11 Definition der Sporadic und Event Triggered Frames

```
Sporadic_frames {
  Spiegel: F.AS.VL, F.AS.VR;
}

Event_triggered_frames {
  EventTaster: Schedule_Normal, 10, F.BT.VR, F.BT.HL, F.BT.HR;
}
```

Die beiden Frames `F.AS.VL` und `F.AS.VR`, die vom Master-Knoten an die Außenspiegel gesendet werden, werden als Sporadic Frames festgelegt. Damit ist es möglich, beide Frames im Schedule in den gleichen Slot zu legen und die Frames nur bei Bedarf zu senden.

Die Frames `F.BT.VR`, `F.BT.HL` und `F.BT.HR`, die von den Bedientableaus an den Master-Knoten geschickt werden, werden als *Event Triggered Frames* definiert. Die Abfrage der Slave-Knoten kann im Schedule in einem Slot erfolgen. Dazu bedarf es einer weiteren Frame-ID, die hier mit 10 festgelegt wurde. Die Slave-Knoten antworten nur, wenn sich bei ihnen in der Payload etwas geändert hat. Es sei hier angenommen, dass die Bedientableaus nicht den Status der Taster (betätigt oder nicht betätigt) übertragen, sondern nur die Änderung des Status.

7.2.5 Schedules

Im Schedule wird festgelegt, wann welcher Frame gesendet wird. Für einen LIN-Cluster kann mehr als ein Schedule festgelegt werden. Für das Beispiel der Türsteuerung sind zwei Schedules definiert. Der erste Schedule mit der Bezeichnung `Schedule_Normal` beschreibt die normale Kommunikation, bei der die Frames zyklisch gesendet werden. Der zweite Schedule wird vom Master nur kurzzeitig aktiviert, wenn es bei den Event Triggered Frames zu einer Kollision gekommen ist und der Master die Bedientableaus einzeln abfragt. Im Listing 7.12 ist die Definition der beiden Schedules im LDF aufgeführt.

Listing 7.12 Beschreibung der Schedules für die Türsteuerung

```
Schedule_tables {
  Schedule_Normal {
    EventTaster delay 5 ms;
    Spiegel delay 4 ms;
    F.Befehl delay 4 ms;
    F.FH.VL delay 5 ms;
    F.FH.VR delay 5 ms;
    F.FH.HL delay 5 ms;
    F.FH.HR delay 5 ms;
  }
  Schedule_Collision {
    F.BT.VR delay 5 ms;
    F.BT.HL delay 5 ms;
    F.BT.HR delay 5 ms;
  }
}
```

Der Schedule `Schedule_Normal`, der im Bild 7.4 grafisch veranschaulicht ist, besteht aus sieben Slots. Im Slot 1 wird der Frame mit der ID 10 gesendet. Dieser Frame ist ein Event Triggered Frame und fragt die drei Bedientableaus ab, ob einer der Taster betätigt wurde. Wurde keiner der Taster betätigt, sendet kein Slave-Knoten eine Frame Response und der Frame bleibt „unvollständig“. Hat sich bei einem Bedientableau die Tasterbetätigung geändert, sendet dieser Knoten die Frame Response. Welcher der drei möglichen Knoten die Frame Response gesendet hat, ist im ersten Payload-Byte ersichtlich. In diesem Byte sendet jeder Slave-Knoten seinen *Protected Identifier (PID)*. Dies ist auch der Grund, warum die Payload zwei Byte lang ist, obwohl für das Zwei-Bit-Signal `_aufab` ein Byte gereicht hätte. Hat sich die Tasterbetätigung bei zwei oder gar allen drei Bedientableaus geändert, senden diese Knoten ihre Frame Responses, die dann auf dem Bus kollidieren. Dies führt dazu, dass die Prüfsumme im Checksum-Feld des Frames nicht korrekt ist. Der Master-Knoten bekommt somit die Kollision mit und wird daraufhin die Slave-Knoten im `Schedule_Collision` einzeln abfragen.

Im Slot 2 werden die Stellbefehle an die beiden Außenspiegel gesendet. Die Frames dazu wurden als Sporadic Frames definiert. Damit ist es dem Master-Knoten möglich, in diesem Slot die Frames sporadisch zu schicken. Sinnvoll ist es sicherlich, die Frames abwechselnd an den

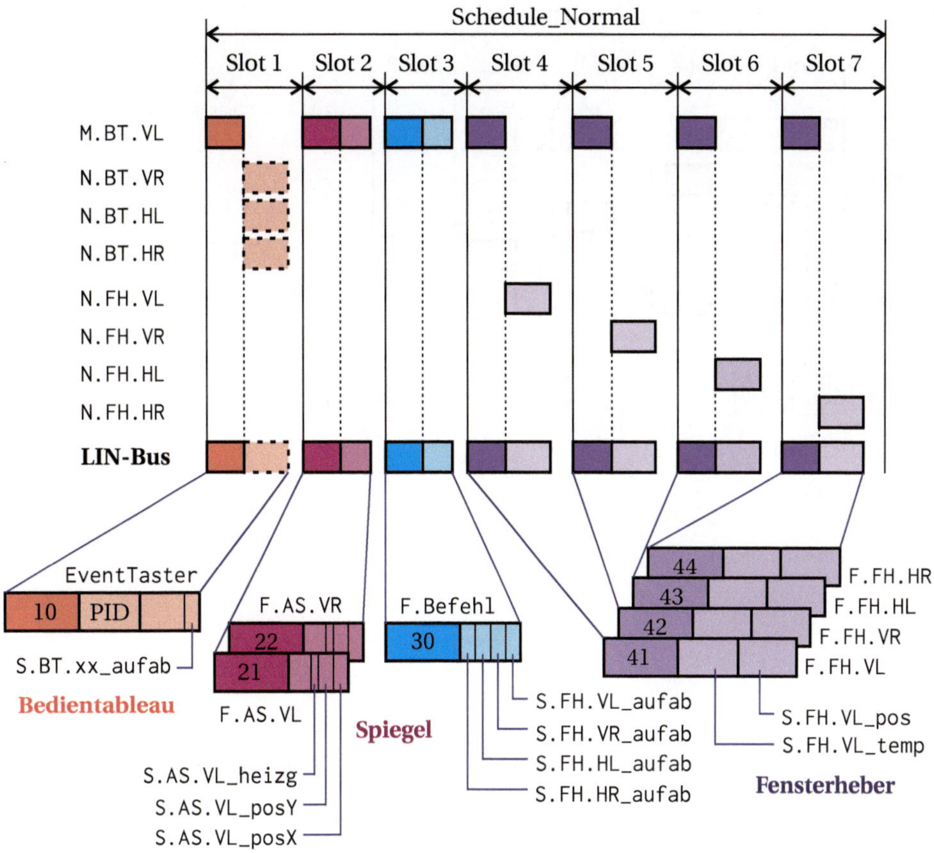

Bild 7.4 Normal Schedule

linken und an den rechten Außenspiegel zu senden. Eine andere Möglichkeit wäre gewesen, jedem der beiden Frames einen eigenen Slot zu geben.

Im Slot 3 sendet der Master-Knoten den Frame `F-Befehl`. Wie schon bei der Frame Definition beschrieben, enthält dieser Frame die Stellbefehle für alle vier Fensterheber. Der Frame wird also von allen vier Fensterheber-Knoten empfangen und jeder Knoten schaut sich sein Signal an.

In den Slots 4 bis 7 senden die vier Fensterheber ihre Frames.

Der Schedule `Schedule_Collision`, der im Bild 7.5 grafisch dargestellt ist, wird vom Master-Knoten nur aktiviert, wenn es beim Event Triggered Frame im Schedule `Schedule_Normal` zu einer Kollision gekommen ist. In diesem Schedule werden in den Slots a, b und c die drei Bedientableaus nacheinander abgefragt. Dazu unterbricht der Master-Knoten den Schedule `Schedule_Normal` nach dem ersten Slot und wechselt zum Schedule `Schedule_Collision`. Ist der Schedule `Schedule_Collision` einmal durchlaufen, wechselt der Master zurück zum Schedule `Schedule_Normal` und setzt diesen beim Slot 2 fort.

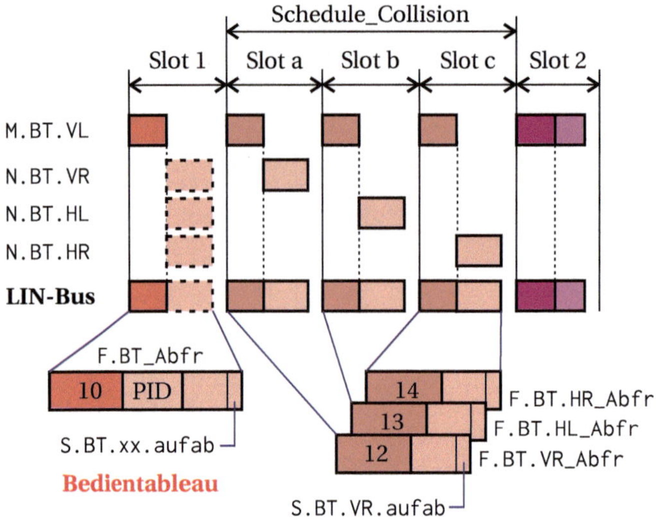

Bild 7.5 Collision Schedule

8 CAN (2)

In diesem Kapitel wird auf die Konfiguration der Bitzeit und des Abtastzeitpunktes sowie auf die Erweiterungen bei CAN eingegangen. Die Kenntnisse aus Kapitel 4 werden für das Verständnis vorausgesetzt.

8.1 Bit-Timing und Bitsynchronisation

Der CAN-Controller arbeitet mit einem Takt, der direkt oder über eine PLL aus dem Takt des Quarzes abgeleitet wird. Dieser Takt wird im Folgenden als CAN-Takt bezeichnet. Empfohlene Werte für den CAN-Takt sind 40 und 80 MHz, bei CAN XL 160 MHz. Beim Senden bestimmt der sendende Knoten mit Hilfe seines CAN-Taktes die Länge der Bits und schaltet zu den entsprechenden Zeitpunkten zwischen high und low um. Alle anderen Knoten empfangen einen kontinuierlichen analogen Spannungsverlauf. Dieser Spannungsverlauf muss zum einen bei den Spannungswerten diskretisiert werden, sodass es nur noch die beiden Werte high und low gibt. Zum anderen müssen aus dem kontinuierlichen Zeitverlauf wieder Bits „gemacht“ werden, d. h., auch der zeitliche Verlauf muss diskretisiert werden.

8.1.1 Diskretisierung des empfangenen Spannungsverlaufs

Die Diskretisierung des Spannungsverlaufs erfolgt über Schwellwerte innerhalb des Receivers. Bild 8.1 zeigt die gültigen Bereiche für CAN-H und CAN-L. Bei einem dominanten Signal kann die Spannung auf der CAN-H-Leitung zwischen 2,75 V und 4,5 V betragen mit dem Nominalwert bei 3,5 V. Auf der CAN-L-Leitung kann die Spannung zwischen 0,5 V und 2,25 V betragen mit dem Nominalwert bei 1,5 V. Bei einem rezessiven Signal liegt der Bereich sowohl für CAN-L als auch für CAN-H zwischen 2,0 V und 3,0 V mit dem Nominalwert bei 2,5 V.

Für den Receiver sind aber nicht die absoluten Spannungswerte ausschlaggebend, sondern die Differenzspannung zwischen CAN-H und CAN-L. Bild 8.2 zeigt die gültigen Werte für die Transmitter (links, blau) und die Receiver (rechts, violett). Die Bereiche für die Empfänger müssen stets größer sein als bei den Sendern, weil sich durch Spannungsabfälle auf den Leitungen und Störungen andere Spannungen an den Empfängern einstellen können. Der Bereich zwischen 0,5 V und 0,9 V ist weder dem 1- noch dem 0-Signal zugeordnet.

Die Diskretisierung der Differenzspannungen in 0 und 1 erfolgt im Transceiver. Dieser gibt ein kontinuierliches binäres Signal an den CAN-Controller, der das Signal zeitlich diskretisiert und wieder Bits daraus macht.

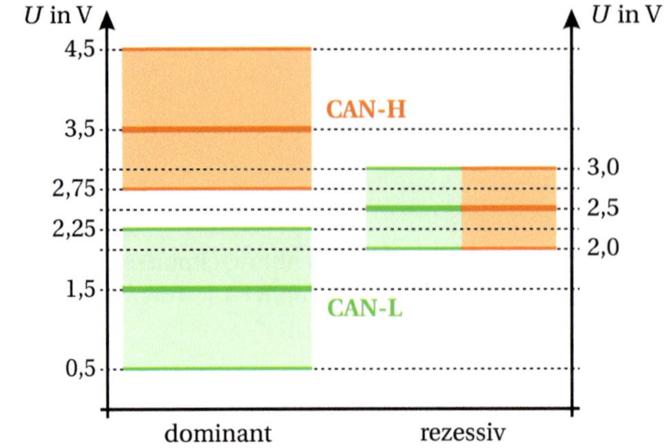

Bild 8.1 Bereiche für gültige Spannungswerte am Transmitter

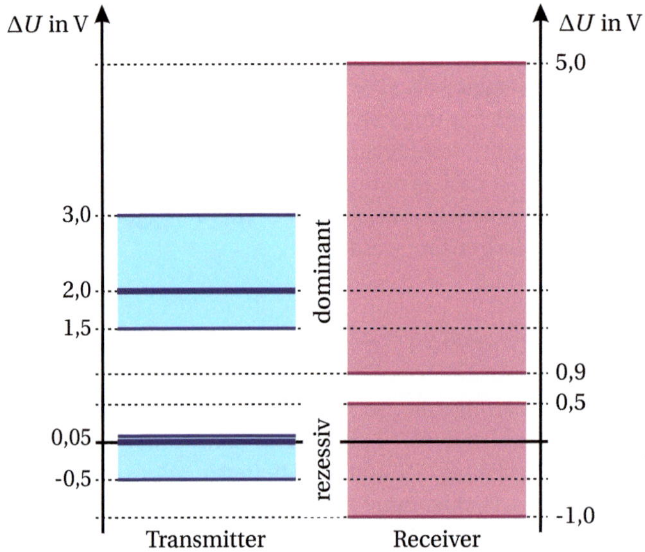

Bild 8.2 Bereiche für gültige Differenzspannungen

8.1.2 Bit-Timing

Um aus der nun binären, aber kontinuierlichen Differenzspannung wieder Bits zu machen, muss der Spannungsverlauf abgetastet werden. Das bedeutet, dass zu bestimmten Zeitpunkten der Wert der Differenzspannung ausgewertet wird. Dazu wird zunächst ein Bit in vier Segmente unterteilt (siehe Bild 8.3).

Das erste Segment ist das *Synchronisationssegment*. In diesem Segment wird die Flanke erwartet, wenn sich der Pegel von low auf high oder von high auf low ändert. Es folgt das *Propagation Segment*. Mit diesem Segment wird die Zeit für die Signalausbreitung in einem CAN-Cluster berücksichtigt. Je länger die Leitungen sind, desto größer muss das Propagation Segment konfiguriert werden. Die beiden letzten Segments sind Phase Buffer Segment 1 und 2. Zwischen dem Phase Buffer Segment 1 und dem Phase Buffer Segment 2 erfolgt das Samplen der Differenzspannung. Der Wert, der dort erfasst wird (low oder high bzw. 0 oder 1), bestimmt den Wert des Bits.

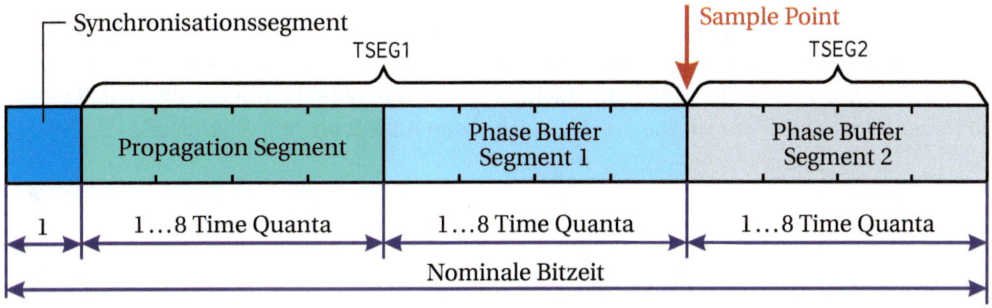

Bild 8.3 CAN-Bit-Timing

Die Länge der einzelnen Segmente wird in Time Quanta angegeben. Das Synchronisationssegment hat immer die Länge von einem Time Quantum. Alle anderen Segmente werden konfiguriert. Die Bereiche, in denen die einzelnen Segmente konfiguriert werden können, sind in Tabelle 8.1 angegeben.Ein Time Quantum wird aus dem CAN-Takt gewonnen und muss zur Bitrate, mit der das Cluster arbeitet, passen. Wenn beispielsweise das CAN-Cluster mit 500 kbit/s betrieben wird und ein Bit aus 16 Time Quanta besteht, so ist ein Time Quantum 125 ns lang. Es wird somit eine Frequenz von 8 MHz benötigt. Der Bereich von bis zu acht Time Quanta, wie er in Bild 8.3 bzw. in Tabelle 8.1 angegebenen ist, gilt für Classical CAN. Bei CAN FD gelten bei einem höheren CAN-Takt größere Werte.

Da im CAN-Controller nur die Länge eines Bits und die Position des Sample Points innerhalb des Bits von Interesse ist, werden für die Konfiguration nur drei Parameter benötigt:

- die Summe der Time Quanta des Propagation Segments und des Phase Buffer Segments 1, in den Konfigurationsparametern bei vielen Halbleiterherstellern mit `TSEG1` bezeichnet,
- das Phase Buffer Segment 2, meist mit `TSEG2` bezeichnet, und
- die Resynchronisationssprungweite, mit `SJW` bezeichnet.

Praktisch werden in den Registern nicht die berechneten oder festgelegten Werte für die Segmente konfiguriert, sondern von den berechneten Werten wird 1 subtrahiert. Statt 1 wird also 0, statt 8 wird 7 konfiguriert. Damit ist es möglich, die Konfigurationsregister pro Parameter um ein Bit kleiner auszulegen. Tabelle 8.1 gibt die Größe der Register und die Bereiche für die Konfigurationswerte an. Die Länge eines Bits ergibt sich dann zu `TSEG1` + `TSEG2` + 3.

Tabelle 8.1 Konfigurationswerte für das Bit-Timing

Parameter	Anzahl Bits	Minimalwert in Time Quanta	Maximalwert in Time Quanta
TSEG1	4	0	15
TSEG2	3	0	7
SJW	2	0	3

Der empfohlene Bereich für den Abtastzeitpunkt in Bussystemen mit Bitraten zwischen 800 kbit/s und 1 Mbit/s ist zwischen 75 % und 90 % der Bitzeit. Für alle Bussysteme, die mit einer Bitrate unter 800 kbit/s arbeiten, ist der Bereich zwischen 85 % und 90 % angegeben. CANopen empfiehlt einen Abtastzeitpunkt möglichst nahe bei 87,5 % für alle Bitraten. Der Abtastzeitpunkt hängt vom CAN-Takt und der sich daraus ergebenen Länge der Time Quanta ab. Damit sind nicht beliebige Prozentwerte einstellbar.

Im Abschnitt 4.3 wurde in Tabelle 4.4 angegeben, dass die Bitrate und die maximal mögliche Leitungslänge voneinander abhängen. Je höher die Bitrate ist, desto kürzer ist die maximal mögliche Leitungslänge. Die Oszillatortoleranz df ist eine weitere Einflussgröße, die die Bitrate weiter einschränken kann. Die drei Ungleichungen 8.1, 8.2 und 8.3 müssen alle erfüllt sein.

$$df \le \frac{T_{\text{SJW}}}{20 \cdot T_{\text{Bit}}} \tag{8.1}$$

$$df \le \frac{\min(T_{\text{PhaseSeg1}}, T_{\text{PhaseSeg2}})}{2 \cdot (13 \cdot T_{\text{Bit}} - T_{\text{PhaseSeg2}})} \tag{8.2}$$

$$SJW \le \min(T_{\text{PhaseSeg1}}, T_{\text{PhaseSeg2}}) \tag{8.3}$$

Je mehr Time Quanta für das Propagation Segment aufgrund der Leitungslänge konfiguriert werden müssen, desto weniger bleiben für Phase Buffer Segment 1 und 2 übrig, sodass sich der Spielraum für das Platzieren des Sample Points verkleinert. Die Kombination Propagation Segment = 1 und Phase Buffer Segment 1 = Phase Buffer Segment 2 = SJW = 4 erlaubt die größtmögliche Oszillatortoleranz, die maximal 1,58 % ist. Dies gilt aber nicht allgemein, da diese Kombination für kurze Bitzeiten nicht geeignet ist. Diese Kombination kann nur bei Systemen mit Bitraten bis 125 kbit/s und einer Leitungslänge bis maximal 40 m verwendet werden.

Die Länge des Propagation Segments T_{PropSeg} kann nach Gleichung 8.4 berechnet werden. T_{PropSeg} muss mindestens doppelt so groß sein wie die Summe aus t_{CAN}, $t_{\text{Transceiver}}$ und t_{Ltg}. t_{CAN} ist dabei die Laufzeit des CAN-Signals durch die Logik des CAN-Controllers, die sich aus der Laufzeit im Sendepfad des Senders und der Laufzeit im Empfangspfad des Empfängers zusammensetzt. Die Laufzeiten im Sende- und Empfangspfad sind immer unterschiedlich, weswegen sie getrennt berücksichtigt werden müssen. Beim Empfangspfad kommt zur reinen Laufzeit noch die Zeit für das Einsynchronisieren des Rx-Signal hinzu.

$t_{\text{Transceiver}}$ ist die Laufzeit durch den Transceiver, die sich ebenfalls aus den Laufzeiten des Sendepfads und des Empfangspfads zusammensetzt. Werden CAN-Controller und Transceiver mit unterschiedlichen Laufzeiten verwendet, muss mit der größeren Laufzeit gerechnet werden. t_{Ltg} ist die Laufzeit auf der Leitung. Sie wird durch die Leitungslänge l_{Ltg} und die spezifische Signallaufzeit des Mediums t_p bestimmt (siehe Gleichung 8.5). t_p beträgt bei einer verdrillten Zwei-Draht-Leitung zwischen 5 ns und 7,5 ns.

$$T_{\text{PropSeg}} \geq 2 \cdot (t_{\text{CAN}} + t_{\text{Transceiver}} + t_{\text{Ltg}}) \tag{8.4}$$

$$t_{\text{Ltg}} = l_{\text{Ltg}} \cdot t_p \tag{8.5}$$

$$l_{\text{max}} = \frac{0{,}5 \cdot T_{\text{ProgSeg}} - t_{\text{CAN}} - t_{\text{Transceiver}}}{t_p} \tag{8.6}$$

Bei gegebener Länge des Propagation Segments T_{PropSeg} kann nach Gleichung 8.6 die maximal mögliche Länge zwischen zwei Knoten berechnet werden.

8.1.3 Bitsynchronisation

Damit die Empfänger den Differenzspannungsverlauf an der richtigen Stelle samplen, müssen sie mit dem Sender synchronisiert werden. Es findet immer eine *harte Synchronisation* statt, wenn eine rezessiv-dominante Flanke während Bus Idle auftritt. Dies ist der Fall, wenn das erste Bit eines Frames, das SOF-Bit, gesendet wird. Beim Empfang der fallenden Flanke wird das interne Bit-Timing mit dem Synchronisationssegment gestartet.

Dies reicht aber für den korrekten Empfang eines Frames nicht aus, weil die Frequenzen zwischen Sender und Empfänger voneinander abweichen können. Deswegen erfolgt während des Empfangs eines Frames eine *Resynchronisation* in jedem Empfänger. Dazu werden alle rezessiv-dominanten, also die fallenden, Flanken genutzt. Optional können auch die dominant-rezessiven Flanken genutzt werden.

Für die Resynchronisation wird der Phasenfehler e (Phase Error e) bestimmt. Er gibt an, ob die Time Quanta im Empfänger kürzer oder länger als im Sender sind oder ob es keine Abweichung gibt. Es ergeben sich folgende Phasenfehler:

$e = 0$, wenn die fallende Flanke im Synchronisationssegment liegt,

$e < 0$, wenn die fallende Flanke vor dem Synchronisationssegment liegt,

$e > 0$, wenn die Flanke nach dem Synchronisationssegment liegt.

Ist $e > 0$, wird das Phase Buffer Segment 1 verlängert. Ist $e < 0$, wird das Phase Buffer Segment 2 verkürzt. Die maximale Anzahl an Time Quanta, um die das Phase Buffer Segment verkürzt oder verlängert werden kann, wird durch die *Resynchronisationssprungweite* T_{SJW} vorgegeben. T_{SJW} kann zwischen $1 \ldots 4$ konfiguriert werden.

Bild 8.4a zeigt die Resynchronisation im Empfänger, wenn der Takt im Empfänger schneller als im Sender ist. Die im Bild erste fallende Flanke tritt im Synchronisationssegment auf, sodass der Phasenfehler $e = 0$ ist. Die zweite fallende Flanke beobachtet der Empfänger erst nach dem Synchronisationssegment, sodass $e > 0$ ist. Damit folgende Flanken wieder im Synchronisationssegment liegen, muss der Empfänger das Phase Buffer Segment 1 um ein oder mehrere Time Quanta verlängern. Im gezeigten Beispiel wird das Phase Buffer Segment 1 um ein Time Quantum verlängert, sodass dieses drei Time Quanta lang ist anstatt zwei. Diese Korrektur führt dazu, dass die nächste fallende Flanke wieder im Synchronisationssegment liegt.

Bild 8.4b zeigt die Resynchronisation im Empfänger, wenn der Takt im Empfänger langsamer als im Sender ist. Die im Bild erste fallende Flanke tritt im Synchronisationssegment auf, sodass der Phasenfehler $e = 0$ ist. Die zweite fallende Flanke beobachtet der Empfänger vor dem

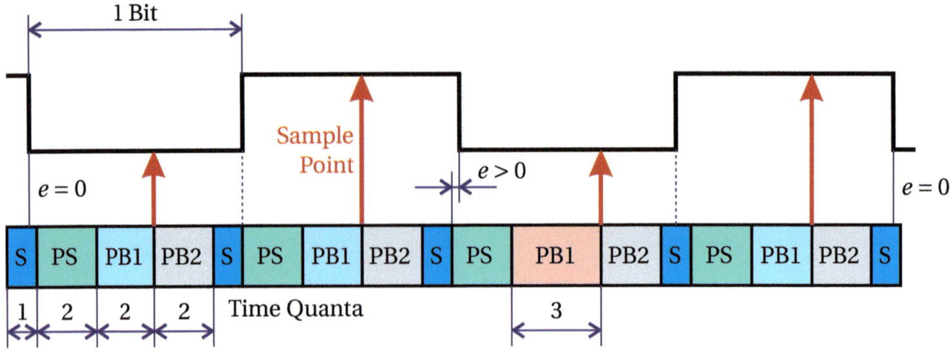

(a) Bitresynchronisation mit $e > 0$

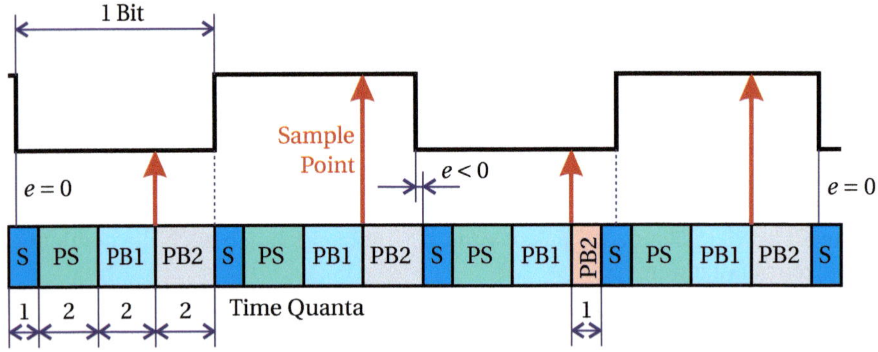

S	Synchronisationssegment	PB1	Phase Buffer Segment 2
PS	Propagation Segment	PB2	Phase Buffer Segment 1
e	Phasenfehler		

(b) Bitresynchronisation mit $e < 0$

Bild 8.4 Bitresynchronisation

Synchronisationssegment, sodass $e < 0$ ist. Damit folgende Flanken wieder im Synchronisationssegment liegen, muss der Empfänger das Phase Buffer Segment 2 verkürzen. Im Beispiel wird dieses Segment um ein Time Quantum verkürzt, sodass dieses ein Time Quantum lang ist anstatt zwei. Diese Korrektur führt dazu, dass die nächste fallende Flanke wieder im Synchronisationssegment liegt.

■ 8.2 Weiterentwicklungen von CAN

8.2.1 Grenzen und Erweiterungen von CAN

Bei der Einführung erfüllte CAN die Anforderungen, die von den Anwendungen gestellt wurden, sehr gut. Mit den Vorteilen, die die Kommunikation über ein Bussystem bietet, wurde CAN vermehrt eingesetzt und neue Anwendungsbereiche wurden erschlossen. Das führte dazu, dass es neue Anforderungen gab. So grenzte der 11-Bit-Identifier die Anzahl der möglichen Identifier ein. Anwender wünschten sich mehr Identifier, um jedem Mess- und jedem Stellwert, allgemein jeder Information, einen eigenen Identifier zuordnen zu können. Die Firma BOSCH, die CAN entwickelt hatte, reagierte auf diese neue Anforderung und erweiterte CAN. 1991 wurde die CAN-Spezifikation 2.0 veröffentlicht, in der ein 29 Bit großer Identifier eingeführt wurde. Damit stehen rund 537 Millionen Identifier zur Verfügung. Die Erweiterung des Identifiers wird im Abschnitt 8.2.2 erläutert.

Die Kommunikation bei CAN ist ereignisgesteuert. Durch Prioritäten werden Kollisionen aufgelöst. Damit können für hochpriore Nachrichten Antwortzeiten garantiert werden, nicht aber für alle Nachrichten. Das bedeutet, dass CAN im Allgemeinen nicht echtzeitfähig ist, was die möglichen Anwendungsbereiche einschränkt. Anfang 2000 wurde von Mitarbeitern der Firma BOSCH in Zusammenarbeit mit Halbleiterherstellern und Experten aus dem akademischen Bereich TTCAN entwickelt. TTCAN steht für Time-Triggered CAN, welches die Kommunikation in Zyklen einteilt. Die Zyklen sind weiter in Zeitfenster unterteilt, die jeweils für bestimmte Nachrichten reserviert sind. Das Konzept erlaubt es auch, Zeitfenster für ereignisgesteuerte Nachrichten zu konfigurieren. Ein Knoten im Cluster ist der Time-Master, der mit einer Referenznachricht die Zeit vorgibt, an der sich alle anderen Knoten orientieren. 2004 wurde TTCAN als internationaler Standard unter der Nummer ISO 11898-4:2004 verabschiedet. Der Automobilbereich hat TTCAN nicht angenommen und auch im industriellen Bereich wurde TTCAN nur selten eingesetzt. Aus diesem Grund wird in diesem Buch nicht näher darauf eingegangen.

Eine Herausforderung bei Bussystemen ist, wie die Knoten von Zustand „aus“ in den Zustand „Kommunikation“ kommen. Erste Systeme wurden über das Zu- und Abschalten der Versorgungsspannung ein- und ausgeschaltet. Dies reichte bei späteren Systemen nicht mehr aus, sodass verschiedene Methoden zur Aktivierung eines CAN-Clusters entwickelt wurden. Durch Erweiterungen im Physical Layer wurde es möglich, Knoten schlafen zu legen und ohne zusätzliche Leitungen wieder zu wecken. Die Erweiterungen des Physical Layers werden in Abschnitt 8.2.3 erläutert.

Weitere Einschränkungen von CAN sind zum einen die auf 8 Bytes begrenzte Payload und zum anderen die wegen der Arbitrierung begrenzte Bitrate von maximal 1 Mbit/s. Beide Einschränkungen wurden mit der Erweiterung von CAN zu CAN FD beseitigt. Das *FD* steht dabei für *Flexible Datarate.*[1] Erste Ideen zu CAN FD wurden 2011 veröffentlicht. Mittlerweile ist diese Protokollerweiterung in vielen CAN-Controllern implementiert und bei einer Reihe von Fahrzeugen im Einsatz. CAN FD ermöglicht Payload-Längen bis 64 Bytes. Die Arbitrierung läuft nach wie vor mit einer Bitrate von bis zu 1 Mbit/s. Nach der Arbitrierung wird die Bitrate auf eine höhere Geschwindigkeit umgeschaltet. Dies ist möglich, da nach der Arbitrierung nur noch ein Knoten sendet und alle Bits nur in eine Richtung gesendet werden. Verzögerungen durch Bauelemente und Leitungen spielen für die Funktionsweise keine Rolle mehr. Je nach Physical Layer und Topologie sind Datenraten von 5...8 Mbit/s möglich. Nach dem CRC wird wieder auf die alte Geschwindigkeit zurückgegangen, damit das Acknowledgement in der bekannten Weise möglich ist. Das Frame-Format und die Funktionsweise von CAN FD wird im Abschnitt 8.3 erläutert.

Die bislang letzte Erweiterung von CAN ist unter der Bezeichnung CAN XL bekannt. Wesentlichste Eigenschaft dieser Erweiterung ist, dass die Payload bis zu 2048 Bytes enthalten kann.

[1] Flexibel bedeutet hier, dass es zwei feste vorher konfigurierte Übertragungsgeschwindigkeiten gibt. Die Datenrate ist also *nicht* wirklich flexibel, wie der Name es suggeriert.

Damit ist es möglich, einen kompletten Ethernet-Frame in einem CAN-Frame zu verpacken. Dies macht auch das beabsichtigte Einsatzgebiet deutlich. Die Umstellung der Kommunikation im Fahrzeug auf Ethernet, was wegen der wesentlich höheren Datenrate von 100 Mbit/s, aber auch wegen der größeren Flexibilität mehr und mehr verwendet wird, kommt bei Sensoren, Aktuatoren und kleinen Steuergeräten an seine Grenzen. Die höhere Datenrate und die größere Flexibilität haben ihren Preis. Dieser ist nicht nur monetär, sondern auch in größerer Komplexität und erhöhten Anforderungen an Bauteile und Design zu sehen. Hier möchte CAN XL diese Lücke schließen. CAN XL ist bis 21 Mbit/s spezifiziert. Dies setzt allerdings einen neuen, von CAN und CAN FD unterschiedlichen Physical Layer[2] voraus. Die Spezifikation von CAN XL ist abgeschlossen und erste Produkte werden 2022 erwartet. Der aktuelle Stand wird im Abschnitt 8.4 dargestellt.

8.2.2 Erweiterter Identifier

Mit der CAN-Spezifikation 2.0 wurde 1991 der Identifier erweitert. Eines der beiden für Weiterentwicklungen reservierten Bits im Header wird benutzt, um zwischen dem bisherigen 11-Bit-Identifier und dem erweiterten 29-Bit-Identifier umzuschalten. Damit ist es möglich, sowohl mit 11 Bit langen als auch mit 29 Bit langen Identifiern im selben Cluster zu arbeiten.

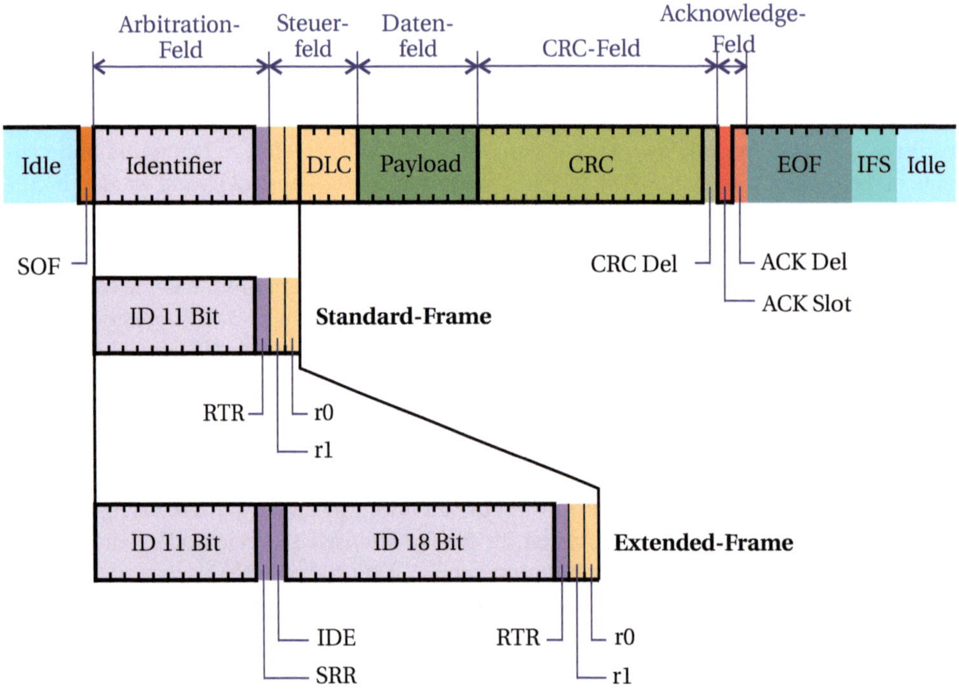

Bild 8.5 Frame-Format mit erweitertem Identifier

[2] Der Transceiver für CAN XL heißt CAN SIC XL und kann mit allen CAN-Versionen zusammenarbeiten (siehe Abschnitt 8.5.2).

Bild 8.5 zeigt sowohl den Aufbau eines Frames mit 11-Bit-Identifier als auch mit 29-Bit-Identifier. Als Schalter zwischen den beiden Ausführungen dient das `r1`-Bit im Header. Hat dieses Bit den Wert 0, handelt es sich um einen Frame mit einem 11-Bit-Identifier. Ein solcher Frame wird als *Standard-Frame*[3] bezeichnet. Es hat den Aufbau wie in Kapitel 4 bzw. wie in Bild 8.5 oben dargestellt.

Hat das `r1`-Bit den Wert 1, dann wird auf den erweiterten Frame Header umgeschaltet. Ein empfangender Knoten empfängt nach dem SOF-Bit die ersten 11 Bits des Identifiers. Danach erwartet er das RTR-Bit und das r1-Bit. Wird ein Frame mit einem 11 Bit langen Identifier gesendet, sind an dieser Stelle auch wie erwartet das RTR-Bit und das auf 0 gesetzte r1-Bit. Wird aber ein Frame mit einem 29 Bit langen Identifier gesendet, dann wird zuerst das RTR-Bit durch ein auf 1 gesetztes *S*ubstitude *R*emote *R*equest Bit (SRR Bit) ersetzt. Das danach folgende Bit, bei dem der Empfänger das r1-Bit erwartet, hat den Wert 1. Das zeigt an, dass ein erweiterter Identifier vorliegt. Das Bit wird als IDE-Bit (*ID*entifier *E*xtended) bezeichnet. Ihm folgen 18 weitere Bits des nun 29 Bit langen Identifiers. Auch bei diesen Bits wird die Arbitrierung durchgeführt. Ist der Identifier vollständig, folgt wie beim Standard-Frame das RTR-Bit gefolgt vom r1-Bit und dem r0-Bit. r1- und r0-Bit sind für spätere Erweiterungen vorgesehen.

Frames mit einem 29 Bit langen Identifier werden als *Extended-Frames*[4] bezeichnet. Wie bei den Standard-Frames gibt es Data und Remote Frames. Bis auf den Identifier ist der Aufbau beider Frames identisch. In einem Cluster kann je nach Bedarf zwischen Standard- und Extended-Frames gewechselt werden.

8.2.3 Erweiterungen im Physical Layer

8.2.3.1 Problembeschreibung

Da der Automobilbereich eines der wichtigsten Einsatzgebiete von CAN ist, soll die Problembeschreibung am Beispiel eines Fahrzeugs erläutert werden. Ein Fahrzeug kann mit den beiden Zuständen „Fahren“ und „Parken“ beschrieben werden, doch in Bezug auf die Kommunikation auf den Bussystemen sind weitere Zustände von Interesse. Dies sind:

- Fahrzeug parkt
- Zündung an, Verbrennungsmotor steht
- Zündung an, Verbrennungsmotor läuft
- Infotainment Mode (Fahrer im Fahrzeug, Zündung aus)
- Pre- und Post-run (z. B. für Lichtsteuerung bei Zündung aus)

Die ursprünglichen Zustände „Fahren“ und „Parken“ werden dabei aufgeteilt. Im Zustand „Fahrzeug parkt“ findet keine Kommunikation statt und alle Steuergeräte sind ausgeschaltet oder befinden sich in einem low-power Mode. In den Zuständen „Zündung an, Verbrennungsmotor steht“ und „Zündung an, Verbrenner läuft“ werden die meisten Steuergeräte an sein und miteinander kommunizieren. In den Zuständen „Infotainment Mode“ und „Pre- und Post-run“ gibt es eine Gruppe von Knoten, die miteinander kommunizieren. Eine andere

[3] Mit weiteren Erweiterungen wurde es notwendig, die Frames der verschiedenen CAN-Versionen zu unterscheiden. Das ursprüngliche Standard Frame Format wird heute als *Classical Base Frame Format* bezeichnet.

[4] Das Extended Frame Format wird heute als *Classical Extended Frame Format* bezeichnet.

Gruppe von Steuergeräten wird in diesem Zustand nicht benötigt. Sie können somit ausgeschaltet oder in einen low-power Mode versetzt werden, um Energie zu sparen und die Batterie zu schonen.

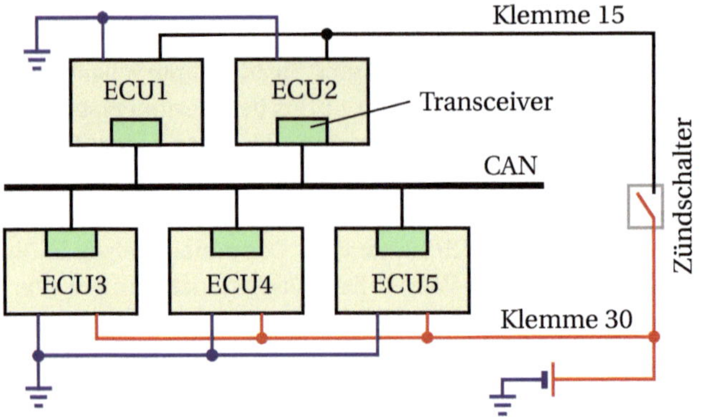

Bild 8.6 Steuerung der Spannungsversorgung über den Zündschalter

Für das Ein- und Ausschalten von Verbrauchern in Fahrzeugen wurden die Klemme 15 und die Klemme 30 eingeführt, an die die Verbraucher angeschlossen werden können. Bild 8.6 zeigt Steuergeräte, die jeweils an eine der beiden Klemmen angeschlossen sind.

An Klemme 30 werden alle elektrischen Verbraucher – und somit auch Steuergeräte (ECU) – angeschlossen, die auch bei ausgeschalteter Zündung benötigt werden. Alle Steuergeräte, die an Klemme 30 angeschlossen sind, sind dauerhaft an die Versorgungsspannung angeschlossen, unabhängig vom Zündschalter. Dazu gehören z. B. die Audioanlage, die Lichtsteuerung und die Zugangskontrolle (Türverriegelung).

An Klemme 15 werden alle elektrischen Verbraucher angeschlossen, die nur benötigt werden, wenn die Zündung eingeschaltet ist. Mit dem Zündschalter wird die Versorgungsspannung an Klemme 15 zugeschaltet und alle Steuergeräte werden dadurch eingeschaltet. Praktisch erfolgt das Einschalten der einzelnen Verbraucher heute nicht mehr über den Zündschalter, sondern über das Power Management. Dieses aktiviert die Systeme nach dem Entriegeln des Fahrzeuges. Nachfolgend wird der Einfachheit halber davon ausgegangen, dass der Zündschalter die Spannung an Klemme 15 zuschaltet.

Damit Steuergeräte, die über Klemme 30 dauerhaft mit der Versorgungsspannung verbunden sind, nicht die Batterie leeren, werden diese Steuergeräte abgeschaltet oder gehen in einen low-power Mode. Wenn ein Fahrzeug abgestellt wird, darf ein Steuergerät nur einen sehr kleinen Ruhestrom (< 100 µA) aufnehmen. Die Herausforderung besteht jetzt darin, Steuergeräte, die ausgeschaltet sind oder sich in einen low-power Mode befinden, wieder einzuschalten bzw. aufzuwecken.

8.2.3.2 Lösungsansatz

Es gibt verschiedene Möglichkeiten, ein Steuergerät einzuschalten. Die einfachste Möglichkeit ist das Einschalten über den Zündschalter, wenn das Steuergerät an Klemme 15 angeschlossen ist, wie im Abschnitt zuvor beschrieben. Für alle Steuergeräte an Klemme 30 bedarf es aber anderer Lösungen. Eine davon ist die Verlegung einer separaten Leitung, mit der das Steuergerät zugeschaltet oder geweckt wird. Diese Leitung verursacht Kosten, erhöht das Gewicht des Fahrzeugs und beansprucht Bauraum.

Wesentlich eleganter ist es, die Steuergeräte über die CAN-Leitungen zu wecken. Dazu wurde der Physical Layer des CAN-Busses erweitert. Mittels Wakeup-Pattern (WUP) können alle Steuergeräte am CAN geweckt werden. Nachteilig ist, dass immer alle Knoten geweckt werden. Mit Wakeup-Frames (WUF) ist es möglich, einzelne Steuergeräte gezielt zu wecken. Beide Methoden erfordern zusätzliche Funktionen in den Transceivern, die in den folgenden Abschnitten erläutert werden.

8.2.3.3 Wecken mittels Wakeup-Pattern (WUP)

Beim Wecken mittels Wakeup-Pattern wird ein Transceiver in einem low-power Mode geweckt, wenn er eine Folge von dominanten und rezessiven Pegeln auf der CAN-Leitung erkennt, die bestimmte Zeitanforderungen erfüllen. Erfüllt das „Pattern" diese Zeitanforderungen nicht, bleibt der Transceiver im low-power Mode.

Bild 8.7 zeigt den prinzipiellen Aufbau eines Transceivers, wie er schon in Bild 4.9 gezeigt wurde, erweitert um einen Schalter für den low-power Mode. In der Schalterstellung *P* (Power) werden die beiden CAN-Leitungen über die beiden 25-kΩ-Widerstände mit der halben Versorgungsspannung V_{CC} von 5 V auf 2,5 V gezogen (rezessiver Pegel). Es wird somit ein *Bias* auf die CAN-Leitungen geschaltet und dies entspricht dem Verhalten eines CAN-Transceivers im Normalmodus. In der Schalterstellung *S* (Sleep) werden die beiden CAN-Leitungen über die 25-kΩ-Widerstände auf Masse geschaltet. Die beiden 25-kΩ-Widerstände bilden eine hochohmige Terminierung, die floatende Leitungen verhindert. Der Transceiver befindet sich im Schlaf- bzw. in einem Low-power-Modus. Neben dem Schalten der CAN-Leitungen auf Masse werden Transmitter und Receiver abgeschaltet, um möglichst wenig Energie zu benötigen.

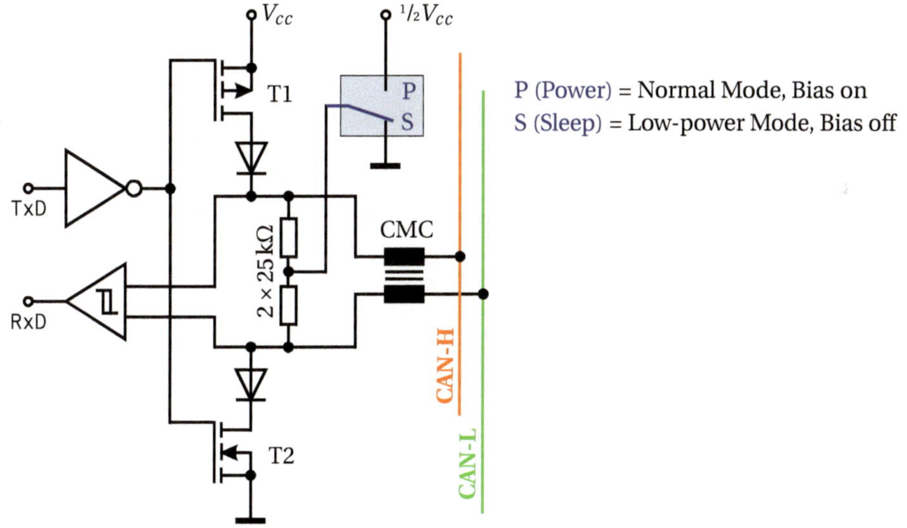

Bild 8.7 CAN-Transceiver mit Sleep-Modus

Der Schalter zwischen Normalmodus und low-power Mode kann über einen Pin vom Mikrocontroller gesteuert werden. Der Wechsel vom low-power Mode zum Normalmode kann aber auch durch einen WUP-Detektor im Empfangspfad des Transceivers gesteuert werden. Das Zustandsdiagramm des WUP-Detektors ist in Bild 8.8 gezeigt, die Werte für die dazugehörenden Zeiten sind in Tabelle 8.2 angegeben.

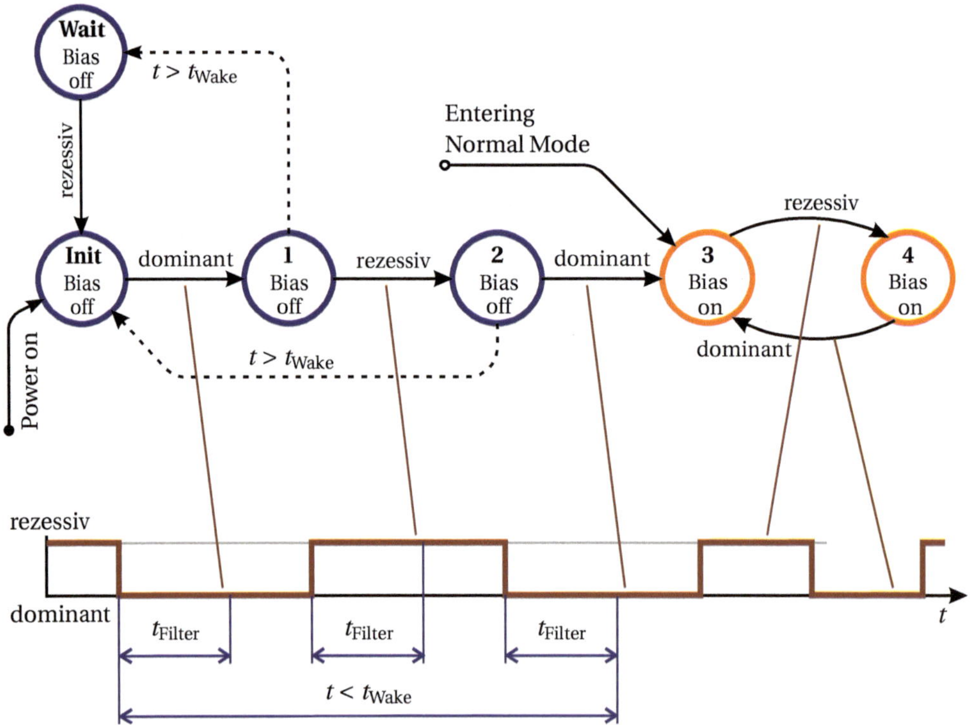

Bild 8.8 WUP-Detektion

In den Zuständen *Wait*, *Init*, *1* und *2* (dunkelblau) befindet sich der Transceiver im Sleep Mode, bei dem die CAN-Leitungen über die 25-kΩ-Widerstände auf Masse liegen (Bias off). In den Zuständen *3* und *4* ist der Transceiver im Normal Mode, in dem Kommunikation stattfindet. Folglich werden die CAN-Leitungen über die beiden 25-kΩ-Widerstände auf 2,5 V bei einem rezessiven Signal gebracht (Bias on).

Im Zustand *Init* bleibt der Transceiver so lange, bis er ein Wakeup-Pattern erkannt hat. Dazu muss auf den CAN-Leitungen ein dominanter Pegel gefolgt von einem rezessiven Pegel gefolgt von einem weiteren dominanten Pegel erkannt werden. Dabei dürfen bestimmte Zeiten für die dominanten und rezessiven Pegel nicht unter- und nicht überschritten werden.

Ist die Dauer des dominanten Pegels kürzer als t_{Filter}, so wird er ignoriert. Gleiches gilt für den rezessiven Pegel. Mit dem ersten Übergang von rezessiv zu dominant auf dem Bus, wird ein Timer gestartet. Erfolgt der zweite Übergang von rezessiv zu dominant nicht innerhalb der Zeit t_{Wake}, geht der Transceiver zurück in den Zustand *Init* bzw. *Wait*. Damit ist der Transceiver wieder im Ausgangszustand und wartet auf ein gültiges WUP. Ein WUP, bestehend aus der Pegelfolge dominant-rezessiv-dominant, muss innerhalb der Zeit t_{Wake} detektiert werden, damit es als gültiges WUP akzeptiert wird. Der Transceiver weckt daraufhin den Mikrocontroller. Wenn Mikrocontroller und Transceiver im Normalmodus sind, schaltet der Transceiver das

Bias an und aktiviert Transmitter und Receiver. In Bild 8.8 ist das Zusammenspiel zwischen Mikrocontroller und Transceiver nicht gezeigt. Der Übergang vom low-power Mode in den Normalmodus ist nur für den Transceiver durch den Übergang von Zustand *2* in den Zustand *3* vereinfacht dargestellt.

Die Zeiten für t_{Filter} und t_{Wake} sind in Tabelle 8.2 angegeben. Dabei gibt es für jeden Parameter zwei Zeitwerte, einen Minimal- und einen Maximalwert. Ein Grund dafür ist, dass Transceiver auf einer analogen Schaltung basieren und in einer anderen Technologie gefertigt werden, als es beispielsweise bei Mikrocontrollern das Fall ist. Diese Technologie führt beim Erfassen von Zeiten zu größeren Toleranzen, sodass für jeden Parameter ein Minimalwert und ein Maximalwert angegeben wird. Der Minimalwert für t_{Filter} beträgt 0,5 µs, der Maximalwert 1,8 µs.[5] Das bedeutet, dass Signale, die kürzer als 0,5 µs sind, ignoriert werden. Ist auf dem Bus beispielsweise ein rezessiver Pegel und wechselt der Bus für 0,4 µs zu dominant und somit für eine kürzere Zeit als der Minimalwert, um dann wieder auf rezessiv zu gehen, so wird der dominante Pegel vom WUP-Detektor im Transceiver ignoriert. Sicher erfasst wird der dominante Pegel, wenn dieser mindestens für 1,8 µs, also dem Maximalwert, angelegen hat. Da stellt sich die Frage, was wird erfasst, wenn die Dauer des dominanten Pegels zwischen dem Minimalwert und dem Maximalwert liegt, also beispielsweise bei 1 µs. Ob der Transceiver den dominanten Pegel erfasst, ist nicht festgelegt. Je nach Implementierung und Fertigung könnte dies der Fall sein, muss es aber nicht. Aus diesem Grund ist der Bereich zwischen dem Minimal- und dem Maximalwert zu vermeiden, wenn die Knoten in einem Cluster geweckt werden sollen. Das bedeutet, dass die dominanten und rezessiven Phasen länger als der Maximalwert von t_{Filter} und kürzer als der Minimalwert von t_{Wake} sein müssen.

Tabelle 8.2 Minimale und maximale Zeiten beim Wakeup

Parameter	Beschreibung	Minimum	Maximum
t_{Filter}	Zeit für den Pegel	0,5 µs	1,8 µs
t_{Wake}	Zeit für Wakeup	0,8 ms	10 ms

Wie die Minimal- und Maximalwerte für t_{Filter} sind auch die Werte für t_{Wake} zu verstehen. Sind die Dauern der dominanten und der rezessiven Phasen jeweils kürzer als der Minimalwert von t_{Wake}, führen sie zu einem Zustandswechsel im Transceiver wie in Bild 8.8 dargestellt. Sind die Phasen länger als der Maximalwert von t_{Wake}, findet ein Zustandswechsel zu *Init* oder *Wait* statt, sodass der Prozess des Weckens von vorne beginnt.

t_{Filter} hat die Aufgabe, kurze Spikes auf den Leitungen zu filtern, damit sie nicht zu einem ungewollten Wecken führen. t_{Wake} verhindert, dass Pulse auf den Leitungen, die zwar länger als t_{Filter} aber sehr weit voneinander entfernt sind, ebenfalls nicht zum Wecken führen. Die Kombination beider Timer führt dazu, dass das Wecken robust gegen Störungen und ungewolltes Wecken ist.

Bisher wurde erklärt, wie ein WUP beschaffen sein muss, damit ein Transceiver dieses als WUP auf dem Bus erkennt. Was muss jetzt ein Knoten senden, um andere Knoten im Cluster zu wecken? Dazu sind keine besonderen Symbole auf dem Bus notwendig, sondern die Knoten werden durch das Senden von Frames geweckt.

[5] In den Spezifikationen sind unterschiedliche Zeiten angegeben. Die hier angegebenen Zeiten sind die, die in den Implementationen verwendet werden.

Damit es die Pegelfolge dominant-rezessiv-dominant mit den entsprechenden Zeiten auf dem Bus gibt, genügen bei Arbitrierungsbitraten bis 500 kbit/s 0-Bits gefolgt von 1-Bits gefolgt von 0-Bits. Dabei reicht jeweils ein einzelnes Bit je Phase aus. Da es wegen dem Bit Stuffing maximal fünf gleiche Bits hintereinander gibt, wird die für das Wecken erforderliche Pegelfolge schon beim Senden des Identifiers erzeugt.

Auch bei Arbitrierungsbitraten größer 500 kbit/s funktioniert das Wecken. In einem Standard-CAN-Frame sind das RTR-, das r1- und das r0-Bit dominant (siehe Bild 8.9), sodass diese drei Bits zu einem dominanten Pegel führen. Am Ende jedes Frames gibt es mit dem Acknowledge Delimiter, dem EOF und dem Interframe Space immer eine 11 Bit lange rezessive Phase. Im nächsten Frame gibt es wieder die drei Bit lange dominante Phase aus RTR-, r1- und r0-Bit. Damit gibt es die für das Wecken notwendige Pegelfolge, die die Zeiten zum Wecken erfüllen. Frames im Extended Frame Format erfüllen die Bedingungen ebenfalls, da auch bei ihnen das RTR-, das r1- und das r0-Bit dominant sind.

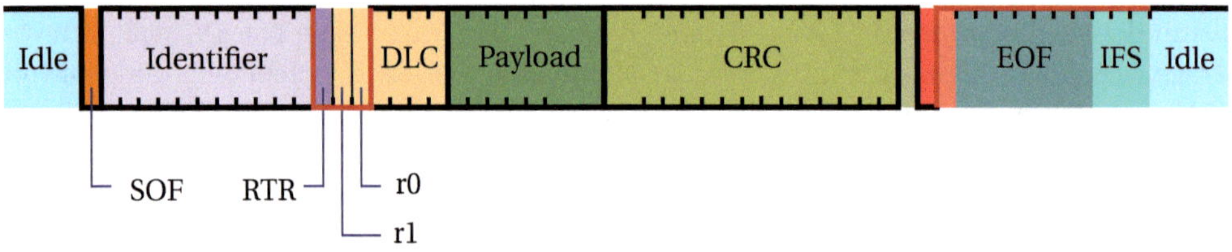

Bild 8.9 Standard CAN Frame mit drei Bit langer dominanter Phase

8.2.3.4 Wecken mittels Wakeup-Frame (WUF)

Wie bereits zu Beginn im Abschnitt 8.2.3.2 erwähnt, hat das Wecken mittels eines WUP den Nachteil, dass immer alle Knoten am CAN-Bus geweckt werden. Es gibt eine Reihe von Anwendungen, bei denen nur wenige Knoten für eine bestimmte Aufgabe benötigt werden. Für diese Anwendungen wurde das Wecken mittels Wakeup-Frame entwickelt. Es ist auch unter dem Namen *selektives Wakeup* bekannt und realisiert ein *Partial Networking*, d. h., dass nur ein Teil der CAN-Knoten miteinander kommuniziert und die anderen Knoten sich in einem low-power Mode befinden.

Beim selektiven Wakeup werten die Transceiver, die sich im low-power Mode befinden, die ID und die Payload der empfangenen Frames aus. Wenn die ID und die Daten in der Payload bestimmte Werte haben, wird dies als Wecksignal verstanden. Der Transceiver geht in den *Standby Mode* und weckt den Mikrocontroller. Sobald der Mikrocontroller im Normalmodus ist, schaltet der den Transceiver auch in den Normalmodus. Entsprechen ID und Payload nicht den konfigurierten Werten, bleibt der Transceiver im low-power Mode. Dazu wird im Transceiver eine Frame-ID, eine Frame-ID-Maske und eine Datenmaske konfiguriert.

Am Beispiel in Tabelle 8.3 soll das Überprüfen von empfangenen Identifiern mit der konfigurierten Frame-ID und der Frame-ID-Maske erläutert werden. In der zweiten Zeile ist die konfigurierte Frame-ID angegeben, in Zeile 3 die konfigurierte Frame-ID-Maske. Eine empfangene Frame-ID „matched", wenn eine empfangene Frame-ID mit der konfigurierten Frame-ID in den Bits identisch ist, die in der konfigurierten Frame-ID-Maske festgelegt sind. Im Beispiel müssen die Bits übereinstimmen, in denen in der Frame-ID-Maske eine 0 steht. Das heißt ebenfalls, dass überall dort wo in der Frame-ID-Maske eine 1 steht, die Bits beliebige Werte (don't care) annehmen können. Ob die Bits bei 0 oder 1 übereinstimmen müssen, ist implementationsspezifisch.

Tabelle 8.3 Beispiel zur Überprüfung der Frame-ID für das Wakeup

Bit:	10	9	8	7	6	5	4	3	2	1	0
konfigurierte Frame-ID:	0	0	1	0	0	1	1	0	0	0	0
konfigurierte ID-Maske:	0	0	0	0	0	0	0	0	0	1	1
empfangene Frame-ID A:	0	0	1	0	0	1	1	0	0	0	0
empfangene Frame-ID B:	0	0	1	0	0	1	1	0	0	1	0
empfangene Frame-ID C:	0	0	1	0	0	0	1	0	0	1	1

Entsprechend der konfigurierten Frame-ID-Maske müssen die Bits 10 bis 2 übereinstimmen. Die Bits 1 und 0 können beliebige Werte annehmen. Die empfangene Frame-ID A stimmt in den Bits 10 bis 2 mit der konfigurierten Frame-ID überein, sodass aufgrund der ID der Knoten geweckt werden würde. Die empfangene Frame-ID B stimmt in den Bits 10 bis 2 ebenfalls mit der konfigurierten Frame-ID überein. Die empfangene Frame-ID C stimmt im Bit 5 nicht mit der konfigurierten Frame-ID überein, sodass dieser Frame den Knoten nicht wecken würde.

Die Prüfung der Payload erfolgt mittels einer konfigurierten Datenmaske. Mit der Datenmaske wird konfiguriert, welche Bits überprüft werden. Dies soll am Beispiel in Tabelle 8.4 erläutert werden. Es ist eine Datenmaske (Zeile 2) gegeben, die ein Byte groß ist. Steht in der Datenmaske eine 1, wird das entsprechende Bit in der Payload überprüft. Dies sind im Beispiel das Bit 5 und das Bit 3. Ist in der Payload eines dieser beiden Bits 1, wird der Knoten geweckt. Im Beispiel würden die Daten D und F wecken, weil Bit 5 den Wert 1 hat. Die Daten E führen nicht zum Wecken, da weder Bit 5 noch Bit 3 den Wert 1 haben.

Tabelle 8.4 Beispiel zur Überprüfung der Payload für das Wakeup

Bit:	7	6	5	4	3	2	1	0
konfigurierte Datenmaske:	0	0	1	0	1	0	0	0
empfangene Daten D:	0	0	1	0	0	1	0	0
empfangene Daten E:	0	1	0	0	0	0	0	0
empfangene Daten F:	1	0	1	0	0	0	0	1

Damit ein Knoten geweckt wird, müssen beide Überprüfungen (Frame-ID und Payload) als Ergebnis *wecken* ergeben. In dem Beispiel würde die Frame-ID A mit der Payload D oder F zu einem Wecken des Knotens führen, nicht aber mit der Payload E. Genauso ist es mit der Frame-ID B. Die Frame-ID C führt mit keiner der drei Beispiel-Payloads zu einem Wecken des Knotens.

Als Letztes soll noch die Frage beantwortet werden, warum eine Frame-ID, eine ID-Maske und eine Datenmaske konfiguriert werden muss und nicht einfach beispielsweise eine Frame-ID ausreicht. Frame-ID und ID-Maske ermöglichen es, dass mehr als ein Knoten ein WUF schicken kann, weil verschiedene Frame-IDs verwendet werden können. Durch die ID-Maske können bei den empfangenen Knoten Gruppen von Knoten gebildet werden, die nur auf bestimmte Frame-IDs reagieren. Solche Gruppen können durch die Datenmaske weiter verfeinert werden. Genauso ist es möglich, die Gruppen erst mit der Datenmaske einzurichten. Auf jeden

Fall ist dieses Konzept sehr mächtig und sollte alle möglichen Konstellationen für das Wecken abdecken.

8.3 CAN FD

Mit CAN FD wird eine Erweiterung von CAN bezeichnet, bei der es möglich ist, die Bits mit mehr als 1 Mbit/s zu übertragen. Außerdem unterstützen die Frames Payload-Längen bis zu 64 Bytes. Für CAN, das wie im Kapitel 4 beschrieben arbeitet, einschließlich dem erweiterten Identifier (siehe Abschnitt 8.2.2), wird der Begriff *Classical CAN* verwendet, um beide voneinander unterscheiden zu können.

8.3.1 Frame-Format und Funktionsweise

CAN FD basiert auf den gleichen Mechanismen wie das Classical CAN. Diese Mechanismen sind die Arbitrierung, das Acknowledgement und das Bit Stuffing. Die Arbitrierung und das Acknowledgement setzen voraus, dass die Signallaufzeit kleiner als eine halbe Bitzeit ist. Deswegen kann das Classical CAN nur bis maximal 1 Mbit/s betrieben werden. Um trotzdem höhere Bitraten zu ermöglichen, kann bei CAN FD die Bitrate während des Sendens eines Frames umgeschaltet werden. Begonnen wird mit der langsameren Bitrate, die die Bedingung erfüllt, dass die Signallaufzeit kleiner als eine halbe Bitzeit ist. Diese Bitrate wird als Arbitrierungsbitrate oder Arbitration Bit Rate bezeichnet. Sobald die Arbitierung abgeschlossen ist, wird auf eine höhere Bitrate umgeschaltet, die als Datenbitrate oder Data Bit Rate bezeichnet wird. Hier werden die Bits nur vom Sender zu den Empfängern, also nur in eine Richtung, übertragen, sodass Laufzeit und Bitzeit keine Abhängigkeiten zueinander haben. Nach dem CRC wird wieder auf die langsamere Bitrate zurückgeschaltet, damit das Acknowledgement funktioniert. Bild 8.10 zeigt das Frame-Format für CAN FD Frames und die beiden Bitraten mit ihren Umschaltzeitpunkten. Die Erläuterung der verwendeten Abkürzungen sowie der Anzahl der Bits kann Tabelle 8.5 entnommen werden.

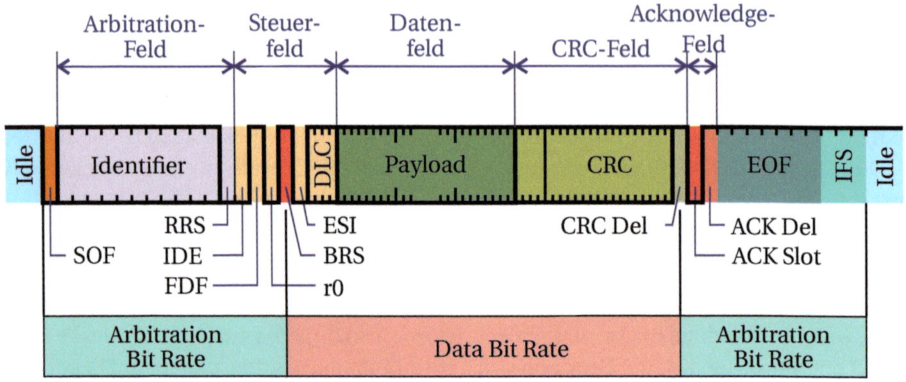

Bild 8.10 CAN FD Frame Format

Tabelle 8.5 Bedeutung der Bits im CAN FD Frame

Symbol	Bits	Bedeutung	Wert
SOF	1	Start of Frame	0
ID	11	Identifier	
RRS	1	Remote Request Substitution	0
IDE	1	Identifier Extension Flag	0
FDF	1	Flexible Data Frame Flag	1
r0	1	reserviert	0
BRS	1	Bit Rate Switch	1
ESI	1	Error State Indicator	
DLC	4	Data Length Code	
CRC	17, 21	Cyclic Redundancy Check	
CRC Del	1	CRC Delimiter	1
ACK Slot	1	Acknowledge Slot	
ACK Del	1	Acknowledge Delimiter	1
EOF	7	End of Frame	1111111
IFS	3	Interframe Space	111

Ein CAN FD Frame beginnt wie ein Classical CAN Frame mit dem SOF-Bit und dem Identifier. Nach dem Identifier folgt das RTR-Bit. Da CAN FD keine Remote Frames unterstützt, wurde das RTR-Bit durch ein RRS-Bit ersetzt, welches immer den Wert 0 hat. RRS steht für Remote Request Substitution.

Von dem beim Classical CAN folgenden r1- und r0-Bit wird das r1-Bit für die Signalisierung von Frames mit erweitertem Identifier verwendet und als IDE-Bit bezeichnet. Dies gilt genauso bei CAN FD Frames. Der 11-Bit-Identifier mit RTR-Bit kann durch einen 29-Bit-Identifier ersetzt werden, wie in Bild 8.5 dargestellt. Das zweite reservierte Bit (r0) wird nun benutzt, um zwischen Classical CAN Frames und CAN FD Frames umzuschalten. Das r0-Bit wird jetzt als FDF-Bit bezeichnet. Hat dieses Bit den Wert 0, handelt es sich um ein Classical CAN Frame, hat es den Wert 1, liegt ein CAN FD Frame vor.

Die folgenden drei Bits wurden neu eingefügt. Das erste dieser drei Bits wird mit r0 bezeichnet und ist ein reserviertes Bit für zukünftige Erweiterungen. Es hat den Wert 0. Das folgende Bit ist das Bit-Rate-Switch-Bit (BRS). Hat das Bit den Wert 0 (dominant), dann wird weiter mit der Arbitration Bit Rate übertragen, hat es den Wert 1 (rezessiv), wird auf die schnellere Data Bit Rate umgeschaltet. Die Umschaltung erfolgt am Sample Point des BRS-Bits. Mit der hohen Bitrate werden alle folgenden Bits bis zum CRC Delimiter übertragen.

Das dritte neue Bit ist der Error State Indicator (ESI). Dieses Bit hat den Wert 0, wenn sich der sendende Knoten im Fehlerzustand *Error Active* befindet. Ist der Knoten im *Error Passive*, dann hat das ESI-Bit den Wert 1. Mit diesem Bit wird der Fehlerzustand des sendenden Knotens allen anderen Knoten bekanntgegeben, sodass sich damit ein einfaches Netzwerkmanagement realisieren lässt.

Weiter folgen der vier Bit große Data Length Code (DLC), der angibt, aus wie vielen Bytes die Payload besteht. Die Codierung des DLC ist in Tabelle 8.6 angegeben. Es sei darauf hingewiesen, dass nur die in der Tabelle angegebenen Payload-Längen möglich sind. Sollen beispiels-

Tabelle 8.6 Data-Length-Codierung für Classical CAN und CAN FD

Anzahl	Data Length Code			
Data Bytes	DLC 3	DLC 2	DLC 1	DLC 0
0	0	0	0	0
1	0	0	0	1
2	0	0	1	0
3	0	0	1	1
4	0	1	0	0
5	0	1	0	1
6	0	1	1	0
7	0	1	1	1
8	1	0	0	0
12	1	0	0	1
16	1	0	1	0
20	1	0	1	1
24	1	1	0	0
32	1	1	0	1
48	1	1	1	0
64	1	1	1	1

weise 27 Bytes an Daten übertragen werden, muss die in der Tabelle nächstgrößere Payload gewählt werden, was in diesem Fall 32 Bytes sind. Fünf Bytes bleiben dann ungenutzt.

Es folgen wie beim Classical CAN die Payload und der CRC. Der CRC wird mit dem CRC Delimiter beendet. Während des CRC Delimiters, der immer den Wert 1 hat, wird von der hohen Bitrate zurück auf die niedrige Bitrate geschaltet. Die Umschaltung zur langsameren Arbitration Bit Rate erfolgt am Sample Point des CRC Delimiters. Das Acknowledge-Bit, der Acknowledge Delimiter und nachfolgende Bits haben die Länge, die der Arbitrierungsbitrate entspricht. Bild 8.11 zeigt ein CAN FD Frame, das mit einem Oszilloskop aufgezeichnet wurde. Das Bild zeigt die Differenzspannung, allerdings mit invertierter Polarität, damit der Pegelverlauf genauso wie am TxD- und am RxD-Pin sowie wie in den gängigen Abbildungen des Frame-Formats aussieht.

8.3.2 CAN FD CRC

Bei CAN FD ist eine Payload von bis zu 64 Bytes möglich. Um die gleiche Hamming-Distanz und damit die gleiche Absicherung wie beim Classical CAN zu erreichen, muss der CRC verlängert werden. Außerdem werden die eingefügten Stuff Bits gezählt. Dieser Wert wird im Feld *Stuff Bit Count* in den Frame eingefügt und übertragen. Dieses Feld befindet sich nach der Payload und vor dem CRC.

Beim Classical CAN wird ein 15 Bit langer CRC verwendet. Bei CAN FD wird bei Frames mit einer Payload zwischen 0 und 16 Bytes ein 17 Bit langer CRC verwendet. Bei Frames, die länger sind, also eine Payload-Länge zwischen 20 und 64 Bytes haben, wird ein 21 Bit langer CRC

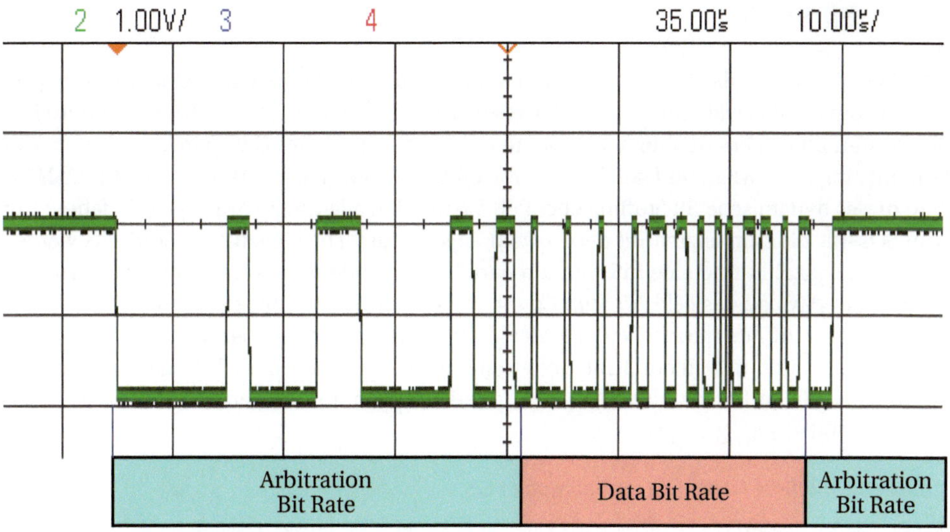

Bild 8.11 Oszilloskopbild eines CAN FD Frames

verwendet (Bild 8.12). Die Polynome zur Berechnung des CRCs sind in Abschnitt 6.1.4 in Gleichung 6.6 bis 6.8 gegeben.

Eine weitere Änderung ist, dass bei CAN FD der CRC auch über die Stuff Bits berechnet wird. Beim Classical CAN wird zuerst der CRC berechnet und danach werden die Stuff Bits eingefügt. Bei CAN FD werden zuerst die Stuff Bits eingefügt und danach wird der CRC berechnet.

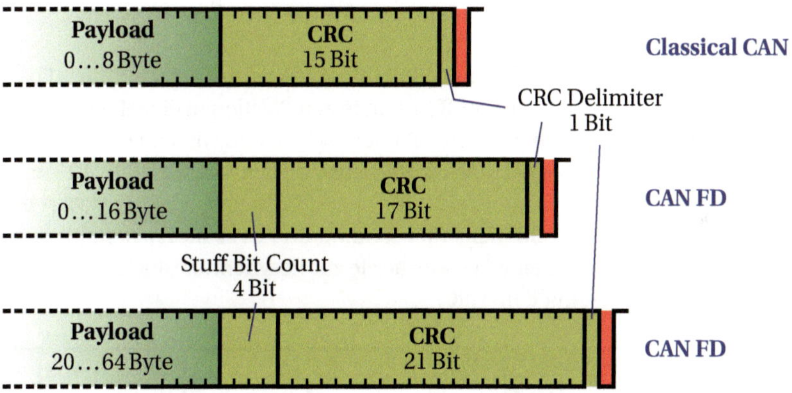

Bild 8.12 CRC bei CAN und CAN FD

Die CRC-Berechnung bedeutet für einen Empfänger, dass er mit Beginn des Frames zunächst mit der Berechnung aller drei CRC-Varianten parallel beginnen muss. Mit dem Empfang des FDF-Bits ist klar, ob es sich um ein Classical CAN Frame oder ein CAN FD Frame handelt, sodass eine bzw. zwei der CRC-Berechnungen eingestellt werden können. Mit dem Empfang der Frame-Länge im DLC ist endgültig klar, welcher CRC zur Anwendung kommt.

8.3.3 Bit Stuffing

CAN FD arbeitet wie das Classical CAN mit Stuff Bits, um den Empfängern eine Nachsynchronisation auf die Bits während des Empfangs zu ermöglichen. Bei Classical CAN wird zwischen dem ersten Bit des Frames, dem SOF-Bit, und dem letzten Bit des CRCs ein komplementäres Stuff Bit eingefügt, wenn fünf aufeinander folgende Bits den gleichen Wert haben. Bei CAN FD wird dieses dynamische Bit Stuffing ebenfalls verwendet, allerdings wird dieses Verfahren nur vom SOF-Bit bis zum letzten Bit der Payload angewendet. Die eingefügten Stuff Bits werden vom Sender gezählt und eine Information darüber den anderen Knoten mitgeteilt. Dazu gibt es nach der Payload das Feld *Bit Stuff Count.* Es ist nicht notwendig, die absolute Anzahl der eingefügten Stuff Bits mitzuteilen. Stattdessen wird der Modulo-8-Wert der Anzahl der Stuff Bits bestimmt und mit einem 3-Bit-Gray-Code in das Bit-Stuff-Count-Feld eingetragen. Das vierte Bit ist ein Paritätsbit über den Gray-Code-Wert bestimmt für gerade Parität. Die Codierung ist in Tabelle 8.7 gezeigt.

Tabelle 8.7 Stuff-Bit-Codierung mit Parity und FSB

Stuff Bit Count	Gray Code Value	Parity Bit	Fixed Stuff Bit
0	000	0	1
1	001	1	0
2	011	0	1
3	010	1	0
4	110	0	1
5	111	1	0
6	101	0	1
7	100	1	0

Mit dem Ende der Payload wird vom dynamischen Bit Stuffing auf ein festes Bit Stuffing (Fixed Stuff Bit (FSB)) umgeschaltet. Das heißt, dass Stuff Bits an festen Positionen eingefügt werden. Das erste feste Stuff Bit wird direkt nach dem letzten Bit der Payload und vor dem ersten Bit des Stuff Bit Counts eingefügt. Weitere feste Stuff Bits folgen immer nach vier Bits. Bild 8.13 zeigt die festen Stuff Bits im Stuff Bit Count und im CRC für den 21 Bit langen CRC. Der Wert der Stuff Bits wird durch das direkt davor befindliche Bit bestimmt und ist zu diesem komplementär. Damit haben die Empfänger immer eine Flanke, die sie zur Resynchronisation verwenden können. Das feste Bit Stuffing endet mit dem CRC.

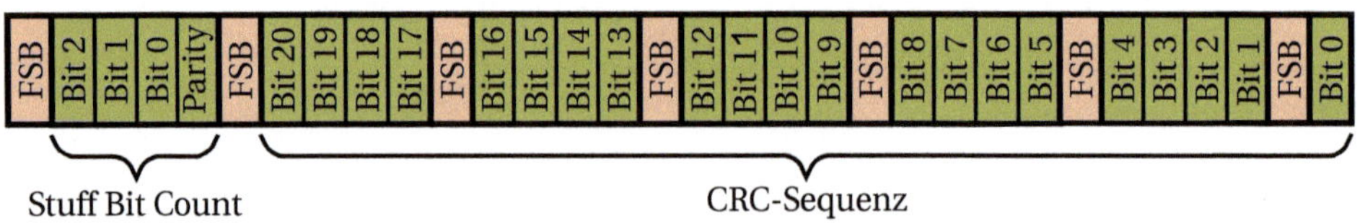

Bild 8.13 Bitnummerierung und feste Stuff Bits im CRC-Feld

8.3.4 Übersicht über CAN-Frame-Typen

Mit dem RTR-, dem IDE- und dem FDF-Bit im Frame kann zwischen den verschiedenen Frame-Formaten umgeschaltet werden. Das RTR-Bit gibt an, ob es sich um ein Data oder ein Remote Frame handelt. Das IDE-Bit gibt an, ob ein 11-Bit-Identifier (als Base Identifier bezeichnet) oder ein 29-Bit-Identifier (Extended Identifier) vorliegt. Das FDF-Bit gibt schließlich an, ob Classical CAN Frames oder CAN FD Frames vorliegen. Tabelle 8.8 gibt eine Übersicht, welches Bit welchen Frame-Typ festlegt.

Tabelle 8.8 Steuerbits zur Festlegung des Frame-Typs

Bitwert:	0		1
RTR-Bit:	Data	⟷	Remote
IDE-Bit:	Base	⟷	Extended
FDF-Bit:	Classical	⟷	FD

Mit den drei Steuerbits lassen sich acht verschiedene Frame-Typen codieren. Da CAN FD aber keine Remote Frames unterstützt, gibt es nur sechs verschiedene Frame-Typen. Tabelle 8.9 listet alle gültigen Kombinationen der Steuerbits auf und gibt neben der Länge des Identifiers und dem Payload-Bereich auch jeweils eine eindeutige Bezeichnung für jeden Frame-Typ an.

Tabelle 8.9 Definition des Frame-Typs durch die Steuerbits im Header

IDE (r1)	RTR	FDF (r0)	ID [Bits]	Payload [Bytes]	Frame-Bezeichnung
0	0	0	11	0 ... 8	Data Base Classical
0	1	0	11	0	Remote Base Classical
1	0	0	29	0 ... 8	Data Extended Classical
1	1	0	29	0	Remote Extended Classical
0	0	1	11	0 ... 64	Data Base FD
1	0	1	29	0 ... 64	Data Extended FD

8.3.5 Hinweise zu Implementationen

Durch die Erweiterung von CAN zu CAN FD wird es CAN-Controller geben, die die Erweiterung implementiert haben, und solche, die sie nicht implementiert haben. Zu Letzteren gehören alle CAN-Controller, die vor der Veröffentlichung der CAN-FD-Spezifikation entworfen wurden. Um die verschiedenen Controller auseinanderhalten zu können, wurden folgende Begriffe eingeführt:

FD enabled: Controller können CAN FD und Classical CAN Frames senden und empfangen.

Legacy CAN: Controller können Classical CAN Frames senden und empfangen. Werden CAN FD Frames gesendet, signalisieren sie einen Fehler, sodass das Senden wiederholt werden muss. In Clustern, in denen diese Controller verbaut sind, können somit keine CAN FD Frames gesendet werden.

Legacy CAN Controller und CAN FD enabled Controller können gemischt in einem Cluster verbaut werden, aber die CAN FD Controller dürfen dann nur Classical CAN Frames versenden.

8.3.6 CAN-FD-Bitraten

Die CAN-FD-Spezifikation gibt sowohl für die niedrigere Bitrate bei der Arbitrierung als auch für die höhere Datenbitrate keine konkreten Werte an, sondern Bereiche bzw. Maximalwerte. Für die Realisierung von Geräten mit CAN FD hat CANopen Paare von Werten für die beiden Bitraten spezifiziert. Jedes CANopen-konforme Gerät muss diese Bitratenpaare unterstützen, die in Tabelle 8.10 aufgeführt sind. Es dürfen aber weitere Bitratenpaare unterstützt werden.

Tabelle 8.10 CAN-FD-Bitraten

Arbitrierungsbitrate [kbit/s]	Datenbitrate [kbit/s]
1000	5000
500	2000
250	2000
250	1000

8.3.7 Effekt der längeren Payload und der höheren Datenbitrate

Im Diagramm im Bild 8.14 werden die Übertragungszeiten für den Teil eines CAN FD Frames, welcher mit der Arbitrierungsbitrate übertragen wird, und den Teil, welcher mit der Datenbitrate übertragen wird, dargestellt. Für die Rechnung wurden ein 11-Bit-Identifier, eine Payload von 64 Bytes und eine Arbitrierungsbitrate von 500 kbit/s zugrunde gelegt. Außerdem wurden keine Stuff Bits berücksichtigt.

Im Diagramm in Bild 8.15 werden die Übertragungszeiten für CAN FD Frames für verschiedene Datenbitraten bei Payload-Längen von 4 bis 64 Bytes im Vergleich zur Übertragungszeit beim Classical CAN, welches mit 500 kbit/s arbeitet, dargestellt. Die Bitrate für die Arbitrierung beträgt 500 kbit/s, die Datenbitrate 500 kbit/s, 1 Mbit/s, 2 Mbit/s, 4 Mbit/s und 8 Mbit/s. Die Kurve für CAN FD Frames mit einer Payload bis 8 Bytes liegt über der Kurve von Classical CAN, weil durch den längeren Header und den längeren CRC der Overhead größer ist. Ab einer Payload von 9 Bytes überträgt bei ansonsten gleicher Datenbitrate CAN FD die Daten schneller, weil CAN FD die Daten in einem Frame übertragen kann, das Classical CAN hingegen die Daten auf mehrere Frames aufteilen muss und dadurch einen größeren Overhead hat.

Ist die Datenbitrate höher als die Arbitrierungsbitrate, spielt CAN FD seinen zweiten Trumpf aus. Schon bei einer Datenbitrate von 2 Mbit/s kann CAN FD ab einer Payload-Länge von 48 Bytes die Daten in 20 % der Zeit übertragen, die das Classical CAN dafür benötigen würde. Die Berechnung der Kurven basiert auf Frames ohne Stuff Bits. Bei Berücksichtigung der Stuff Bits würden alle Frames geringfügig länger werden und das Verhältnis der Zeiten für die Übertragung mittels Classical CAN und CAN FD könnte sich leicht verändern. An der generellen Aussage des Diagramms ändert sich aber nichts.

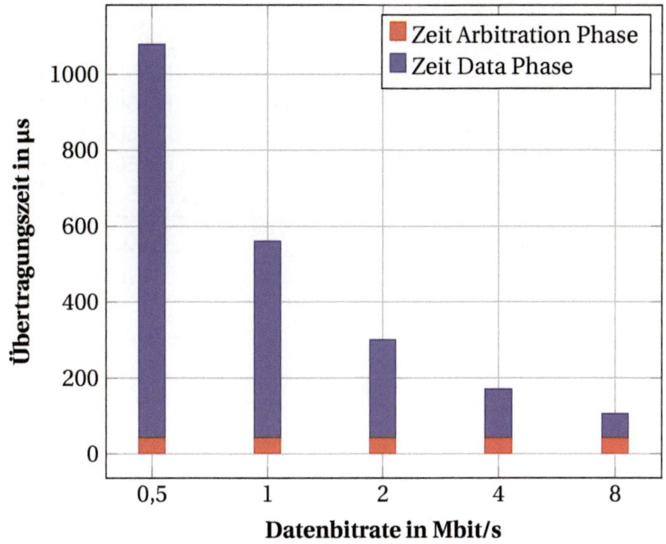

Bild 8.14 Vergleich der Übertragungszeiten für Header und Payload

8.3.8 CAN-FD-SIC-Ansatz

Damit CAN FD funktioniert, wurden einige generelle Regeln aufgestellt, die eingehalten werden müssen:

- Der CAN-Takt muss 40 MHz oder ein Vielfaches davon betragen.
- Für Bitraten von 2 Mbit/s und kleiner muss der CAN-Takt 40 MHz betragen, für Bitraten größer als 2 Mbit/s 80 MHz.
- Die Toleranz des CAN-Taktes darf maximal 0,3 % sein.

Die Erhöhung der Datenbitrate bei CAN FD freut den Anwender, bereitet aber auf dem Physical Layer einige Probleme. Diese werden zunächst umrissen, bevor auf eine Lösung eingegangen wird.

Wie bereits in Abschnitt 8.1 beschrieben, wird der Sample Point konfiguriert. An diesem Punkt wird das Bit im Empfänger gesampelt. Doch unter Berücksichtigung von Asymmetrien und Toleranzen des CAN-Taktes ergibt sich nicht ein Zeitpunkt, sondern ein Bereich, in dem der Sample Point in einem realen System liegt. Folgende Effekte können zu einer Verschiebung des Sample Points führen:

- Eine Abweichung des CAN-Taktes zwischen dem sendenden und dem empfangenden Knoten führt dazu, dass der CAN-Takt in einem Knoten schneller läuft als im anderen Knoten. Die Toleranzen des CAN-Taktes ergeben sich aus den Toleranzen des Quarzes, der den Takt erzeugt, aus dem der CAN-Takt abgeleitet wird. Wird dazu eine PLL benutzt, muss zusätzlich auch der PLL-Jitter berücksichtigt werden. Als Toleranz für den CAN-Takt wird mit 0,3 % gerechnet. Der PLL-Jitter wird mit 2 ns oder 4 ns berücksichtigt.
- Die Asymmetrie innerhalb des CAN-Transceivers zwischen dem Übergang von dominant zu rezessiv und dem Übergang von rezessiv zu dominant. Diese Asymmetrie gibt es sowohl im Transmitter (sendender Knoten) als auch im Receiver (empfangender Knoten).

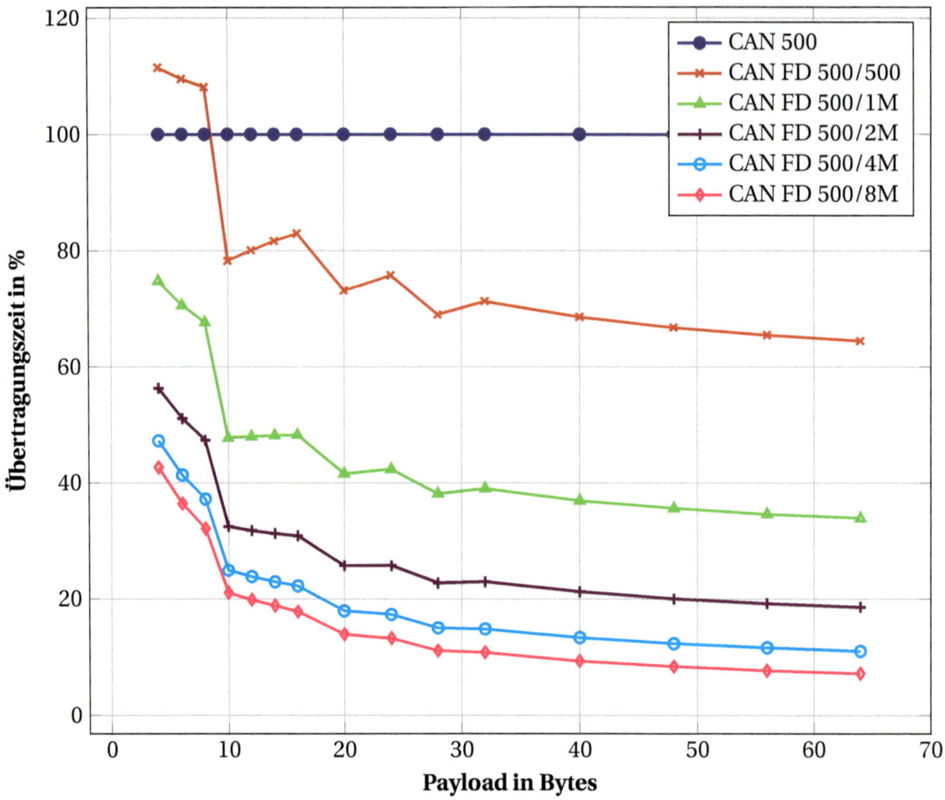

Bild 8.15 Vergleich der Übertragungszeiten bei CAN FD für verschiedene Datenbitraten

In der ISO 11898-2:2016 wurden zwei Parametersätze für Datenraten von 2 Mbit/s und für 5 Mbit/s festgelegt. Alle neueren Transceiver erfüllen die enger gefassten Toleranzen des 5-Mbit/s-Parametersatzes, weswegen hier nur noch auf diese Werte eingegangen wird. Die Toleranzen der CAN-Transceiver sind unabhängig von der Busgeschwindigkeit, bei der sie betrieben werden.

- Asymmetrien im Interface zwischen dem CAN-Controller und dem CAN-Transceiver. Typische Werte für diese Asymmetrie werden mit 5 ns angegeben. Dieser Wert muss zweimal berücksichtigt werden, da es ein Interface im Sender und eines im Empfänger gibt.
- Die Diskretisierung durch die Time Quanta. Die Synchronisation des Bit-Timings beruht auf den fallenden Flanken im Bitstrom. Eine fallende Flanke wird mit der Genauigkeit von einem Time Quantum erfasst.

In Tabelle 8.11 sind Werte für Toleranzen und Asymmetrien aufgelistet. Es wurde von einem CAN-Takt von 80 MHz ausgegangen. Damit hat ein Time Quantum eine Länge von 12,5 ns. Als Toleranz werden 0,3 % angenommen. Geht man für eine Überschlagsrechnung von fünf dominanten Bits gefolgt von einem rezessiven Bit auf dem Bus aus, dann laufen die Uhren sechs Bits auseinander. Bei einer Bitzeit von 200 ns ergibt sich eine Abweichung von ca. 5 ns für einen Knoten. Für die Transceiver-Asymmetrien wurden die in der ISO 11898-2:2016 fest-

Tabelle 8.11 Bitasymmetrien in einem CAN-FD-Cluster

Parameter	Verlängerung eines dominanten Bits	Verkürzung eines dominanten Bits
Toleranz CAN-Takt	5 ns	5 ns
Asymmetrie im Transmitter	10 ns	10 ns
Asymmetrie im Receiver	20 ns	15 ns
Controller Transceiver Interface	10 ns	10 ns
Summe	45 ns	40 ns

gelegten Werte für den Parametersatz von 5 Mbit/s herangezogen, da neuere Transceiver diese Werte einhalten.

In Bild 8.16 ist die Bitasymmetrie für den Übergang von einem dominanten zu einem rezessiven Bit eingezeichnet. Die fallende Flanke kann aufgrund der Asymmetrien bis zu 40 ns früher kommen und somit das dominante Bit verkürzen. Bei einer Verlängerung des Bits kommt die fallende Flanke bis zu 45 ns später.

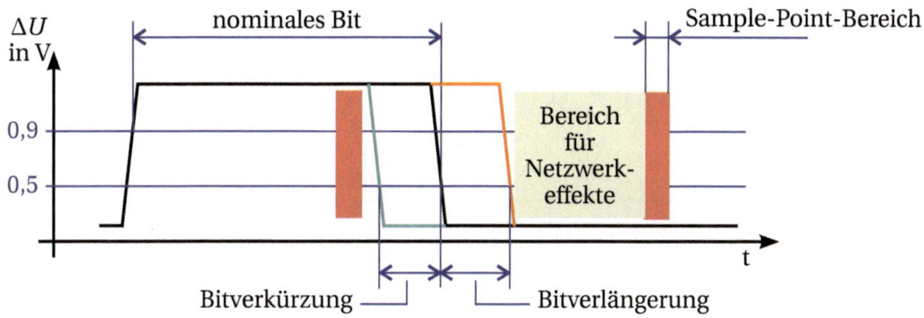

Bild 8.16 Bitasymmetrien

Der Wert eines Bits wird vom Empfänger am Sample Point bestimmt. Dazu detektiert der Empfänger die Flanke, mit der das dominante Bit bzw. eine Folge dominanter Bits beginnt, und zählt die Time Quanta bis zum konfigurierten Sample Point ab. Die Erfassung der Flanke erfolgt mit der Genauigkeit eines Time Quantum bzw. des CAN-Taktes. Damit gibt es im Empfänger einen Bereich, in dem der Sample Point liegt, der im Bild 8.16 ebenfalls eingezeichnet ist. Der Bereich zwischen der Verlängerung des dominanten Bits und dem Beginn des Sample-Point-Bereichs ist der Bereich, der zum Abklingen des Ringings im Cluster zur Verfügung steht. Bei 12 m Clusterausdehnung und angenommenen 5 ns/m Signallaufzeit über die Leitung kommt das erste Echo spätestens nach 120 ns an. Bei maximaler Bitasymmetrie kommt das Echo im Bereich an, in dem der Sample Point liegt. Überschreitet das Echo die Differenzspannung von 0,5 V, könnte ein falscher Wert gesamplet werden. Wird das Cluster bei 2 Mbit/s betrieben, sind die Bits länger und es steht etwas mehr Zeit zum Abklingen des Ringings zur Verfügung. Ausgedehnte Cluster, in denen Ringing auftritt, lassen sind aber nicht realisieren.

Um eine robuste Kommunikation zu ermöglichen, muss eine Topologie gewählt werden, die wenig zum Ringing neigt. Dies sind Punkt-zu-Punkt-Verbindungen mit entsprechend terminierten Knoten. Auch die Daisy-Chain-Topologie neigt wenig zum Ringing. Hingegen neigen

Topologien mit passiven Sternen stärker zum Ringing, je länger die Stichleitungen sind und je höher die Anzahl der Stichleitungen ist. Ein anderer Ansatz ist, die Leitungslängen zu reduzieren. Bei kurzen Leitungen kommt das Echo schneller an, sodass die Echos im vorderen Teil des Bits liegen. Sowohl die Daisy-Chain-Topologie einschließlich der Punkt-zu-Punkt-Verbindung als auch die Reduktion der Leitungslängen grenzen die möglichen Anwendungen erheblich ein und stehen einem breiten Einsatz der höheren Übertragungsgeschwindigkeit von CAN FD im Weg. Eine Reduzierung der maximalen Asymmetrien erweitert den Bereich, in dem ein Ringing auftreten darf, hilft aber bei hohen Bitraten nur sehr begrenzt.

Unter der Bezeichnung *Signal Improvement Capability (SIC)* wurden Methoden entwickelt, um das Signalverhalten zu verbessern. Das Verhalten dafür ist in der CiA601-4 Version 2.0 spezifiziert. Die Realisierung der engeren Asymmetriewerte bei 5 Mbit/s geben einem bei 2 Mbit/s betriebenen System mehr Spielraum für das Ringing. Für Bitraten darüber reicht dies aber nicht und es muss aktiv der Signalpegel beim Übergang vom dominanten zum rezessiven Pegel verbessert werden. Dazu gibt es zwei Ansätze:

- Einflussnahme im Transceiver des Senders
- Einflussnahme in den Transceivern der Empfänger

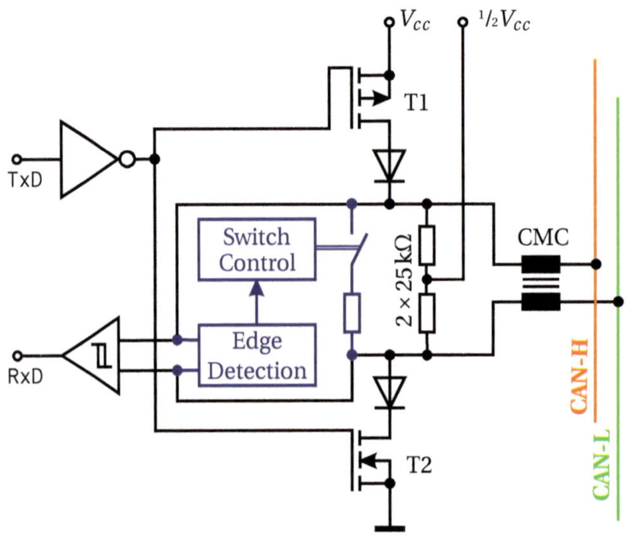

Bild 8.17 Prinzip eines SIC-Transceivers mit Unterdrückung des Ringings im Empfänger

Bild 8.17 zeigt die Lösung, bei der ein Empfänger die Flanke von dominant zu rezessiv erkennt und gezielt für eine bestimmte Zeit einen Widerstand zwischen die CAN-High- und die CAN-Low-Leitung schaltet. Dieser Widerstand terminiert die Leitung, sodass das Ringing unterdrückt wird. Der Schalter, der den Widerstand zuschaltet, muss rechtzeitig wieder geöffnet werden, damit durch die zusätzlichen Widerstände nicht die Bitwerte verfälscht werden. Dies ist insbesondere in der Arbitrierungsphase wichtig.

Dieser Ansatz funktioniert, hat aber seine Grenzen. Das Erkennen der Flanken benötigt Zeit. Des Weiteren muss im Receiver zwischen Bitflanken und zwischen Glitches und EMV-Effekten unterschieden werden. Glitches werden durch zusätzliche Filter unterdrückt, doch ein solcher Filter führt zu einer Verzögerung. So kann von der zur Verfügung stehenden Zeit ein Teil für die Unterdrückung des Ringings nicht genutzt werden, weil Zeit für die Flankenerkennung und den Glitchfilter benötigt wird. Dieser Ansatz würde für jede Bitrate ein eigenes Produkt benötigen, was die Flexibilität einschränkt. Erschwerend kommt hinzu, dass dieser Ansatz das Ringing nur unterdrückt, wenn der Knoten aktiviert ist. Im Falle eines Ausfalls der Spannungsversorgung für diesen Knoten ist die Leitung zu diesem Knoten nicht terminiert und würde die Stabilität des gesamten Clusters beeinflussen.

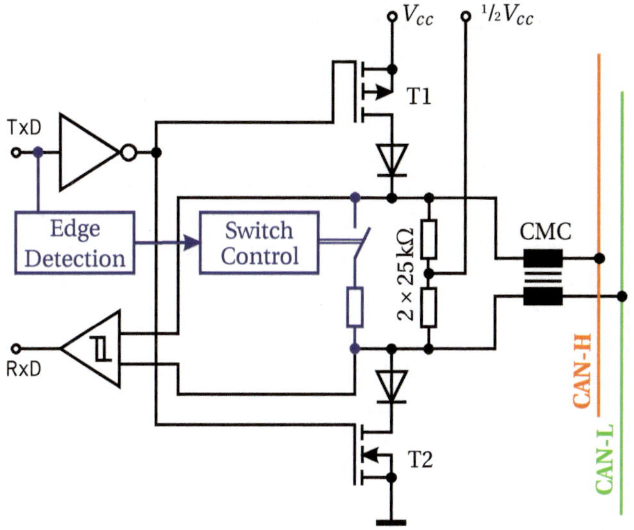

Bild 8.18 Prinzip eines SIC-Transceivers mit Unterdrückung des Ringings im Sender

Der zweite Ansatz (Bild 8.18) basiert auf der Unterdrückung des Ringings im sendenden Knoten. Hier wird das Problem beim Verursacher, dem sendenden Knoten, angegangen. Beim Übergang vom dominanten zum rezessiven Pegel wird ebenfalls ein Widerstand zwischen die CAN-High- und die CAN-Low-Leitung geschaltet, sodass sich die Pegel der beiden Leitungen schnell aneinander angleichen können und durch die Impedanzanpassung das Ringing unterdrückt wird. Im Transceiver ist bekannt, wann es Übergänge von dominanten zu rezessiven Bits gibt, da diese Information am TxD-Pin anliegt. Die Flankenerkennung ist viel einfacher und es entfällt die Zeit zur Flankenerkennung. Glitches gibt es auf der TxD-Leitung nicht, sodass auch ein Glitchfilter nicht notwendig ist. Da es in der Datenphase nur einen sendenden Knoten gibt, wird auch nur ein Knoten diesen zusätzlichen Widerstand zwischen die beiden CAN-Leitungen schalten. Dies mag wie ein Nachteil aussehen. Tests mit den ersten Implementierungen haben allerdings gezeigt, dass dieser Ansatz sehr gut funktioniert. Die Transceiverhersteller geben in ihren Datenblättern an, dass mit diesen Transceivern Cluster bis zu einer Datenbitrate von 8 Mbit/s möglich sind.

Mit CAN FD SIC Transceivern können somit herkömmliche CAN-Cluster mit einer höheren Bitrate betrieben werden, ohne dass die Topologie geändert werden muss. Für Bitraten von 5 Mbit/s oder sogar 8 Mbit/s wird man jedoch einen genauen Blick auf die Topologie werfen müssen. Das SIC-Verfahren hat allerdings auch einen Nachteil, da das aktive Zuschalten eines Widerstandes auch während der Arbitrierungsphase erfolgt. Folgendes Szenario ist zu beachten. Zwei Knoten senden gleichzeitig während der Arbitrierungsphase ihren Identifier. Knoten 1 sendet zwei aufeinanderfolgende 0-Bits (dominant), Knoten 2 zeitgleich ein 0-Bit gefolgt von einem 1-Bit (rezessiv). Knoten 2 wird beim Übergang von dominant zu rezessiv entsprechend dem SIC-Verfahren für eine bestimmte Zeit einen Widerstand zwischen die CAN-High- und die CAN-Low-Leitung schalten. Damit wird die Differenzspannung auf den Leitungen entsprechend verringert, sodass diese unter die Schaltschwelle für dominant fallen kann. Mit dem Abschalten des Widerstandes durch Knoten 2 stellt sich wieder der dominante Pegel auf den Busleitungen ein. Wichtig ist, dass die Pegel auf dem Bus am Sample Point die richtigen Werte haben. Dies kann nur garantiert werden, indem die Arbitrierungsbitrate kleiner gewählt wird (z. B. 500 kbit/s oder kleiner) oder die Leitungslängen zwischen den Knoten begrenzt werden.

8.3.9 CAN-FD-Physical-Layer-Spezifikationen

Der Physical Layer bei CAN wurde Schritt für Schritt um Funktionen erweitert. In der ISO 11898-2 von 2003 ist der Physical Layer mit Bitraten bis 1 Mbit/s beschrieben. Die Erweiterung um low-power Modes und ein Wecken über den CAN-Bus wurde in einem eigenen Teil der ISO 11898-5 im Jahr 2007 spezifiziert. Der Teilnetzbetrieb (Partial Networking) mit dem selektiven Wakeup wurde 2013 im Teil 6 der ISO 11898 erfasst. Damit lagen drei Dokumente vor, die den Physical Layer spezifizierten. Bei der Überarbeitung der Spezifikationen 2016 wurden die Teile 5 und 6 in den Teil 2 integriert, sodass die ISO 11898-2:2016 neben der Beschreibung des elektrischen Verhaltens des Physical Layers mit Bitraten bis 5 Mbit/s auch die low-power Modes mit Teilnetzbetrieb und das Wecken über den CAN-Bus enthält.

8.4 CAN XL

CAN XL ist eine weitere Erweiterung von CAN, deren Definition abgeschlossen ist. Der Prozess für die Standardisierung in der ISO ist gestartet und wird in den nächsten Monaten abgeschlossen werden. Der Standard wird wie die vorherigen CAN-Versionen unter der Bezeichnung ISO 11898 geführt. CAN XL wurde von der Special Interest Group (SIG) bei CiA unter Leitung der Firma Bosch entwickelt. An der Entwicklung, die im Dezember 2018 begann, waren ca. 20 Firmen beteiligt. Aktuell (Stand Juni 2022) gibt es erste Prototypen für die Transceiver und FPGA-basierte Implementierungen für den Protokollcontroller.

8.4.1 Eigenschaften und Anwendung von CAN XL

CAN XL arbeitet wie CAN FD mit zwei Bitraten. Die niedrige Bitrate wird für die Arbitrierung, die höhere Bitrate, die bis 20 Mbit/s gehen kann, für das Übertragen der Daten genutzt. Neben der höheren Datenbitrate unterstützt CAN XL im Vergleich zu CAN FD auch eine größere Payload. Diese kann bis zu 2048 Bytes betragen. Damit ist es möglich, komplette Ethernet-Frames über CAN XL zu übertragen (zu tunneln). CAN FD und CAN XL sind interoperabel, d. h., dass in einem Cluster sowohl CAN FD als auch CAN XL Frames übertragen werden können. CAN XL unterstützt nur einen 11-Bit-Identifier. Dies ist aber keine Einschränkung, da im CAN-XL-Frame-Format weitergehende Möglichkeiten der Identifikation von Nachrichten bestehen. Ein weiterer Unterschied zu CAN FD ist, dass CAN XL Frames zwei CRCs haben – einen für den Header und einen zweiten für die Payload.

Einsatzfälle für CAN XL sind die Anbindung von eCall-Devices und Mikrofonen sowie Audioanwendungen an das Fahrzeugbordnetz. Auch einfache Radarsensoren können so angeschlossen werden. CAN XL ermöglicht das Senden und Empfangen von kompletten Ethernet-Frames. So schließt CAN XL die Lücke zwischen dem klassischen CAN sowie CAN FD und dem 100-Mbit/s-Ethernet. Ebenfalls wird der Übergang von der signalbasierten zur servicebasierten Kommunikation erleichtert. Da CAN XL sowohl mit kurzen als auch mit langen Payloads gut umgehen kann und komplexere Topologien weit besser als das sich in Definition befindliche 10BASE-T1S-Ethernet beherrscht, ist von einem schnellen Einsatz in Fahrzeugen auszugehen.

8.4.2 Frame-Aufbau und prinzipielle Funktionsweise

Ein CAN XL Frame ist wie bei Classical CAN und bei CAN FD aus dem Arbitrierungsfeld, dem Steuerfeld, dem Datenfeld, dem CRC-Feld, dem Acknowledge-Feld sowie dem EOF aufgebaut (siehe Bild 8.19). Der Aufbau der einzelnen Felder unterscheidet sich zum Teil erheblich von Classical CAN und CAN FD und wird in den folgenden Abschnitten genauer erläutert.

Wie bei CAN FD wird mit zwei Bitraten gearbeitet. Die langsamere Bitrate wird als Arbitrierungsbitrate bezeichnet und dient der Arbitrierung. Sie kommt beim Arbitrierungsfeld, dem Acknowledge-Feld und dem EOF zum Einsatz. Während der ersten Steuerbits im Steuerfeld wird auf die höhere Bitrate, die Datenbitrate, umgeschaltet. Diese Bitrate kommt beim Steuerfeld, dem Datenfeld und dem CRC-Feld zum Einsatz. Beim Übergang vom CRC-Feld zum Acknowledge-Feld wird wieder auf die Arbitrierungsbitrate zurückgeschaltet.

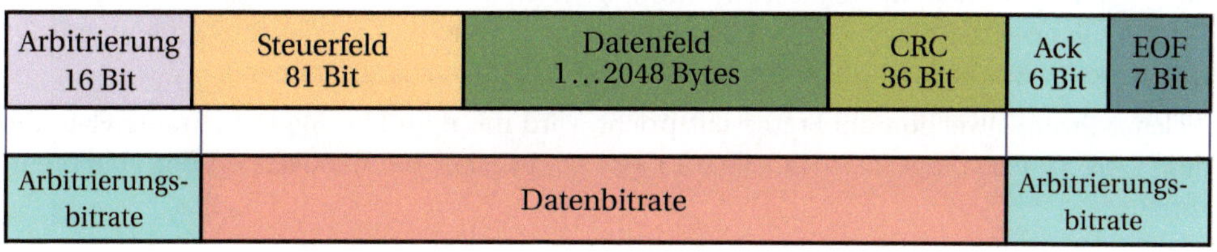

Bild 8.19 Aufbau eines Frames bei CAN XL

Die Arbitrierung arbeitet bei CAN XL genauso wie bei Classical CAN und bei CAN FD, die Arbitrierungsbitrate ist allerdings auf 727 kbit/s limitiert. Bei der Datenbitrate gelten die Regeln nicht, sodass das Bussystem mit wesentlich höheren Bitraten betrieben werden kann. Es werden Werte bis 20 Mbit/s angegeben. Welche maximalen Werte in einem Cluster praktikabel sind, hängt von der konkreten Topologie und den Transceivern ab.

8.4.3 Arbitrierungsfeld

Bild 8.20 zeigt die Bits, aus denen das Arbitrierungsfeld aufgebaut ist. Dabei entspricht der Aufbau dem vom Classical CAN und CAN FD mit ein paar Besonderheiten. Tabelle 8.12 gibt eine Übersicht über die in Bild 8.20 verwendeten Abkürzungen.

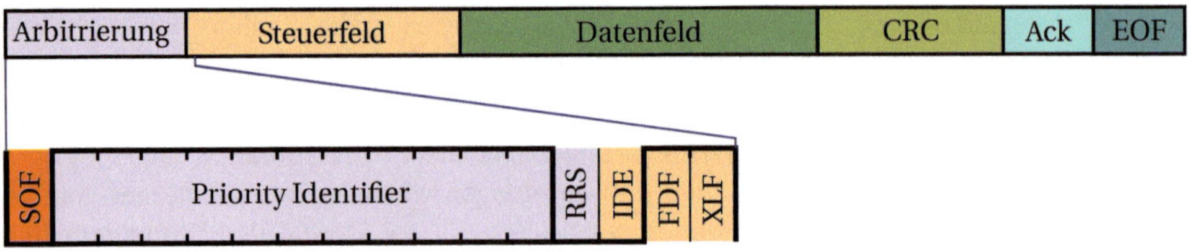

Bild 8.20 Aufbau des Arbitrierungsfelds

Tabelle 8.12 Bedeutung und Werte der Bits im Arbitrierungsfeld

Symbol	Bits	Bedeutung	Wert
SOF	1	Start of Frame	0
PID	11	Priority Identifier	
RRS	1	Remote Request Substitution	0
IDE	1	Identifier Extension Flag	0
FDF	1	Flexible Data Frame Flag	1
XLF	1	CAN XL Flag	1

Wie bei den anderen CAN-Versionen beginnt jeder Frame mit dem Start of Frame Bit mit anschließendem Identifier. Der Identifier wird bei CAN XL *Priority Identifier (PID)* genannt, weil er zur Arbitrierung genutzt wird, aber nicht mehr für die Kennzeichnung der Nachricht dient. Dafür gibt es im Steuerfeld mächtigere Möglichkeiten. Des Weiteren unterstützt CAN XL keine Remote Frames und keine 29-Bit-Identifier. Aus Kompatibilitätsgründen gibt es das „Remote Bit", welches jetzt Remote Request Substitution Bit (RRS) heißt und das Remote Transmission Request Bit ersetzt. Da es bei CAN XL keine Remote Frames gibt, ist das RRS-Bit immer 0. Da CAN XL keine 29-Bit-Identifier unterstützt, ist das IDE-Bit ebenfalls immer 0.

Welcher Protokollversion ein Frame entspricht, wird mit dem Flexible Data Frame Flag und dem CAN XL Flag eingestellt. Tabelle 8.13 gibt an, welcher Protokollversion der Frame entspricht.

Tabelle 8.13 Einstellung der Protokollversion im Frame

FDF-Bit	XLF-Bit	Protokollversion
0	0	Classical CAN
1	0	CAN FD
1	1	CAN XL

8.4.4 Steuerfeld

Das Steuerfeld (siehe Bild 8.21 und Tabelle 8.14) beginnt mit dem resXL-Bit, welches immer auf 0 gesetzt ist. Es ist für spätere Erweiterungen reserviert.

8.4.4.1 ADS-Feld

Die nach dem reservierten Bit folgenden vier Bits kennzeichnen das ADS-Feld und dienen der Umschaltung von der Arbitrierungsbitrate zur Datenbitrate. ADS steht dabei für Arbitration-to-Dataphase-Switch. Umgeschaltet wird am Ende des ADH-Bits und nicht wie bei CAN FD am Sample Point. Das erste Bit, das ADH-Bit, wird noch mit der Arbitrierungsbitrate gesendet, die drei folgenden Bits (DH1, DH2 und DL1) mit der Datenbitrate. Wenn beispielsweise von 1 Mbit/s auf 10 Mbit/s umgeschaltet wird, ist das ADH-Bit 1000 ns lang und damit länger als die drei folgenden Bits, die zusammen nur 300 ns lang sind.

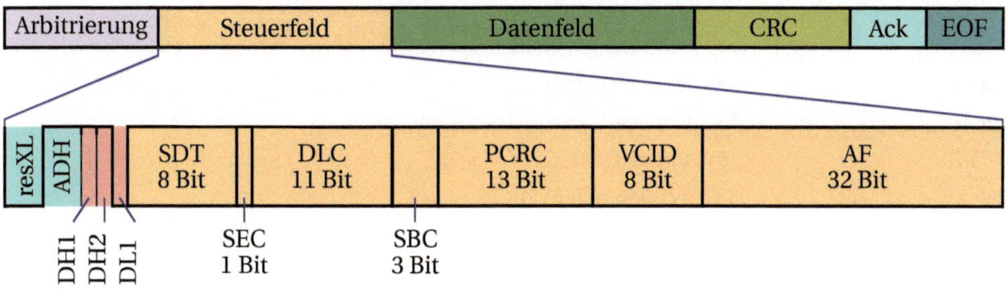

Bild 8.21 Aufbau des Steuerfelds

8.4.4.2 Service Data Unit Type

Der 8 Bit große Service Data Unit Type (SDT) gibt die Verwendung des Datenfeldes für die nächst höhere OSI-Schicht an, wie es in der ISO 7498-4:1998 beschrieben ist. Folgende Typen sind angedacht:

- Tunneln von Classical CAN und CAN FD Frames
- Tunneln von Ethernet-Frames
- TCP/IP-Protokollsegmente
- ISO-15765-2-Segmente
- CANopen/CANopen-FD-Nachrichten
- J1939-21/22-Nachrichten
- herstellerspezifische Protokolle

Service Data Unit Type hat eine vergleichbare Funktion wie der Ethertype bei Ethernet-Frames.

8.4.4.3 Data Length Code

Der Data Length Code (DLC) wird durch eine 11 Bit große Dualzahl angegeben. Die dort angegebene Dualzahl gibt die Anzahl der Bytes im Datenfeld plus 1 an. Steht im DLC eine 0, so hat das Datenfeld eine Länge von einem Byte. Sind alle 11 Bits des DLC gleich 1, entspricht dies 2047, sodass 2048 Bytes im Datenfeld sind.

8.4.4.4 Stuff-Bit-Zähler

Die Anzahl der Stuff Bits, die im Arbitrierungsfeld eingefügt werden, wird im SBC-Feld (Stuff Bit Count) angegeben. Die ersten beiden Bits geben die Anzahl der Stuff Bits in einem Greycode an. Das dritte Bit ist ein Paritätsbit, sodass die drei Bits immer eine ungerade Anzahl von 1-Bits enthalten. Tabelle 8.15 gibt die Codierung im SBC-Feld an.

Tabelle 8.14 Bedeutung und Werte der Bits im Steuerfeld

Symbol	Bits	Bedeutung	Wert
resXL	1	reserviert	0
ADH, DH1, DH2, DL1	4	Bitrate Switch	1110
SDT	8	Service Data Unit Type	
SEC	1	Data secured	
DLC	11	Data Length Code	
SBC	3	Stuff Bit Count	
PCRC	13	Preface Cyclic Redandancy Check	
VCID	8	Virtual CAN ID	
AF	32	Acceptance-Feld	

Tabelle 8.15 Codierung der Anzahl der Stuff Bits im Arbitrierungsfeld

Anzahl Stuff Bits	**0**	**1**	**2**	**3**
Codierung SBC[2:0]	001	010	111	100

8.4.4.5 Preface Cyclic Redundancy Check

Der 13 Bit große Preface Cyclic Redundancy Check (PCRC) wird über das Arbitrierungsfeld, den Service Data Unit Type, das SEC-Bit, den DLC und den SBC sowie die dynamischen Stuff Bits berechnet. Nicht berücksichtigt werden bei der Berechnung die statischen Bits SOF, IDE, FDF, XLF, resXL und die vier Bits des ADS-Felds, deren Werte definiert sind und die sich nicht ändern, sowie die statischen Stuff Bits. Der CRC hat eine Hamming-Distanz von 6, sodass Veränderungen bei der Übertragung von bis zu fünf beliebigen Bits von den Empfängern festgestellt werden können.

8.4.4.6 Virtual CAN ID

Mit der Virtual CAN ID (VCID), die 8 Bit groß ist, ist es möglich, virtuelle Netzwerke zu definieren, die die gleichen Leitungen benutzen. Dies ist hilfreich, um Sicherheitskonzepte zu implementieren. CAN XL unterstützt insgesamt 256 virtuelle Netzwerke.

8.4.4.7 Acceptance-Feld

Das 32 Bit große Acceptance-Feld (AF) dient zum Filtern von Frames. Bei Classical CAN und bei CAN FD hat der Identifier zwei Funktionen: Er gibt die Priorität der Nachricht bei der Arbitrierung an und kennzeichnet gleichzeitig den Inhalt der Nachricht. Bei CAN XL sind diese beiden Funktionen voneinander getrennt. Der Priority Identifier gibt nur noch die Priorität einer Nachricht bei der Arbitrierung an. Der Inhalt der Nachricht wird im Acceptance-Feld gekennzeichnet. Damit kann eine erste Filterung schon im CAN-Controller auf Schicht 2 erfolgen unabhängig von der Nachricht im Datenfeld.

8.4.5 Datenfeld

Das Datenfeld kann eine Länge zwischen einem Byte und 2048 Bytes haben. Die Länge des Datenfeldes für den Frame wird im Steuerfeld im DLC-Feld angegeben. Für den Inhalt des Datenfeldes gibt es von CAN XL keine Einschränkungen. Der Aufbau des Datenfeldes wird von den höheren Protokollschichten bestimmt.

8.4.6 CRC-Feld

Bild 8.22 zeigt den Aufbau des CRC-Feldes, Tabelle 8.16 erläutert die Abkürzungen und gibt die Werte der Bits an, soweit diese fest definiert sind.

Das CRC-Feld besteht aus einem 32 Bit großen CRC. Dieser wird über das Arbitrierungsfeld, das Steuerfeld und das Datenfeld berechnet. Ausgenommen von der Berechnung sind die statischen Bits: SOF, IDE, FDF, XLF, resXL und ADS sowie die dynamischen als auch die statischen Stuff Bits.

Mit diesem CRC wird eine Hamming-Distanz von 6 erreicht, d.h., das Verfälschen von fünf beliebigen Bits in einem Frame wird von den Empfängern erkannt. Bei Frames, die maximal aus 274 Bits bestehen, beträgt die Hamming-Distanz sogar 8.

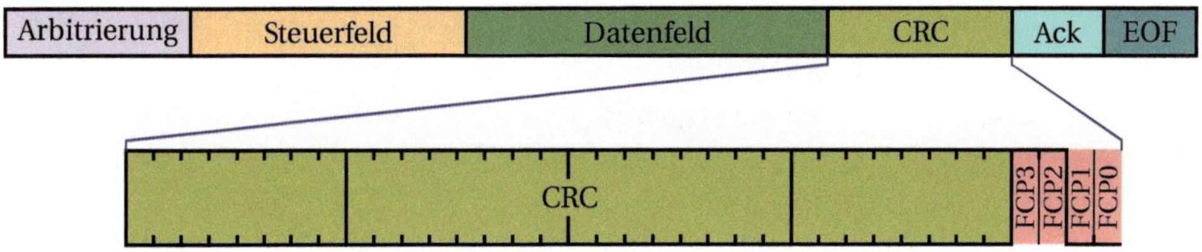

Bild 8.22 Aufbau des CRC-Felds

Das Format Check Pattern (FCP) besteht aus vier statischen Bits, die sich aus zwei 1-Bits und zwei 0-Bits zusammensetzen. Die fallende Flanke in diesem Pattern dient der Synchronisation der Empfänger, bevor auf die Arbitrierungsbitrate zurückgeschaltet wird. Die Empfänger sind dadurch in der Lage, festzustellen, ob ihre Zählung der Bits mit den vom Sender gesendeten Bits übereinstimmt. So können Abweichungen von bis zu drei zusätzlichen und bis zu drei fehlenden Bits detektiert werden. Dies erhöht auch die Zuverlässigkeit des Frame-CRCs, weil so sichergestellt wird, dass sich der CRC an der richtigen Stelle im Frame befindet.

Tabelle 8.16 Bedeutung und Werte der Bits im CRC-Feld

Symbol	Bits	Bedeutung	Wert
FCRC	32	Frame Cyclic Redundancy Check	
FCP3	1	Format Check Pattern 3	1
FCP2	1	Format Check Pattern 2	1
FCP1	1	Format Check Pattern 1	0
FCP0	1	Format Check Pattern 0	0

8.4.7 Acknowledge-Feld und EOF

Das Acknowledge-Feld setzt sich aus dem Dataphase-to-Arbitration-Switch (DAS), dem Acknowledge Slot und dem Acknowledge Delimiter zusammen (Bild 8.23 und Tabelle 8.17). Die vier Bits des Dataphase-to-Arbitration-Switch werden mit DAH, AH1, AL1 und AH2 bezeichnet und haben den statischen Wert 1101. Mit dem Beginn des DAH-Bits schalten Sender und Empfänger von der Datenbitrate zurück zur langsameren Arbitrierungsbitrate. Die fallende Flanke zwischen dem AH1-Bit und dem AL1-Bit dient den Empfängern zur Synchronisation ähnlich der fallenden Flanke des SOF am Beginn des Frames.

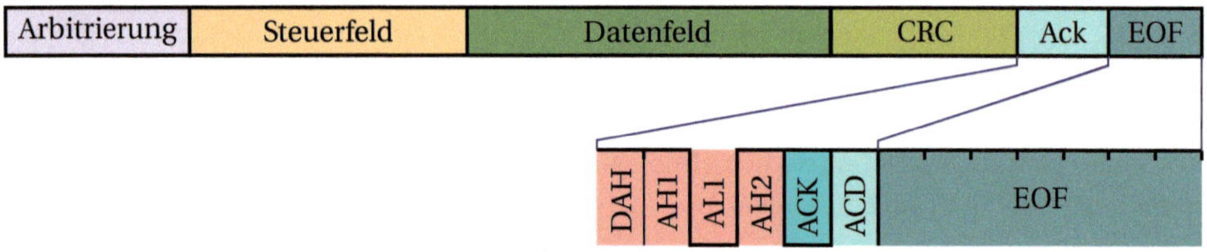

Bild 8.23 Aufbau des Acknowledge-Felds plus EOF

Tabelle 8.17 Bedeutung und Werte der Bits im Acknowledge-Feld

Symbol	Bits	Bedeutung	Wert
DAH, AH1, AL1, AH2	4	Bitrate Switch	1101
ACK	1	Acknowledge Slot	
ACD	1	Acknowledge Delimiter	1
EOF	7	End of Frame	111 1111

Das Acknowledgement funktioniert genauso wie bei Classical CAN und bei CAN FD. Alle Empfänger, die den Frame korrekt empfangen haben, senden ein 0-Bit (dominantes Bit) im Acknowledge Slot. Diesem folgt der Acknowledge Delimiter, der immer 1 ist. Damit ist das Acknowledge-Feld abgeschlossen. Es schließt sich der End of Frame (EOF) an, der aus sieben rezessiven Bits besteht.

8.4.8 Bit Stuffing

Auch bei CAN XL wird das Bit Stuffing eingesetzt, damit sich die Empfänger auf den Sender auf Bitebene synchronisieren können. Während des Arbitrierungsfelds wird nach fünf aufeinanderfolgenden Bits mit identischem Wert ein entgegengesetztes Stuff Bit eingefügt. Diese Stuff Bits werden als dynamische Stuff Bits bezeichnet, da sie nur bei Bedarf eingefügt werden. Die Anzahl an dynamischen Stuff Bits beträgt zwischen minimal 0 und maximal 3 Bits. Es ist dieselbe Regel wie bei Classical CAN und bei CAN FD, sodass die verschiedenen CAN-Ausführungen im selben Cluster betrieben werden können.

Mit Beginn des Reserved-Bits im Header bei CAN XL wird bis zum Ende des Frame-CRCs auf ein festes Bit Stuffing umgeschaltet. Hier wird jeweils nach 10 Bits ein Stuff Bit eingefügt. Das Stuff Bit hat den invertierten Wert des Bits unmittelbar vor dem Stuff Bit. Damit ergibt sich immer eine Flanke, die zur Synchronisation genutzt wird. Dieses Bit Stuffing wird auch als statisches Bit Stuffing bezeichnet, da ein Stuff Bit immer eingefügt wird unabhängig von den Werten der Bits.

8.4.9 Bitraten-Umschaltung

Die Bitraten-Umschaltung erfolgt im Arbitration-to-Dataphase-Switch-Feld (ADS) und im Dataphase-to-Arbitration-Switch-Feld (DAS). Bild 8.24 zeigt die Einordnung im Frame-Format und hebt die Bits vor und nach der Bitratenumschaltung hervor.

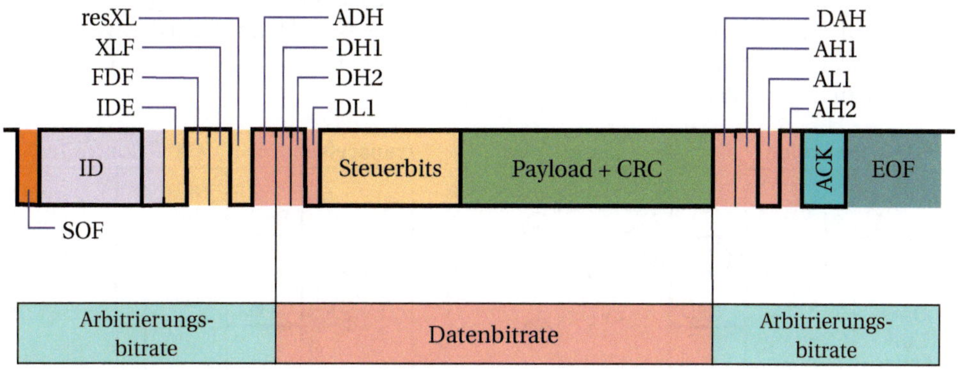

Bild 8.24 Umschalten der Bitrate

Eine Bitrate von 10 Mbit/s oder mehr kann mit dem Konzept des rezessiven Pegels für einen Wert eines Bits und des dominanten Pegels für den anderen Wert nicht mehr realisiert werden. Der Übergang von dominant zu rezessiv kann vom Sender nicht gesteuert werden. Durch die Änderung der Widerstandsverhältnisse dauert dieser Übergang zu lange.

Um Bitraten von 10 Mbit/s oder mehr zu erreichen, muss sowohl der Pegel für 1 als auch der Pegel für 0 vom Transmitter kontrolliert werden. Für die Arbitrierung bei CAN ist aber für einen Bitwert ein rezessiver (vom Transmitter nicht kontrolliert) und für den anderen Bitwert ein dominanter Pegel (vom Transmitter kontrolliert) Voraussetzung.

CAN XL arbeitet mit zwei verschiedenen Bitraten, der Arbitrierungsbitrate für die Arbitrierung und dem Acknowledgement und der Datenbitrate für die Datenübertragung. Bei der Arbitrierungsbitrate kommt das Konzept der dominanten und rezessiven Pegel zur Anwendung. Diese Art der Steuerung der Busleitungen wird im Folgenden als *SIC Mode* bezeichnet, weil dieser Mode der Steuerung der Buspegel beim Classical CAN und bei CAN FD entspricht. Die Pegel werden mit *dominant* und *rezessiv* bezeichnet.

Bei der schnelleren Datenbitrate werden immer beide Pegel eines Bits von Sender kontrolliert, wie dies auch bei FlexRay der Fall ist. Die Pegel werden mit *Level 0* und mit *Level 1* bezeichnet. Diese Steuerung der Pegel wird als *Fast Mode* bezeichnet.

Das Umschalten von der einen Bitrate auf die andere hat somit auch zur Folge, dass die Steuerung der Pegel auf den CAN-Leitungen anders erfolgen muss, weil dann auch die 1 auf dem Bus gesteuert werden muss. Der CAN-Controller muss dem Transceiver mitteilen, wann diese Umschaltung zu erfolgen hat. Aus Kompatibilitäts- und Kostengründen sollte kein zusätzlicher

Pin eingeführt werden, um den genauen Zeitpunkt der Umschaltung dem Transceiver mitzuteilen.

Bild 8.25 zeigt den Signalpfad vom sendenden CAN-Controller über die Transceiver von Sender und Empfänger bis zum CAN-Controller eines Empfängers. Die eingezeichneten Nummern kennzeichnen Messpunkte. Messpunkt ① stellt das Bit-Signal im Data Link Layer des Senders dar. Dieses Signal gibt es nur im Innern des CAN-Controllers. Es ist von außen nicht messbar. Messpunkt ② zeigt das Signal am TxD-Pin des CAN-Controllers. Es kann mit einem Oszilloskop gemessen werden, wenn der Zugang zur Platine des Senders gegeben ist. Messpunkt ③ misst das Signal der CAN-H-Leitung, Messpunkt ④ das der CAN-L-Leitung. Beide Signale können mit einem Oszilloskop gemessen werden. Messpunkt ⑤ ist das Differenzsignal zwischen der CAN-H- und der CAN-L-Leitung. Es kann mit einem Oszilloskop, welches mit einem Differenztastkopf ausgestattet ist, gemessen werden. Messpunkt ⑥ stellt das Signal dar, welches am RxD-Pin des Transceivers eines Empfängers anliegt. Dieses Signal kann nur gemessen werden, wenn der Zugang zur Platine des Empfängers gegeben ist.

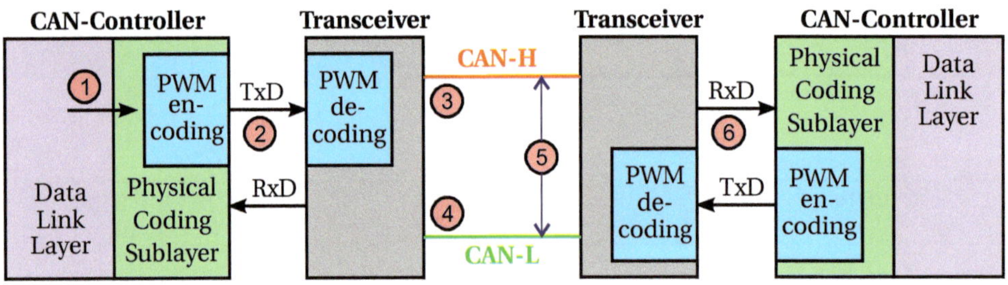

Bild 8.25 Signalpfad bei CAN XL mit Messpunkten

Im Unterschied zum Aufbau eines CAN-Knotens beim Classical CAN und beim CAN FD besitzen sowohl der CAN XL Controller als auch der CAN SIC XL Transceiver eine PWM-Coding-Einheit. Mit dieser kann über die TxD-Leitung zwischen CAN-Controller und Transceiver die Information übertragen werden, wann der Transceiver vom SIC Mode auf den Fast Mode wechseln muss. Der CAN-Controller führt das Encoding mittels PWM-Signalen durch, der Transceiver decodiert diese Signale wieder. Die PWM-Codierung erfolgt nur am TxD-Pin, nicht aber am RxD-Pin.

Bild 8.26 zeigt den zeitlichen Verlauf beim Umschalten der Busgeschwindigkeit und dem Wechsel vom SIC Mode zum Fast Mode mittels PWM-Signalen. Bis zum Reserved Bit (resXL) erfolgt die Übertragung des Buspegels über den TxD-Pin mittels des Spannungspegels am Pin. Bei einem 0-Pegel sendet der Transceiver einen dominanten Pegel, die Differenzspannung zwischen der CAN-H- und der CAN-L-Leitung beträgt ungefähr 2 V. Bei einem 1-Pegel sendet der Transceiver einen rezessiven Pegel, die Differenzspannung ist nahe 0 V. Dieses entspricht dem SIC Mode. Während des ADH-Bits wechselt der CAN-Controller auf den Fast Mode. Dabei wird ein 1-Bit durch eine lange 1-Phase und eine kurze 0-Phase am TxD-Pin codiert (Messpunkt ②). Um ein 0-Bit auf dem Bus zu übertragen, wird am TxD-Pin eine kurze 1-Phase und eine lange 0-Phase angelegt. Sobald die Übertragung über den TxD-Pin von der Pegelsteuerung zur PWM-Codierung wechselt, wechselt der Transceiver von dominanten (0-Bits) und rezessiven (1-Bits) Pegeln zu kontrollierten Pegeln bei 1-Bits (Level 1) und 0-Bits (Level 0). Das führt auf dem Bus bei 1-Bits zu einer negativen und bei 0-Bits zu einer positiven Differenzspannung (siehe Messpunkt ⑤). Die Differenzspannung beträgt nur noch 1 V bzw. −1 V. Die absoluten Pegel betragen ca. 2 V bzw. 3 V.

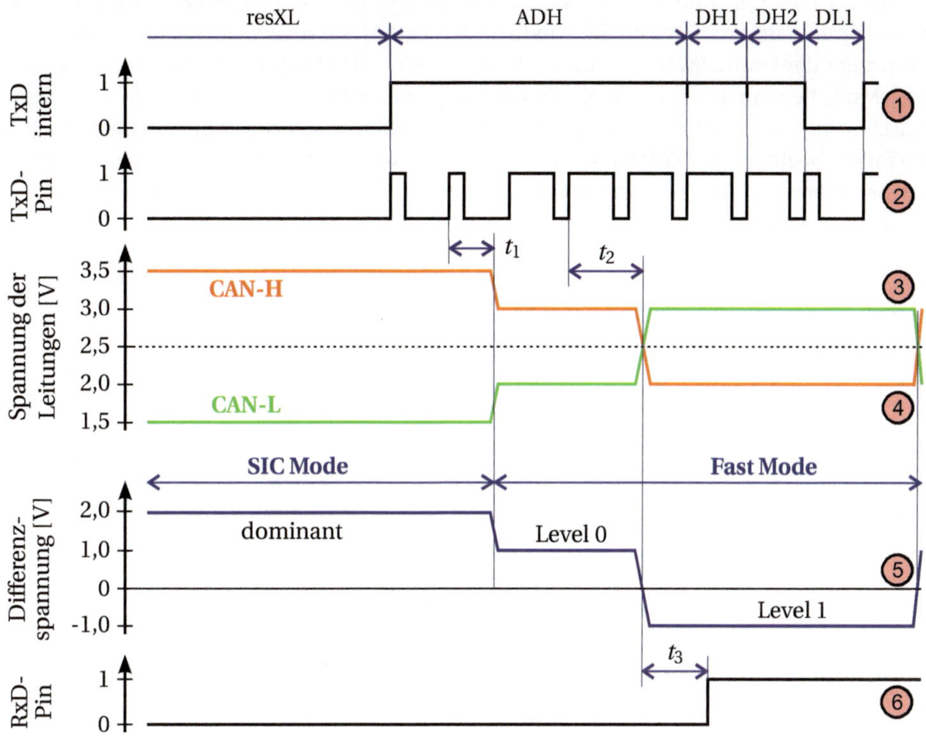

Bild 8.26 Pegel an den Messpunkten beim Umschalten von der Arbitrierungs- auf die Datenbitrate

Im Bild 8.26 sind die Spannungsverläufe der sechs Messpunkte gezeichnet, die im Blockschaltbild in Bild 8.25 markiert sind. Die Länge des resXL- und des ADH-Bits entsprechen der Arbitrierungsbitrate, ab dem DH1-Bit der Datenbitrate. Ein Bit kann mittels PWM-Codierung aus einer oder mehreren 1-0-Folgen bestehen. Eine 1-0-Folge wird als ein Symbol bezeichnet. So wird das ADH-Bit, bei dem die Umschaltung auf den Fast Mode erfolgt, schon teilweise mit der neuen Differenzspannung übertragen. Am TxD-Pin bilden mehrere Symbole dieses Bit. Ab dem DH1-Bit wird im weiteren Verlauf ein Bit mit einem oder auch mehreren Symbolen dargestellt. Dies richtet sich nach der Datenbitrate, mit der die Bits übertragen werden sollen. t_1, t_2 und t_3 sind einige der Verzögerungszeiten, die im Transceiver auftreten. So kennzeichnet t_1 die Zeit, die der Transmitter benötigt, um von einem dominanten Pegel zum Pegel für Level 0 auf dem Bus zu wechseln. t_2 ist die Verzögerung zwischen dem TxD-Signal und dem Pegel für Level 1. t_3 ist die Verzögerung im Receiver zwischen dem Level 1 auf dem Bus und dem RxD-Signal.

Damit der Transceiver zwischen einer Bitrate von 8 Mbit/s bei CAN FD, wo nur mit dominanten und rezessiven Pegeln gearbeitet wird, und der Umschaltung bei CAN XL unterscheiden kann, müssen die Symbole am TxD-Pin eine maximale Länge von 200 ns haben. Bei einer Codierung von 25 % high und 75 % low bzw. 75 % high und 25 % low sind die kürzeren Pulse ungefähr 50 ns lang. Das unterscheidet sich deutlich von den 125 ns langen Bits bei einem mit

8 Mbit/s betriebenen CAN FD, sodass der Transceiver erkennen kann, ob nach den Regeln für CAN-FD oder CAN-XL gearbeitet werden soll.

Nicht nur der Protokollcontroller des sendenden Knotens teilt dem Transceiver mit der PWM-Codierung mit, damit dieser vom SIC Mode in den Fast Mode wechseln soll. Auch die Protokollcontroller der empfangenen Knoten teilen über den TxD-Pin ihren Transceivern mit, dass der Fast Mode beginnt. Dazu sendet der Protokollcontroller Pulse je nach Bitrate mit einer Länge zwischen 45 ns und 200 ns. 0- und 1-Phase sind ungefähr gleich lang. Mit dem Empfang des ersten Pulses beginnen die Empfänger auf dem Bus zu senden. Mit dem Empfang des zweiten Pulses bemerken sie „ihren Fehler“ und stellen das Senden ein. Auf dem Bus entsteht so ein Spike, der aber ignoriert wird.

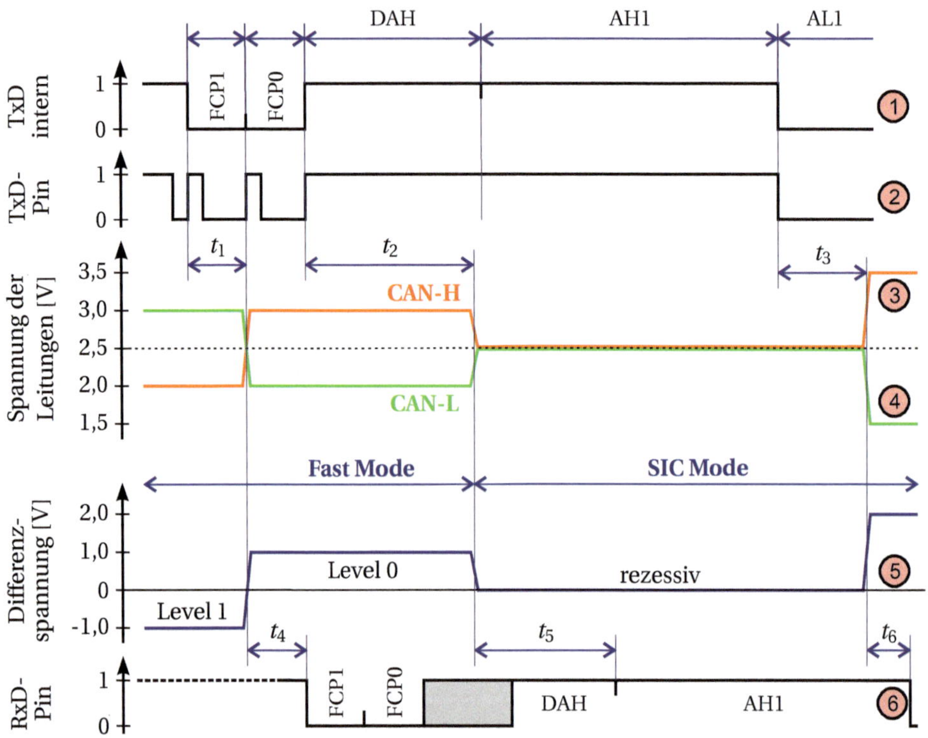

Bild 8.27 Pegel an den Messpunkten beim Umschalten von der Daten- auf die Arbitrierungsbitrate

In Bild 8.27 ist skizziert, wie die Umschaltung von der Datenbitrate zur Arbitrierungsbitrate sowie vom Fast Mode zum SIC Mode erfolgt. Die Bits FCP1 und FCP0 des Format Check Pattern werden im Fast Mode auf dem Bus übertragen und wie die Bits der Payload und des CRCs mittels Symbolen auf der TxD-Leitung codiert. Während des folgenden DAH-Bits wird wieder auf die Arbitrierungsbitrate gewechselt und ebenso auf den SIC Mode. Dazu werden am TxD-Pin keine Symbole mehr übertragen, sondern der Pegel entscheidet wieder, ob der Transceiver einen dominanten oder einen rezessiven Pegel übertragen soll. Der Transceiver merkt, dass keine Symbole mehr übertragen werden, und wechselt nach der Zeit t_2 vom Fast Mode auf den SIC Mode. Wenn die Differenzspannung auf dem Bus null ist, realisiert der Receiver, dass der Fast Mode beendet wurde und die Bits wieder im SIC Mode übertragen werden. Er wechselt intern auf die nun geltenden Schwellwerte. t_1, t_2 und t_3 sind Verzögerungszeiten im Transmitter, t_4, t_5 und t_6 im Receiver. t_1 kennzeichnet die Verzögerung zwischen der Änderung des TxD-Signals und dem Erreichen des Pegels für Level 0, t_2 die Zeit für den Übergang von Level 0 zum rezessiven Pegel, t_3 die Zeit vom TxD-Signal bis zum Erreichen des dominanten Buspegels. t_4 ist die Verzögerung zwischen dem Level 0 auf dem Bus und der Änderung des RxD-Signals, t_5 zwischen dem rezessiven Buspegel und RxD und t_6 zwischen dem dominanten Buspegel und RxD.

8.4.10 Vergleich der Header von Classical CAN, CAN FD und CAN XL

In Bild 8.28 sind die Header von Classical CAN, CAN FD und CAN XL Frames mit 11-Bit-Identifier dargestellt. Es ist zu sehen, dass das FDF-Bit gleich 0 einen Frame nach Classical CAN kennzeichnet und das FDF-Bit gleich 1 einen CAN FD oder einen CAN XL Frame ankündigt. Das nächste Bit entscheidet dann, welches der beiden Frame-Formate vorliegt. Ist das XLF-Bit gleich 0, ist es ein CAN FD Frame, ist es 1, ein CAN XL Frame.

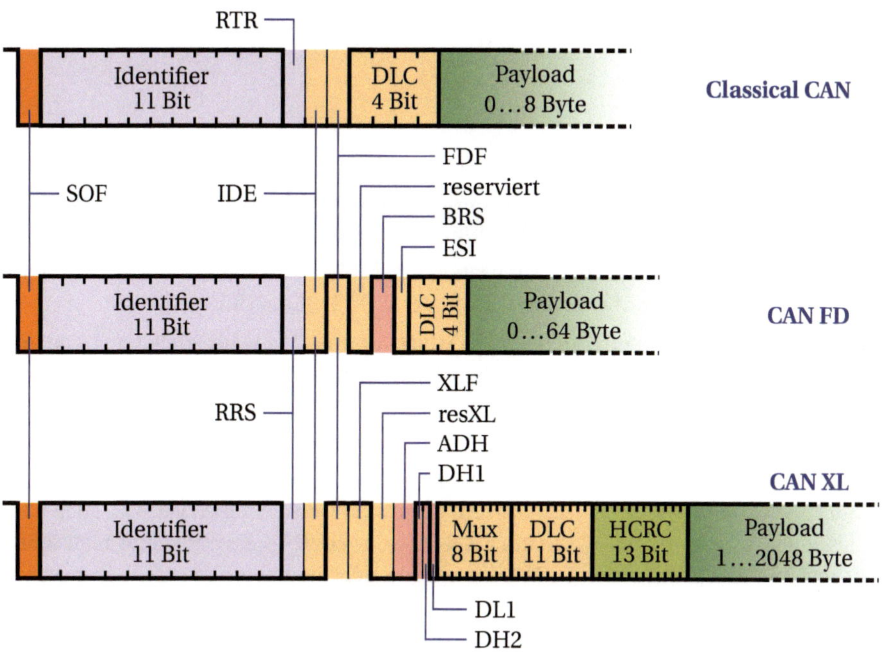

Bild 8.28 Vergleich der CAN-Header

Tabelle 8.18 stellt die Längenangabe für die Payload im DLC-Feld für die drei CAN-Versionen gegenüber. Dabei ist das DLC-Feld beim Classical CAN und bei CAN FD vier Bits groß, bei CAN XL sind es 11 Bits.

Tabelle 8.18 Vergleich Data-Length-Codierung bei CAN, CAN FD und CAN XL

Data Length Code	Classical CAN	CAN FD	CAN XL
0–8	0–8	0–8	1–9
9	8	12	10
10	8	16	11
11	8	20	12
12	8	24	13
13	8	32	14
14	8	48	15
15	8	64	16
16–2047	–	–	17–2048

8.5 Realisierung

8.5.1 CAN-Controller

Für das CAN-Protokoll gibt es drei für die Implementierung relevante Spezifikationen:

- Das CAN-Protokoll nach ISO 11898-1:2015, wie es im Kapitel 4 beschrieben ist einschließlich des erweiterten Identifiers (siehe Abschnitt 8.2.2), wird als *Classical CAN* bezeichnet.
- Die Weiterentwicklung von CAN mit Datenraten bis 5 Mbit/s und einer Payload bis 64 Bytes wird als *CAN FD* bezeichnet und ist ebenfalls in der ISO 11898-1:2015 spezifiziert.
- *CAN XL* unterstützt Datenraten von bis zu 20 Mbit/s und Payloads bis 2048 Bytes. Die Verabschiedung als internationaler Standard ist in Arbeit und wird ebenfalls unter der Bezeichnung ISO 11898-1 geführt.

Alle CAN-Controller, also Classical CAN, CAN FD und CAN XL Controller unterstützen das Classical CAN, egal ob stand-alone oder integriert. Alle CAN FD Controller unterstützen Classical CAN und CAN FD, aber nicht CAN XL. CAN XL Controller werden neben CAN XL auch CAN FD und Classical CAN unterstützen. Um ein CAN FD oder ein CAN XL Cluster zu realisieren, müssen neben den entsprechenden CAN-Controllern auch die passenden CAN-Transceiver verwendet werden.

Es gibt eine Vielzahl von CAN FD Controllern, die hier nicht extra aufgeführt werden. CAN XL Controller sind noch in Entwicklung (Stand Juni 2022). Beim Plugfest[6] bei der CiA im Mai 2022 standen CAN XL Controller auf FPGA-Basis (Field Programmable Gate Array) von den Firmen Bosch, NXP und Vector zur Verfügung.

[6] Bei einem Plugfest treffen sich Hersteller von Transceivern und Controllern, um die Interoperabilität ihrer Produkte zu testen. Sie bauen Cluster mit Komponenten verschiedener Hersteller auf und untersuchen das Verhalten der Komponenten und des Gesamtsystems.

8.5.2 CAN-Transceiver

Neben den verschiedenen Protokollversionen für CAN gibt es auch mehrere Versionen für den Physical Layer. Die unterschiedlichen Transceiver, die daraus resultieren, können für mehrere Protokollversionen verwendet werden. Für den Anwender stellen sich zwei Fragen: Was für Transceiver gibt es? Mit welchen Protokollversionen arbeiten sie zusammen?

Um zu einer einheitlichen Namensgebung zu kommen, hat die Anwender- und Herstellerorganisation CiA eine Umfrage bei ihren Mitgliedern gestartet und danach eine Empfehlung für die Bezeichnung der unterschiedlichen Transceiver gegeben. Folgende CAN-Transceiver werden unterschieden:

Single Wire CAN Transceiver: Beim Single Wire CAN erfolgt die Kommunikation wie beim LIN-Bus über eine Ein-Draht-Leitung. Die Bitrate ist dabei auf 40 kbit/s beschränkt. Diese Ausführung, die in den USA von General Motors verwendet wurde, spielt in Europa keine Rolle und ist hier nur der Vollständigkeit halber aufgeführt. Sie ist in der Norm SAE J2411 spezifiziert.

Low-speed, fault-tolerant CAN Transceiver: Diese Transceiver arbeiten mit anderen Busspannungen als die high-speed Transceiver (Spannungspegel siehe Bild 4.8). Die Kommunikation erfolgt über eine Zwei-Draht-Leitung und ist fehlertolerant. Bei Ausfall einer der beiden Leitungen ist eine Kommunikation über die verbleibende Leitung noch möglich, allerdings mit reduzierter Übertragungsgeschwindigkeit. Die Busgeschwindigkeit beträgt maximal 125 kbit/s. Dieser Typ ist veraltet und läuft aus. Der dazugehörende Standard ist die ISO 11898-3:2006.

CAN high-speed Transceiver: Unter diesem Namen sind alle CAN-Transceiver einzuordnen, die Busgeschwindigkeiten bis zu 1 Mbit/s unterstützen. Die Übertragung erfolgt über eine verdrillte Zwei-Draht-Leitung. Sie sind in der ISO 11898-2:2016 spezifiziert. Optional sind die low-power Modes. Das selektive Wakeup ist ebenfalls optional und ermöglicht einen Teilnetzbetrieb, der auch als *Partial Network* bezeichnet wird. Daraus resultieren CAN high-speed Transceiver, die einen Teilnetzbetrieb unterstützen, und solche, die dies nicht tun.

CAN FD Transceiver: CAN FD Transceiver können Busgeschwindigkeiten bis zu 5 Mbit/s realisieren. Sie sind in der ISO 11898-2:2016 spezifiziert. Das selektive Wakeup ist optional möglich. Allerdings kann ein CAN FD Frame nicht als Wakeup-Frame verwendet werden, wird aber toleriert und führt nicht zu Fehlern.

CAN SIC Transceiver: CAN SIC Transceiver unterstützen Busgeschwindigkeiten bis 8 Mbit/s. Dazu sind im Transceiver Mechanismen implementiert, die das Ringing auf den Leitungen unterdrücken oder ausblenden. Das Dokument CiA 601-4 fasst die Anforderungen zusammen, die eine solche Signalverbesserung erfüllen muss.

CAN SIC XL Transceiver: Diese Transceiver sind für Busgeschwindigkeiten bis 20 Mbit/s vorgesehen. Möglich wird dies nur, da bei der Datenbitrate sowohl die 0 als auch die 1 gesteuert werden, wie dies bei FlexRay der Fall ist. Damit gibt es bei dieser Bitrate keine rezessiven Signale mehr. Das Umschalten von der Arbitrierungsbitrate auf die Datenbitrate muss dem Transceiver explizit mitgeteilt werden. Dies erfolgt über PWM-Signale am Tx-Pin. Das Verfahren ist im Dokument CiA 610-3 beschrieben, welches im überarbeiteten Standard ISO 11898-2:2023 enthalten sein wird.

High-speed Transceiver

Der high-speed Transceiver wird meist in einem 8-Pin-Gehäuse angeboten. Die Belegung der Pins ist in Bild 8.29 ersichtlich. Dabei sind die schwarz beschrifteten Pins bei allen Herstellern einheitlich belegt. Lediglich Pin 5 und 8 (blaue Beschriftung) werden für zusätzliche Funktionen genutzt und sind implementationsspezifisch. Pin 5 wird häufig benutzt, um die Spannung an den Pins `TxD` und `RxD` an die Spannung des Mikrocontrollers anzupassen. Pin 8 wird häufig für Power Modes verwendet, z. B. `STB` für den Standby Mode.

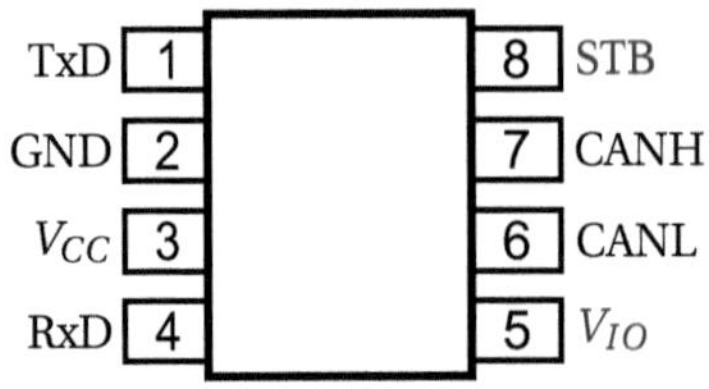

Bild 8.29 Standard-Transceiver

In Tabelle 8.19 sind Beispiele für Implementationen für high-speed Transceiver ohne Wakeup und mit Wakeup mittels WUP aufgeführt. Die Pinbelegungen entsprechen weitestgehend den in Bild 8.29 gezeigten. Es gibt auch Implementierungen in 14-Pin-Gehäusen.

Tabelle 8.19 Beispiele für Transceiver-Implementierungen ohne und mit Wakeup

Hersteller	Transceiver ohne Wakeup	Transceiver mit Wakeup
Infineon	TLE9250, TLE9350	TLE9251, TLE9252, TLE9351
NXP	TJA1044, TJA1057	TJA1043, TJA1044
Microchip	ATA6560, ATA6561	ATA6562, ATA6563, ATA6564
TI	SN65HVD, TCAN1051, TCAN1042	TCAN1043, TCAN1044

High-speed Transceiver für Partial Networking

Bild 8.30 zeigt die Pinbelegung in einem 14-Pin-Gehäuse für einen high-speed Transceiver, der mittels Wakeup-Frame selektiv geweckt werden kann. Bei diesen Transceivern reicht ein 8-Pin-Gehäuse nicht mehr aus, da zusätzliche Pins für die Konfiguration sowie für die Einstellung der Power Modi benötigt werden. Beispiele von Transceivern, die selektives Wakeup unterstützen, sind in Tabelle 8.20 aufgeführt.

Tabelle 8.20 Beispiele für Transceiver-Implementierungen mit selektivem Wakeup und mit Signal Improvement Capability

Hersteller	Transceiver mit selektivem Wakeup	Transceiver mit SIC
Infineon	TLE9255W	TLE9371
NXP	TJA1145	TJA1462, TJA1463
Microchip	ATA6570	
TI	TCAN1145, TCAN1146	TCAN1462, TCAN1463

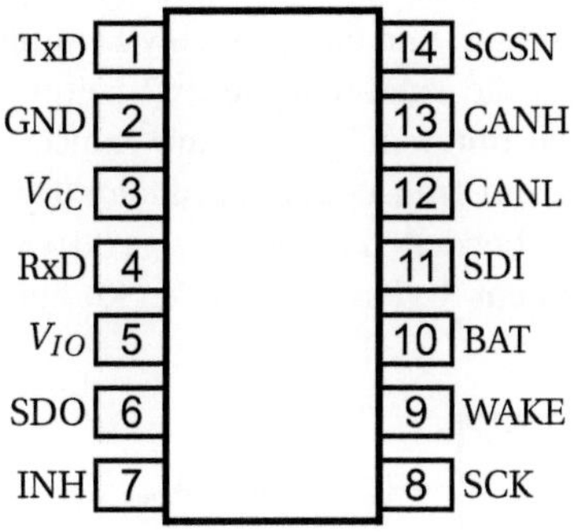

Bild 8.30 CAN-Transceiver mit selektivem Wakeup

CAN FD SIC Transceiver

Zum Erreichen höherer Bitraten sind Transceiver mit Signal Improvement Capability erforderlich. Erste Transceiver sind von verschiedenen Herstellern verfügbar (siehe Tabelle 8.20). Angegeben wird, dass sie eine Bitrate von bis zu 8 Mbit unterstützen.

CAN SIC XL Transceiver

Erste CAN SIC XL Transceiver gibt es als Prototypen von den Firmen Bosch, Infineon und NXP. Diese wurde auf dem Plugfest von CiA im Mai 2022 auf Interoperabilität erfolgreich getestet. Dabei wurde mit einer Datenrate von 16,66 Mbit/s gearbeitet.

8.5.3 CAN-Oszilloskope

Oszilloskope, die CAN-Frames decodieren können, gibt es von allen namhaften Herstellern schon länger. Diese können nicht nur Classical CAN Frames, sondern auch CAN FD Frames decodieren. Wie bei den Transceivern und Controllern für CAN XL sind auch die Oszilloskophersteller dabei, diese für CAN XL zu erweitern. Erste Oszilloskope oder Erweiterungen zu vorhandenen Oszilloskope können von Keysight, Pico Technology und Teledyne LeCroy erwartet werden.

8.5.4 Typische Schaltung eines CAN-Knotens

Wie bereits im Abschnitt 4.2 dargestellt, werden CAN-Knoten meistens aus zwei integrierten Schaltkreisen aufgebaut, aus einem Mikrocontroller mit integriertem CAN-Controller und aus einem CAN-Transceiver. Im Automobilbereich sind sowohl für die Spannungsversorgung der Schaltkreise als auch für die Übertragung digitaler Signale zwischen ihnen die Spannungspegel 3,3 V und 5 V üblich. Bild 8.31 zeigt die Verschaltung der beiden Schaltkreise, wenn Mikrocontroller und Transceiver mit dem gleichen Spannungspegel versorgt werden und die digitalen Ein- und Ausgänge ebenfalls diesen Spannungspegel verwenden. Gezeichnet ist das Bild für eine Versorgungsspannung von 5 V, doch es ist genauso gültig für 3,3 V, wenn der Spannungsregler rechts oben einen 3,3-V-Ausgang statt dem 5-V-Ausgang hat. Gezeichnet ist die Spannungsversorgung beider Schaltkreise und der Anschluss der CAN-High- und der CAN-Low-Leitung. Die Verbindung zwischen beiden Schaltkreisen erfolgt über die TxD- und die RxD-Leitung. Dabei wird der mit TxD bezeichnete Pin am Mikrocontroller mit dem TxD-Pin am Transceiver und der RxD-Pin am Mikrocontroller mit dem RxD-Pin am Transceiver verbunden. Dies wird hier betont, da es andere Kommunikationssysteme gibt, bei denen es nicht so ist. So wird beispielsweise bei RS232 der Tx-Pin des einen Knotens mit dem Rx-Pin des anderen Knotens verbunden.

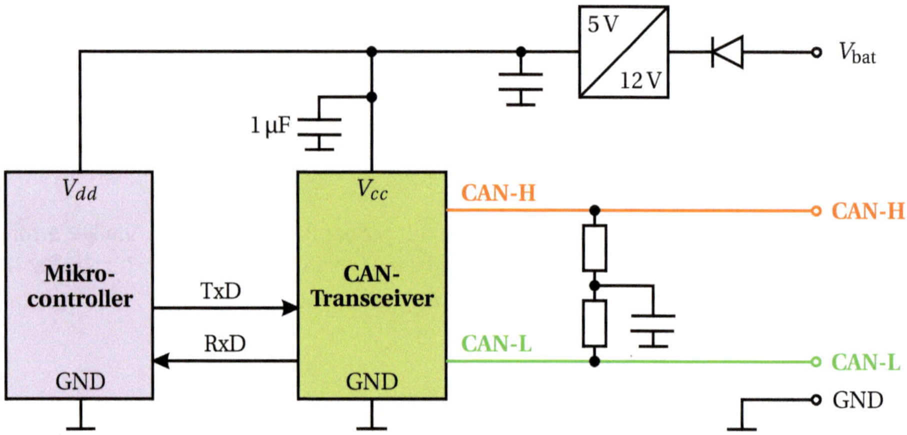

Bild 8.31 Verschaltung von Mikrocontroller und Transceiver bei gleicher Versorgungsspannung und Terminierung

Für den Fall, dass Mikrocontroller und Transceiver mit unterschiedlichen Spannungspegeln arbeiten, werden zwei Versorgungsspannungen benötigt und die Pegel für TxD und RxD müssen angepasst werden. Glücklicherweise besitzen viele CAN-Transceiver einen V_{io}-Eingang, an dem der Spannungspegel der digitalen Ein- und Ausgänge einstellt werden kann. Bild 8.32 zeigt die Verschaltung eines Mikrocontrollers, der mit 3,3 V an den digitalen Ein- und Ausgängen arbeitet, und eines Transceivers, der mit 5 V arbeitet. Durch die Anpassung am V_{io}-Eingang ist eine Anpassschaltung für die TxD- und die RxD-Leitung nicht notwendig.

8.6 Berechnung der Busauslastung beim Classical CAN

Die Berechnung der Busauslastung und die Herleitung der Formeln erfolgte im Abschnitt 4.6. Hier werden nur die Ergänzungen für den Extended Identifier aufgeführt.

Der Frame wird in zwei Teile zerlegt:

- Vom SOF bis zum Ende des CRCs werden Stuff Bits eingefügt (34 Bits (Standard Frame Format) oder 54 Bits (Extended Frame Format) + Payload-Bits).
- Ab dem CRC Delimiter bis zum IFS werden keine Stuff Bits eingefügt (13 Bits).

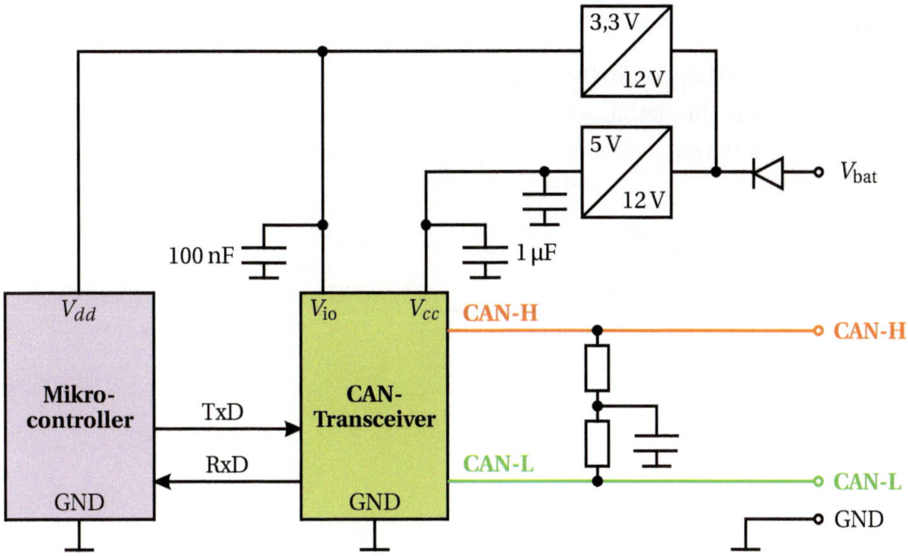

Bild 8.32 Verschaltung von Mikrocontroller und Transceiver bei unterschiedlicher Versorgungsspannung und Terminierung

Damit ergeben sich die Formeln für die maximale Frame-Dauer[7]:

$$t_{\text{Frame\_11}} = (55 + 10 \cdot s)\tau_{\text{bit}} \quad \text{(11-Bit-Identifier)} \tag{8.7}$$

$$t_{\text{Frame\_29}} = (80 + 10 \cdot s)\tau_{\text{bit}} \quad \text{(29-Bit-Identifier)} \tag{8.8}$$

s steht für die Anzahl der Payload-Bytes und τ_{bit} für die Bitzeit. Ist die benötigte Zeit zum Senden der Frames bekannt, kann die Auslastung des Busses nach Gleichung 4.5 berechnet werden.

Beispiel 1

In einem CAN-Cluster, welches mit einer Bitrate von 500 kbit/s arbeitet, werden 1200 Frames pro Sekunde gesendet. Bei allen Frames wird der Extended Identifier verwendet. Die Payload beträgt 8 Bytes. Wie groß ist die Auslastung des Busses?

Annahmen: Es wird angenommen, dass keine Fehler auftreten, sodass es keine Sendungswiederholungen gibt.

7 Herleitung siehe N. Navet, F. Simonot-Lion: Automotive Embedded Systems Handbook. CRC Press, Boca Raton, London, New York, 2008

Rechnung:

$$\begin{aligned} Framelength &= 80\,\text{Bit} + 10\,\text{Bit/Byte} \cdot 8\,\text{Byte} \\ &= 80\,\text{Bit} + 80\,\text{Bit} \\ &= 160\,\text{Bit} \end{aligned}$$

$$\begin{aligned} Auslastung &= \frac{Framelength \cdot A_{\text{Frames}}}{Bitrate} \\ &= \frac{160\,\text{Bit/Frame} \cdot 1200\,\text{Frame/s}}{500\,000\,\text{bit/s}} \\ &= 0{,}384 = 38{,}4\,\% \end{aligned}$$

Der CAN-Bus ist zu 38,4 % ausgelastet.

Beispiel 2

In einem Cluster, welches mit 1000 kbit/s betrieben wird, werden 500 Frames pro Sekunde mit einer Payload von 8 Bytes und einem 11-Bit-Identifier gesendet und 800 Frames pro Sekunde mit einer Payload von 7 Bytes und einem 29-Bit-Identifier. Wie groß ist die Auslastung des CAN-Busses?

$$\begin{aligned} Framelength_{11} &= 55\,\text{Bit} + 10\,\text{Bit/Byte} \cdot 8\,\text{Byte} \\ &= 55\,\text{Bit} + 80\,\text{Bit} = 135\,\text{Bit} \\ Framelength_{29} &= 80\,\text{Bit} + 10\,\text{Bit/Byte} \cdot 7\,\text{Byte} \\ &= 80\,\text{Bit} + 70\,\text{Bit} = 150\,\text{Bit} \end{aligned}$$

$$\begin{aligned} Auslastung &= \frac{135\,\text{Bit/Frame} \cdot 500\,\text{Frame/s} + 150\,\text{Bit/Frame} \cdot 800\,\text{Frame/s}}{1\,000\,000\,\text{bit/s}} \\ &= 0{,}1875 = 18{,}75\,\% \end{aligned}$$

Der CAN-Bus ist zu 18,8 % ausgelastet.[8]

■ 8.7 Übungen

Aufgabe 1

Auf einem CAN-Bus, der mit einer Bitrate von 500 kbit/s arbeitet, werden 1800 Frames pro Sekunde mit einer Payload von 6 Bytes gesendet. Bei allen Frames wird der Extended Identifier verwendet. Gesucht ist die Auslastung des Busses in Prozent.

[8] Es wird immer aufgerundet, auch wenn die erste Ziffer nach dem Komma kleiner als 5 ist. Berechnet wird die maximale Auslastung, die durch das Runden nicht verkleinert werden darf.

$$\begin{aligned} Framelength &= 80\,\text{Bit} + 10\,\text{Bit/Byte} \cdot 6\,\text{Byte} \\ &= 80\,\text{Bit} + 60\,\text{Bit} = 140\,\text{Bit} \end{aligned}$$

$$\begin{aligned} Auslastung &= \frac{140\,\text{Bit/Frame} \cdot 1800\,\text{Frame/s}}{500\,000\,\text{bit/s}} \\ &= 0{,}504 = 50{,}4\,\% \end{aligned}$$

Der CAN-Bus ist zu 50,4 % ausgelastet.

Aufgabe 2

Gesucht ist die Auslastung eines CAN-Busses in Prozent, der mit einer Bitrate von 250 kbit/s arbeitet. Es werden 300 Frames pro Sekunde mit einer Payload von 7 Bytes und einem 11-Bit-Identifier sowie 800 Frames pro Sekunde mit einer Payload von 4 Bytes und einem 29-Bit-Identifier verschickt.

$$\begin{aligned} Framelength_{11} &= 55\,\text{Bit} + 10\,\text{Bit/Byte} \cdot 7\,\text{Byte} = 125\,\text{Bit} \\ Framelength_{29} &= 80\,\text{Bit} + 10\,\text{Bit/Byte} \cdot 4\,\text{Byte} = 120\,\text{Bit} \end{aligned}$$

$$\begin{aligned} Auslastung &= \frac{125\,\text{Bit/Frame} \cdot 300\,\text{Frame} + 120\,\text{Bit/Frame} \cdot 800\,\text{Frame}}{250\,000\,\text{bit/s}} \\ &= 0{,}534 = 53{,}4\,\% \end{aligned}$$

Der CAN-Bus ist zu 53,4 % ausgelastet.

Aufgabe 3

Ein Steuergerät soll über den CAN-Bus neu geflasht werden. Das Binary File ist 8 KiB groß. Die Busgeschwindigkeit beträgt 500 kbit/s.

Welche Zeit wird benötigt, wenn ein Extended Identifier und das erste Datenbyte für eine laufende Nummer verwendet wird?

$$\begin{aligned} 8\,\text{kByte} &= 8 \cdot 1024\,\text{Byte} \\ &= 8192\,\text{Byte} \\ A_{\text{Frames}} &= \frac{8192\,\text{Byte}}{7\,\text{Byte/Frame}} \\ &= 1170{,}3\,\text{Frame} \end{aligned}$$

1171 Frames sind für die Übertragung notwendig.

$$
\begin{aligned}
t_{\text{Frame\_Max}} &= (80\,\text{Bit} + 10\,\text{Bit/Byte} \cdot 8\,\text{Byte}) \cdot 2\,\mu\text{s} \\
&= 320\,\mu\text{s} \\
t_{\text{Frame\_Gesamt}} &= t_{\text{Frame\_Max}} \cdot A_{\text{Frames}} \\
&= 320\,\mu\text{s} \cdot 1171 \\
&= 374\,720\,\mu\text{s} \\
&= 374{,}72\,\text{ms}
\end{aligned}
$$

Für die Übertragung werden rund 375 ms benötigt.

9 FlexRay (2)

Der grundsätzliche Aufbau und die Funktionsweise von FlexRay wurden im Kapitel 5 erläutert. In diesem Kapitel wird auf Mechanismen eingegangen, die für die Funktionsweise und die Eigenschaften von FlexRay wichtig sind, deren Kenntnis aber für das Verständnis der grundsätzlichen Funktionsweise nicht notwendig ist. Bei diesen Mechanismen wird ein tiefer Blick in die Technik geworfen, ohne aber die Themen erschöpfend zu behandeln. Wer es noch genauer wissen möchte, sollte einen Blick in [Rausch] werfen.

In diesem Kapitel wird das Wecken und das Starten eines FlexRay-Clusters erläutert. Des Weiteren wird das Konzept des Bus Guardians dargestellt und es wird auf einige spezielle Mechanismen und Effekte eingegangen. Die Kenntnisse aus Kapitel 5 werden für das Verständnis vorausgesetzt.

9.1 Protokollzustände

Ein FlexRay-Cluster besteht aus mehreren Knoten. Jeder dieser Knoten kann sich in einem von acht Zuständen befinden. Während bei CAN im Wesentlichen die Zustände *low-power Mode* und *Normal Mode* unterschieden werden, sind es bei FlexRay acht Zustände. Diese beziehen nicht nur die Kommunikation ein, sondern auch die Konfigurationsphase und Fehlerzustände.

Bild 9.1 zeigt die Protokollzustandsmaschine eines FlexRay-Knotens. Welche Übergänge zwischen den einzelnen Zuständen möglich sind, wird durch die Pfeile zwischen den Zuständen gezeigt. Die Aktivitäten des Knotens in den einzelnen Zuständen sind in Tabelle 9.1 aufgeführt.

Nachdem bei einem FlexRay-Knoten die Versorgungsspannung zugeschaltet wurde, geht dieser in den Zustand *Default Config*. Diesen Zustand verlässt der Knoten und geht in den Zustand *Config* erst, wenn er einen speziellen Befehl vom Mikrocontroller erhalten hat.

Im Zustand *Config* und nur in diesem Zustand sind die Konfigurationsregister beschreibbar. Dies ist ein Sicherheitsfeature von FlexRay, damit die Konfiguration während der Kommunikationsphase nicht – absichtlich oder unabsichtlich – geändert werden kann. Der Mikrocontroller schreibt die Konfiguration in die Konfigurationsregister, sodass Zykluslänge, statische Slotlänge, Minislotlänge usw. bekannt sind. Insgesamt besteht die Konfiguration aus ca. 50 Parametern.

Nach dem Schreiben der Konfiguration wartet der FlexRay-Knoten auf einen speziellen Befehl vom Mikrocontroller, um in den Zustand *Ready* zu gehen. Der Knoten ist jetzt vorbereitet für die Kommunikation und wartet im Zustand *Ready* auf den nächsten Befehl des Mikrocontrollers.

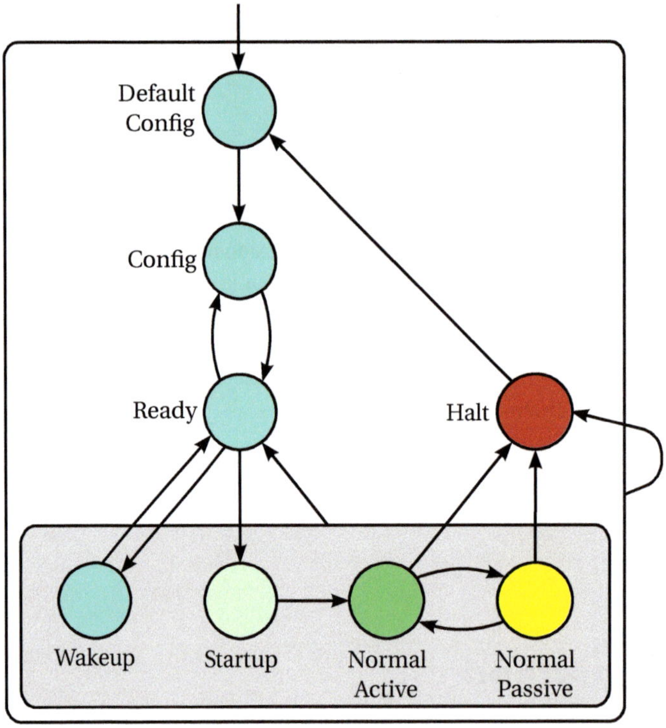

Bild 9.1 Protokollzustandsmaschine

Tabelle 9.1 Zustände und dazugehörende Aktivitäten eines Knotens

Zustand	Aktivität des Knotens
Default Config	Knoten wartet auf Host-Kommando, um in den Config-Zustand zu gehen
Config	in diesem Zustand sind die Konfigurationsregister beschreibbar
Ready	Knoten ist fertig konfiguriert und wartet auf Host-Kommando
Wakeup	Knoten weckt die anderen Knoten
Startup	Startup-Prozedur wird ausgeführt
Normal Active	normale Kommunikation
Normal Passive	nur Empfang, kein Senden möglich
Halt	keine Kommunikation möglich, Knoten wartet auf eine Rekonfiguration und einen erneuten Startup

Im Zustand *Wakeup* weckt der Knoten andere Knoten über die Busleitungen. Wie dies erfolgt, ist im Abschnitt 9.2 beschrieben. Nach dem Wecken der anderen Knoten geht der Knoten automatisch zurück in den Zustand *Ready*. Dort wartet er wieder auf einem Befehl vom Mikrocontroller.

Im Zustand *Startup* durchläuft der Knoten eine Startup-Prozedur, die in Abschnitt 9.3 beschrieben ist. Ist der Startup erfolgreich, geht der Knoten automatisch in den Zustand *Normal Active.* Dies ist der Zustand, in dem der Knoten mit den anderen Knoten im Cluster kommuniziert.

Beim Auftreten bestimmter Fehler während der Kommunikation geht der Knoten in den Zustand *Normal Passive.* In diesem Zustand darf der Knoten noch Frames empfangen, aber nicht mehr selbst senden. Ist der Empfang von Frames weiterhin möglich und sind bestimmte Werte (z. B. die Uhrenkorrekturwerte) in bestimmten Grenzen, kann der Knoten auch wieder zurück in den Zustand *Normal Active* gehen.

Bei schwerwiegenden Fehlern im Zustand *Normal Active* oder *Normal Passive* geht der Knoten sofort in den Zustand *Halt.* Eine direkte Rückkehr in den Zustand *Normal Active* oder *Normal Passive* ist nicht möglich. Den Zustand kann der Knoten nur durch einen Befehl vom Mikrocontroller in den Zustand *Default Config* verlassen.

Aus den Zuständen *Wakeup, Startup, Normal Active* und *Normal Passive* kann der Knoten zu jeder Zeit durch einen Befehl vom Mikrocontroller in den Zustand *Ready* wechseln.

Aus allen Zuständen ist der Übergang in den Zustand *Halt* möglich. Dieser Übergang tritt ein, wenn der FlexRay-Knoten einen internen Fehler detektiert hat. Dieser kann z. B. darin bestehen, dass ein Speicherfehler in den Konfigurationsdaten festgestellt wurde. Welche internen Fehler zu einem Übergang in den Zustand *Halt* führen, ist implementationsspezifisch und im FlexRay-Standard nicht festgelegt.

Die hier beschriebenen Zustände betreffen einen einzelnen Knoten. Betrachtet man ein FlexRay-Cluster, so können die einzelnen Knoten jeweils in einem beliebigen dieser acht Zustände sein. Auf dem Bus sendet ein Knoten nur in den Zuständen *Wakeup, Startup* und *Normal Active,* sodass nur diese Zustände für das Zusammenspiel berücksichtigt werden müssen. In den Abschnitten 9.2 und 9.3 wird darauf näher eingegangen.

■ 9.2 Wakeup

In diesem Abschnitt wird beschrieben, wie ein FlexRay-Knoten die anderen Knoten im Cluster über die Busleitungen wecken kann. Dazu wurden im FlexRay-Standard spezielle Wakeup-Pattern definiert.

9.2.1 Cluster-Wakeup

Das Wecken eines Clusters wird durchgeführt, wenn mehrere Knoten sich in einem low-power Mode befinden. Dies bedeutet, dass der Transceiver in einem low-power Mode ist, der FlexRay-Controller inaktiv ist und sich der Mikrocontroller ebenfalls in einem low-power Mode befindet. Bild 9.2 zeigt ein FlexRay-Cluster bestehend aus drei Knoten. Alle Knoten sind in einem low-power Mode.

Durch ein externes Event (1) wird der Mikrocontroller des Knotens 1 geweckt. Daraufhin wird der Mikrocontroller seine Initialisierungsroutine durchlaufen (2). Sollte der Mikrocontroller feststellen, dass im weiteren Verlauf Kommunikation über FlexRay notwendig ist, wird er den FlexRay-Controller konfigurieren (3). Ebenfalls muss der Transceiver in den *Normal Mode* versetzt werden (4). Nun ist der Knoten 1 im Zustand *Ready* und kann die anderen Knoten wecken oder die Startup-Prozedur starten.

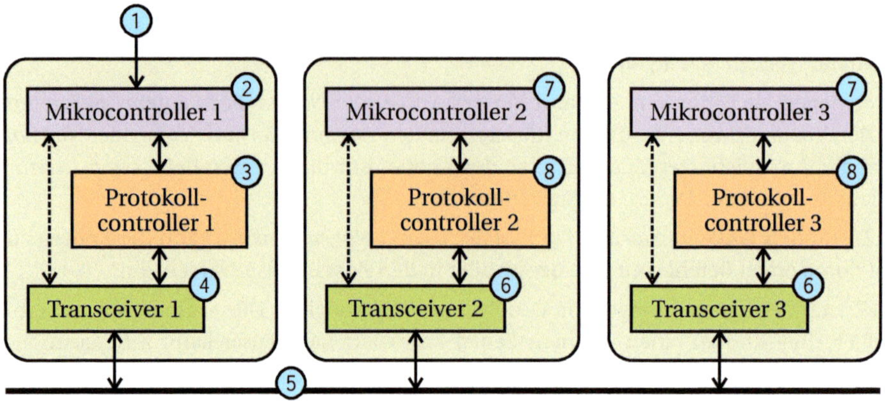

Bild 9.2 Ablauf eines Cluster-Wakeups

Wenn die Möglichkeit besteht, dass andere Knoten noch in einem low-power Mode sind, müssen diese zuerst geweckt werden. Durch das Senden eines Befehls vom Mikrocontroller an den FlexRay-Controller wechselt dieser in den Zustand *Wakeup*. In diesem Zustand wird der Knoten Wakeup-Pattern über den Bus schicken (5), die von den Transceivern der anderen Knoten im low-power Mode detektiert werden (6). Die Transceiver werden ihre Mikrocontroller über den Empfang von Wakeup-Pattern informieren, woraufhin die Mikrocontroller den low-power Mode verlassen werden und ihre Initialisierungsroutine durchlaufen (7).

Zum Ende der Initialisierungsroutine werden die Mikrocontroller ihre FlexRay-Controller konfigurieren und in den Zustand *Ready* bringen (8). Nun sind alle Knoten bereit, in den Zustand *Startup* zu gehen und die Startup-Prozedur zu durchlaufen (siehe Abschnitt 9.3).

9.2.2 Wakeup-Pattern

Wie bereits erwähnt, sendet ein Knoten ein Wakeup-Pattern, um die anderen Knoten zu wecken. Ein Wakeup-Pattern setzt sich aus mindestens zwei Wakeup-Symbolen zusammen. Ein Wakeup-Symbol besteht aus

- einer Low-Phase (dominant) und
- einer Idle-Phase (rezessiv).

In der Low-Phase wird der Bus vom Sender getrieben, sodass dieses Signal dominant ist. Es ist vergleichbar mit dem Senden eines 0-Bits, nur länger. In der Idle-Phase wird der Bus nicht getrieben, sodass diese Phase rezessiv ist. Zwei oder mehr Wakeup-Symbole bilden ein Wakeup-Pattern, wie im Bild 9.3 dargestellt. Wenn der Pin `TxEN` low ist, wird das Senden aktiviert. Der

Pin TxD bestimmt dann, ob ein Low-Signal (0) oder ein High-Signal (1) gesendet wird. Beim Wakeup-Signal wird nur ein Low-Signal gesendet.

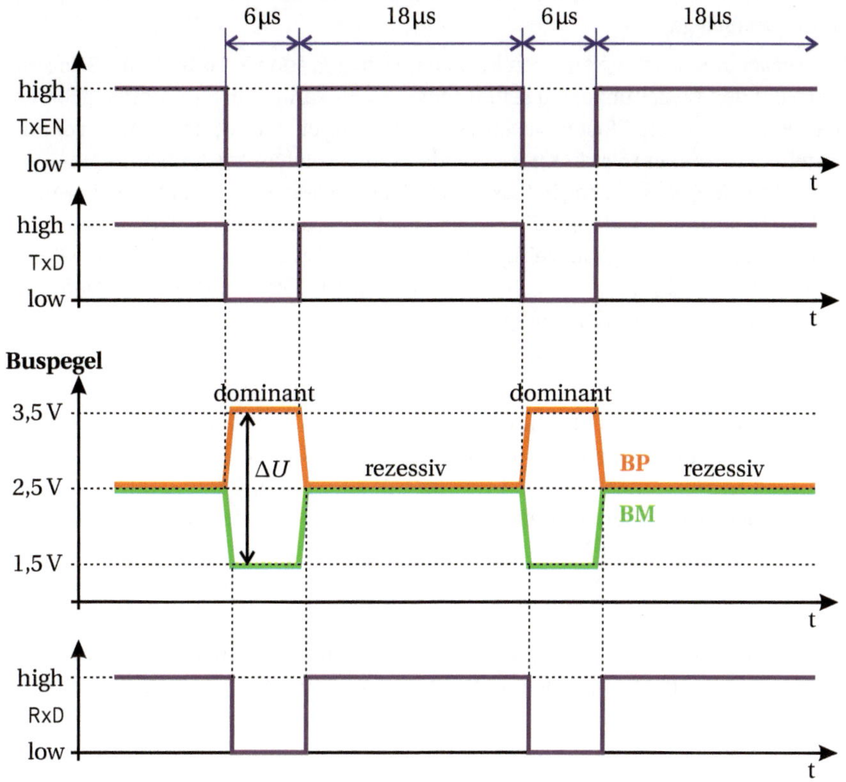

Bild 9.3 Wakeup-Pattern

Die Phasen des Wakeup-Signals müssen die Zeiten erfüllen, die in Tabelle 9.2 angegeben sind. Die Phasen für den Sender sind deutlich größer als für die Empfänger. Durch verschiedene Effekte, z. B. die Verkürzung von Signalen nach einer Idle-Phase wie im Abschnitt 9.5.2 beschrieben, ist dies notwendig, damit das Wakeup-Pattern sicher von den Empfängern erkannt werden kann.

Tabelle 9.2 Zeiten für das Wakeup-Symbol

Phase	Sender	Empfänger	
		FlexRay-Controller	Transceiver
Low-Phase	6 µs	> 4,6 µs	> 4 µs
Idle-Phase	18 µs	> 5,9 µs	> 4 µs

Das Wakeup-Pattern wird vom FlexRay-Controller erzeugt, sodass die Zeiten sehr gut eingehalten werden können. Auf der Empfängerseite wird ein Wakeup-Symbol vom Transceiver erkannt, wenn der FlexRay-Controller sich in einem low-power Mode befindet oder noch nicht konfiguriert ist. Ist der FlexRay-Controller konfiguriert und befindet sich im Zustand *Ready* oder *Wakeup*, wird der FlexRay-Controller die Wakeup-Symbole detektieren. Die Zeiten für die empfangenen FlexRay-Controller sind so festgelegt, dass sie bei jeder erlaubten Topologie erfüllt werden. Die Zeiten für die Transceiver wurden mit Blick auf die Möglichkeiten bei der Implementierung festgelegt.

Im Normalfall weckt ein Knoten die anderen Knoten im Cluster, sodass das im Bild 9.3 gezeigte Wakeup-Pattern auf den Busleitungen zu sehen sein wird. Es kann aber Situationen geben, in denen mehr als ein Knoten das Cluster weckt. Bei CAN ist durch den Arbitrierungsmechanismus sichergestellt, dass immer nur ein Knoten sendet. Einen solchen Mechanismus gibt es bei FlexRay nicht. Durch die Zeitsteuerung in FlexRay ist sichergestellt, dass immer nur ein Knoten sendet. Diese Zeitsteuerung ist aber zum Zeitpunkt des Weckens noch nicht aktiv. Es kann also dazu kommen, dass zwei Knoten gleichzeitig versuchen, das Cluster zu wecken. Somit können sich die Wakeup-Patterns teilweise oder vollständig überlagern. Dies wurde bei der Definition des Wakeups berücksichtigt. In den nachfolgenden Abschnitten werden drei Wakeup-Szenarien dargestellt, bei denen zwei weckende Knoten beteiligt sind.

Bevor auf diese Szenarien eingegangen wird, soll beschrieben werden, was passiert, wenn ein Knoten in den Zustand *Wakeup* geht. Mit einem Befehl vom Mikrocontroller geht der FlexRay-Knoten vom Zustand *Ready* in den Zustand *Wakeup*. Dort wird als Erstes ein Timer für die Dauer von zwei Kommunikationszyklen gestartet. Während der Timer läuft, beobachtet der Knoten die Busleitungen. Sollte während dieser Zeit keine Aktivität auf den Busleitungen sein, wird der Knoten das Wakeup-Pattern senden. Dieses besteht aus mindestens zwei und höchstens 31 Wakeup-Symbolen. Aus wie vielen Wakeup-Symbolen das Wakeup-Pattern besteht, wird in der Konfiguration festgelegt.

Sollte Aktivität auf den Busleitungen festgestellt werden, während der Timer läuft, wird der Timer neu gestartet. Der Knoten muss erneut die Zeit von zwei Kommunikationszyklen warten, bevor er mit dem Senden des Wakeup-Pattern beginnen darf. Dieser Mechanismus soll sicherstellen, dass ein schon weiter fortgeschrittener Weckvorgang nicht gestört wird. Ebenfalls wird eine schon laufende Kommunikation erkannt.

9.2.3 Wakeup-Szenario mit sich überlappenden Low-Phasen

Die Wartezeit von zwei Kommunikationszyklen, bevor mit dem Senden des Wakeup-Pattern begonnen werden darf, verhindert in den meisten Fällen, dass zwei Knoten das Cluster gleichzeitig wecken. Es kann aber trotzdem vorkommen, dass zwei Knoten gleichzeitig ihren Timer starten, sodass diese Timer auch gleichzeitig ablaufen. Beide Knoten werden mit dem Senden des Wakeup-Pattern beginnen, wenn sie bis zum Ablauf des Timers nichts empfangen haben. Dieses Szenario ist in Bild 9.4 dargestellt.

Die oberen beiden Kurven zeigen die Spannungsverläufe an den TxD-Pins. Nicht gezeichnet sind die Spannungsverläufe an den TxEN-Pins, die identisch mit denen der TxD-Pins sind. Der untere Spannungsverlauf ist der, den ein FlexRay-Controller am RxD-Pin sieht und der für die Erkennung des Wakeup-Patterns sowohl für den FlexRay-Controller als auch für den Transceiver maßgeblich ist.

Beim Senden der Low-Phase treiben beide Sender die BP-Leitung auf 3,5 V und die BM-Leitung auf 1,5 V, sodass sich ein definierter Pegel auf den Busleitungen einstellen wird. In der Idle-Phase des Wakeup-Symbols wird die Leitung nicht getrieben, der Leitungszustand ist rezessiv.

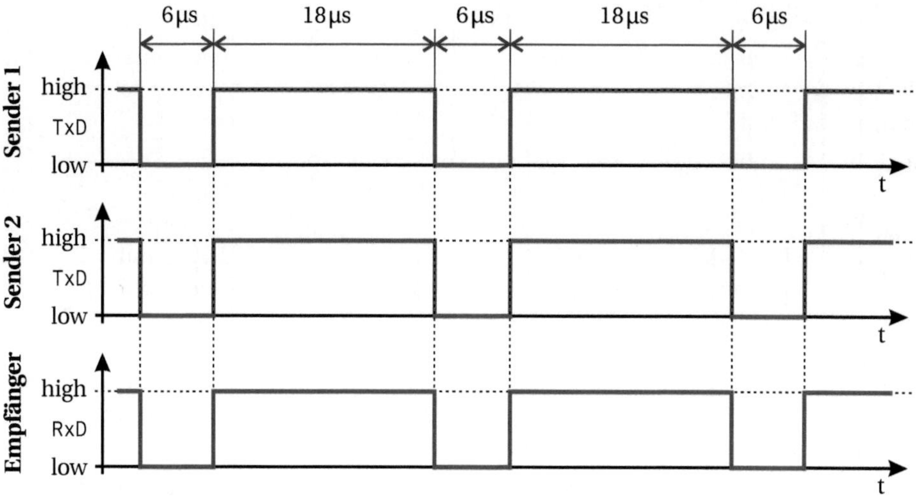

Bild 9.4 Wakeup-Szenario mit sich überlappenden Low-Phasen

Auch hier wird sich ein definierter Pegel auf den Busleitungen einstellen. Damit wird ein Empfänger ein gültiges Wakeup-Pattern empfangen.

9.2.4 Wakeup-Szenario mit sich teilweise überlappenden Low-Phasen

Die Wahrscheinlichkeit, dass zwei Knoten gleichzeitig mit dem Wecken beginnen, ist sehr klein. Wesentlich wahrscheinlicher ist das Szenario, dass die Timer in den beiden Knoten zu unterschiedlichen Zeiten gestartet werden und somit auch zu unterschiedlichen Zeiten ablaufen. Das Senden des Low-Signals auf den Busleitungen benötigt Zeit, bis es durch den Transceiver auf den Busleitungen zu einer Spannungsänderung kommt. Ebenfalls wird Zeit benötigt, bis das Low-Signal bei einem entfernten Knoten ankommt. Diese Verzögerungszeiten können mehrere Mikrosekunden betragen. Kommt die erste Low-Phase des Wakeup-Patterns nicht an einem Knoten an, bevor dessen Wakeup-Timer abläuft, wird auch dieser Knoten wecken, aber etwas zeitversetzt. Dieses Szenario ist in Bild 9.5 dargestellt.

Sender 1 beginnt mit dem Senden der Low-Phase und etwas später beginnt der zweite Sender mit dem Senden seiner Low-Phase. Wie im ersten Szenario dargestellt, führt das gleichzeitige Senden der Low-Phase von mehreren Knoten zu einem gültigen Signal. Was aber passiert, wenn ein Knoten ein Idle- und der andere ein Low-Signal sendet? Das Idle-Signal ist rezessiv und kann zu jeder Zeit von einem dominanten Signal überschrieben werden. Das Low-Signal ist dominant und überschreibt das Idle-Signal. Auf dem Bus und somit auch am RxD-Pin wird eine verlängerte Low-Phase und eine verkürzte Idle-Phase zu sehen sein. Dies entspricht einem gültigen Wakeup-Pattern, da die Low-Phase aus der Sicht des Transceivers > 4 µs und die Idle-Phase ebenfalls > 4 µs betragen muss. Die teilweise Überlappung der Low-Phasen der Wakeup-Symbole führt zu einem gültigen Wakeup-Pattern, sodass auch in diesem Fall das Wecken der Knoten im Cluster sichergestellt ist.

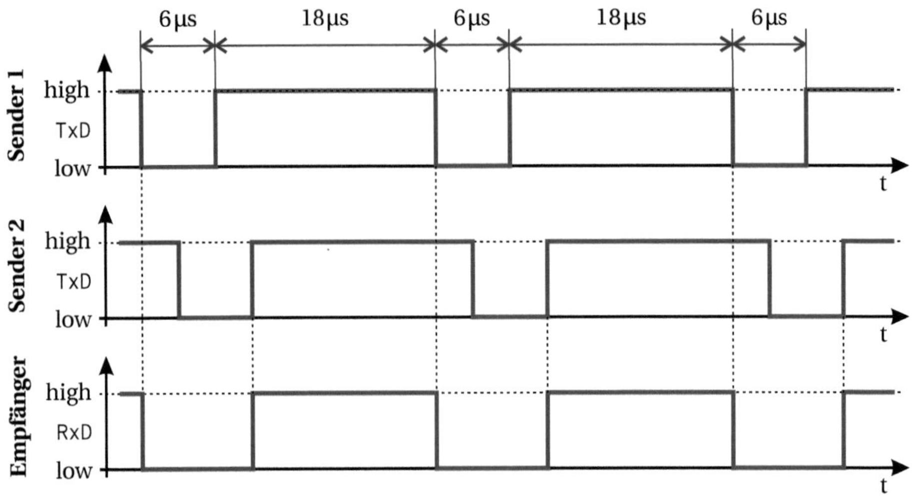

Bild 9.5 Wakeup-Szenario mit sich teilweise überlappenden Low-Phasen

9.2.5 Wakeup-Szenario mit sich nicht überlappenden Low-Phasen

Das letzte hier betrachtete Szenario kann nur auftreten, wenn es einen Fehler bei einem Knoten im Cluster gibt. Ausgangspunkt ist wieder, dass zwei Knoten das Cluster wecken wollen und ihre Wakeup-Timer starten. Der Timer des ersten Senders läuft ab und der Knoten wird sein Wakeup-Pattern senden. Der zweite Sender empfängt aber wegen eines Defekts dieses Wakeup-Pattern nicht. Er wird also mit dem Senden seines Wakeup-Pattern beginnen, wenn sein Timer abläuft. Die Low-Phasen des Wakeup-Patterns können sich jetzt, so wie in den ersten beiden Szenarien dargestellt, überlappen. Es ist aber auch möglich, dass die Low-Phase des zweiten Senders in der Mitte der Idle-Phase des ersten Senders liegt. Dieses Szenario ist in Bild 9.6 dargestellt.

Die Low-Phasen der beiden Sender liegen in den Idle-Phasen des jeweils anderen Senders. Da die dominanten Low-Phasen die rezessiven Idle-Phasen überschreiben, werden sich gültige Pegel auf den Busleitungen einstellen. Aus der vormals einen Idle-Phase werden jetzt zwei kürzere Idle-Phasen. Liegt die Low-Phase des einen Senders in der Mitte der Idle-Phase des anderen Senders, ergeben sich zwei ca. 6 µs lange Idle-Phasen. Entsprechend den in Tabelle 9.2 angegebenen Zeiten sind diese ausreichend, um als Idle-Phase bei einem Wakeup-Pattern erkannt zu werden. Sollte die Low-Phase nicht in der Mitte der Idle-Phase des anderen Senders liegen, wird eine Idle-Phase zu kurz sein, um als Idle-Phase bei einem Wakeup-Pattern erkannt zu werden. Die andere Idle-Phase wird die Bedingung aber erfüllen. Insgesamt wird ein Empfänger eine Low-Phase und, wenn auch nicht gleich danach, eine Idle-Phase sehen. Da ein Wakeup-Pattern aus mehreren Wakeup-Symbolen besteht und der Versatz der Low-Phasen zueinander sich nicht ändert, wird ein Empfänger auch zwei Low-Phasen getrennt durch eine Idle-Phase sehen.

Durch die Definition des Wakeup-Symbols aus dominanter Low-Phase und rezessiver Idle-Phase ist sichergestellt, dass auch beim gleichzeitigen Wecken durch zwei Knoten bei den Empfängern ein gültiges Wakeup-Pattern ankommt.

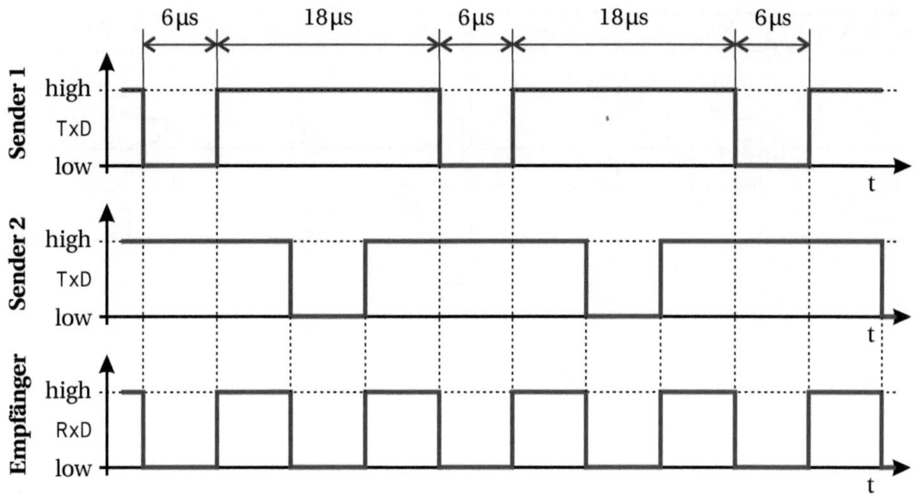

Bild 9.6 Wakeup-Szenario mit sich nicht überlappenden Low-Phasen

9.3 Startup

Ein Clusters dürfen nur ausgewählte Knoten starten, die in der Konfiguration festgelegt werden. Diese Knoten werden als Coldstart-Knoten oder als *Coldstarter* bezeichnet. Alle anderen Knoten sind *Non-Coldstarter.* Welcher der Coldstart-Knoten letztendlich das Cluster startet, hängt von der Verfügbarkeit der Knoten ab. Der Knoten, der als Erster mit dem Senden beginnt und damit das Cluster startet, wird als *Leading Coldstarter* bezeichnet. Alle anderen Coldstarter werden zu *Following Coldstartern.* In einem Cluster müssen mindestens zwei Knoten als Coldstarter konfiguriert sein, damit das Cluster gestartet werden kann.

9.3.1 Startup von zwei Coldstart-Knoten

Um ein Cluster zu starten, sind zwei Coldstarter notwendig. Der Leading Coldstarter beginnt mit dem Senden von Startup-Frames. Der Following Coldstarter synchronisiert sich auf den Leading Coldstarter. Nachdem beide Knoten miteinander synchronisiert sind und die Frames die geforderten Toleranzen einhalten, ist der Startup dieser beiden Knoten abgeschlossen. Die einzelnen Schritte, die dabei durchlaufen werden, sind in Bild 9.7 dargestellt und werden nachfolgend beschrieben.

Nachdem ein Coldstart-Knoten den Befehl bekommen hat, vom Zustand *Ready* in den Zustand *Startup* zu gehen, muss er zuerst zwei Kommunikationszyklen warten. Dazu wird ein Startup-Timer gestartet. Sollte vor Ablauf des Timers Aktivität auf den Busleitungen sein, wird der Timer neu gestartet.

Mit Ablauf des Timers wird der Knoten zum Leading Coldstarter. Der Knoten sendet ein Collision Avoidance Symbol (CAS). Dies ist eine Low-Phase, die eine Länge von 30 Bitzeiten hat.

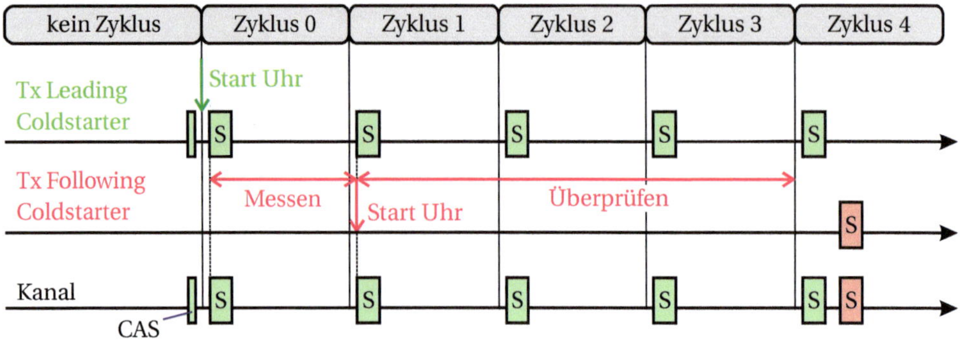

Bild 9.7 Startup mit zwei Coldstartern Teil 1

Es dient dazu, anzuzeigen, dass ein Knoten mit dem Startup beginnt. Alle anderen Knoten, bei denen auch schon der Startup-Timer läuft, starten ihren Timer neu. Dies stellt sicher, dass es nur einen Leading Coldstarter im Cluster gibt.

Nach dem Senden des CAS startet der Leading Coldstarter seine Uhr. Im Zyklus 0 sowie im Zyklus 1 sendet der Knoten seinen Startup-Frame entsprechend seiner Konfiguration. Der Startup-Frame wird somit in einem Slot gesendet, in welchem der Leading Coldstarter laut Schedule sendet.

Ist zu dieser Zeit ein weiterer Coldstarter im Zustand *Startup*, startet dieser Knoten einen Timer beim Empfang des ersten Startup-Frames und wird Following Coldstarter. Mit dem Timer misst er die Zeit vom Beginn des ersten Startup-Frames bis zum Beginn des zweiten Startup-Frames. Die gemessene Zeit entspricht genau einer Zykluszeit entsprechend der Uhr des Leading Coldstarters. Mit dem Empfang des zweiten Startup-Frames startet der Following Coldstarter seine Uhr. In den nächsten beiden Zyklen (Zyklus 2 und 3) überprüft der Following Coldstarter, ob die Startup-Frames des Leading Coldstarters in seinen Schedule passen, d. h., ob sie innerhalb des entsprechenden statischen Slots empfangen werden. Außerdem wird überprüft, ob die maximalen Werte für die Uhrenkorrektur nicht überschritten werden. Wenn alles passt, schließt der Following Coldstarter seine Startup-Phase ab und wird ab dem Zyklus 4 seine Startup-Frames senden.

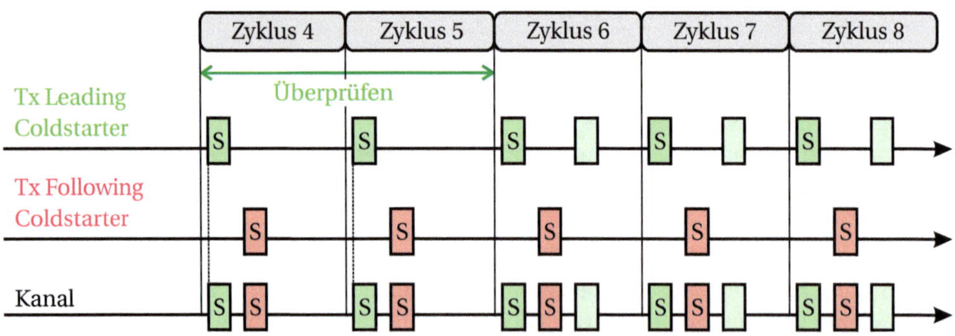

Bild 9.8 Startup mit zwei Coldstartern Teil 2

In Bild 9.8 wird die Fortsetzung des Startup-Prozesses gezeigt. Sobald der erste Following Coldstarter sendet (Zyklus 4 und 5), empfängt der Leading Coldstarter Startup-Frames und führt seinerseits den Uhrensynchronisationsalgorithmus aus. Sind die berechneten Korrekturwerte innerhalb der konfigurierten Grenzen, schließt auch der Leading Coldstarter seine Startup-Phase ab. Damit der Leading Coldstarter seinen Startup-Prozess abschließen kann, benötigt er die Startup-Frames eines Following Coldstarters. Wie der Startup aussieht, wenn kein zweiter Coldstarter antwortet, ist im Abschnitt 9.3.3 dargestellt.

Nach Abschluss seiner Startup-Phase darf jeder Knoten neben dem Startup-Frame auch alle anderen Frames entsprechend dem Schedule senden. Im Bild 9.8 sendet der Leading Coldstarter noch einen weiteren Frame. Mit dem Abschluss der Startup-Phase der beiden Coldstarter können sich weitere Knoten, auch Non-Coldstarter, in das laufende Cluster integrieren.

9.3.2 Startup eines Non-Coldstart-Knotens

Ein Non-Coldstart-Knoten darf ein Cluster nicht starten. Er darf sich nur in ein laufendes Cluster integrieren. Voraussetzung dafür ist, dass zwei Coldstarter ihren Startup abgeschlossen haben und sich aufeinander synchronisiert haben. Im Bild 9.9 ist dargestellt, wie zwei Coldstarter synchronisiert sind und jeder der beiden Knoten einen Startup-Frame pro Zyklus sendet.

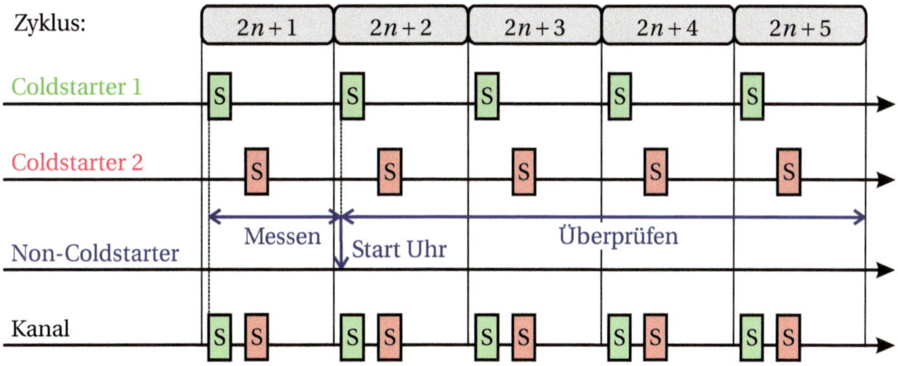

Bild 9.9 Startup eines Non-Coldstart-Knotens Teil 1

Ein Non-Coldstarter, der in den Zustand *Startup* wechselt, wartet als Erstes auf einen ungeraden Zyklus, im Bild mit $2n+1$ beschriftet. In diesem Zyklus hält der Knoten nach Startup-Frames Ausschau. Mit dem Empfang des ersten Startup-Frames startet der Non-Coldstarter einen Timer, genauso wie es der Following Coldstarter macht, wenn er den Startup-Frame des Leading Coldstarters empfängt.

Mit dem Empfang des zweiten Startup-Frames vom selben Coldstarter einen Zyklus später (hier Zyklus $2n+2$) startet der Knoten seine Uhr. Mit dem Start der Uhr bis zum Zykus $2n+5$ überprüft der Non-Coldstarter alle Startup-Frames. Sie müssen in den Schedule passen und die berechneten Uhrenkorrekturwerte müssen innerhalb der erlaubten Toleranzen liegen. Wesentlicher Unterschied zu einem Following Coldstarter ist, dass ein Non-Coldstarter nicht nur einen Coldstarter sehen muss, sondern zwei. Ist nur ein Coldstarter vorhanden, darf sich der Non-Coldstarter nicht integrieren.

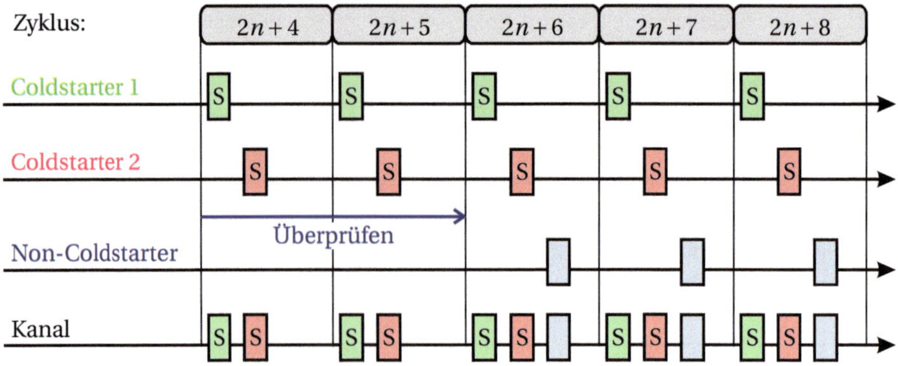

Bild 9.10 Startup eines Non-Coldstart-Knotens Teil 2

Sind alle Bedingungen erfüllt, geht der Non-Coldstarter im Zyklus $2n+6$ in den Zustand *Normal Active*. In diesem Zustand darf der Knoten senden, wie im Bild 9.10 gezeigt. Der Startup für einen Non-Coldstarter dauert also mindestens fünf Zyklen, bevor der Knoten im sechsten Zyklus selbst senden darf. Im Beispiel in den Bildern 9.9 und 9.10 synchronisiert sich der Non-Coldstarter zuerst auf den Coldstarter 1. Er hätte sich genauso gut auch auf den Coldstarter 2 synchronisieren können.

9.3.3 Startup mit nur einem Coldstart-Knoten

Beim Starten eines FlexRay-Clusters wird es sehr selten sein, dass zwei Coldstart-Knoten gleichzeitig in den Zustand *Startup* gehen. Weit häufiger wird ein Coldstarter in den *Startup* gehen und mit dem Senden der Startup-Frames beginnen, aber kein Knoten antwortet. Wie sieht der Startup bei fehlender Antwort von einem zweiten Coldstarter aus? Im Bild 9.11 ist dieses Szenario dargestellt. Gezeichnet ist nur das Verhalten an der Tx-Leitung des Knotens. Da nur ein Knoten sendet, ist der Signalverlauf auf dem Bus identisch.

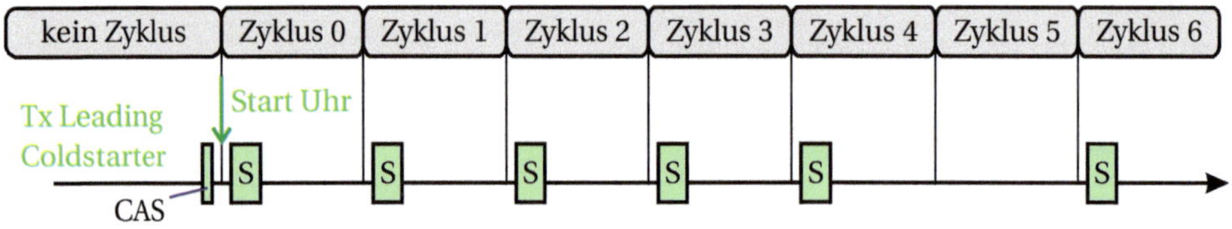

Bild 9.11 Startup mit nur einem Coldstart-Knoten

Der Coldstarter wird nach dem Warten von zwei Kommunikationszyklen sein CAS senden und seine Uhr starten. In den ersten vier Zyklen (Zyklus 0 bis 3) sendet der Knoten seine Startup-Frames, genauso wie dies auch im Abschnitt 9.3.1 beschrieben ist. Auch im Zyklus 4 sendet der Coldstarter seinen Startup-Frame. Im diesem Zyklus erwartet der Coldstarter, dass ein anderer Coldstarter seinen Startup-Frame sendet. Da kein zweiter Coldstarter sich im Zustand *Startup* befindet, wird auch keiner antworten. Daraufhin sendet der Coldstarter im Zyklus 6 keinen Startup-Frame. Die Uhr läuft aber weiter.

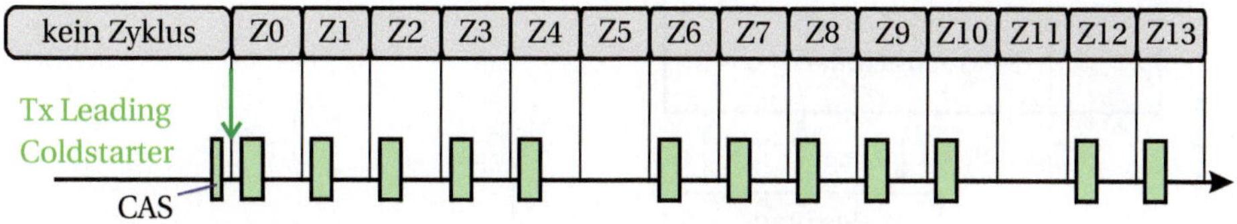

Bild 9.12 Weitere Zyklen des Startups mit nur einem Coldstart-Knoten

In den Zyklen 6 bis 10 sendet er wieder Startup-Frames. Im Zyklus 11 sendet er nur einen Startup-Frame, wenn er im Zyklus 10 einen Startup-Frame von einem anderen Coldstarter empfangen hat. Hat er keinen Startup-Frame empfangen, sendet er im Zyklus 11 keinen Frame (siehe Bild 9.12). In den Zyklen 12 bis 16 sendet der Coldstarter wieder Startup-Frames. Ob er im Zyklus 17 einen Startup-Frame sendet, hängt wieder davon ab, ob er im Zyklus 16 einen Startup-Frame von einem anderen Coldstarter empfangen hat.

Das Senden von fünf Startup-Frames in fünf aufeinanderfolgenden Zyklen wird als ein Coldstart-Versuch (in der FlexRay-Spezifikation als Coldstart Attempt) bezeichnet. Die Anzahl der Versuche ist zwischen 2 und 31 konfigurierbar. Hat bei keinem dieser Versuche ein anderer Coldstarter geantwortet, stellt der Knoten das Senden der Startup-Frames ein und hält seine Uhr an. Er wartet jetzt, dass ein anderer Coldstarter das Cluster startet. In diesem Fall steht er sofort als Following Coldstarter zur Verfügung.

9.4 Bus Guardian

9.4.1 Eigenschaften

Der Bus Guardian (BG) (dt.: Buswächter) ist eine Vorrichtung zur Kontrolle des Zugriffs von einem oder mehreren Knoten auf das Kommunikationsmedium. Der Bus Guardian kann das Senden eines Knotens verhindern, kann aber selbst nicht senden. Er kann zur Erhöhung der Sicherheit in einem Cluster eingesetzt werden. Für den Aufbau eines FlexRay-Clusters ist er eine optionale Komponente und somit nicht erforderlich.

9.4.2 Funktionsweise

Der Aufbau eines Knotens mit einem Bus Guardian ist in Bild 9.13 gezeigt. Der Bus Guardian kann den Sendepfad zwischen FlexRay-Controller und Transceiver unterbrechen. Wird der Sendepfad vom Bus Guardian unterbrochen, erscheint ein Sendevorgang nicht auf dem Kommunikationskanal. Auf den Empfangspfad im Knoten hat der Bus Guardian keinen Einfluss.

Damit der Bus Guardian das Senden durch Schließen des Schalters ermöglichen kann, muss er wissen, in welchen Slots der Knoten senden darf. Dazu muss der Bus Guardian vom Mikrocontroller konfiguriert werden. Ebenfalls benötigt er eine synchronisierte Uhr. Da der Bus Guardian unabhängig vom FlexRay-Controller sein muss, um diesen überprüfen zu können, benötigt er eine eigene synchronisierte Uhr. Dazu muss er die Frames selbst empfangen und sich aus den gemessenen Ankunftszeiten der Frames die Uhrenkorrekturwerte selbst berechnen.

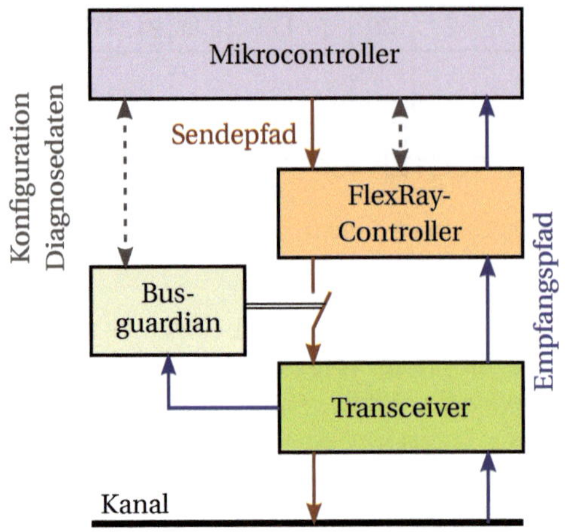

Bild 9.13 Aufbau eines Knotens mit Bus Guardian

Bild 9.14 zeigt die Auswirkung des Bus Guardians auf den Sendevorgang eines Knotens. Im oberen Teil ist die Kommunikation des FlexRay-Controllers gezeigt. Wann ein FlexRay-Controller sendet, ist an der TxEN-Leitung sichtbar. Der FlexRay-Controller sendet im Slot 1, 2 und 4.

Der Busgardian ist so konfiguriert, dass er das Senden im Slot 1 und 4 ermöglicht (Schalter zu bzw. geschlossen). In allen anderen Slots öffnet er den Schalter im Sendepfad, sodass der FlexRay-Controller keinen Zugriff auf den Transceiver und somit auch nicht auf den Kommunikationskanal hat (Schalter auf bzw. geöffnet). Der Frame, den der FlexRay-Controller im Slot 2 sendet, erscheint nicht auf dem Kommunikationskanal.

Damit das Ganze funktioniert, müssen die statischen Slots größer konfiguriert werden als bei einem Knoten ohne Bus Guardian, da die Toleranzen der Uhr des Bus Guardians mit eingeplant werden müssen.

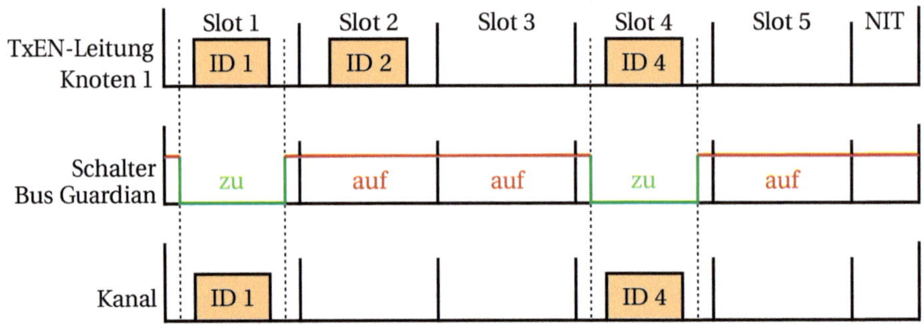

Bild 9.14 Funktionsweise des Bus Guardians

Im Falle einer festgestellten Fehlfunktion des FlexRay-Controllers informiert der Bus Guardian den Mikrocontroller. Dort muss im Anwendungsprogramm festgelegt sein, wie sich der Knoten verhalten soll. Beim erstmaligen Auftreten wird meist von einem temporären Fehler ausgegangen. Der Mikrocontroller wird den FlexRay-Controller neu konfigurieren und der Knoten wird sich in das Cluster erneut integrieren. Bei wiederholtem Auftreten von Fehlern wird der Mikrocontroller den Knoten aus der Kommunikation nehmen, um andere Knoten nicht zu stören. Mögliche Ursachen sind Hardwarefehler im FlexRay-Controller oder im Bus Guardian oder eine fehlerhafte Konfiguration.

9.4.3 Realisierung

Konzeptionell gibt es zwei Ausführungen des Bus Guardians. Das erste Konzept ist der *lokale Bus Guardian*, bei dem je Knoten und Kanal ein Bus Guardian benötigt wird. Der Aufbau eines Knotens ist relativ einfach und entspricht dem in Bild 9.13 gezeigten. Änderungen in der Kommunikation sind relativ leicht umsetzbar.

Das zweite Konzept ist der *zentrale Bus Guardian*. Dieser wird in den Sternkoppler integriert und überwacht die Kommunikation auf dessen Zweigen. Ist an einem Zweig mehr als ein Knoten angeschlossen, so werden diese Knoten gemeinsam überwacht. Pro Kanal wird nur ein Busgardian benötigt. Dieser ist aber wesentlich komplexer als der lokale Busgardian. Der zentrale Busgardian muss die gesamte Kommunikation im statischen Segment kennen. Änderungen in der Kommunikation erfordern Änderungen in der Konfiguration der Knoten *und* des zentralen Bus Guardians. Somit müssen immer zwei Komponenten angefasst werden.

Der Bus Guardian, so wie er hier vorgestellt wurde, ist ein Konzept. Es gibt keine abgeschlossene Spezifikation, sondern nur einen Entwurf. Demzufolge gibt es auch keine Implementation eines Bus Guardians. Dafür gibt es zwei wesentliche Gründe.

Zum einen ist der Aufwand für einen Bus Guardian relativ groß. So muss er über eine Uhr mit Synchronisationsmechanismus, einen kompletten Empfangspfad und die wesentlichen Konfigurationsdaten verfügen. Gegenüber einem FlexRay-Controller werden im Wesentlichen nur die Pufferspeicher eingespart. Als zusätzliche Kosten schlägt aber ein eigenes Gehäuse mit Pins und Spannungsversorgung zu Buche. Damit verursacht ein Bus Guardian in erster Linie zusätzliche Kosten.

Der zweite Grund ist, dass der Bus Guardian gegen einige Fehler schützt, nicht aber gegen alle. Bei Verwendung von zwei voneinander unabhängigen FlexRay-Clustern, über die die gleichen Informationen ausgetauscht werden, wird eine echte Redundanz erreicht. Ein Fehler in einem der Cluster, egal welcher Art, beeinflusst nicht das zweite Cluster. Mit diesem Ansatz wird auch ohne Bus Guardian eine höhere Sicherheit erreicht als bei einem Cluster mit Bus Guardian.

■ 9.5 Mechanismen und Effekte

9.5.1 Null-Frames

Bei der Kommunikation über FlexRay werden in bestimmten Situationen Null-Frames verschickt. Ein Null-Frame ist gekennzeichnet durch:

- Im Frame Header ist der *Null Frame Indicator* gesetzt.
- In der Payload sind nur *Nullen*, die keine gültigen Daten für den Empfänger darstellen.

Ansonsten ist der Frame wie jeder andere Frame aufgebaut. Auch Startup- und Synchonisationsframes können Null-Frames sein. Der CRC wird wie bei jedem anderen Frame berechnet, d. h., er wird über das Header- und das Payload-Segment berechnet. Bild 9.15 zeigt einen Null-Frame mit seinen Merkmalen.

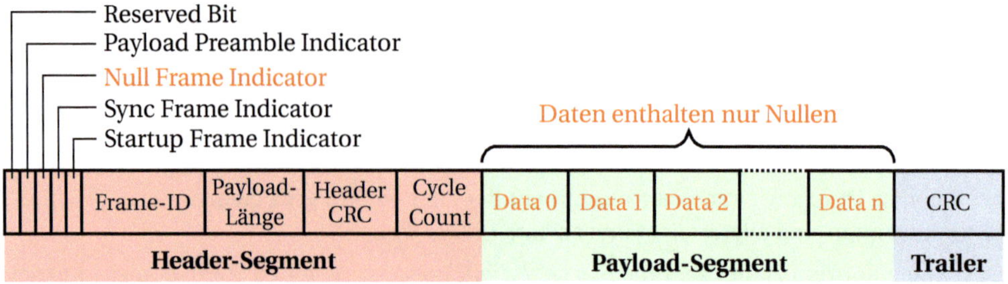

Bild 9.15 Null-Frame

Es stellt sich die Frage, wozu Null-Frames benötigt werden. Dazu werfen wir einen Blick in den Datenaustausch zwischen dem Mikrocontroller und dem FlexRay-Controller. Der FlexRay-Controller besteht aus einer Protocol Engine und Puffern, in denen die Frames abgespeichert werden (Bild 9.16). Der Datenaustausch zwischen dem Mikrocontroller und dem FlexRay-Controller erfolgt über das Controller Host Interface (CHI), eine definierte Schnittstelle. Über diese Schnittstelle kann der Mikrocontroller zu sendende Frames in die Puffer des FlexRay-Controllers schreiben und empfangene Frames lesen.

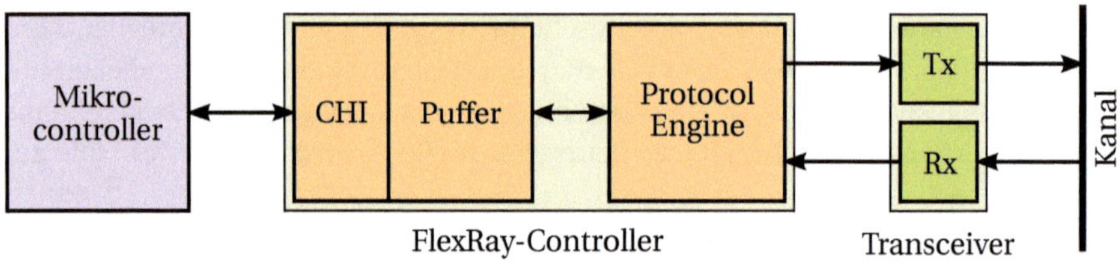

Bild 9.16 Datenaustausch zwischen Mikrocontroller und FlexRay-Controller

Die Aktualisierung eines zu sendenden Frames erfolgt in mehreren Schritten:

1. Der Mikrocontroller prüft, ob der Puffer verriegelt ist.
2. Ist der Puffer nicht verriegelt, verriegelt der Mikrocontroller den Puffer.
3. Der Mikrocontroller beschreibt oder liest den Puffer.
4. Der Mikrocontroller entriegelt den Puffer wieder.

Genauso macht es die Protocol Engine. Zuerst wird geprüft, ob der Puffer verriegelt ist. Ist dies nicht der Fall, wird der Puffer verriegelt und kann danach gelesen oder beschrieben werden. Dies stellt sicher, dass die Daten im Puffer konsistent bleiben und nicht durch die andere Instanz während des Schreibprozesses gelesen werden.

Dieses Verfahren führt zu einem Problem, wenn die Protocol Engine einen Frame laut Schedule verschicken muss, der Puffer, in dem der Frame gespeichert ist, aber vom Mikrocontroller verriegelt ist. Bei FlexRay muss jeder Knoten im statischen Segment in den ihm zugeordneten Slots in jedem Zyklus einen Frame senden. Während bei normalen Frames ein Nicht-Senden überschaubare Folgen hätte, können fehlende Synchronisations- und Startup-Frames die Synchronisation des Clusters gefährden. Aus diesem Grund wurden Null-Frames eingeführt. Tritt der Fall ein, dass ein Knoten einen Frame senden muss, aber nicht auf den Puffer zugreifen kann, dann sendet dieser Knoten einen Null-Frame. Außerdem werden Null-Frames während des Startups des Leading Coldstarters gesendet. Null-Frames werden ebenfalls gesendet, wenn ein Knoten Synchronisations-Frames verschickt, für die kein Puffer konfiguriert ist.

Im dynamischen Segment werden keine Null-Frames gesendet. Kann auf den Sendepuffer für einen Frame, der im dynamischen Segment gesendet wird, nicht zugegriffen werden, wird der Frame einen Zyklus später gesendet.

9.5.2 Verkürzung der Transmission Start Sequence

Im Abschnitt 5.4.4 wurde bei der Codierung eines Frames dargestellt, dass eine Transmission Start Sequence (TSS) dem Frame vorangestellt wird. Warum dies notwendig ist, wird in diesem Abschnitt erläutert.

Vor jedem Frame wird zusätzlich eine Bitsequenz gesendet, die Transmission Start Sequence (Bild 9.17). Die TSS besteht aus mindestens 3 und maximal 15 Low-Bits. Die Anzahl ist konfigurierbar.

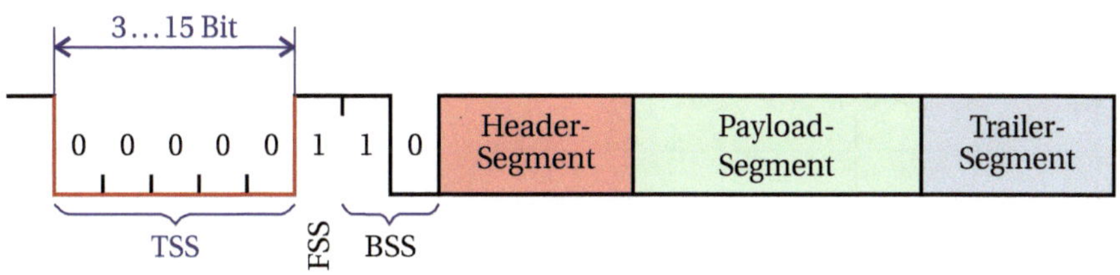

Bild 9.17 Frame-Codierung

Der Grund für das Senden der TSS vor einem Frame ist, dass die ersten Bits nicht beim Empfänger ankommen. Sie werden bei der Übertragung abgeschnitten. Bild 9.18 zeigt links den Signalpfad vom FlexRay-Controller des Senders über den Transmitter (Sendeteil des Transceivers) weiter über einen Sternkoppler zum Receiver (Empfangsteil des Transceivers) bis zum FlexRay-Controller des Empfängers. Rechts im Bild ist gezeichnet, was man auf dem Signalpfad an der entsprechenden Stelle messen würde. Jede der Komponenten schneidet ein Stück von der TSS ab. Ursache sind die Treiberstufen in den Komponenten, die für die Aktivierung Zeit benötigen. Wie viel Zeit ein Transceiver oder ein Sternkoppler zur Aktivierung benötigt, wird in den Datenblättern angegeben. Der gezeigte Effekt tritt nur am Beginn eines Sendevorgangs auf. Sobald die Treiberstufen aktiviert sind, wird jedes Bit so übertragen, wie es empfangen wurde. Im Bild 9.18 wurden die Verzögerungen weggelassen, die zusätzlich dazu kommen. Am Signalverlauf ändert es aber nichts, er verzögert sich nur. Die TSS wird dem Frame vorangestellt, damit vom eigentlichen Frame nichts angeschnitten wird.

In Bild 9.19 wurde der eben beschriebene Effekt mit einem Oszilloskop aufgezeichnet. Die magentafarbene Kurve wurde an der Tx-Leitung zwischen FlexRay-Controller und Transceiver des Senders gemessen. Die grüne Kurve wurde mit einem Differenztastkopf am Ausgang des Transmitters erfasst. Nach einem Sternkoppler wurde die gelbe Kurve direkt am Eingang des Recei-

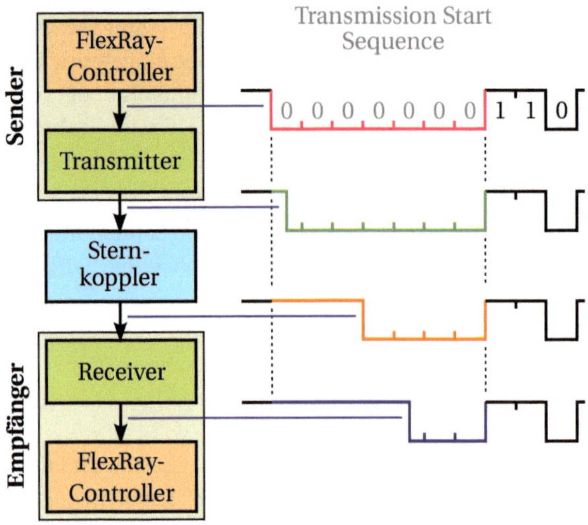

Bild 9.18 Verkürzung der TSS

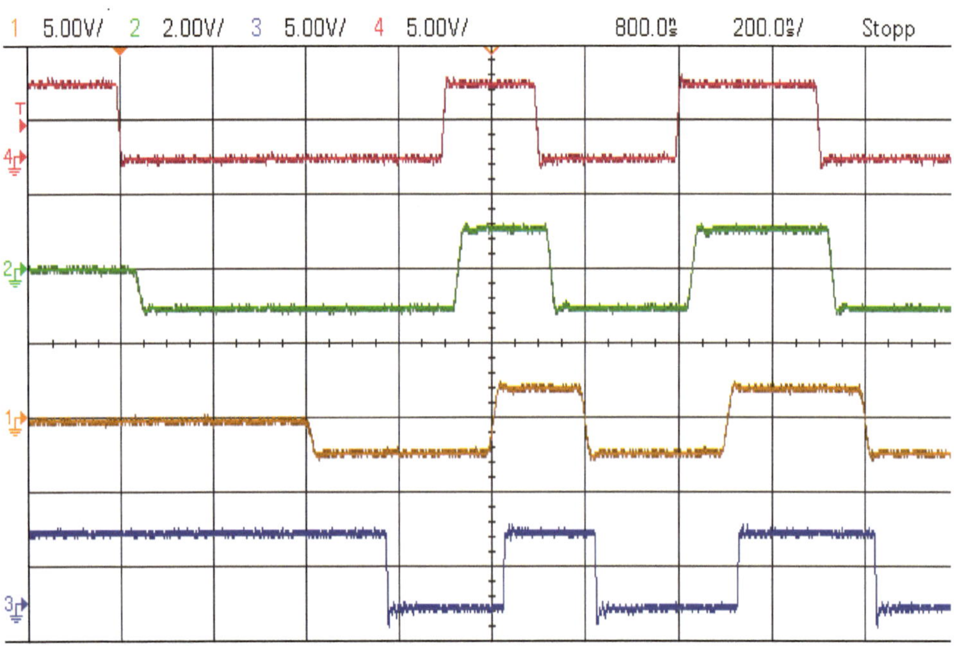

Bild 9.19 Messung der TSS mittels Oszilloskop

vers ebenfalls mit einem Differenztastkopf gemessen. Die blaue Kurve wurde zwischen dem Transceiver und dem FlexRay-Controller des Empfängers erfasst.

Im Kurvenverlauf aller vier Kurven ist zum einen an der ersten steigenden bzw. der zweiten fallenden Flanke die zeitliche Verzögerung bei der Signalübertragung zu sehen. Zum anderen ist die Verkürzung der TSS ersichtlich. Die TSS ist der Bereich zwischen der ersten fallenden und der ersten steigenden Flanke. Bei der magentafarbenen Kurve beträgt die TSS 700 ns, was 7 Bits entspricht. Bei der grünen Kurve ist dieser Bereich etwas verkürzt und beträgt ungefähr 6,5 Bits. Die gelbe Kurve zeigt das Signal nach dem Sternkoppler. Hier ist der entsprechende Bereich erheblich verkürzt. Er beträgt noch ungefähr 4 Bits. Der Receiver schneidet davon noch ein reichliches Bit ab, sodass in der blauen Kurve ungefähr 2,5 Bits übrigbleiben.

9.5.3 Uhrensynchronisation

Die Uhrensynchronisation ist einer der Kernmechanismen in FlexRay. Sie stellt sicher, dass die Uhren aller Knoten zueinander synchronisiert bleiben. In jedem Knoten läuft dieser Algorithmus, der aus drei Teilen besteht:

- Erfassen der Messwerte
- Berechnen der Korrekturwerte
- Anwenden der Korrekturwerte

9.5.3.1 Ablauf der Uhrensynchronisation

Bild 9.20 zeigt die zeitliche Zuordnung dieser Teile bezogen auf den Kommunikationszyklus. Im oberen Teil des Bildes sind die Zyklen gezeigt. Auf einen geraden Zyklus folgt immer ein ungerader Zyklus und auf einen ungeraden ein gerader Zyklus. Ein Zyklus besteht immer aus einem statischen Segment (static) und der NIT. Das optionale dynamische Segment (dyn.) hat keinen Einfluss auf den Algorithmus.

Im mittleren Teil des Bildes sind die Messphase und die Berechnung der Korrekturwerte zeitlich dem statischen Segment und der NIT zugeordnet. Während des gesamten statischen Segments ist die Messphase aktiv. In dieser wird die Ankunftszeit aller vorhandenen Synchronisationsframes gemessen. Die Messungen werden in jedem Zyklus vorgenommen.

Die Berechnung der Korrekturwerte erfolgt in der NIT immer im ungeraden Zyklus. Für die Berechnung der Offset-Korrekturwerte werden nur die Werte des ungeraden Zyklus verwendet. Für die Berechnung der Raten-Korrekturwerte werden die Werte des ungeraden Zyklus und des davor liegenden geraden Zyklus verwendet.

Im unteren Teil des Bildes ist die Anwendung der Korrekturwerte dargestellt. Die Raten-Korrekturwerte werden immer über den gesamten Zyklus angewendet. Da die Berechnung neuer Raten-Korrekturwerte nur in der NIT des ungeraden Zyklus erfolgt, gelten die berechneten Korrekturwerte für zwei Zyklen. Die Offset-Korrekturwerte werden in der NIT angewendet. Berechnung und Anwendung erfolgen immer im ungeraden Zyklus. Die NIT muss so konfiguriert werden, dass ein Knoten genügend Zeit für die Berechnung der Korrekturwerte und für die Anwendung der Offset-Korrekturwerte hat.

9.5.3.2 Erfassen der Messwerte

Die Ankunftszeiten der Frames werden nur bei den Synchronisationsframes erfasst. Als Referenzpunkt für die Messung wird der Action Point im statischen Slot verwendet. Dies ist der Zeitpunkt, an dem ein Knoten mit dem Senden eines statischen Frames beginnt. Gibt es keine Abweichung zwischen den Uhren des Senders und des Empfängers, müsste der Frame beim

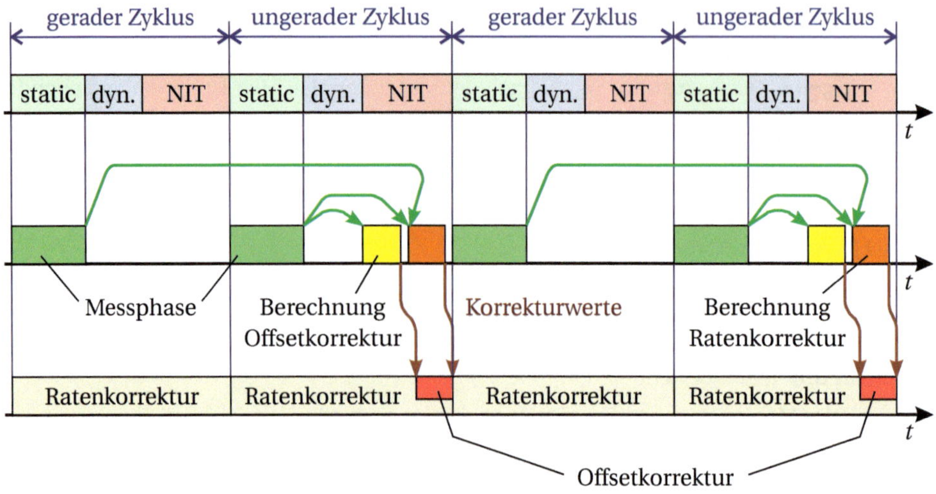

Bild 9.20 Ablauf der Uhrenkorrektur

Empfänger auch am Action Point beginnen.[1] Ein Frame kann genau zum erwarteten Zeitpunkt (Messwert gleich null), früher (Messwert negativ) oder später (Messwert positiv) ankommen (Bild 9.21).

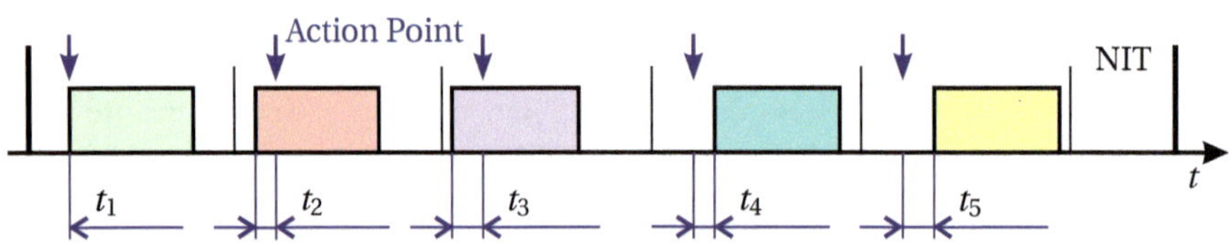

Bild 9.21 Beispiel der Uhrenabweichungen in einem Cluster

In einem Cluster gibt es pro Zyklus mindestens zwei und höchstens 15 Synchronisationsframes. Dies ist in der Konfiguration sicherzustellen. Ein Synchronisationsframe ist ein Frame, bei dem der *Sync Frame Indicator* gesetzt ist. Jeder Knoten speichert die Messwerte von allen Synchronisationsframes, die er fehlerfrei in einem Zyklus empfangen hat. Tabelle 9.3 zeigt ein Beispiel für ein Cluster mit fünf Synchronisationsframes.

9.5.3.3 Berechnung der Offset-Korrekturwerte

Für die Berechnung der Offset-Korrekturwerte werden nur die Messwerte aus dem ungeraden Zyklus verwendet. Die Berechnung wird folgendermaßen durchgeführt:

1. Die Messwerte werden der Größe nach geordnet.
2. Der größte und der kleinste Wert wird aus der Liste gestrichen.
3. Der nach dem Streichen größte und kleinste Wert werden addiert und durch zwei geteilt.

[1] Die Verzögerungszeit, die es immer zwischen Sender und Empfänger gibt, wird hier vernachlässigt. Sie wirkt sich als Messfehler aus.

Tabelle 9.3 Beispiel für Messwerte in Microticks

Messwert	gerader Zyklus	ungerader Zyklus	Differenz
t_1	0	1	1
t_2	5	12	7
t_3	7	10	3
t_4	-2	-10	-8
t_5	-8	-4	4

In Bild 9.22 ist die Berechnung der Offset-Korrekturwerte illustriert, indem von der sortierten Liste der Messwerte aus Tabelle 9.3 ausgegangen wird.

-10
-4
$3 \quad -4+10=6 \rightarrow \frac{6}{2}=3$
10
12

Bild 9.22 Berechnung der Offset-Korrekturwerte

9.5.3.4 Berechnung der Raten-Korrekturwerte

Für die Berechnung der Raten-Korrekturwerte werden die Messwerte aus dem ungeraden Zyklus und dem davorliegenden geraden Zyklus verwendet. Die Berechnung wird folgendermaßen durchgeführt:

1. Es werden die Differenzen der Messwerte aus dem ungeraden und dem geraden Zyklus bestimmt.
2. Die berechneten Differenzen werden der Größe nach geordnet.
3. Der größte und der kleinste Wert wird aus der Liste gestrichen.
4. Der nach dem Streichen größte und kleinste Wert werden addiert und durch zwei geteilt.

In Bild 9.23 ist die Berechnung der Raten-Korrekturwerte illustriert, indem von der sortierten Liste der berechneten Differenzen aus Tabelle 9.3 ausgegangen wird.

-8
1
$3 \quad 1+4=5 \rightarrow \frac{5}{2}=2$
4
7

Bild 9.23 Berechnung der Raten-Korrekturwerte

Der dargestellte Algorithmus für die Berechnung der Offset- und der Raten-Korrekturwerte gilt für drei bis sieben gültige Messwerte. Gibt es weniger als drei Messwerte bzw. Differenzen, werden keine Werte aus der Liste gestrichen. Bei mehr als sieben Messwerten bzw. Differenzen werden die zwei größten und die zwei kleinsten Werte gestrichen.

Der verwendete Algorithmus für die Berechnung der Korrekturwerte hat zwei große Vorteile. Zum einen beeinflusst ein Knoten mit großer Abweichung nicht das gesamte Cluster, weil kein Mittelwert aus allen Messwerten gebildet wird. Der zweite Vorteil ist die Division durch zwei. Dies kann durch einen einfachen Bitshift erfolgen, was in Hardware sehr einfach zu realisieren ist. Bei einer Mittelwertbildung müsste durch die Anzahl der verwendeten Messwerte geteilt werden, was eine Divisionseinheit erforderlich machen würde.

9.5.3.5 Anwendung der Korrekturwerte

Die Offset-Korrekturwerte werden in der NIT des ungeraden Zyklus angewendet. Je nach Wert des Korrekturwertes wird der Zyklus verkürzt oder verlängert. Jeder Knoten führt die Offsetkorrektur mit den von ihm berechneten Werten durch.

Die Raten-Korrekturwerte werden für die nächsten beiden Zyklen übernommen. Dazu wird zur aktuellen Länge des Zyklus in Microticks der Raten-Korrekturwert addiert. Die Summe ist die neue Länge des Zyklus. Somit kann der Zyklus in Microticks kürzer oder länger werden. Die Anzahl der Microticks je Zyklus wird gleichmäßig auf die konfigurierte Anzahl an Macroticks aufgeteilt. Die Anzahl der Macroticks ändert sich nicht, wohl aber kann die Länge eines Macroticks um einen Microtick variieren. Im Ergebnis werden die durch die Korrektur zusätzlichen oder verringerten Microticks gleichmäßig über den gesamten Zyklus verteilt.

9.5.4 Bit-Decodierung

Der Receiver innerhalb des Transceivers erfasst die Differenzspannung zwischen den beiden Busleitungen und wandelt diese in ein binäres Signal mit den Werten 0 und 1 um. Dies erfolgt mittels Schwellwerten, die im Transceiver implementiert sind. Damit liegt am Ausgang des Transceivers ein wertdiskretes und zeitkontinuierliches Signal vor. Dieses muss im FlexRay-Controller in ein zeitdiskretes Signal umgewandelt werden, damit daraus wieder Bits entstehen. Mehrere Funktionen sind daran beteiligt, die in Bild 9.24 dargestellt sind. Das Eingangssignal am RxD-Pin wird zuerst abgetastet und dann mit einem 3-aus-5-Filter gefiltert. Einzelne Werte des gefilterten Signals bestimmen dann den Wert des jeweiligen Bits. Bei welchem Sample das erste Bit beginnt, erfolgt mit Hilfe der Flankenerkennung anhand der fallenden Flanke innerhalb der Byte-Start-Sequenz. Dort wird der Sample-Zähler initialisiert.

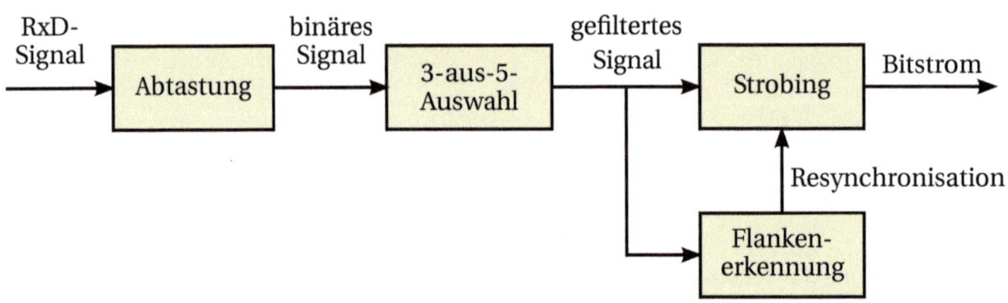

Bild 9.24 Aufbau der Bit-Decodierung

Die einzelnen Schritte für die Umwandlung eines wertdiskreten zeitkontinuierlichen Signals in Bits sind in Bild 9.25 dargestellt. Im obersten Signalverlauf ist das binäre Eingangssignal dargestellt, welches das High-Bit der BSS gefolgt vom Low-Bit der BSS und den ersten beiden

Datenbits zeigt. Dieses Signal wird mit der achtfachen Frequenz der Bitrate abgetastet, in einem 10-Mbit/s-Cluster also mit 80 MHz. Aus dem zeitkontinuierlichen Signal wird ein zeitdiskretes Signal. Die erhaltenen Werte werden Samples genannt. Jedes Bit wird dabei durch acht Samples abgebildet.

Anschließend werden die Samples mit einem 3-aus-5-Filter gefiltert. Im Filter befinden sich 5 Samples. Am Ausgang des Filters liegt der Wert an, der der Mehrheit der Samples im Filter entspricht. Sind im Filter drei 1-Samples und zwei 0-Samples, dann liegt am Ausgang ein 1-Sample an. Mit dem Abtasten des nächsten Samples wird der älteste Sample aus dem Filter entfernt und der neue Sample kommt in den Filter. Dies setzt sich mit jedem neuen Sample fort. Durch die 3-aus-5-Filterung wird das Eingangssignal um 2 Samples verzögert. Bei einer Bitrate von 10 Mbit/s sind dies 25 ns. Die 3-aus-5-Filterung filtert Glitches mit einer Länge von ein und zwei Samples heraus.

Noch besteht jedes Bit aus acht Samples. Im letzten Schritt wird aus acht Samples der Wert für ein Bit bestimmt. Dieses Verfahren wird Strobing genannt. Beim Strobing wird jeweils das fünfte Sample als Wert für ein Bit genommen. Die Zählung beginnt bei der fallenden Flanke zwischen dem High- und dem Low-Bit in der BSS und wird bis zur nächsten fallenden Flanke in der BSS fortgesetzt.

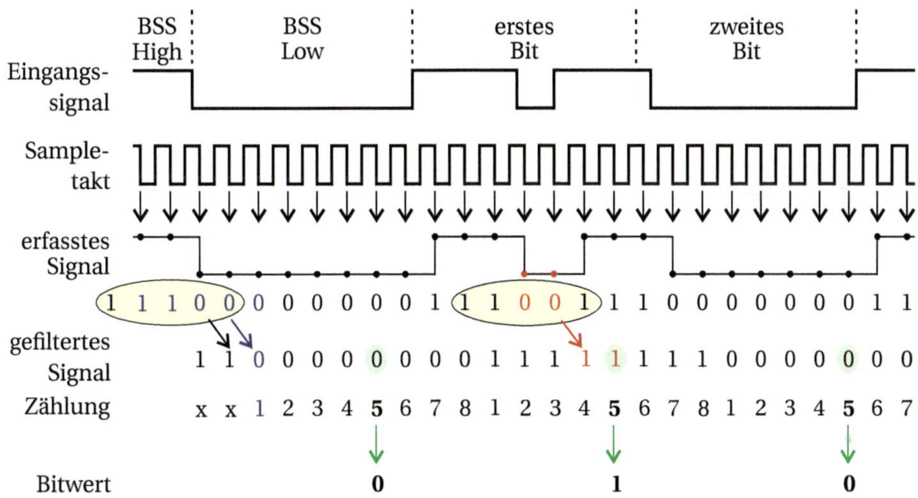

Bild 9.25 Signalabtastung

9.5.5 Asymmetrien

Dieser Abschnitt stellt einige Ursachen von Bitasymmetrien dar und geht auf die Auswirkungen der Bitasymmetrien auf die Kommunikation ein.

9.5.5.1 Was ist eine Bitasymmetrie?

Bei einer Bitfolge, z. B. 010, wechseln sich die Pegel der Bits ab. Hat das Bit eine Länge von 100 ns, dann führt das 0-Bit zu einem Low-Pegel von 100 ns, gefolgt von einem 100 ns langen High-Pegel, dem wieder ein 100 ns langer Low-Pegel folgt (Bild 9.26). Dies wäre der ideale Spannungsverlauf auf den Busleitungen.

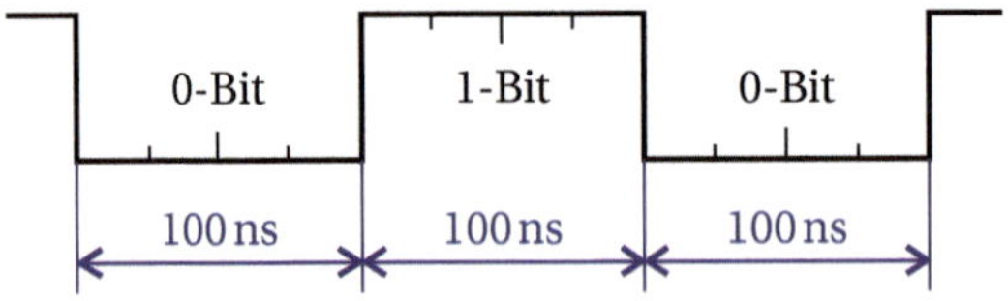

Bild 9.26 Idealer Signalverlauf

Praktisch kommt es aber zwischen den High- und den Low-Phasen zu Asymmetrien, die dazu führen, dass Low-Bits verkürzt und High-Bits verlängert werden. Dies ist in Bild 9.27 gezeigt. Es kann aber auch sein, dass High-Bits verkürzt und Low-Bits verlängert werden.

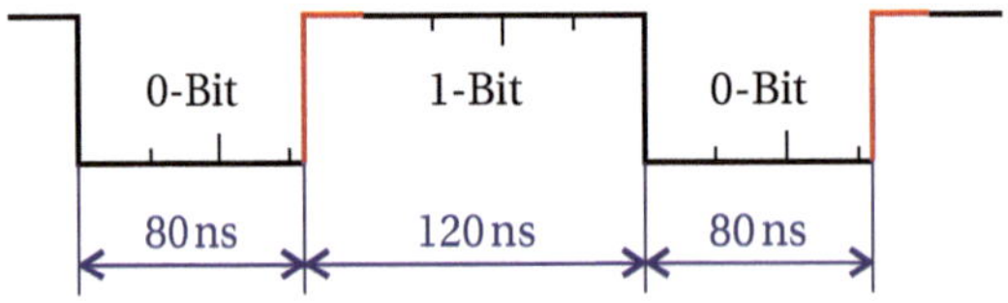

Bild 9.27 Signalverlauf mit Asymmetrien

Dabei wird nicht jedes Bit verkürzt oder verlängert, sondern es sind nur Bits betroffen, bei denen sich der Pegel ändert. Bei einer Folge von gleichen Bits, z. B. High-Bits, ist nur das erste oder das letzte Bit dieser Folge betroffen.

Wird die fallende Flanke in einer Bitfolge als Referenz genommen, dann sind bei einer Bitasymmetrie nur die steigenden Flanken betroffen. Die fallenden Flanken werden immer bei Vielfachen der Bitzeit auftreten.[2]

9.5.5.2 Auswirkungen von Bitasymmetrien

Solange die Bits richtig empfangen werden, haben Bitasymmetrien keine Auswirkung. Bei FlexRay wird jedes Bit achtfach abgetastet und das fünfte Sample bestimmt den Wert des Bits. Ein Bit, was kurz nach dem fünften Sample seinen Wert aufgrund einer Bitasymmetrie ändert, wird noch korrekt erkannt. Damit können Asymmetrien bis zu drei Samples toleriert werden, was 37,5 ns entspricht.

Die Zeiten für Bitasymmetrien für einzelne Komponenten liegen im einstelligen Nanosekundenbereich. Die Zeiten addieren sich aber, da immer mehrere Komponenten in einem System beteiligt sind.

Bitasymmetrien gibt es in jedem System, in dem Bits übertragen werden. Sie bereiten aber erst Probleme, wenn die Bitrate deutlich über 1 Mbit/s ist.

9.5.5.3 Treiberstufe im Protokollcontroller und im Transceiver

Es gibt viele Ursachen für Bitasymmetrien, von denen die wichtigsten sind:

---

[2] Die Beschreibung der Bitasymmetrie gilt im Wesentlichen für statische Bitasymmetrien. Es gibt auch stochastische Bitasymmetrien, die sowohl steigende als auch fallende Flanken betreffen. Diese werden hier nicht betrachtet.

- der Halbleiter selbst,
- die äußere Beschaltung, ein Masseversatz und die Leitungsführung,
- die Takterzeugung und -verteilung sowie
- die EMV.

Halbleiterschaltkreise bestehen im Wesentlichen aus Transistoren. Diese Transistoren bestimmen durch ihre Eigenschaften wie Verstärkung, Schaltschwelle und Ansprechempfindlichkeit die Schaltzeiten und den Signalverlauf an ihrem Ausgang. Bei der Fertigung unterliegen diese Transistoren gewissen Schwankungen, sodass die Schaltzeiten und der Signalverlauf Toleranzen aufweisen. Beim Halbleiterentwurf und beim Herstellungsprozess wird zwar versucht, Schaltzeiten und Signalverlauf so zu balancieren, dass die Signale symmetrisch sind. Insbesondere bei komplementären Transistoren ist dies nur in begrenztem Maße möglich, da diese Balancierung nicht nur über die Variationen des Herstellungsprozesses erfolgen muss, sondern auch über den gesamten Temperaturbereich des Schaltkreises.

Bild 9.28 zeigt die vereinfachte Ausgangsstufe eines Protokollcontrollers und die vereinfachte Schaltung der Ausgangsschaltung im Transceiver. Beide bestehen jeweils aus zwei Transistoren, von denen einer immer sperrt und einer durchgeschaltet ist. Im Transceiver gibt es sogar zwei dieser Paare, damit eine positive und eine negative Differenzspannung erzeugt werden kann. Zwei Transistoren in einer Ausgangsstufe bedeuten, dass sich die elektrischen Parameter beider unterscheiden können. Dies kann dazu führen, dass einer der beiden Transistoren schneller oder früher schaltet als der andere. Im Folgenden sind drei Eigenschaften von Transistoren betrachtet, die zu einer Bitasymmetrie führen können.

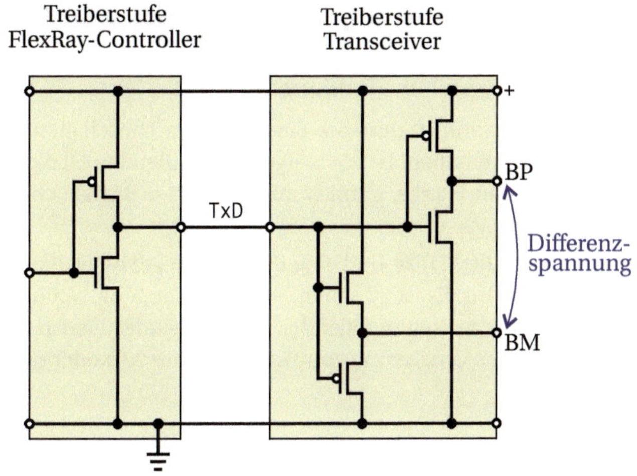

Bild 9.28 Schematischer Aufbau der Treiberendstufen im Sendepfad

9.5.5.4 Bitasymmetrie durch Schwellwertverschiebung

Ein binäres Signal wird von einer Komponente erfasst, indem bei einer Schaltschwelle von einem Wert (z. B. 0) auf den anderen Wert (1) umgeschaltet wird. Häufig wird bei der Schaltschwelle eine Hysterese eingebaut, damit ein Spannungspegel um die Schaltschwelle herum nicht zu häufigem Umschalten führt.

Es sei angenommen, dass ein 0-Bit erkannt wird, wenn der Signalpegel unter 30 % geht, und ein 1-Bit, wenn der Signalpegel über 70 % geht. Bild 9.29 zeigt den Pegelverlauf von einem 1-Bit zu einem 0-Bit und wieder zu einem 1-Bit. Die Flanken beim Umschalten haben eine gewisse Steigung. Blau eingezeichnet sind die Schaltschwellen, bei denen das Umschalten erfolgt.

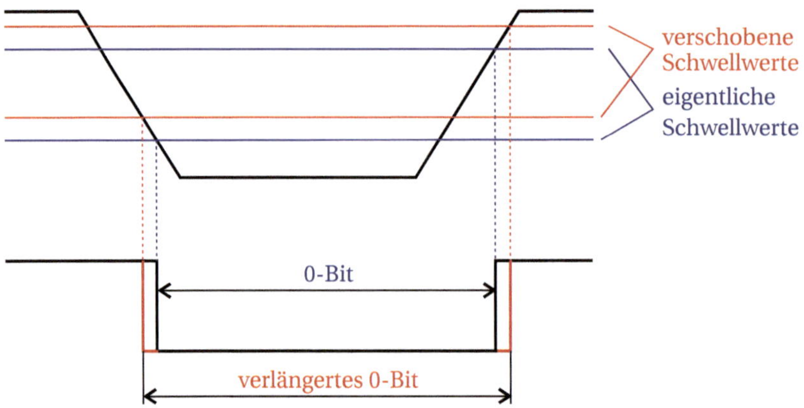

Bild 9.29 Bitasymmetrie durch Schwellwertverschiebung

Nun sei angenommen, dass sich eine oder beide Schaltschwellen geringfügig verschieben. Im Bild 9.29 sind die verschobenen Schaltschwellen in Rot gezeichnet. Diese könnten beispielsweise jetzt bei 31 % und 71 % liegen. Die Auswirkung auf die Länge des 0-Bits ist unter dem Pegelverlauf gezeichnet. Das 0-Bit verlängert sich durch die Verschiebung der Schaltschwelle.

9.5.5.5 Bitasymmetrie durch Änderung der Flankensteilheit

Im vorherigen Abschnitt wurde schon ausgeführt, dass die Flanken beim Umschalten zwischen 1- und 0-Bits eine bestimmte Steigung haben. Ist die Steigung der fallenden Flanke betragsmäßig identisch mit der der steigenden Flanke, dann werden 1- und 0-Bits gleich lang sein.

In Bild 9.30 wurde in Rot eine steilere fallende Flanke und eine flachere steigende Flanke eingezeichnet und dazu das sich ergebende 0-Bit. Es ist zu sehen, dass sich das 0-Bit verlängert. Durch Unterschiede in der Flankensteilheit zwischen fallender und steigender Flanke kann es zu einer Verlängerung von Low- und einer Verkürzung von High-Bits kommen oder umgekehrt.

9.5.5.6 Bitasymmetrie durch Unterschiede in der Verzögerungszeit

Einfluss auf das Entstehen von Bitasymmetrien hat auch die Schaltzeit eines Transistors. Diese setzt sich zusammen aus der Verzögerungszeit und der Anstiegszeit. Die Anstiegszeit wurde schon bei der Flankensteilheit in vorigen Abschnitt betrachtet. In Bild 9.31 wurde die Verzögerungszeit eingezeichnet. Ein Transistor schaltet nicht sofort von Sperren auf Durchlass, sondern hat eine Verzögerung. Ebenfalls sperrt ein Transistor nicht sofort, wenn sich die Steuerspannung ändert. Blau gezeichnet ist wieder der Fall, bei dem für das Umschalten von einem 1- auf ein 0-Bit und von einem 0- auf ein 1-Bit die Verzögerungszeit gleich groß ist. Rot gezeichnet hat die Schaltung für das Umschalten von 1 auf 0 eine kürzere und von 0 auf 1 eine längere Verzögerungszeit. Es ist wieder zu sehen, dass sich das 0-Bit verlängert.

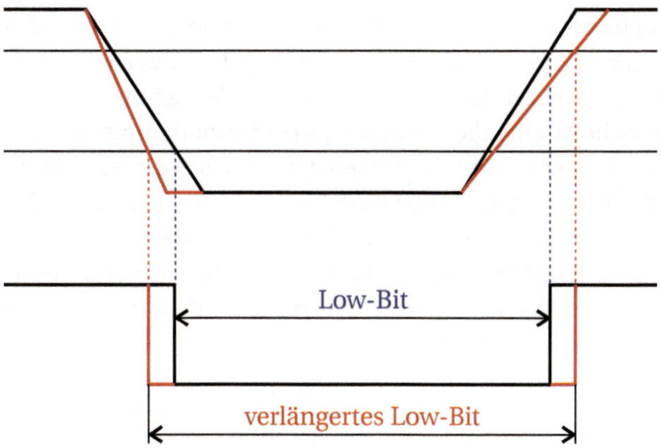

Bild 9.30 Bitasymmetrie durch unterschiedliche Flankensteilheit

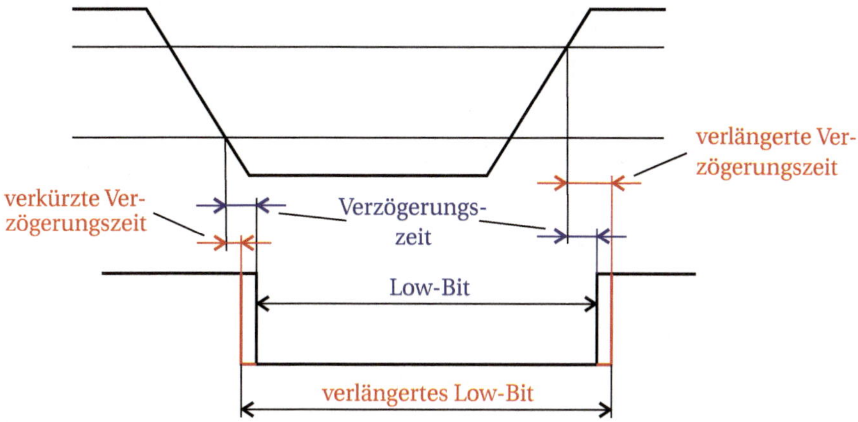

Bild 9.31 Bitasymmetrie durch unterschiedliche Ansprechempfindlichkeit

Die Beispiele zeigen, wie Bitasymmetrien entstehen. Jeder einzelne Effekt mag nur einen kleinen Beitrag bei der Bitasymmetrie haben. Für die Auslegung eines Systems ist aber vom ungünstigsten Fall auszugehen. Der ungünstigste Fall ist, wenn alle Effekte in einer Richtung wirken und sich nicht gegenseitig aufheben.

■ 9.6 Applizierung

9.6.1 FlexRay im BMW X5

Die Entwicklung eines Kommunikationsprotokolls und dessen Implementierung sind wichtige Schritte. Genauso wichtig ist der Einsatz in einem Serienfahrzeug, um die Tauglichkeit im praktischen Einsatz nachzuweisen. BMW war die erste Firma, die FlexRay in einem Serienfahrzeug, dem BMW X5, 2006 eingesetzt hat.

Die Applikation, in der FlexRay zum Einsatz kam, war Adaptive Drive, bei dem sich die Fahreigenschaften eines Fahrzeuges stufenlos zwischen komfortabel und sportlich einstellen lassen. Basierend auf Geschwindigkeit, Lenkwinkel, Längs- und Querbeschleunigung und Höhenständen wird über elektromagnetische Ventile die Dämpfung in den Stoßdämpfern angepasst. Außerdem werden mittels Schwenkmotoren die Neigungen der Stabilisatoren verändert. Damit ist es möglich, die Federung des Fahrzeuges, z. B. in einer Kurve, außen härter und innen weicher einzustellen, sodass das Fahrzeug weniger wankt. Ein weiteres Beispiel für eine Änderung der Fahreigenschaften ist eine Reduktion des Nickens des Fahrzeugs beim Bremsen. Die Funktion wird bei BMW als „Dynamische Dämpfer Control (DDC)“ bezeichnet, ein Stoßdämpfer als „Elektronischer Dämpfer Control Satellit (EDCS)“.

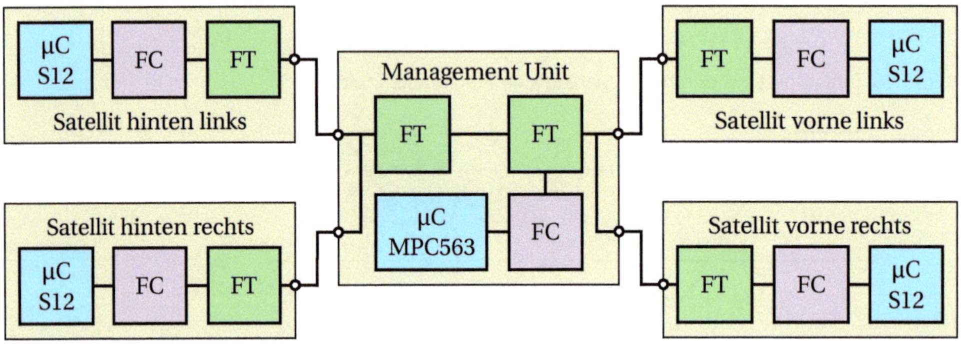

Bild 9.32 FlexRay-Cluster im BMW X5

Tabelle 9.4 Erläuterung der Komponenten in Bild 9.32

Abkürzung	Komponente	Typ
µC	Mikrocontroller	S12, MPC563
FC	FlexRay-Controller	MFR4200A
FT	FlexRay-Transceiver	TJA1080 N1D4

Der erste FlexRay-Cluster im BMW X5 (Baureihe E70) bestand aus fünf FlexRay-Knoten und wurde von 2006 bis 2013 gebaut. Vier der Knoten waren in den Stoßdämpfern verbaut bestehend aus dem 16-Bit-Mikrocontroller S12, dem stand-alone FlexRay-Controller MFR4200A, beide von Freescale (heute NXP), und dem FlexRay-Transceiver TJA1080 von NXP (siehe Bild 9.32 und Tabelle 9.4). Diese Knoten hatten die Aufgabe, die Aktoren in den Stoßdämpfern anzusteuern. Im fünften Knoten wurden die Berechnungen durchgeführt, um die besten Fahreigenschaften für die jeweilige Situation zu bestimmen. Aufgebaut war diese Management Unit aus dem Mikrocontroller MPC563, dem FlexRay-Controller MFR4200A, wieder beide von Freescale, sowie zwei FlexRay-Transceivern TJA1080 von NXP. Durch die Verwendung von zwei Transceivern in der Management Unit wurde ein Sternkoppler gebildet, sodass das Cluster in Sterntopologie realisiert ist mit je zwei Knoten an jedem der beiden Zweige. Der Mikrocontroller in der Management Unit ist direkt mit einem der beiden Transceiver verbunden.

9.6.2 FlexRay im 7er BMW

Nach der erfolgreichen Einführung wurde FlexRay auch im 7er BMW (Baureihe F01 und F02) eingesetzt, der von 2008 bis 2015 gebaut wurde. Der FlexRay-Cluster aus dem X5 wurde um weitere Knoten erweitert (siehe Bild 9.33). Erhalten blieb die Sterntopologie, die nun sechs Zweige mit bis zu vier Knoten je Zweig umfasste. Eingezeichnet in Bild 9.33 sind auch die Terminierungswiderstände, die mit R gekennzeichnet sind.

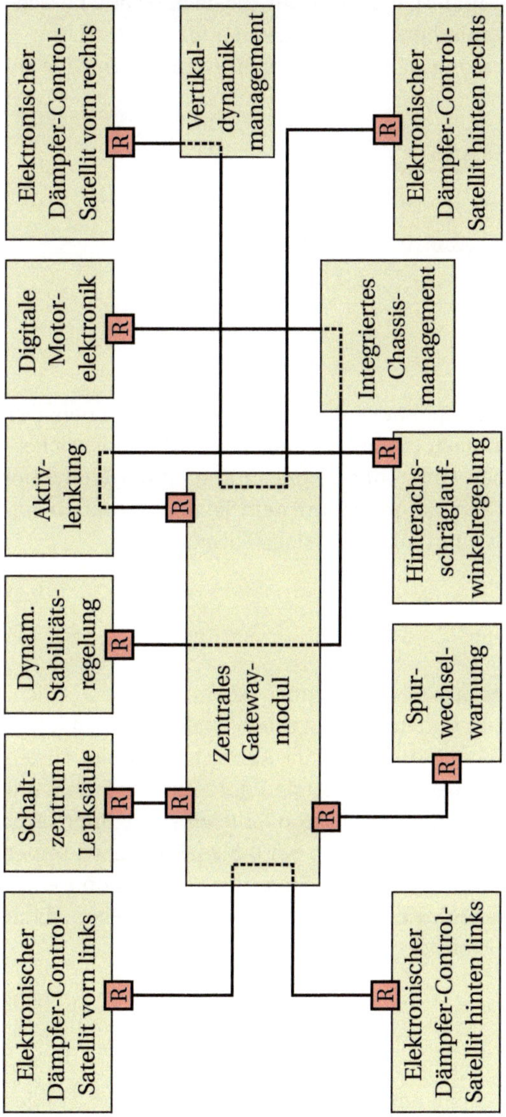

Bild 9.33 FlexRay-Cluster im 7er BMW

9.7 Berechnung der Minislotlänge

Die Berechnung der Minislotlänge erfolgt ähnlich wie die Berechnung der Länge eines statischen Slots (siehe Abschnitt 5.6.3). Hier spielt aber die Länge der Frames keine Rolle. Das Senden im dynamischen Segment erfolgt in dynamischen Slots. Ein dynamischer Slot beginnt mit einem Minislot und wird um weitere Minislots verlängert bis zum Ende des Frames. Dabei ist es wichtig, dass alle Knoten den Beginn sowie das Ende des Frames im jeweils gleichen Minislot sehen. Dazu müssen die Minislots eine Mindestlänge besitzen, die nachfolgend berechnet wird. Bild 9.34 zeigt einen Frame im dynamischen Segment und die für die Berechnung der Minislotlänge relevanten Zeiten. Die Abkürzung DTS steht dabei für *Dynamic Trailing Sequence.*

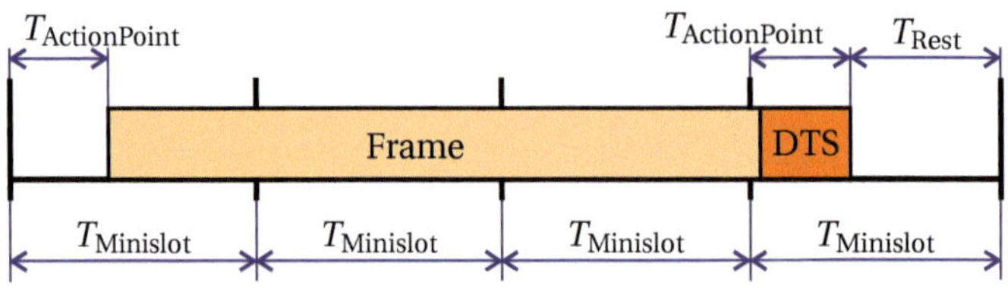

Bild 9.34 Konfiguration eines Minislots

Mit dem Senden eines Frames im dynamischen Segment wird am Action Point begonnen. Der Action Point wird wie in einem statischen Slot nach Formel 9.1 berechnet.[3] Damit ist sichergestellt, dass trotz Abweichungen zwischen den Uhren der einzelnen Knoten der Frame bei allen Empfängern in dem Minislot beginnt, in dem der Sender mit dem Senden begonnen hat. Formel 9.1 bestimmt die Länge des ersten Teils eines Minislots (siehe Formel 9.2).

$$T_{ActionPoint} \geq \lceil t_{Precision} \rceil^{MT} \tag{9.1}$$

$$T_{Minislot} = T_{ActionPoint} + T_{Rest} \tag{9.2}$$

Die Länge des zweiten Teils des Minislots, hier mit T_{Rest} bezeichnet, ist dafür verantwortlich, dass alle Knoten auch das Ende eines Frames im selben Minislot sehen, in dem der sendende Knoten die Übertragung abgeschlossen hat. Damit dies trotz der Abweichungen der Uhren zwischen den Knoten funktionieren kann, verlängert der sendende Knoten seinen Frame mit der *Dynamic Trailing Sequence (DTS).* Die DTS wird weder berechnet noch konfiguriert. Der sendende Knoten sendet nach dem Ende des Frames so lange ein 0-Signal, bis nach seiner Uhr der nächste Action Point erreicht ist. Wenn das Ende des Frames vor dem Action Point war, endet die DTS im selben Minislot. War das Ende des Frames nach dem Action Point, dann endet die DTS am Action Point des folgenden Minislots.

$$T_{Rest} \geq \left\lceil t_{IdleDelimiter} + t_{Delay} + t_{Precision} \right\rceil^{MT} \tag{9.3}$$

$$t_{IdleDelimiter} = B_{IdleDelimiter} \cdot t_{Bit} \tag{9.4}$$

Wenn jeder Frame im dynamischen Segment genau am Action Point endet, muss der Teil des Minislots nach dem Action Point T_{Rest} so lang sein, dass unter Berücksichtigung aller Effekte

3 Der Action Point in den Minislots muss nicht identisch zum Action Point in den statischen Slots konfiguriert werden.

ein empfangener Knoten noch während des Minislots das Ende des Frames erkennt. In Formel 9.3 wird T_{Rest} unter Berücksichtigung der Zeiten für die Idle-Erkennung $t_{\text{IdleDelimiter}}$, der Signallaufzeit t_{Delay} und der maximalen Uhrenabweichung $t_{\text{Precision}}$ berechnet. Um Idle auf dem Bus zu erkennen, benötigt ein Knoten bedingt durch die NRZ-Codierung mit Start- und Stoppbit immer

$$B_{\text{IdleDelimiter}} = 11\,\text{Bit}$$

Damit kann die benötigte Länge eines Minislots berechnet werden. Die hier dargestellte Berechnung ist leicht vereinfacht. Eine optimierte und alle Aspekte berücksichtigende Berechnung ist in [Rausch] im Abschnitt 6.6 dargestellt.

Beispiel für die Berechnung der Minislotlänge

Für ein Cluster, welches mit 10 Mbit/s arbeitet, beträgt die Signallaufzeit 1 µs und die Präzision 1,85 µs. Der Macrotick hat eine Länge von 1 µs. Gesucht ist die notwendige Länge eines Minislots.

Als Erstes wird $T_{\text{ActionPoint}}$ nach Formel 9.1 bestimmt:

$$\begin{aligned} T_{\text{ActionPoint}} &= \lceil t_{\text{Precision}} \rceil^{\text{MT}} \\ &= \lceil 1{,}85\,\mu\text{s} \rceil^{\text{MT}} \\ &= 2\,\text{MT} \end{aligned}$$

Die Berechnung von T_{Rest} ergibt sich zu

$$\begin{aligned} T_{\text{Rest}} &= \lceil t_{\text{IdleDelimiter}} + t_{\text{Delay}} + t_{\text{Precision}} \rceil^{\text{MT}} \\ &= \lceil 1{,}1\,\mu\text{s} + 1\,\mu\text{s} + 1{,}85\,\mu\text{s} \rceil^{\text{MT}} \\ &= \lceil 3{,}95\,\mu\text{s} \rceil^{\text{MT}} \\ &= 4\,\text{MT} \end{aligned}$$

Damit ergibt sich die Länge eines Minislots wie folgt:

$$\begin{aligned} T_{\text{Minislot}} &= T_{\text{ActionPoint}} + T_{\text{Rest}} \\ &= 2\,\text{MT} + 4\,\text{MT} \\ &= 6\,\text{MT} \\ t_{\text{Minislot}} &= 6\,\mu\text{s} \end{aligned}$$

Ein Minislot muss eine Länge von 6 MT haben, was 6 µs entspricht.

9.8 Übungen

Aufgabe 1

Berechnen Sie die Minislotlänge in Mikrosekunden, wenn die Signallaufzeit 1 µs, die maximale Payload-Länge 96 Bytes und die Präzision 2,2 µs beträgt und ein Macrotick 1,1 µs lang ist.

$$
\begin{aligned}
T_{\text{Rest}} &= \lceil t_{\text{IdleDelimiter}} + t_{\text{Delay}} + t_{\text{Precision}} \rceil^{\text{MT}} \\
&= \lceil 1{,}1\,\mu\text{s} + 1{,}0\,\mu\text{s} + 2{,}2\,\mu\text{s} \rceil^{\text{MT}} \\
&= \lceil 4{,}3\,\mu\text{s} \rceil^{\text{MT}} \\
&= 4\,\text{MT} \\
T_{\text{ActionPoint}} &= \lceil t_{\text{Precision}} \rceil^{\text{MT}} \\
&= \lceil 2{,}2\,\mu\text{s} \rceil^{\text{MT}} = 2\,\text{MT} \\
T_{\text{Minislot}} &= T_{\text{ActionPoint}} + T_{\text{Rest}} \\
&= 2\,\text{MT} + 4\,\text{MT} \\
&= 6\,\text{MT} \\
t_{\text{Minislot}} &= 6{,}6\,\mu\text{s}
\end{aligned}
$$

Da ein Macrotick 1,1 µs groß ist und auf ganze Macroticks aufgerundet wird, wird T_{Rest} auf das nächstgrößere Vielfache von 1,1 µs gerundet, was 4,4 µs ist und 4 Macroticks entspricht.

Aufgabe 2

Berechnen Sie die Minislotlänge in Mikrosekunden, wenn die Signallaufzeit 0,7 µs, die maximale Payload-Länge 56 Bytes und die Präzision 2 µs beträgt.

Die Länge eines Macroticks ist nicht gegeben und wird als Erstes festgelegt. Danach folgen die Berechnungen nach den Formeln 9.1 bis 9.4.

$$
\begin{aligned}
t_{\text{Macrotick}} &= 1\,\mu\text{s} \\
T_{\text{Rest}} &= \lceil t_{\text{IdleDelimiter}} + t_{\text{Delay}} + t_{\text{Precision}} \rceil^{\text{MT}} \\
&= \lceil 1{,}1\,\mu\text{s} + 0{,}7\,\mu\text{s} + 2{,}0\,\mu\text{s} \rceil^{\text{MT}} \\
&= \lceil 3{,}8\,\mu\text{s} \rceil^{\text{MT}} = 4\,\text{MT} \\
T_{\text{ActionPoint}} &= \lceil t_{\text{Precision}} \rceil^{\text{MT}} \\
&= \lceil 2{,}0\,\mu\text{s} \rceil^{\text{MT}} = 2\,\text{MT} \\
T_{\text{Minislot}} &= T_{\text{ActionPoint}} + T_{\text{Rest}} \\
&= 2\,\text{MT} + 4\,\text{MT} = 6\,\text{MT} \\
t_{\text{Minislot}} &= 6\,\mu\text{s}
\end{aligned}
$$

Der Minislot hat eine Länge von 6 µs.

Aufgabe 3

Ein Knoten hat Synchronisationsframes von den fünf Knoten K_1 bis K_5 erhalten und die Abweichungen der Ankunftszeit im Vergleich zur eigenen Uhr in zwei aufeinander folgenden Zyklen in Microticks gemessen. Die Messwerte sind in Tabelle 9.5 angegeben.

Berechnen Sie den Offset- und den Raten-Korrekturwert!

Tabelle 9.5 Messwerte der Ankunftszeiten der Synchronisationsframes in Microticks

Knoten	gerader Zyklus	ungerader Zyklus
K_1	-1	-6
K_2	11	4
K_3	7	15
K_4	-5	2
K_5	-1	5

Für die Berechnung des Offset-Korrekturwertes muss bei fünf gültigen Messwerten der zweitkleinste und der zweitgrößte Messwert verwendet werden. Dies sind die Messwerte 5 und 2. Damit berechnet sich der Korrekturwert folgendermaßen:

$$K_{\text{Offset}} = \frac{5+2}{2} = 3$$

Für die Berechnung des Raten-Korrekturwertes werden die Differenzen der Messwerte aus ungeradem und geradem Zyklus je Knoten herangezogen. Die Differenzen ergeben sich zu –5, –7, 8, 7 und 6. Bei fünf Werten wird wieder der zweitkleinste und der zweitgrößte Wert verwendet, sodass sich ergibt:

$$K_{\text{Rate}} = \frac{-5+7}{2} = 1$$

Der Offset-Korrekturwert beträgt $3\,\mu$T, der Raten-Korrekturwert $1\,\mu$T.

Geht die Division durch zwei nicht auf wie bei der Berechnung von K_{Offset}, d. h., dass es einen Rest gibt, wird das Ergebnis in Richtung null gerundet. Somit werden positive Werte abgerundet und negative Werte aufgerundet.

Aufgabe 4

Ein Knoten hat Synchronisationsframes von den vier Knoten K_1 bis K_4 erhalten und die Abweichungen der Ankunftszeit im Vergleich zur eigenen Uhr in zwei aufeinander folgenden Zyklen im Microticks gemessen. Allerdings waren nicht alle Frames gültig, sodass nicht alle Messwerte für die Berechnung zur Verfügung stehen. Die Messwerte sind in Tabelle 9.6 aufgeführt.

Berechnen Sie den Offset- und den Raten-Korrekturwert!

Für die Berechnung des Offset-Korrekturwertes werden die Messwerte aus dem ungeraden Zyklus verwendet. Da es nur drei gültige Messwerte gibt, wird der größte und der kleinste Messwert gestrichen und der noch verbleibende Messwert ist der Offset-Korrekturwert.

$$K_{\text{Offset}} = 7$$

Tabelle 9.6 Messwerte der Ankunftszeiten der Synchronisationsframes in Microticks

Knoten	gerader Zyklus	ungerader Zyklus
K_1	-1	-10
K_2	ungültig	7
K_3	7	13
K_4	-5	ungültig

Die Berechnung des Raten-Korrekturwertes basiert auf den Differenzen der Messwerte aus ungeradem und geradem Zyklus für jeden Knoten. Die Differenzen können nur bestimmt werden, wenn sowohl im geraden als auch im ungeraden Zyklus ein Messwert bestimmt werden konnte. Dies ist nur bei Knoten K_1 und K_3 der Fall. Die Differenzen ergeben sich zu -9 und 6. Diese beiden Differenzen werden bei der Berechnung verwendet:

$$K_{\mathrm{Rate}} = \frac{-9+6}{2} = -1$$

Der Offset-Korrekturwert beträgt 7 µT, der Raten-Korrekturwert -1 µT.

10 Automotive Ethernet

Ethernet gibt es seit ungefähr 40 Jahren. Es wurde immer wieder weiterentwickelt, war aber für das Automobil zu teuer und nicht störsicher genug. 2007 fing die Firma Broadcom an, eine Ethernet-Version zu entwickeln, die die Anforderungen aus dem Automobilbereich erfüllen sollte. Mit den Eigenschaften von Automotive Ethernet, insbesondere der hohen Übertragungsgeschwindigkeit, ergeben sich Möglichkeiten für neue Anwendungen, aber auch die Bordnetzarchitektur wird neu gedacht. Dies hat nicht nur Auswirkungen auf das Bordnetz selbst, sondern auf den gesamten Entwicklungsprozess eines Automobils.

Nach einem kurzen Überblick über die Entwicklungsgeschichte von Ethernet und der Erläuterung der Unterschiede zwischen den wichtigsten Versionen wird die Funktionsweise von Automotive Ethernet erläutert. Da die Unterschiede in der Schicht 1 des OSI-Referenzmodells liegen, bildet diese den Schwerpunkt dieses Kapitels.

10.1 Einleitung

10.1.1 Versionen von Automotive Ethernet

Im Gegensatz zur Standardversion von Ethernet erfolgt die Übertragung beim Automotive Ethernet über eine Zwei-Draht-Leitung (Single Twisted Pair (STP)) im Full-Duplex-Modus. Bei der 10- und der 100-Mbit/s-Version ist die Zwei-Draht-Leitung ungeschirmt und wird mit UTP (Unshielded Twisted Pair) abgekürzt. Bei 1000BASE-T1 ist eine Schirmung der Leitungen notwendig. Tabelle 10.1 gibt einen Überblick über die verschiedenen Standards bei Automotive Ethernet und deren Status. Die überholten Standards waren Ergänzungen für neue Ethernet-Versionen, die bei der nächsten turnusmäßigen Überarbeitung in die allgemeine Spezifikation IEEE 802.3-2022 eingeflossen sind.

Tabelle 10.1 Versionen von Automotive Ethernet (Stand Mai 2022)

Bezeichnung	Datenrate	Standard	Status
	1 ... 400 Gbit/s	IEEE 802.3-2022	aktiv
10BASE-T1S	10 Mbit/s	IEEE 802.3cg-2019	überholt
100BASE-T1	100 Mbit/s	IEEE 802.3bw-2015	überholt
1000BASE-T1	1 Gbit/s	IEEE 802.3bp-2016	überholt
	2,5; 5; 10 Gbit/s	IEEE 802.3ch-2020	überholt
1000Base-RH	1 Gbit/s	IEEE 802.3bv-2017	überholt

10.1.2 Entwicklungsgeschichte von (Automotive) Ethernet

In Tabelle 10.2 sind die wichtigsten Meilensteine bei der Entwicklung von Ethernet hin zu Automotive Ethernet aufgeführt, wie sie in vielen Quellen gefunden werden können. Mit dem Vorliegen eines Standards und ersten Erfahrungen beim Einsatz von Automotive Ethernet in Serienfahrzeugen nahm das Interesse sowohl bei Automobilherstellern und -zulieferern als auch bei Halbleiter- und Komponentenherstellern an dieser Technologie zu.

Tabelle 10.2 Entwicklung von Ethernet

1976	Artikel von Metcalfe und David Boggs mit dem Titel: *Distributed Packet-Switching For Local Computer Networks*, erste Version mit 3 Mbit/s
1980	Ethernet-Version 1 wird vom IEEE (Institute of Electrical and Electronics Engineers) in der Arbeitsgruppe 802 weiterentwickelt. Es gibt drei verschiedene Techniken: CSMA/CD (802.3), Token Bus (802.4) und Token Ring (802.5).
1985	Ethernet-Standard als internationaler Standard ISO/DIS 8802/3 veröffentlicht
1991	Standard 10BASE-T (Ethernet-on-Twisted Pair)
1992	Standard 10BASE-F (Fibre Optics)
1995	100-Mbit/s-Standard für Ethernet (IEEE 802.3), etwa zeitgleich Wireless-LAN (IEEE 802.11)
1999	Standard 1000BASE-T, eine Gigabit-Version von Ethernet
2007	Broadcom entwickelt den Single Twisted Pair Physical Layer BroadR-Reach
2011	OPEN Alliance gegründet (Broadcom, NXP, BMW u. a.)
2014	Start der 100BASE-T1 Task Force (Standardisierung)
2013	Start der Produktion des BMW X5 mit BroadR-Reach/100BASE-T1 für das Surround View System
2015	BMW, VW und Jaguar geben bekannt, 100BASE-T1 im Fahrzeug einzusetzen
2015	100BASE-T1-Standard veröffentlicht (Automotive Ethernet 100 Mbit/s)
2016	1000BASE-T1-Standard veröffentlicht (Automotive Ethernet 1000 Mbit/s)
2019	10BASE-T1S-Standard veröffentlicht (Automotive Ethernet 10 Mbit/s)

■ 10.2 Aufbau

10.2.1 Aufbau eines Ethernet-Knotens

Ein Ethernet-Knoten besteht aus einem Mikroprozessor oder einem Mikrocontroller mit integriertem Ethernet-Controller und einem Transceiver (Bild 10.1). Auf dem Mikroprozessor bzw. dem Mikrocontroller läuft das Anwendungsprogramm. Außerdem werden dort die Schichten 3 bis 7 des OSI-Referenzmodells realisiert.

Der Transceiver realisiert im Wesentlichen die Schicht 1 des OSI-Referenzmodells und stellt die Ankopplung an das physische Medium her. Er wird auch gerne mit *PHY* abgekürzt.

Der Ethernet-Controller realisiert die Schicht 2 und besteht aus den beiden Sub-Layern *Logical Link Control (LLC)* und *Media Access Control (MAC)*.

Die Verbindung zwischen dem Ethernet-Controller und dem Transceiver erfolgt über das Media Independent Interface (MII). Wie der Name es schon sagt, ist diese Schnittstelle unabhängig vom Medium, über welches kommuniziert wird. Dies kann eine der vielen drahtgebundenen Ethernet-Versionen oder eine der Wireless-Versionen sein. Durch Verwendung eines anderen Transceivers kann ein Knoten ohne große Änderungen in einem Cluster verwendet werden, das nach einem anderen Ethernet-Standard arbeitet.

Das Media Dependent Interface (MDI) stellt die Verbindung zum Übertragungsmedium her und ist von diesem abhängig.

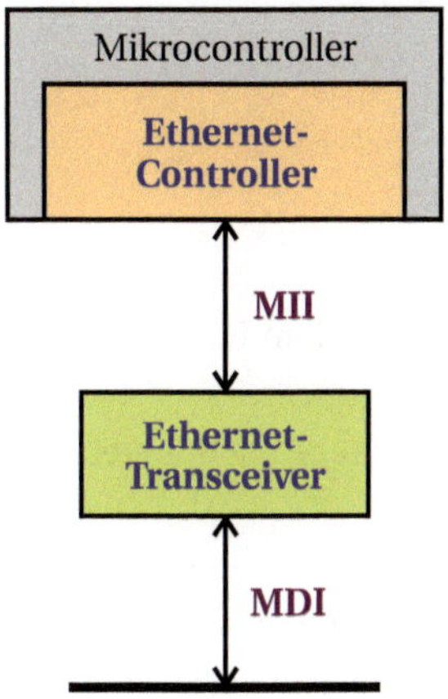

Bild 10.1 Aufbau und Schnittstellen eines Ethernet-Knotens

10.2.2 Topologien

Automotive Ethernet unterstützt nur Punkt-zu-Punkt-Verbindungen (point-to-point), sodass nur zwei Knoten direkt miteinander verbunden werden können (Bild 10.2). Um Cluster mit mehr als zwei Knoten aufzubauen, werden Switches eingesetzt.

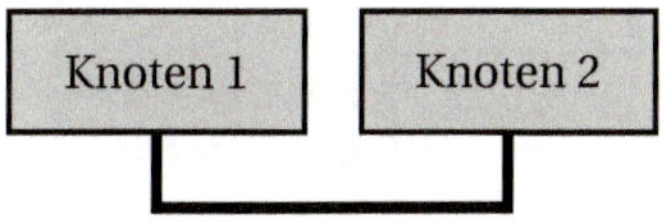

Bild 10.2 Punkt-zu-Punkt-Verbindung von zwei Ethernet-Knoten

Switches sind aktive Komponenten mit mehreren Ports (Anschlüssen). An jeden Port kann ein Ethernet-Knoten oder ein weiterer Ethernet Switch angeschlossen werden (Bild 10.3). Ein Switch liest die Zieladresse einer ankommenden Nachricht und sendet diese nur über den Port, über welchen die Zieladresse zu erreichen ist. Dazu müssen Switches in der Lage sein, Nachrichten zu decodieren und zwischenzuspeichern. Für Netzwerke mit Echtzeitanforderungen ist die mögliche Anzahl an Switches zwischen zwei Knoten begrenzt.

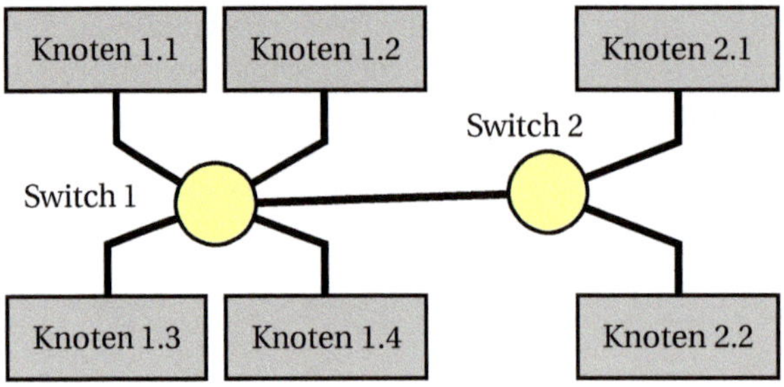

Bild 10.3 Verbindung mehrerer Ethernet-Knoten mittels Switches

10.2.3 Interfaces

Ein Ethernet-Knoten hat zwei Schnittstellen:

- Das MII (Media Independent Interface) ist die Schnittstelle zwischen dem Ethernet-Controller und dem Physical Layer.
- Das MDI (Media Dependent Interface) ist die Schnittstelle des Knotens nach außen. Sie bestimmt das Medium (Kupferkabel, Glasfaser oder drahtlos).

Diese beiden Schnittstellen werden in den folgenden Abschnitten näher beschrieben. Bild 10.4 zeigt den Aufbau eines Clusters bestehend aus zwei Knoten mit den Schnittstellen im Detail. Die Verbindung zwischen Ethernet-Controller und Transceiver über MII erfolgt gewöhnlich auf einer Leiterplatte und ist nur wenige Zentimeter lang. Die Verbindung zweier Transceiver über das MDI erfolgt über eine Twisted-Pair-Leitung und kann maximal eine Entfernung von 15 m überbrücken.

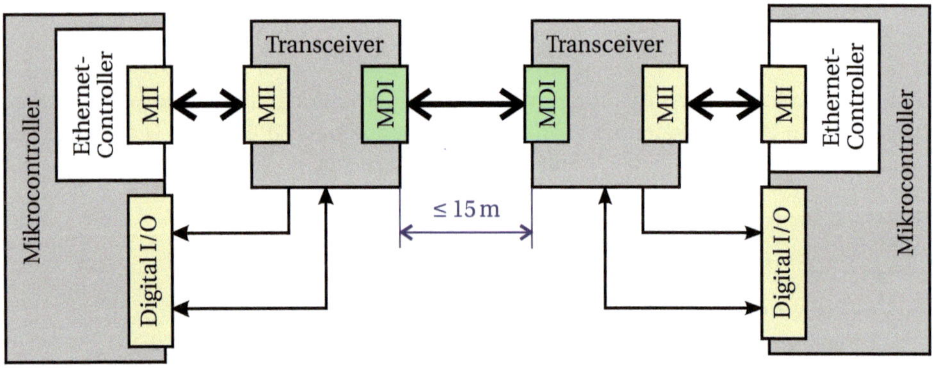

Bild 10.4 Interfaces bei zwei Ethernet-Knoten

10.2.4 Media Dependent Interface

Das Media Dependent Interface ist die Schnittstelle für die Übertragungsleitung, die eine Twisted-Pair-Leitung oder ein Lichtwellenleiter sein kann. Im Weiteren wird nur auf die Twisted-Pair-Leitung näher eingegangen.

Bild 10.5 zeigt die Beschaltung zwischen einem Transceiver und dem Anschluss der Twisted-Pair-Leitung. Die gelb hinterlegten Schaltungsteile sind optional und nicht unbedingt notwendig, wohingegen die grün hinterlegten Schaltungsteile erforderlich sind. Tabelle 10.3 gibt die Werte für eine mögliche Bauteildimensionierung an, wie sie in einigen Referenzdesigns vorgeschlagen wird.

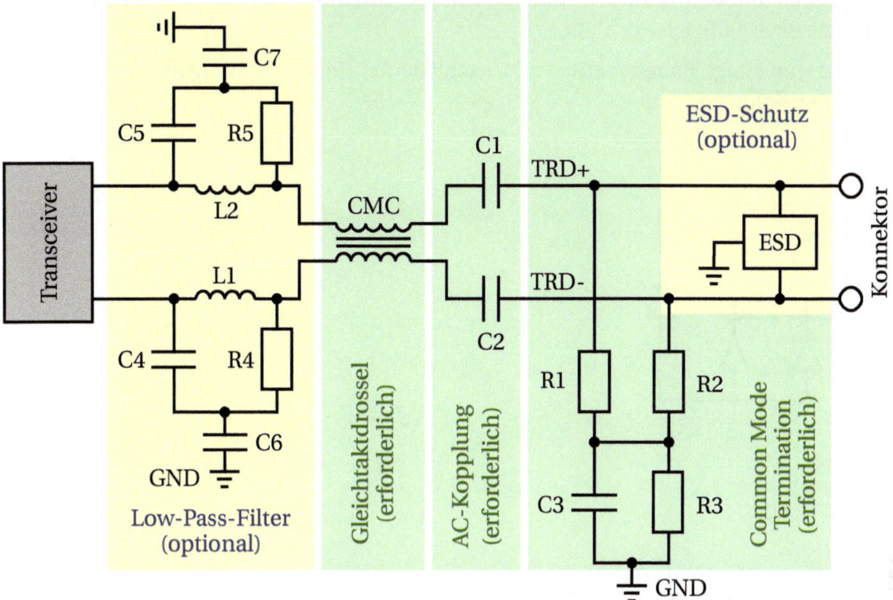

Bild 10.5 Schaltung zwischen Transceiver und Stecker

Tabelle 10.3 Empfehlung für die Bauteildimensionierung am Transceiver

Kürzel	Wert	Bezeichnung
R1, R2	1 kΩ	Common Mode Termination
R3	100 kΩ	ESD Shunt
R4, R5	27 Ω	
C1, C2	100 nF	DC Blocking
C3	4,7 nF	MDI Coupling
CMC	200 µH	Common Mode Choke
C4, C5	22 pF	
C6, C7	47 pF	
L1, L2	120 nH	

10.2.4.1 ESD-Schutz

Für den ESD-Schutz gibt es integrierte Bauelemente, die entweder auf Dioden oder auf Varistoren basieren. Bild 10.6 zeigt den Aufbau beider Varianten. Die Durchlassspannung der Dioden in Summe mit der Durchbruchspannung der Z-Diode (Bild 10.6a) ist so eingestellt, dass die

Dioden bei Spannungen zwischen −5 V und 5 V sperren. Außerhalb dieses Bereiches werden die Dioden leitend und schließen somit Störpulse kurz oder leiten sie nach Masse ab.

Ähnlich verhält es sich bei den Bausteinen, die auf Varistoren basieren (Bild 10.6b). Solange die Spannungen zwischen den beiden Anschlüssen TRD+ und TRD- bzw. zu Masse im Bereich zwischen −5 V und 5 V liegen, ist der Baustein hochohmig. Bei Spannungen über 6 V nimmt der Widerstand ab und es kommt zu einem Stromfluss durch die Varistoren, was den größten Teil der Energie eines Störpulses ableitet.

In Tabelle 10.4 sind einige Bauelemente von verschiedenen Herstellern aufgeführt, die für den ESD-Schutz angeboten werden.

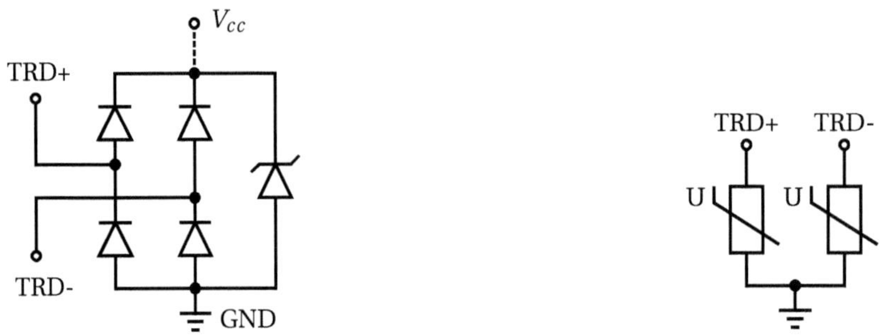

(a) mittels Dioden (b) mittels Varistoren

Bild 10.6 ESD-Schutz

Tabelle 10.4 Beispiele für Bauteile für den ESD-Schutz

Hersteller	Bauteilbezeichnung	Prinzip
TDK	AVRH10C101KT4R7FA8	Varistoren
Nexpedia	PESD2ETH	Dioden
On Semi	ESD7205	Dioden
ST	MIF02-02OABRY	Dioden

10.2.4.2 Common Mode Termination

Die Terminierung der Twisted-Pair-Leitung, die über die Widerstände R1 und R2 erfolgt, ist der Terminierung bei den anderen Bussystemen ähnlich. Die Leitung wird an beiden Enden im Beschaltungsbeispiel mit 2 kΩ abgeschlossen.

10.2.4.3 AC-Kopplung

Die Ankopplung der Twisted-Pair-Leitung erfolgt bei Automotive Ethernet mittels zweier Kondensatoren rein kapazitiv. Bei der 100-Mbit/s-Ethernet-Version IEEE 100BASE-TX erfolgt die Ankopplung induktiv mittels Übertragern, die auch eine galvanische Trennung zwischen der Leitung und dem Transceiver vornehmen. Diese Übertrager sind sowohl größer als auch teurer als die bei Automotive Ethernet eingesetzten Kondensatoren.

10.2.4.4 Gleichtaktdrossel

Die Gleichtaktdrossel (Common Mode Choke (CMC)), die zur Unterdrückung von Gleichtaktstörungen eingesetzt wird, wird bei anderen Bussystemen häufig eingesetzt, ist bei diesen aber optional. Bei Automotive Ethernet wird eine Gleichtaktdrossel aber als notwendig angesehen.

10.2.4.5 Low-Pass-Filter

Der Low-Pass-Filter ist optional und filtert hochfrequente Störungen aus.

10.2.5 Media Independent Interface

Das Media Independent Interface ist das Interface für die Verbindung zwischen dem Ethernet-Controller und dem Ethernet-Transceiver. Mittlerweile haben sich vier Interfaces etabliert:

- MII – Media Independent Interface
- RMII – Reduced Media Independent Interface
- RGMII – Reduced Gigabit Media Independent Interface
- SGMII – Serial Gigabit Media Independent Interface

Unglücklicherweise ist der Name und die Abkürzung der ersten Ausführungsform identisch mit dem Oberbegriff für diese Gruppe an Interfaces. Um trotzdem zwischen beiden unterscheiden zu können, wird im Folgenden die Abkürzung MII für die konkrete Ausführungsform und der ausgeschriebene Begriff für das Interface allgemein verwendet.

Die Interfaces unterscheiden sich in der Anzahl der benötigten Leitungen und der Übertragungsgeschwindigkeit. Die Leitungen unterteilen sich in die Gruppen

- Senden (transmit),
- Empfangen (receive) und
- Management (M) für die Konfiguration des Transceivers.

10.2.5.1 MII

Das MII besteht aus 18 Leitungen. Die Daten werden zum Senden und Empfangen über je vier parallele Leitungen mit 25 MHz übertragen, sodass eine Übertragungsrate von 100 Mbit/s erreicht wird. Bild 10.7 zeigt dieses Interface.

10.2.5.2 RMII

Beim RMII (Reduced Media Independent Interface) wurde die Anzahl der Leitungen fast halbiert, sodass statt 18 nur noch 10 Leitungen erforderlich sind (Bild 10.8). Neben dem Verzicht auf optionale Leitungen sind für die Datenübertragung zum Senden und Empfangen nur noch je zwei Leitungen erforderlich, die aber mit der doppelten Frequenz von 50 MHz betrieben werden.

10.2.5.3 RGMII und SGMII

Weitere Interfaces sind das RGMII, welches aus 25 Leitungen besteht, und das SGMII, welches aus 14 Leitungen besteht. Diese Interfaces wurden für Gigabit-Ethernet entwickelt, können aber auch für das 100-Mbit/s-Ethernet verwendet werden.

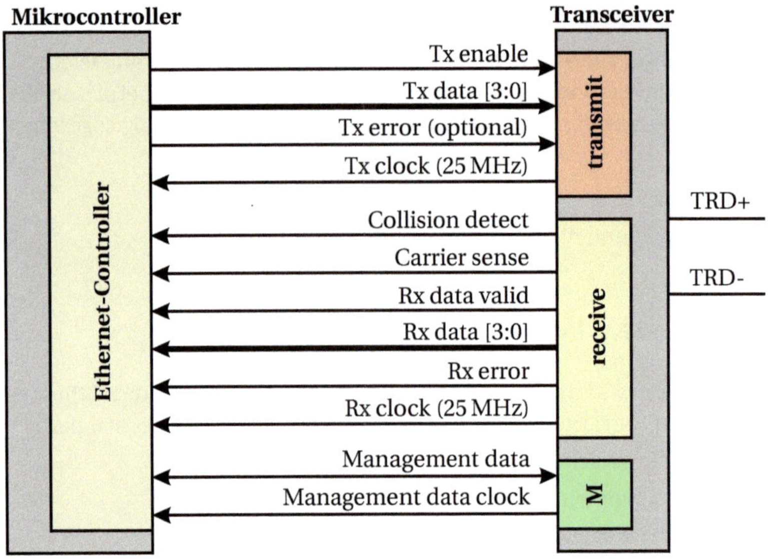

Bild 10.7 Verbindungen beim MII-Interface

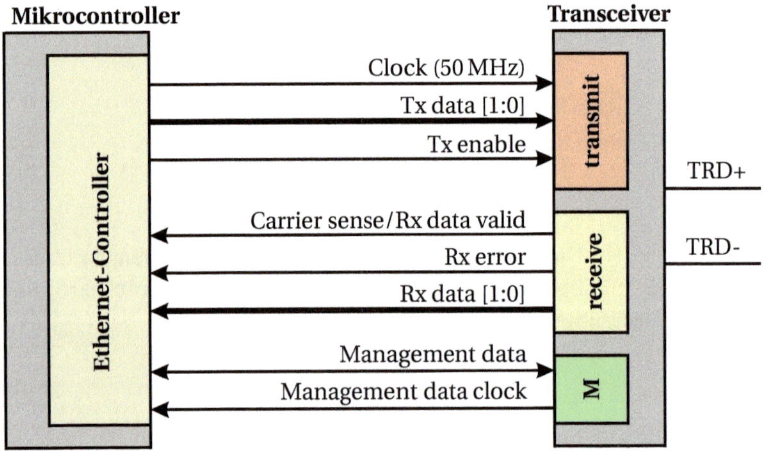

Bild 10.8 Verbindungen beim RMII-Interface

10.3 Ethernet-Versionen

Automotive Ethernet ist keine komplette Neuentwicklung, sondern es ist die Weiterentwicklung von schon bestehenden Ethernet-Versionen. Auf diese Versionen wird zunächst eingegangen. Wie in den nachfolgenden Bildern und dem beschreibenden Text dazu zu sehen ist, beziehen sich die Unterschiede zwischen den einzelnen Ethernet-Versionen nur auf die Schicht 1 bzw. den Transceiver. Der Ethernet-Controller (Schicht 2) ist davon unberührt.

10.3.1 Ethernet IEEE 100BASE-TX

Ethernet nach IEEE 100BASE-TX ist das normale Büro-Ethernet, welches es schon seit über 20 Jahren gibt und welches alle Computer mit einer drahtgebundenen Netzwerkschnittstelle implementiert haben. Über zwei physikalisch getrennte Kanäle (zwei Twisted-Pair-Leitungen) stehen zwei Simplex-Verbindungen mit einer Übertragungsrate von je 100 Mbit/s zur Verfügung. Somit ist ein vieradriges Kabel für die Übertragung notwendig. Zwei Knoten können gleichzeitig mit 100 Mbit/s senden und empfangen. Der Tx-Anschluss des Senders muss jeweils mit dem Rx-Anschluss des Empfängers verbunden werden. Die Verbindung vom Tx- zum Rx-Anschluss erfolgte ursprünglich mit einem Crossover-Kabel. Heutige Ethernet-Anschlüsse können selbst detektieren, ob der Tx-Anschluss mit dem Rx- oder dem Tx-Anschluss des anderen Knotens verbunden ist. Sollte die Verdrahtung nicht passen, können sie intern umschalten. Bild 10.9 zeigt den grundsätzlichen Aufbau und die Verdrahtung eines Ethernets nach IEEE 100BASE-TX.

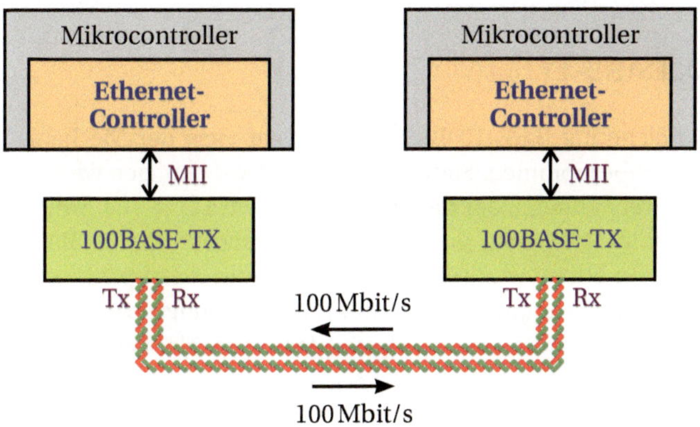

Bild 10.9 Verdrahtung von zwei Ethernet-Knoten nach IEEE 100BASE-TX

10.3.2 Ethernet IEEE 1000BASE-T

Die Weiterentwicklung von Ethernet IEEE 100BASE-TX führte zu IEEE 1000BASE-T. Dabei wurde die Übertragungsgeschwindigkeit um den Faktor 10 vergrößert, sodass jetzt 1000 Mbit/s in beide Richtungen gleichzeitig zur Verfügung stehen. Dies wird durch vier physikalisch getrennte Kanäle (vier Twisted-Pair-Leitungen) erreicht. Jeder dieser Kanäle realisiert eine 250-Mbit/s-Vollduplex-Verbindung (siehe Bild 10.10). Damit eine Vollduplex-Verbindung über eine Zwei-

Draht-Leitung möglich ist, müssen beide Knoten miteinander synchronisiert sein. Dazu arbeitet einer der Transceiver als Master, der andere als Slave.

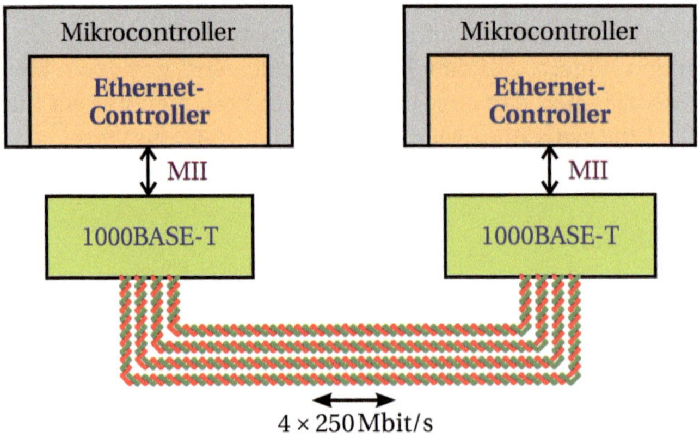

Bild 10.10 Verdrahtung von zwei Ethernet-Knoten nach IEEE 1000BASE-T

Zum Einsatz kommt das Modulationsverfahren PAM-3, welches mit drei Spannungspegeln arbeitet. Damit ist es möglich, mit einem Schritt zwei Bits pro Adernpaar zu übertragen, sodass die Schrittgeschwindigkeit 125 MBaud pro Aderpaar beträgt. Durch die Überlagerung der Spannungspegel von beiden Knoten resultieren daraus fünf Spannungspegel. Des Weiteren kommt eine Trellis-Codierung und Scrambling zum Einsatz.

10.3.3 Ethernet IEEE 100BASE-T1

Automotive Ethernet hat die Bezeichnung IEEE 100BASE-T1 und hat viele der Mechanismen aus Ethernet IEEE 1000BASE-T übernommen. Statt vier Twisted-Pair-Leitungen wird aus Kostengründen nur ein Adernpaar verwendet. Über dieses Adernpaar wird eine 100-Mbit/s-Vollduplex-Verbindung realisiert (Bild 10.11). Ein wesentlicher Unterschied zu 1000BASE-T ist, dass die Übertragungsgeschwindigkeit von 100 Mbit/s über dieses Adernpaar ungeschirmt möglich ist. Auch diese Ethernet-Variante arbeitet mit fünf Spannungspegeln sowie mit Scrambling. Einer der beiden Transceiver arbeitet als Master, der andere als Slave.

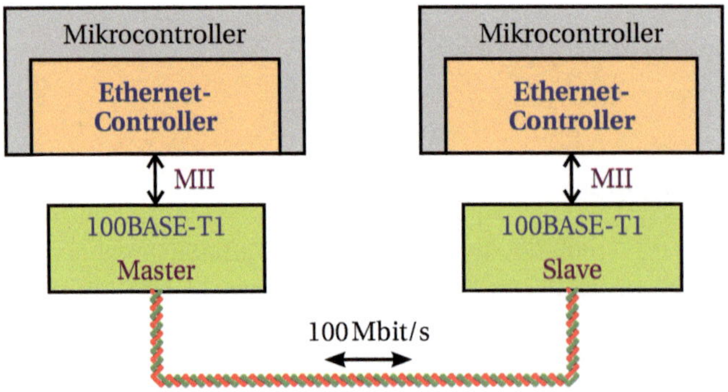

Bild 10.11 Verdrahtung von zwei Ethernet-Knoten nach IEEE 100BASE-T1

10.3.4 Versionen von Automotive Ethernet

Ethernet IEEE 100BASE-T1 ist nicht die einzige Version, die für den Automobilbereich entwickelt wurde und dort eingesetzt wird. Neben der 100-Mbit/s-Version gibt es auch eine 1000-Mbit/s- sowie eine sich in Entwicklung befindliche 10-Mbit/s-Version. Tabelle 10.5 zeigt eine Übersicht über einige technische Details.

Tabelle 10.5 Eigenschaften der verschiedenen Versionen von Automotive Ethernet

Bezeichnung	10BASE-T1S	100BASE-T1	1000BASE-T1
Standard	IEEE 802.3cg	IEEE 802.3bw	IEEE 802.3bp
Datenrate	10 Mbit/s	100 Mbit/s	1000 Mbit/s
Länge	25 m	15 m	10 ... 40 m
Codierung	4B5B	4B3B, 3B2T	80B/81B
Modulation	DME	PAM3	PAM3
Symbolrate		66,7 MSymbole/s	750 MSymbole/s
Bandbreite	20 MHz	66,7 MHz	600 MHz

Die 100-Mbit/s-Version von Automotive Ethernet ...

- wird in der Norm IEEE 802.3bw beschrieben.
- wird unter der Bezeichnung 100BASE-T1 geführt.
- wurde ursprünglich von der Firma Broadcom unter der Bezeichnung BroadR-Reach entwickelt.

In diesem Buch wird ausschließlich auf die 100-Mbit/s-Version von Automotive Ethernet näher eingegangen.

10.4 Physical Layer

Während die Transmitter bei LIN, CAN und FlexRay im Wesentlichen aus einer Bitfolge Spannungspegel und die Receiver aus analogen Spannungspegeln wieder eine Folge von zwei diskreten Werten erzeugen, nimmt der Transceiver bei Automotive Ethernet auch umfangreiche Umformungen an der Bitfolge vor. Diese Umformungen werden in den nächsten Abschnitten beschrieben.

10.4.1 Aufbau des Transceivers

Bild 10.12 zeigt den Aufbau des Transceivers. Die MII-Logik bildet die Schnittstelle zum Ethernet-Controller. Der Hybrid stellt die Verbindung zur Gleichtaktdrossel, den Koppelkondensatoren mit Terminierung hin zur Twisted-Pair-Leitung her. Die Abkürzung PCS in Bild 10.12 steht für Physical Coding Sublayer, PMA steht für Physical Medium Attachment.

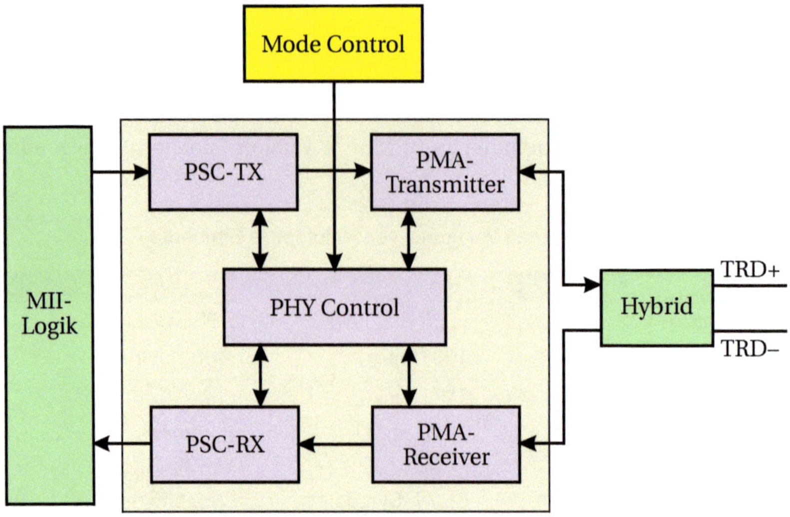

Bild 10.12 Aufbau eines Ethernet-Transceivers

10.4.1.1 Bitmanipulationen im Sendepfad des Physical Coding Sublayers

Im Sendepfad des Physical Coding Sublayers (PCS-TX) werden umfangreiche Bitmanipulationen vorgenommen, um längere Bitfolgen mit gleichen Werten zu vermeiden und dem empfangenden Knoten genügend Flanken zur Zurückgewinnung des Taktes zur Verfügung zu stellen. Bild 10.13 zeigt das Blockschaltbild und Bild 10.14 ein Beispiel für die Bitmanipulationen. Tabelle 10.6 erläutert die in den Bildern verwendeten Abkürzungen.

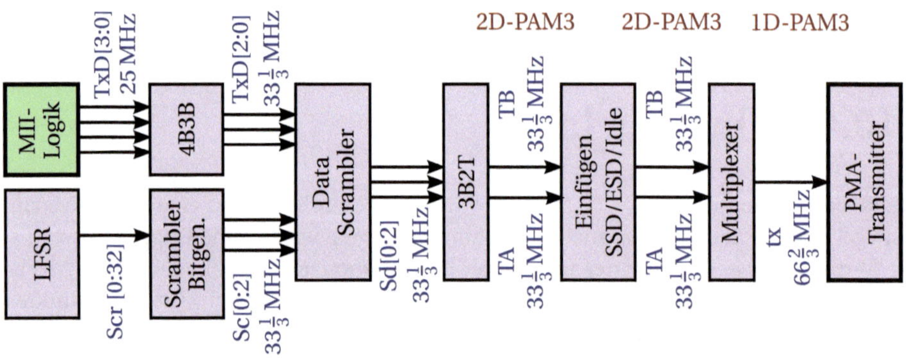

Bild 10.13 Datenfluss im Sendeteil des Physical Coding Sublayers (PCS-TX)

Über das MII-Interface erhält die MII-Logik die zu sendenden Bits vom Ethernet-Controller. Das MII-Interface hat vier parallele Leitungen, sodass jeweils vier Bits mit einem Takt von 25 MHz übertragen werden. Diese Bits werden im Modul „4B3B“ zu Bitgruppen von jeweils drei Bits umsortiert. Um die Übertragungsgeschwindigkeit von 100 Mbit/s erreichen zu können, müssen die Dreiergruppen mit $33^1/_3$ MHz weiterverarbeitet werden.

Tabelle 10.6 Bedeutung der Abkürzungen aus den Bildern 10.13 bis 10.16

Abkürzung	Bedeutung
MII	Media Independent Interface
LFSR	Linear Feedback Shift Register
4B3B	Umcodierung 4-Bit-Gruppen in 3-Bit-Gruppen
3B2T	Umcodierung 3 Bit in 2 tertiäre Signale (TA, TB)
3B4B	Umcodierung 3-Bit-Gruppen in 4-Bit-Gruppen
2T3B	Umcodierung 2 tertiäre Signale (TA, TB) in 3 Bit
PMA	Physical Medium Attachment
PAM3	Puls-Amplituden-Modulation mit 3 Leveln

Das Linear Feedback Shift Register (LFSR) ist ein rückgekoppeltes Schieberegister, welches aus 33 Flipflops besteht. Durch die Rückkopplung wird eine Pseudozufalls-Bitfolge erzeugt, die sich erst nach 2^{33} Bits, das sind ca. $8{,}6 \cdot 10^9$ Bits, wiederholt.

Das Linear Feedback Shift Register (LFSR) wird durch die Gleichungen 10.1 und 10.2 beschrieben, wobei es für den Master und den Slave jeweils unterschiedliche Rückkopplungen gibt.

$$g_{\text{Master}}(x) = 1 \oplus x^{13} \oplus x^{33} \tag{10.1}$$

$$g_{\text{Slave}}(x) = 1 \oplus x^{20} \oplus x^{33} \tag{10.2}$$

Im Scrambler Bitgenerator (Scrambler Bitgen.) werden aus der Bitfolge am Ausgang des Linear Feedback Shift Registers Bitgruppen von jeweils drei Bits gebildet. Diese werden im Data Scrambler mit den zu sendenden Bits Exklusiv-ODER (XOR) verknüpft. Dies hat zur Folge, dass

- das zu sendende Bit unverändert bleibt, wenn eine 0 in der Bitfolge ist, und
- das zu sendende Bit invertiert wird, wenn eine 1 in der Bitfolge ist.

Mit dem Scrambler können Gleichanteile im Sendesignal minimiert werden. Das Ausgangssignal des Scramblers besitzt ein kontinuierlicheres Spektrum als das Eingangssignal. Der Empfänger wandelt die invertierten Bits wieder zurück (siehe Abschnitt 10.4.1.2). Dazu müssen die Pseudozufalls-Bitfolgen von Sender und Empfänger synchronisiert sein, was während der Startphase erfolgt.

Am Ausgang des Data Scramblers liegen wieder Bits in Dreiergruppen mit einer Frequenz von $33^1/_3$ MHz an. Im Modul „3B2T" erfolgt eine Umcodierung der Dreierbitgruppen auf zwei tertiäre Signale TA und TB. Die drei Bits können insgesamt acht Kombinationen (2^3) annehmen. Ein tertiäres Signal kann drei Zustände annehmen, sodass mit zwei tertiären Signalen neun Zustände (3^2) darstellbar sind. Nach dieser Umcodierung werden in den Bitstrom die Symbole *Start Stream Delimiter (SSD), End Stream Delimiter (ESD)* und *Idle* eingefügt, um den Beginn und das Ende eines Frames sowie Idle auf der Leitung zu kennzeichnen. Auf die Codierung wird im Abschnitt 10.4.2 näher eingegangen.

Die parallelen Bitströme der beiden Signale TA und TB werden im Multiplexer zusammengefasst und im Physical Medium Attachment mit einer Puls-Amplituden-Modulation mit 3 Spannungswerten (PAM3) mit den Werten −1 V, 0 V und 1 V umgesetzt. Die Signale haben dann eine Frequenz von $66^2/_3$ MHz, welches auch die Frequenz ist, mit der die Signale über die Twisted-Pair-Leitung übertragen werden.

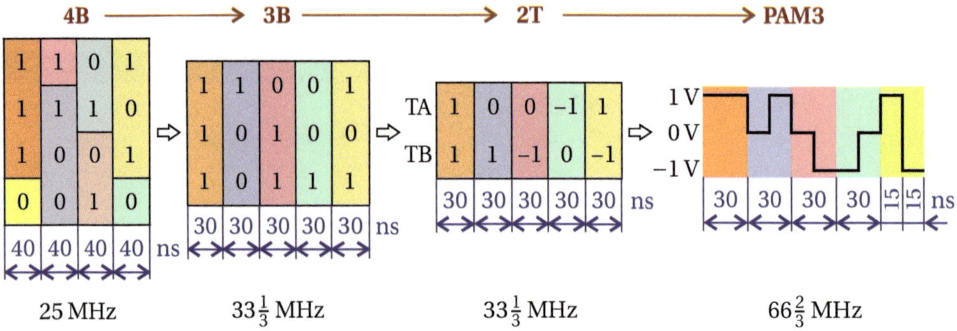

Bild 10.14 Umsortierung und Codierung der Bits beim Senden

Im Bild 10.14 sind die Umsortierungen und die Codierung der Bits beim Senden illustriert. Die Viererbitgruppen (links mit „4B“ bezeichnet) werden zunächst in Dreierbitgruppen („3B“) umsortiert, wobei sich die Frequenz von 25 MHz auf 33¹/₃ MHz erhöht. Anschließend erfolgt die Codierung auf zwei tertiäre Signale („2T“), die schließlich mit drei Spannungswerten („PAM3“) mit einer Frequenz von 66²/₃ MHz gesendet werden. Die farbliche Markierung der Bits soll das Verfolgen der Bits bei den einzelnen Umcodierungen erleichtern.

10.4.1.2 Bitmanipulationen im Empfangspfad des Physical Coding Sublayers

Die Bitmanipulationen beim Empfang sind fast identisch mit denen beim Senden, nur eben in umgekehrter Richtung und Reihenfolge (Bild 10.15). Nach der Trennung der empfangenen von den selbst gesendeten Spannungswerten und der Quantisierung der Eingangsspannungen auf drei Werte sowie der zeitlichen Diskretisierung liegt die vom anderen Knoten gesendete Signalfolge mit einer Symbolrate von 66²/₃ MHz vor. Diese Symbolfolge wird durch den Multiplexer auf zwei Leitungen mit den Folgen RA und RB mit je 33¹/₃ MHz aufgeteilt. Im nächsten Schritt werden die Symbole SSD und ESD, die den Beginn und das Ende eines Frames kennzeichnen, sowie die Symbole für Idle entfernt. Anschließend werden die beiden tertiären Signale in Bits umgewandelt. Im Data Scrabler werden die beim Senden umgewandelten Bits wieder zurückgewandelt. Das funktioniert, da Master und Slave unterschiedliche Rückkopplungen für das Linear Feedback Shift Register verwenden. Nach der Umsortierung der Dreierbitgruppen zu Viererbitgruppen stehen diese über die MII-Logik dem Ethernet-Controller zur Verfügung.

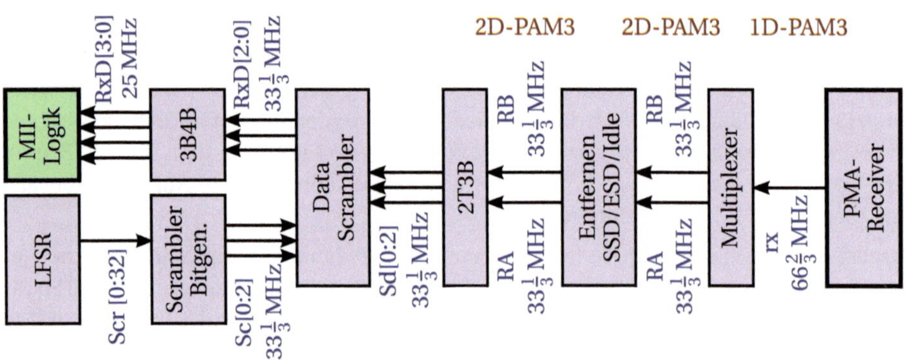

Bild 10.15 Datenfluss im Empfangsteil des Physical Coding Sublayers (PCS-RX)

Die Umformungen beim Empfang sind in Bild 10.16 noch einmal an einem Beispiel gezeigt. Die farblich hinterlegten Abschnitte sollen die Zuordnung erleichtern.

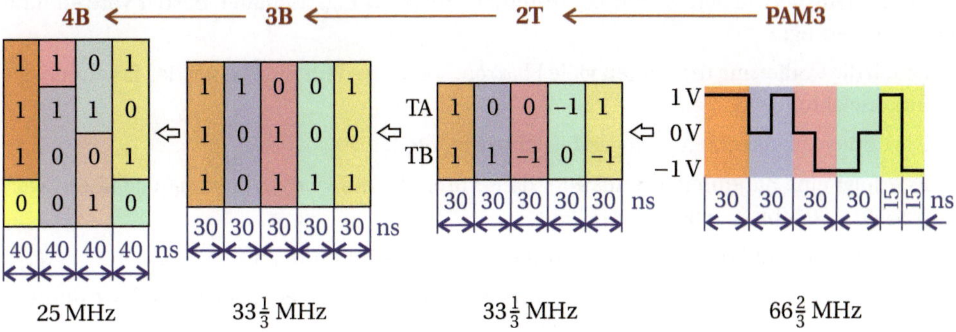

Bild 10.16 Umsortierung und Codierung des Bits beim Empfangen

10.4.2 Leitungscodes

Im vorangegangenen Abschnitt wurde auf das Datenhandling beim Senden und Empfangen eingegangen und dies anhand eines Beispiels erläutert. In diesem Abschnitt werden die dabei verwendeten Leitungscodes genauer erklärt.

10.4.2.1 Spannungswerte

Die Transceiver bei Automotive Ethernet arbeiten mit drei Spannungsleveln: 1 V, 0 V und −1 V. Durch die Überlagerung beim bidirektionalen Senden ergeben sich auf der Leitung fünf Spannungslevel (siehe Tabelle 10.7). Die gemessenen Werte weichen hiervon ab (siehe Abschnitt 10.4.2.4).

Tabelle 10.7 Spannungspegel der Transceiver und der Leitung

Tx Knoten 1	Tx Knoten 2	Spannung auf der Leitung
0 V	0 V	0 V
-1 V	1 V	0 V
1 V	0 V	1 V
-1 V	0 V	-1 V
1 V	1 V	2 V
-1 V	-1 V	-2 V

10.4.2.2 Zuordnungs- und Leitungscodes

Das Umcodieren der Bits beim Senden und Empfangen wurde in den Bildern 10.14 und 10.16 an einem Beispiel dargestellt. Die Codierung der Bits erfolgt in folgenden Schritten:

1. Aufteilung der Bits in Dreiergruppen (auch als 4B3B bezeichnet).
2. Jede Dreiergruppe wird durch zwei tertiäre Signale (+, 0, –) abgebildet.

3. Jedes tertiäre Signal wird PAM3-moduliert, d. h., es wird durch eines der drei Spannungslevel 0 V, +1 V oder –1 V abgebildet.

In Zusammenspiel mit dem Scrambler resultieren folgende Eigenschaften bei der Verwendung dieser Codierung:

- Durch die Codierung resultieren viele Flanken, sodass es dem Empfänger das Erkennen der Bits erleichtert.
- Die Codierung hat einen geringen Gleichstromanteil.
- Es erfolgt eine Bandbreitenreduktion, da für drei Bits nur zwei tertiäre Signale übertragen werden (100 Mbit/s → 66²/₃ MHz).
- Das Verfahren funktioniert nur für Punkt-zu-Punkt-Verbindungen.
- Ein Knoten ist Master, welcher zu Beginn der Kommunikation eine Trainingsphase initiiert. Der andere Knoten ist Slave und reagiert auf den Master.
- Beide Knoten senden ständig, um die Synchronisation zu erhalten.

Tabelle 10.8 zeigt die Codierung der Dreierbitgruppen auf Spannungspegel bei 100BASE-T1 während des normalen Sendens. Ausgehend von den Dreierbitgruppen werden diese auf zwei tertiäre Signale TA und TB abgebildet. TA und TB können dabei die Werte 1, 0 und –1 annehmen. Im Anschluss stellt der Transmitter in Abhängigkeit von TA und TB Spannungspegel an seinem Ausgang ein. Für TA bzw. TB gleich 1 ist es 1 V, für TA bzw. TB gleich 0 ist es 0 V und für TA bzw. TB gleich –1 ist es –1 V. Übertragen wird zuerst der Spannungswert von TA, dem der Wert von TB folgt.

Tabelle 10.8 Codierung der Bits bei 100BASE-T1 während des normalen Sendens

3-Bit Data	000	001	010	011	100	101	110	111
TA	–1	–1	–1	0	0	1	1	1
TB	–1	0	1	–1	1	–1	0	1

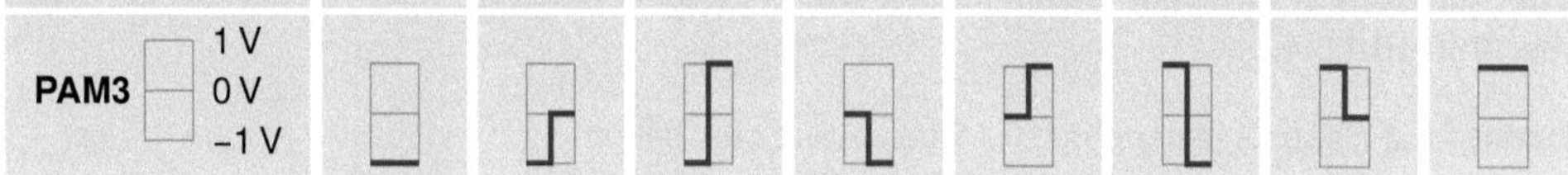

Bild 10.17 zeigt den gesamten Prozess des Umsortierens und Umcodierens an einem Beispiel. Über das MII werden die Halbbytes (4B) über die vier Datenleitungen übertragen. Nach der Einteilung in Dreierbitgruppen (3B) werden diese durch zwei tertiäre Signale codiert (2T), die dann auf drei Spannungswerte (PAM3) abgebildet und über das MDI auf die Twisted-Pair-Leitung gesendet werden. Beim Empfang läuft dieser Prozess in umgekehrter Richtung ab.

10.4.2.3 Signalhandling

Durch die bidirektionale Übertragung über eine Twisted-Pair-Leitung überlagern sich die von den jeweiligen Transmittern gesendeten Spannungssignale der beiden Knoten (Bild 10.18). Um dennoch die Signale des anderen Knotens empfangen und decodieren zu können, müssen die überlagerten Spannungssignale voneinander getrennt werden. Dies erfolgt im Block *Hybrid*. Aufbau und Funktionsweise des Hybrids wird nachfolgend erklärt. Da der Hybrid durch Toleranzen und andere Effekte die Trennung des gesendeten und des empfangenen Signals

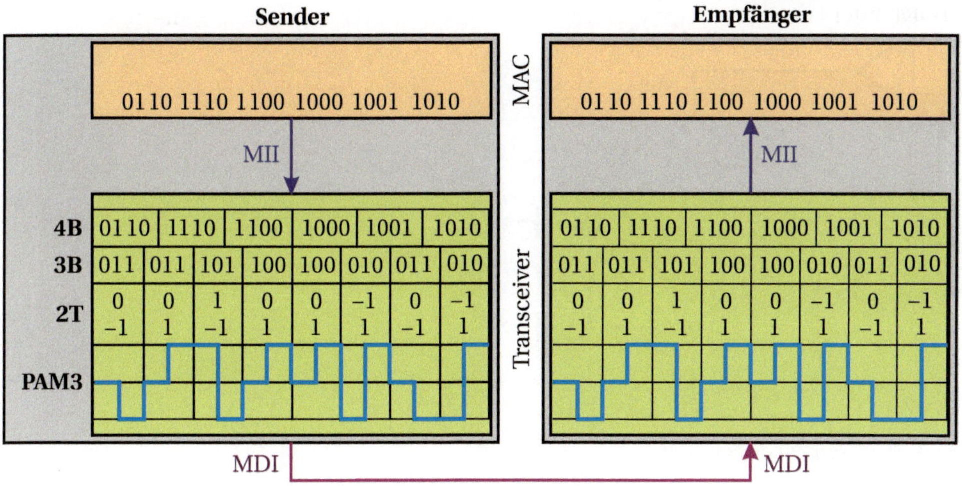

Bild 10.17 Beispiel für die Codierung vom Sender zum Empfänger

nicht zu 100 % durchführen kann, erfolgt eine weitere Signalbehandlung durch den *Echo Canceller*. Dieser zieht ein eventuell noch vorhandenes Sendesignal von dem vom Hybrid bereitgestellten Empfangssignal ab. Dazu wird der Echo Canceller in der Trainingsphase eingestellt. Als Ergebnis nach der Signalanpassung durch den Echo Canceller liegt das vom anderen Knoten empfangene Signal ohne die Sendeanteile des eigenen Knotens vor.

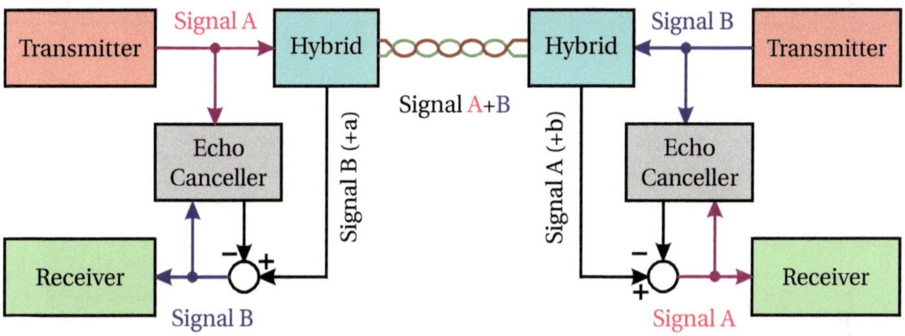

Bild 10.18 Signalhandling in Sender und Empfänger

Der Hybrid besteht im Wesentlichen aus einer Brückenschaltung, die in Bild 10.19 dargestellt ist. Der Knoten sendet mit seinem Transmitter das Signal A und empfängt mit dem Receiver das von anderen Knoten gesendete Signal B. Auf der Twisted-Pair-Leitung, die mit den Kondensatoren angekoppelt ist, überlagern sich Signal A und B.

Der Receiver ist an der Diagonale der Brückenschaltung angeschlossen. Wenn die Widerstände R1 = R2 und R3 = R4, dann ist der Receiver nicht sensitiv für das Signal A, da die beiden Spannungsteiler R1 + R3 und R2 + R4 zu gleich großen Strömen durch beide Spannungsteiler und somit auch zu gleich großen Spannungsabfällen führen.

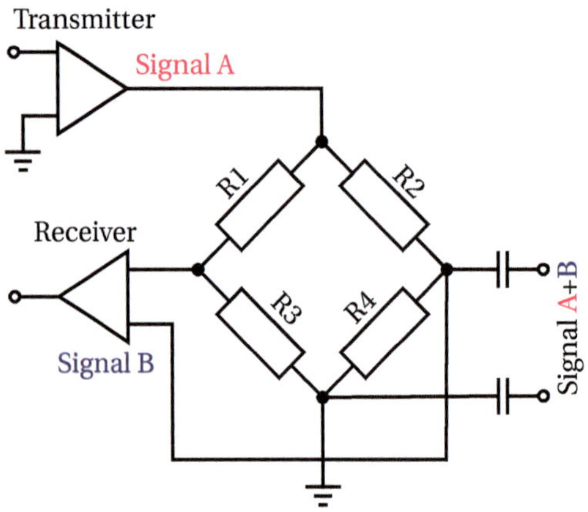

Bild 10.19 Aufbau des Hybrids

10.4.2.4 Oszilloskopmessungen

Bild 10.20 zeigt den Spannungsverlauf auf der Twisted-Pair-Leitung, also der Leitung zwischen dem MDI des einen Knotens und dem MDI des anderen Knotens. Deutlich zu erkennen sind die fünf Spannungslevel, die sich durch die Überlagerung der beiden PAM3-codierten Signale einstellen. Die Messung der Zeit zwischen zwei aufeinander folgenden Symbolen ergibt 15 ns, was einer Frequenz von 66²/₃ MHz entspricht.

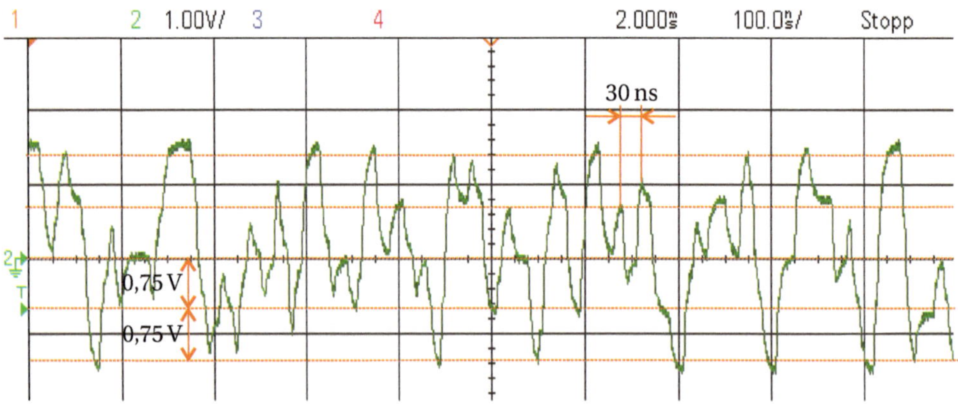

Bild 10.20 Messung der Differenzspannung auf der Twisted-Pair-Leitung

Bild 10.21 zeigt das Augendiagramm, welches am MDI-Interface des Masters aufgenommen wurde. Dieses war nicht mit einem Slave-Knoten verbunden, sodass nur die gesendeten Signale des Masters gemessen wurden. Zusehen sind zum einen die drei Spannungslevel, die in dieser Messung 0 V, 1,5 V und –1,5 V betragen. Zum anderen wird die Länge eines Symbols mit 15 ns gemessen.

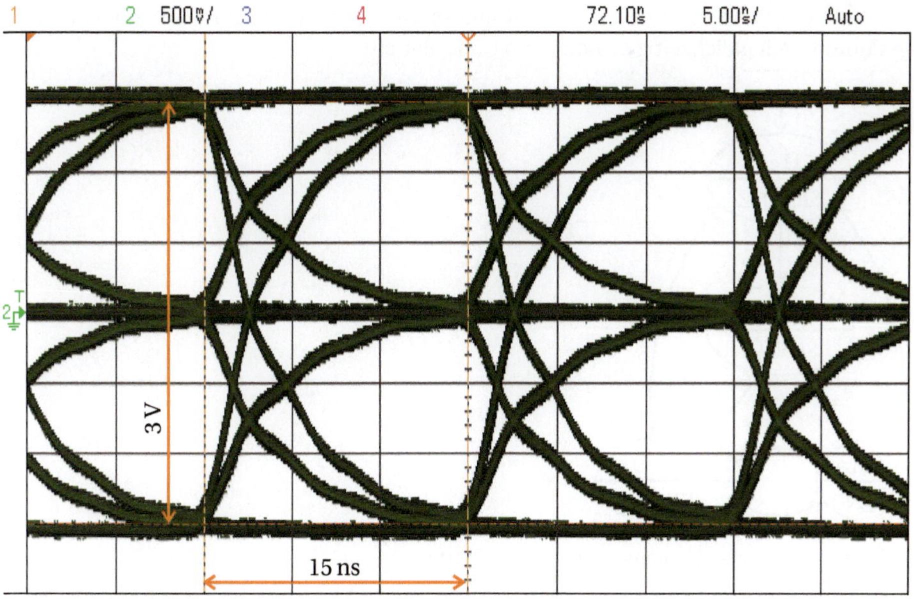

Bild 10.21 Augendiagramm

10.4.3 Startup

10.4.3.1 Transceiver-Modi und Startup-Sequenz

Damit eine Kommunikation zwischen zwei Knoten stattfinden kann, müssen sich die Knoten zuerst synchronisieren. Dies erfolgt im Startup. Dazu muss ein Knoten als Master und der andere als Slave konfiguriert werden. Die Konfiguration wird im Ethernet-Controller festgelegt, der den Transceiver konfiguriert. Bei Automotive Ethernet ist diese Festlegung, welcher Knoten Master und welcher Slave ist, statisch, d. h., sie wird in der Konfiguration festgelegt und ändert sich nicht. Im Gegensatz dazu ist dies bei IEEE 1000BASE-T nicht festgelegt, sondern wird während des Startups zwischen den Knoten ausgehandelt.

Ein Transceiver befindet sich in einem von vier Zuständen. Diese Zustände sowie die möglichen Übergänge zwischen ihnen sind in Bild 10.22 dargestellt. Außer im Zustand `Silent` sendet sowohl der Master als auch der Slave Ausgangssignale (siehe Tabelle 10.9). Mit SEND_Z ist gekennzeichnet, wenn der Transceiver nichts, also 0 V, sendet. SEND_I kennzeichnet Signalfolgen, die im Modus `Training` und im Modus `Send Idle` gesendet werden. Dabei unterscheidet sich die Codierung der Bits bzw. Symbole von denen, die im Modus `Send Data` gesendet werden und mit SEND_N bezeichnet sind. Auf die unterschiedlichen Codierungen wird in den Abschnitten 10.4.3.2 und 10.4.3.3 näher eingegangen.

Wenn keine Kommunikation zwischen zwei Knoten besteht, befinden sich die Transceiver beider Knoten im Modus `Silent`. Voraussetzung für einen Übergang in den Modus `Training` ist eine gültige Konfiguration durch den Ethernet-Controller. Nach dem Übergang in den Modus `Training` sendet der Transceiver des Master-Knotens Idle-Sequenzen (SEND_I). Der Transceiver des Slave-Knotens sendet weiterhin SEND_Z, also 0 V. Die Idle-Sequenzen des Master-

Knotens nutzt der Slave-Knoten zur Einstellung seines Filters[1] und seines Verstärkers[2]. Der Master-Knoten stellt gleichzeitig seinen Echo Canceller ein.

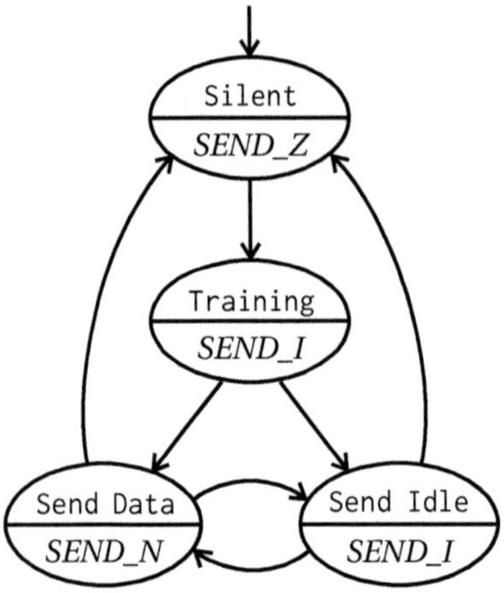

Bild 10.22 Zustände eines Knotens während des Startups

Tabelle 10.9 Ausgangssignale des Transceivers

Bezeichnung	Beschreibung
SEND_Z	Sender sendet 0 V
SEND_I	Sender sendet Idle-Sequenzen
SEND_N	Sendet sendet Daten-Sequenzen

Im nächsten Schritt im Modus `Training` senden beide Knoten SEND_I. Hierbei stellt der Master-Knoten seine Filter und Verstärker ein, während der Slave-Knoten seinen Echo Canceller einstellt. Anschließend verfeinern beide Knoten ihre Einstellungen, um danach in den Modus `Send Data` zu gehen und Frames miteinander auszutauschen. Damit ist die Startup-Phase abgeschlossen. Tabelle 10.10 listet die einzelnen Schritte der Startup-Sequenz noch einmal auf.

Tabelle 10.10 Startup-Sequenz

Zustand	Master		Slave	
Silent	SEND_Z		SEND_Z	
Training	SEND_I	Einstellung Echo Canceller	SEND_Z	Einstellung von Filter und Verstärker
	SEND_I	Einstellung von Filter und Verstärker	SEND_I	Einstellung Echo Canceller
	SEND_I	verfeinert Einstellungen	SEND_I	verfeinert Einstellungen
Send Data	SEND_N	sendet Daten	SEND_N	sendet Daten

[1] Es handelt sich um den Feed Forward Equalizer (FFE).

[2] Es handelt sich um den Adaptive Gain Control (AGC).

Sollten keine Frames mehr ausgetauscht, die Kommunikation aber nicht beendet werden, gehen Master- und Slave-Knoten in den Modus `Send Idle`. In diesem Modus senden die Knoten wieder Idle-Signale (SEND_I), um miteinander synchronisiert zu bleiben. Ein Wechsel zurück in den Modus `Send Data` ist zu jeder Zeit möglich. Durch die Möglichkeit des Synchronbleibens ist ein erneutes Durchlaufen der Trainingsphase nicht notwendig, was ein großer zeitlicher Vorteil ist.

10.4.3.2 Leitungscode 3B2T in der Trainingsphase

Bei der Codierung der Bits auf Spannungspegel werden jeweils Gruppen von drei Bits mit zwei Spannungspegeln TA und TB abgebildet, die nacheinander übertragen werden. Diese Codierung ist für das Signal SEND_I, welches während der Trainings- und der Idle-Phase gesendet wird, in Tabelle 10.11 angegeben. Von den neun möglichen Kombinationen für TA und TB werden nur sechs für die Codierung der Dreierbitgruppen genutzt.

Tabelle 10.11 Symbolmapping in der Trainingsphase

$Sd_n[2:0]$	TA	TB
000	-1	0
001	0	1
010	-1	1
011	0	1
100	1	0
101	0	-1
110	1	-1
111	0	-1

Die nicht genutzten Kombinationen von TA und TB (0,0), (1,1) und (–1,–1) werden zur Codierung des Start Stream Delimiters (SSD) und des End Stream Delimiters (ESD) genutzt. SSD und ESD schalten zwischen SEND_I und SEND_N um. SSD und ESD haben folgende Codierung:

Sequenz (0,0), (0,0), (0,0) ≙ SSD
Sequenz (0,0), (0,0), (1,1) ≙ ESD
Sequenz (0,0), (0,0), (–1,–1) ≙ ESD mit Sendefehler

10.4.3.3 Leitungscode 3B2T in der Sendephase

Wenn die Knoten in den Modus SEND_N gehen, wird eine andere Codierung für die Dreierbitgruppen verwendet als in der Trainings- und der Idle-Phase. Diese Codierung ist in der Tabelle 10.12 angegeben. Für die acht Bitkombinationen werden acht verschiedene Kombinationen von TA und TB verwendet. Die Codierung von SSD und ESD ist identisch mit der Codierung von SSD und ESD in der Trainings- und der Idle-Phase. Dies muss auch so sein, da damit ja dem anderen Knoten mitgeteilt wird, dass der Knoten seinen Sendemodus und damit auch die Codierung ändert.

Wenn sich die Knoten im Modus SEND_Z befinden, ist TA = 0 und TB = 0. Das bedeutet, dass am Ausgang 0 V anliegt und die Knoten inaktiv sind.

Tabelle 10.12 Symbolmapping in der Datenphase

$Sd_n[2:0]$	TA	TB
000	−1	−1
001	−1	0
010	−1	1
011	0	−1
100	0	1
101	1	−1
110	1	0
111	1	1

10.4.3.4 Diagnosemöglichkeiten

Während bei Bussystemen wie LIN, CAN und FlexRay erst über fehlerhafte Frames realisiert wird, dass die Verbindung zwischen zwei Knoten schlechter wird, sind bei Automotive Ethernet Mechanismen implementiert, die eine Diagnose des Knotens selbst als auch der Leitung ermöglichen. Im Transceiver selbst gibt es eine Reihe von Selbsttests (Built-In-Self-Tests (BIST)) und verschiedene Möglichkeiten von Loopbacks. An dieser Stelle wird aber nur auf die Diagnosemöglichkeiten für die Leitungen eingegangen.

Mittels *Time Domain Reflectometry* ist es möglich, neben Leitungsunterbrechungen und Kurzschlüssen die Qualität der Leitung, der Stecker und der Terminierung zu bestimmen. Dazu sendet der Transceiver einen Testpuls auf die Leitung und wertet die Reflextionen aus, die an allen nicht perfekten Stellen entstehen.

Während der Kommunikation mit einem anderen Knoten wird die Verbindung fortlaufend überwacht. Im *Signal Quality Indication Register (SQI-Register)* steht ein Zahlenwert für die Güte der Verbindung zur Verfügung. Die OPEN Alliance hat verschiedene SQI Level definiert, die von 0x0 (keine bzw. schlechte Verbindung) bis 0x7 (exzellente Verbindung) gehen. Die Werte spiegeln das Signal-to-Noise-Ratio (SNR) wider (siehe Tabelle 10.13).

Tabelle 10.13 Diagnose der Leitungsqualität

SQI-Registerwert	SQI-Level	SNR
0x0	0 (worst)	SNR < 18 dB
0x1	1	18 dB ≤ SNR < 19 dB
0x2	2	19 dB ≤ SNR < 20 dB
0x3	3	20 dB ≤ SNR < 21 dB
0x4	4	21 dB ≤ SNR < 22 dB
0x5	5	22 dB ≤ SNR < 23 dB
0x6	6	23 dB ≤ SNR < 24 dB
0x7	7 (best)	24 dB ≤ SNR

10.5 Data Link Layer

10.5.1 Ethernet-Controller

Der Ethernet-Controller realisiert die Schicht 2, die in zwei Sublayer unterteilt werden kann (Bild 10.23). Der Sublayer *Logic Link Control (LLC)* bietet drei Dienste an, die in Tabelle 10.14 aufgeführt sind.

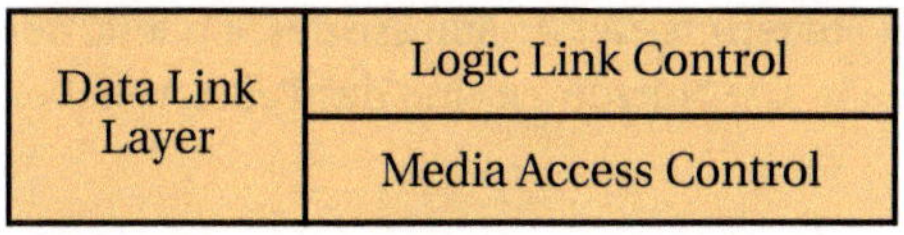

Bild 10.23 Aufbau des Data Link Layers

Tabelle 10.14 Dienste des Logic Link Control Sublayers

Typ 1:	Unacknowledged Connectionless Mode Service Unbestätigter Dienst ohne Verbindung
Typ 2:	Connection Mode Service Verbindungsorientierter Dienst
Typ 3:	Acknowledged Connectionless Mode Service Bestätigter Dienst ohne Verbindung

Der *Media Access Control (MAC)* ist der zweite Sublayer der Schicht 2 und realisiert die Zugriffssteuerung. Das Zugriffsverfahren ist CSMA/CD und funktioniert folgendermaßen:

- Bevor ein Knoten mit dem Senden beginnt, hört er zuerst auf dem Medium.
- Ist das Medium frei, darf der Knoten senden. Während des Sendens überwacht der Knoten das Medium, um Kollisionen zu erkennen.
- Ist der Kanal belegt, wird gewartet, bis der Kanal frei ist.
- Wird eine Kollision erkannt, sendet der Knoten ein Jam-Signal und stellt das Senden ein.
- Nach einer zufälligen Zeit beginnt der Knoten wieder mit dem Senden, wenn das Medium frei ist.

Dieses Zugriffsverfahren ist in jedem Ethernet-Controller implementiert, spielt heute aber praktisch keine Rolle mehr, da es nur noch Punkt-zu-Punkt-Verbindungen gibt, bei denen keine Kollisionen auftreten können.

Der Ethernet-Controller sendet Ethernet-Frames. Der Aufbau eines Ethernet-Frames wird im nächsten Abschnitt erläutert.

10.5.2 Ethernet Frame Format

Das OSI-Modell teilt die Kommunikation in Schichten auf, wobei jede Schicht bestimmte Funktionen realisiert. Damit verbunden ist, dass in jeder Schicht die zu übertragende Nachricht mit weiteren Informationen verknüpft wird, um die Übertragung zu ermöglichen. Vergleichbar ist dies mit einem Brief (entspricht der eigentlichen Nachricht), der zuerst einen

Briefumschlag mit der Adresse erhält (nächste Schicht). Bei der Post wird der Brief sortiert und in einem Postsack verpackt (z. B. alle Briefe mit dem Ziel des Postleitzahlenbereichs 3xxxx). Im nächsten Verteilzentrum kommen alle Postsäcke mit dem Ziel des Postleitzahlenbereichs 3xxxx in einen Container. Auf jeder Ebene bekommt der Brief eine zusätzliche Hülle (Briefumschlag, Postsack, Container usw.), bevor diese Hüllen in der Nähe des Empfängers wieder schrittweise entfernt werden.

Ähnlich verhält es sich mit den Nachrichten, die mittels Ethernet verschickt werden. Da in diesem Buch der Schwerpunkt auf den Schichten 1 und 2 liegt, zeigt Bild 10.24 die unteren drei Schichten. Schicht 3 zeigt das IP-Paket, welches aus Steuerbits, der IP-Adresse des Senders, der IP-Adresse des Absenders und den Nutzdaten besteht. Die Nutzdaten sind das Paket, welches die Schicht 4 zur Verfügung stellt.

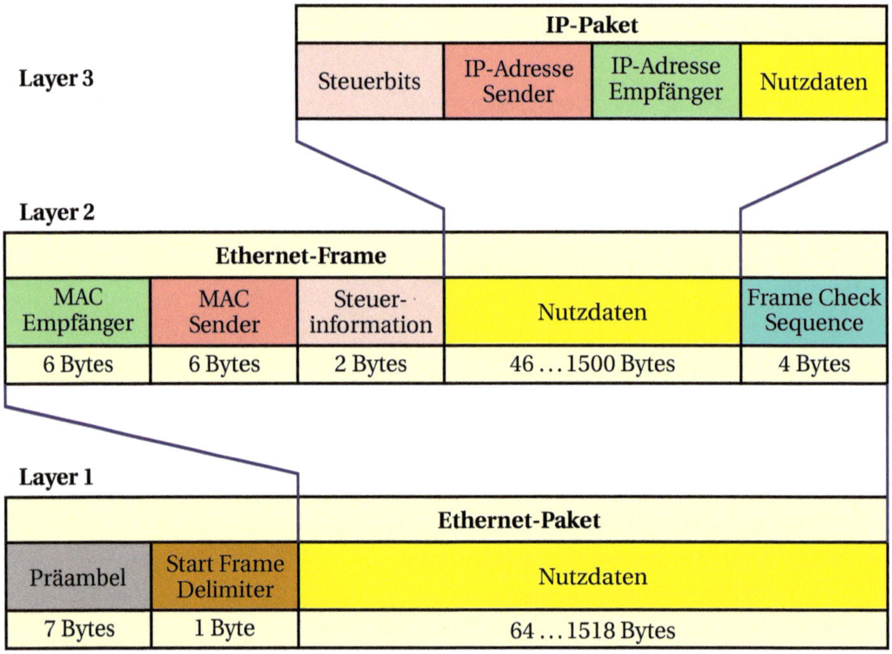

Bild 10.24 Ethernet Frame Format

Das komplette IP-Paket bildet für die Schicht 2 eine Einheit und wird von dieser Schicht als *Nutzdaten* behandelt. Es könnte auch ein anderes Paket, also kein IP-Paket, verwendet werden. Die Nutzdaten der Schicht 2 werden mit weiteren Informationen ergänzt. Dies sind die MAC-Adresse des Empfängers, die MAC-Adresse des Senders, weitere Steuerinformationen sowie eine Möglichkeit zum Überprüfen der Daten beim Empfang (Frame Check Sequence). Alle Teile zusammen werden als Ethernet-Frame bezeichnet.

Bei den Steuerinformationen werden zwei Varianten unterschieden. Beim ursprünglichen Ethernet II wird in dem zwei Byte langen Feld der *Ethertype* übertragen, bei Ethernet IEEE 802.3 die Länge des Ethernet-Frames. Die Unterscheidung, ob es sich um eine Typ- oder eine Längenangabe handelt, erfolgt durch den Inhalt. Werte, die kleiner als 1536 dezimal bzw. als 0x0600 hexadezimal sind, stehen für eine Längenangabe, Werte größer oder gleich geben den

Ethertyp an. Der Ethertyp beschreibt, welches Protokoll in der Vermittlungsschicht (Schicht 3) verwendet wird.

Die Nutzdaten werden von der Schicht 3 zur Verfügung gestellt werden. Die minimale Länge dieser Nutzdaten beträgt 46 Bytes, die maximale Länge 1500 Bytes. Der Ethernet-Frame wird durch die vier Bytes lange *Frame Check Sequence* abgeschlossen. Dieser 32 Bit lange CRC wird über den gesamten Frame berechnet beginnend bei der MAC-Adresse des Empfängers. Mit diesem CRC kann der Empfänger prüfen, ob die Übertragung fehlerfrei war.

Der Ethernet-Frame wird von der Schicht 2 an die Schicht 1 übergeben und wird in dieser um weitere Informationen ergänzt. Die Schicht 1 stellt dem Ethernet-Frame eine 7 Byte lange *Präambel* und einen ein Byte langen *Start Frame Delimiter* voran. Die Präambel wird durch 56 alternierende Bits (7 Bytes) gebildet, sodass sich die Bitfolge „101010...1010" ergibt. Der Start Frame Delimiter wird durch die Bitfolge „10101011" gebildet. Sie unterscheidet sich von den Bits der Präambel nur in den beiden aufeinander folgenden 1-Bits am Ende.

Der um die Präambel und den Start Frame Delimiter ergänzte Ethernet-Frame wird als *Ethernet-Paket* bezeichnet. Die maximale Länge eines Ethernet-Pakets entspricht dem des Ethernet-Frames plus 8 Bytes, also 1526 Bytes. Die Mindestlänge von 64 Bytes für ein Ethernet-Frame ist erforderlich, damit die Kollisionserkennung bei Ethernet funktioniert. Die maximale Länge eines Ethernet-Frames beträgt 1518 Bytes.

Präambel und Start Frame Delimiter wurden in früheren Ethernet-Versionen eingeführt, um dem Empfänger den Start eines Frames anzuzeigen sowie für die Synchronisation des Empfängers auf den Sender. Da Sender und Empfänger bei Automotive Ethernet nach dem Startup synchronisiert bleiben, wird die Präambel eigentlich nicht mehr benötigt, wird aber aus Kompatibilitätsgründen weiterhin hinzugefügt.

Das in Bild 10.24 gezeigte Frame-Format wurde erweitert, um den Aufbau von virtuellen Netzwerken zu erlauben. Für die virtuellen Netzwerke wird der Begriff *Virtual Local Area Network (VLAN)* verwendet. Da virtuelle Netzwerke auch im Automobil eine Rolle spielen, wird diese Erweiterung in Bild 10.25 gezeigt. Das ursprüngliche Ethernet Frame Format wird durch einen 4 Bytes langen VLAN-Tag erweitert, der nach der MAC-Adresse des Senders und vor dem Feld für die Längenangabe eingefügt wird. Er besteht aus einem Tag Protocol Identifier und einem Tag-Control-Feld. Beide haben eine Länge von je 2 Bytes. Das VLAN-Tagging ist im IEEE-802.1Q-Standard beschrieben. Im VLAN-Tag sind drei Bits für eine Priorisierung der Frames reserviert, sodass damit Frames priorisiert werden können.

Ethernet-Frame					
MAC Empfänger	MAC Sender	802.1Q-VLAN-Tag	Ethertype oder Länge	Nutzdaten	Frame Check Sequence
6 Bytes	6 Bytes	4 Bytes	2 Bytes	1500 Bytes	4 Bytes

Bild 10.25 Aufbau eines Ethernet-Frames mit VLAN-Tag

Durch die Erweiterung des Frame Headers um 4 Bytes reduziert sich die Mindestanzahl an Bytes für die Nutzdaten im Ethernet-Frame auf 42 Bytes, da die Mindestlänge von 64 Bytes garantiert wird. Die maximale Länge eines Ethernet-Frames erhöht sich durch den VLAN-Tag auf 1522 Bytes. Weitere Informationen zu Ethernet und den anderen Schichten können neben den Standards z. B. [Riggert] entnommen werden.

10.5.3 Adressierung

Im Abschnitt 2.2.2 wurden die Begriffe Unicast, Multicast und Broadcast eingeführt. Bei den Protokollen LIN, CAN und FlexRay spielten sie keine Rolle, da alle Frames als Broadcast-Nachrichten gesendet werden und jeder Knoten lokal entscheidet, ob er den Frame abspeichert. Im Gegensatz dazu wird bei Ethernet in der Adressierung angegeben, um welche Adressierung es sich handelt. Die Funktionsweise wird in den nächsten Abschnitten erläutert.

10.5.3.1 Unicast

Bei einer Unicast-Übertragung wird ein Frame von einem Quellknoten (K1) nur zu einem Zielknoten (K2) gesendet. Bei einer IP-Übertragung wird die IP-Adresse des Quell- und des Zielknotens im IP-Paket angegeben. Für diese Adressen werden in der Schicht 2 die MAC-Adressen bestimmt und der Ethernet-Frame wird um die MAC-Adressen ergänzt. Als Ziel wird die MAC-Adresse des Zielknotens angegeben. Bild 10.26 und 10.27 illustrieren dies.

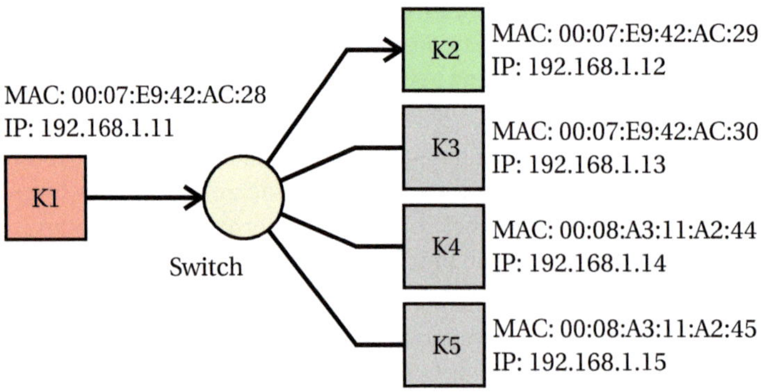

Bild 10.26 Übertragung bei Unicast

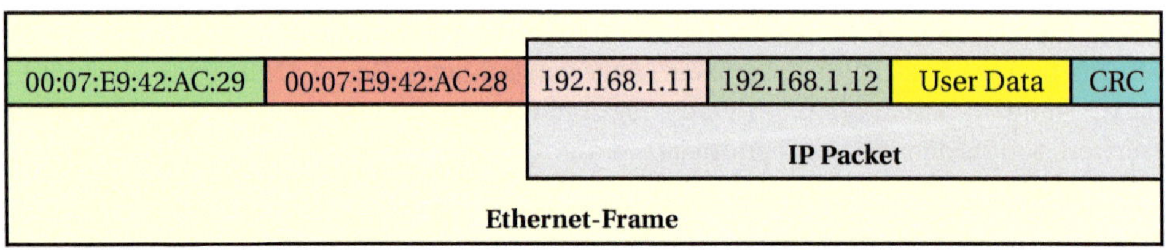

Bild 10.27 Adressierung bei Unicast

10.5.3.2 Broadcast

Bei einer Broadcast-Übertragung wird ein Frame von einem Quellknoten (K1) an alle in einem Netzwerk oder Netzwerkabschnitt befindlichen Knoten gesendet. Bei einer IP-Übertragung wird die IP-Adresse des Quellknotens wie beim Unicast angegeben. Als Zielknoten wird die Netzwerkadresse für das Netzwerk angegeben. Für die Hostadresse wird 255 bzw. 0xFF angegeben. Für die IP-Adressen werden in Schicht 2 die MAC-Adressen bestimmt. Bei der Quelladresse erfolgt dies wie beim Unicast. Bei einer Broadcast-Übertragung wird als MAC-Zieladresse `FF:FF:FF:FF:FF:FF` verwendet. Bild 10.28 und 10.29 illustrieren diesen Fall.

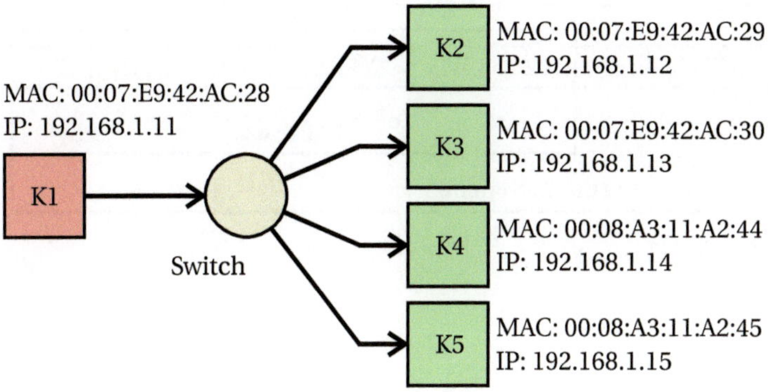

Bild 10.28 Übertragung bei Broadcast

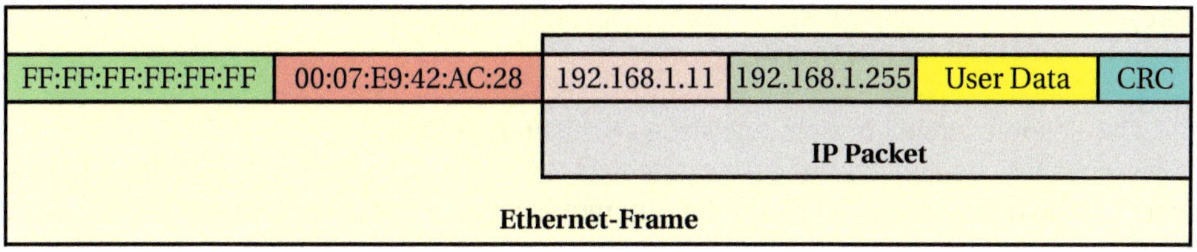

Bild 10.29 Adressierung bei Broadcast

10.5.3.3 Multicast

Bei einer Multicast-Übertragung wird ein Frame von einem Quellknoten (K1) zu einer Gruppe von Knoten (K2, K3) im Netzwerk gesendet. Bei der Adressierung auf der Netzwerkschicht sind die Adressen von 224.0.0.0 bis 239.255.255.255 für Multicast reserviert. Auf der Data-Link-Schicht werden die Ethernet-Frames um die MAC-Adressen erweitert. Multicast-MAC-Adressen sind alle Adressen im Bereich von `01:00:5E:00:00:00` bis `01:00:5E:7F:FF:FF`.

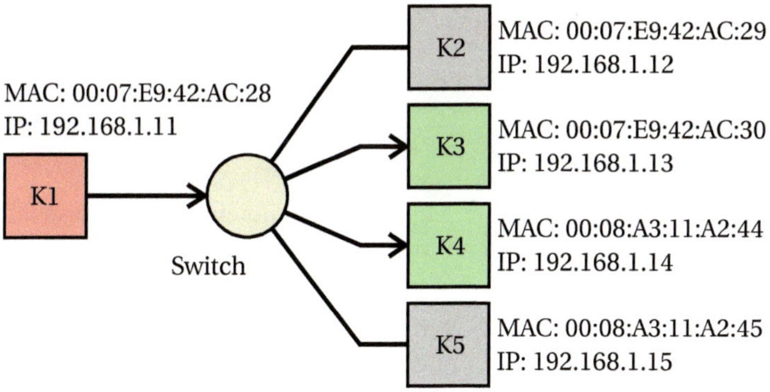

Bild 10.30 Übertragung bei Multicast

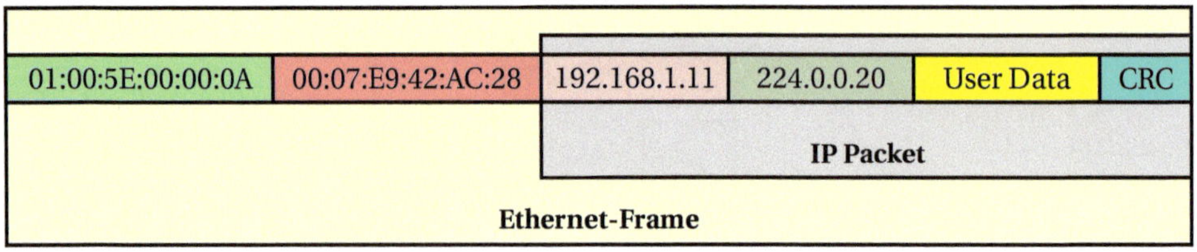

Bild 10.31 Adressierung bei Multicast

10.6 Weitere Aspekte zu Ethernet

10.6.1 Höhere Protokolle

Das OSI-Referenzmodell besteht aus sieben Schichten. Bisher wurde die Schicht 1 (Physical Layer) ausführlich betrachtet und für die Schicht 2 (Data Link Layer) wurde ein Überblick gegeben. Die in den anderen Schichten im Automobil eingesetzten Protokolle sind in Bild 10.32 dargestellt.

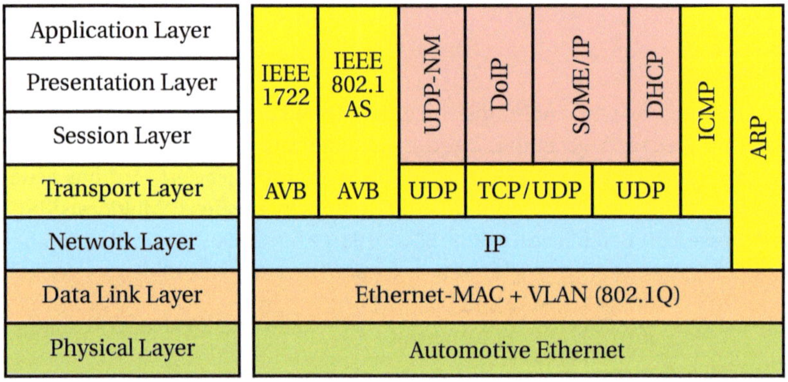

Bild 10.32 OSI-Referenzmodell

Sie sind nachfolgend kurz umrissen und sollen einen Einstiegspunkt für eine weitere Beschäftigung mit dem Thema geben. Die hier aufgeführten Protokolle erheben keinen Anspruch auf Vollständigkeit.

- Scalable Service-Oriented Middleware over IP (SOME/IP)
  SOME/IP ist eine Kommunikationsmiddleware, die auch in AUTOSAR verwendet wird.
- Diagnostics over IP (DoIP)
  DoIP dient als Transportprotokoll für Unified Diagnostic Services (UDS). UDS liegt dabei auf der Schicht 7 und nutzt TCP/UDP als Transportprotokoll.
- Audio Video Bridging (AVB)
  Mit AVB werden mehrere Standards bezeichnet, u. a. IEEE 802.1 AS und IEEE 1722, die die

Übertragung von Audio- und Videodaten über ein vornehmlich auf Ethernet basierendem Netzwerk bezeichnen.

- Time-Sensitive Networking (TSN)
  Mit TSN werden mehrere Standards der IEEE 802.1 bezeichnet, die die Datenübertragung für zeitkritische Daten beschreiben. Sie erweitern die AVB-Standards, wobei es besonders um eine sehr geringe Übertragungslatenz und hohe Verfügbarkeit geht. Anwendungsgebiet sind Steuerdaten mit Echtzeitanforderungen.
- Internet Protocol (IP)
  Das IP beschreibt ein Netzwerkprotokoll. Es ist die erste von der Hardware unabhängige Schicht, welche mittels IP-Adressen das Netzwerk in logische Einheiten gruppiert. Die IP-Adressen ermöglichen neben einer Adressierung der Knoten auch das Routing.
- generalized Precision Timing Protocol (gPTP)
  Das PTP ist ein Netzwerkprotokoll zur Synchronisierung von Uhren. Es ist auf hohe Genauigkeit in lokalen Netzwerken ausgelegt. Bei Hardwareunterstützung können Genauigkeiten im Nanosekundenbereich erreicht werden. Bei einer reinen Softwareimplementierung sind Genauigkeiten im Bereich weniger Mikrosekunden möglich. Der Standard IEEE 1588 und IEC 61588 beschreiben dieses Protokoll.
- Dynamic Host Configuration Protocol (DHCP)
  DHCP ist ein Kommunikationsprotokoll, welches Clients in einem Netzwerk die Netzwerkkonfiguration zuweist.
- Internet Control Message Protocol (ICMP)
  ICMP ist ein Protokoll zum Austausch von Informations- und Fehlermeldungen über das Internet-Protokoll.
- Address Resolution Protocol (ARP)
  ARP ist ein Netzwerkprotokoll, das zu einer Netzwerkadresse der Internetschicht (IP-Adresse) die physische Adresse (MAC-Adresse) der Netzzugangsschicht ermittelt.
- Transmission Control Protocol (TCP)
  TCP ist ein verbindungsorientiertes, paketvermitteltes Transportprotokoll.
- User Datagram Protocol (UDP)
  UDP ist ein minimales, verbindungsloses Netzwerkprotokoll, das neben TCP als Transportprotokoll eingesetzt wird.

10.6.2 Kopplungselement für Messungen

Die Messungen auf dem Bus bei LIN, CAN und FlexRay mittels eines Oszilloskops sind vergleichsweise einfach, auch wenn das Oszilloskop die Decodierung der Frames nicht unterstützt. Dies liegt zum einen daran, dass immer nur ein Knoten sendet und dass ein Spannungspegel einem Bitwert eindeutig widerspiegelt. Bei Automotive Ethernet gibt es zwar nur Punkt-zu-Punkt-Verbindungen, aber beide Knoten senden gleichzeitig (bidirektional). Damit sind die mittels Oszilloskop gemessenen Spannungswerte immer eine Überlagerung der Bitfolgen, die beide Knoten gleichzeitig senden, da die Knoten ständig Frames oder Idle-Bitfolgen senden. Abhilfe schafft ein Kopplungselement, welches die beiden überlagerten Spannungen wieder trennt. In Bild 10.33 ist das Kopplungselement RT-ZF7 der Firma Rohde&Schwarz abgebildet, welches speziell für Automotive Ethernet entwickelt wurde.

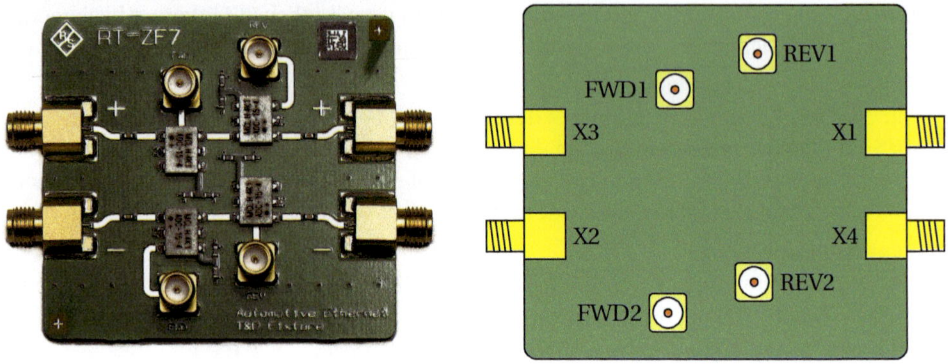

(a) Foto (b) Schematische Darstellung

Bild 10.33 Kopplungselement RT-ZF7

An den linken Anschlüssen X3 und X2 werden die beiden Leitungen von einem der beiden Knoten angeschlossen, an den rechten Anschlüssen X1 und X4 die des anderen Knotens. An dem mit „REV1" gekennzeichneten Anschluss kann das positive Signal von X1 nach X3 gemessen werden, an „REV2" das negative Signal von X4 nach X2. An dem mit „FWD1" gekennzeichneten Anschluss kann das positive Signal von X3 nach X1 gemessen werden, an „FWD2" das negative Signal von X2 nach X4.

Bild 10.34 zeigt die Signalverläufe, die mit dem Kopplungselement RT-ZF7 aufgezeichnet wurden. Die beiden oberen Spannungsverläufe (orange und blau) zeigen die von einem Knoten gesendeten Signale, die unteren Spannungsverläufe (magenta und grün) die des anderen Kno-

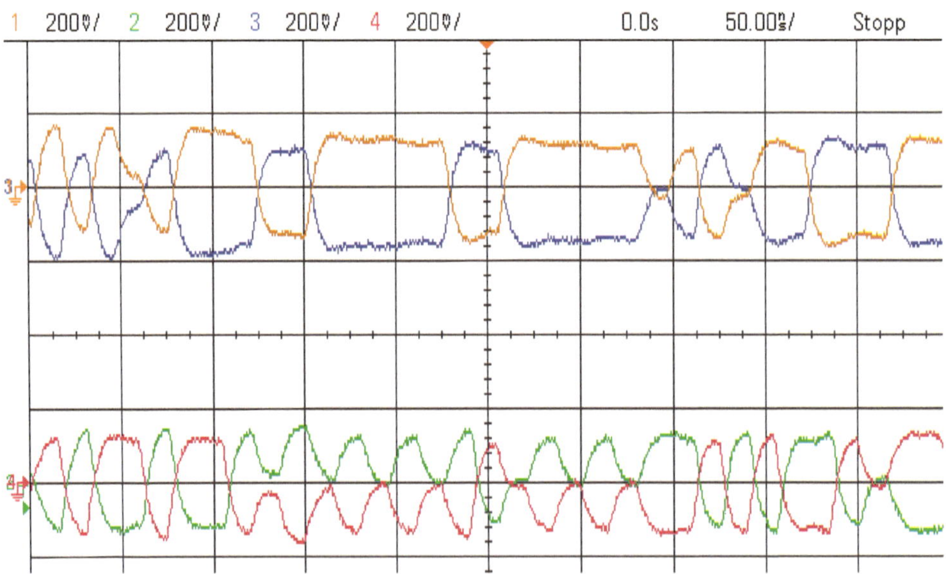

Bild 10.34 Mit dem Kopplungselement RT-ZF7 getrennte Signalverläufe

tens. Es sind in beiden Verläufen die drei Spannungswerte (–1, 0 +1) zu erkennen. Außerdem gibt es nur wenige Bereiche, in denen sich das Spannungssignal über mehrere Schritte (ein Schritt entspricht 15 ns) nicht ändert.

10.6.3 Implementierungen nach 100BASE-T1

Tabelle 10.15 gibt einen Überblick über am Markt verfügbare Transceiver für 100BASE-T1. Die aufgeführten Schaltkreise sind wieder als Einstiegspunkt für weitere Recherchen gedacht und erheben keinen Anspruch auf Vollständigkeit.

Tabelle 10.15 Firmen mit Transceiver für 100BASE-T1 im Portfolio (Stand Februar 2022)

Firma	Transceiver-Bezeichnung
NXP	TJA1100, TJA1101, TJA1102
Broadcom	BCM89610, BCM89611, BCM89810, BCM89811, BMC89880, BMC89881, BMC89882, BCM89883
TI	DP83TC811, DP83TC812, DP83TC814
Marvell	88Q222xM, 88Q211x, 88Q111x, 88Q1010
Microchip	LAN8770

10.6.4 OPEN Alliance

OPEN Alliance (One-Pair EtherNet Alliance) ist eine Non-Profit-Organisation, bei der über 340 Firmen Mitglied sind. Die OPEN Alliance Special Interest Group (SIG) unterstützt die Standardisierung und Weiterentwicklung von Automotive Ethernet. Die Arbeit erfolgt in 16 technischen Komitees (Tech Committees (TC)). Die Ziele sind:

- Entwicklung von Spezifikationen für Konformitäts- und Interoperabilitätstests für IEEE 10BASE-T1S, 100BASE-T1, 1000BASE-T1 und 1000BASE-RH-Physical-Layer-Spezifikationen
- Schaffung eines Eco-Systems
- Unterstützung der Entwicklung neuer Physical-Layer-Lösungen
- Identifikation und Beseitigung von Lücken in den Implementierungen

Tabelle 10.16 listet die 16 technischen Komitees (TC) und deren Arbeitsschwerpunkte auf [OPENAlliance].

Tabelle 10.16 Technische Komitees in der OPEN Alliance

TC-Nummer	Arbeitsschwerpunkt
TC1	Interoperability & Compliance Tests for 100BASE-T1 PHYs
TC2	100BASE-T1 Ethernet Channel & Components
TC3	1000BASE-T1 CMC Requirements
TC4	Tools
TC5	Gap Identification
TC6	Common xMII Interface Definition
TC7	1000BASE-RH Gigabit Ethernet over Plastic-Optical-Fiber (GEPOF)
TC8	Automotive Ethernet ECU Test Specification
TC9	Automotive Ethernet Channel & Components
TC10	Automotive Ethernet Sleep/Wakeup
TC11	Ethernet switch requirements and qualification
TC12	Test specifications for the compliance testing of IEEE 1000BASE-T1
TC13	New Test House Qualification Requirements
TC14	Interoperability & Compliance Tests for 10BASE-T1S PHYs
TC15	Multi Gig Interoperability and Compliance Tests
TC16	EEE Interoperability and Compliance

Literatur

[CiA] CAN in Automation. *https://www.can-cia.org/*

[Etschberger] Etschberger, K.: Controller-Area-Network: Grundlagen, Protokolle, Bausteine, Anwendungen. Fachbuchverlag, 3. Auflage, Leipzig 2002

[Grzemba] Grzemba, A.; von der Wense, H.-Ch.: LIN-Bus: Systeme, Protokolle, Tests von LIN-Systemen, Tools, Hardware, Applikationen. Franzis-Verlag, 1. Auflage, Leipzig 2005

[ISO] International Organization for Standardization. *https://www.iso.org/*

[Lawrenz] Lawrenz, W.; Obermöller, N.: CAN Controller Area Network: Grundlagen, Design, Anwendungen, Testtechnik. VDE Verlag, 5. Auflage, 2011

[LINspec] LIN Consortium: LIN Specification Package. Revision 2.2A, 31.12.2010 Verfügbar bei: *https://www.lin-cia.org/fileadmin/microsites/lin-cia.org/resources/documents/LIN_2.2A.pdf*

[Matheus] Matheus, K.; Königseder, T.: Automotive Ethernet. Cambridge University Press, 2. Auflage, 2017

[Navet] Navet, N.; Simonot-Lion, F.: Automotive Embedded Systems Handbook. CRC Press, Taylor & Francis Group, 2009

[OPENAlliance] OPEN Alliance. *https://www.opensig.org/*

[Paret07] Paret, D.: Multiplexed Networks for Embedded Systems: CAN, LIN, FlexRay, Safe-by-Wire. Verlag Wiley & Sons, 2007

[Paret12] Paret, D.: FlexRay and its Applications. Real Time Multiplexed Network. John Wiley & Sons, Ltd, Chichester (GB) 2012

[Rausch] Rausch, M.: FlexRay: Grundlagen, Funktionsweise, Anwendung. Carl Hanser Verlag, 1. Auflage, München, Wien 2007

[Riggert] Riggert, W.; Lübben, R.: Rechnernetze: Ein einführendes Lehrbuch. Carl Hanser Verlag, 6. Auflage, München 2020

[SAE] SAE International. *https://www.sae.org/*

[Steinbach] Steinbach, T.: Ethernet-basierte Fahrzeugnetzwerkarchitekturen für zukünftige Echtzeitsysteme im Automobil. Springer-Verlag, 1. Auflage, 2018

[VectorAE] Vector Informatik: Automotive Ethernet. E-Learning-Modul, *https://elearning.vector.com/mod/page/view.php?id=122*

[VectorCAN] Vector Informatik: CAN. E-Learning-Modul, *https://elearning.vector.com/mod/page/view.php?id=111*

[VectorFlexRay] Vector Informatik: FlexRay. E-Learning-Modul, *https://elearning.vector.com/mod/page/view.php?id=224*

[VectorLIN] Vector Informatik: LIN. E-Learning-Modul, *https://elearning.vector.com/mod/page/view.php?id=199*

[Zimmermann] Zimmermann, W.; Schmidgall, R.: Bussysteme in der Fahrzeugtechnik: Protokolle und Standards. Praxis/ATZ/MTZ-Fachbuch, Springer Vieweg, 5. Auflage, Wiesbaden 2014

Index